前言

20 世紀 90 年代末，相關硬體語言和驗證方法學函式庫檔案不斷發展，開始解決抽象和可擴充性問題。e 語言帶來了隨機約束驗證特性，並且透過 eRM 驗證方法引出了代理和功能覆蓋的關鍵概念，但所有這些特性都和特定的 EDA 軟體進行了綁定。不久後，SystemVerilog 語言從 Vera 和 Superlog 演變而來，並與 Verilog 進行了合併。

2006 年，西門子 EDA 發佈了 AVM 作為開放原始碼類別庫。它最初是 SystemC TLM 標準的 SystemVerilog 實現，但很快發展為支援標準化測試平臺的方法。隨後，西門子 EDA 和 Cadence 合作開發了 OVM，並於 2008 年 1 月 OVM 首次發佈。這是一個開放原始碼的 SystemVerilog 類別庫，結合了 eRM 和 AVM 的功能特性，建立了一種被使用者社區認為是可行的方法，因為他們不再被迫使用被綁定的特定 EDA 軟體。隨著多家公司開始提供驗證 IP (VIP)，OVM 的使用開始增加。

2010 年 4 月，Accellera VIP 互通性技術委員會投票決定將在 OVM 的基礎上進一步推進以制定驗證方法學的業界標準，於是 Synopsys、西門子 EDA、Cadence 及使用者社區一起努力建立了 UVM，該 UVM 主要基於 OVM，並補充了對執行階段(Run-time Phases)、暫存器套件(Register Package)和 TLM2 的支援。

接過 AVM 和 OVM 的接力棒，UVM 被開發為一個開放原始碼的 SystemVerilog 函式庫，旨在使其可以在任何支援 IEEE 1800 SystemVerilog 標準的 EDA 模擬平臺上執行——此舉旨在促進模擬驗證平臺形成一個統一的生態環境。如今，基於 UVM 的 VIP 及 UVM 的模擬環境可以在不同 EDA 模擬平臺之間輕鬆遷移。擁有業界標準方法帶來了許多優勢，其中最重要的是驗證團隊可以專注於開發驗證環境和測試用例，而不必從頭開始開發基於專案或公司的方法和測試平臺基礎設施，從而大大提升了效率。

而在驗證實際工作場景中，存在著諸多需要解決的工程問題，因此本書基於晶片驗證中廣泛使用的 UVM 驗證方法學，舉出了針對具體問題的解決方法以供相關工程技術人員或相關專業在校生參考和學習。

本書內容

本書是基於 UVM 驗證方法學的針對晶片驗證實際工程場景的技術專題工具書，包括對多種實際問題場景下的解決專題，推薦作為 UVM 的進階教材進行學習。

第 1 章介紹可重用的 UVM 驗證環境，舉出了架設可重用環境的想法和方法。

第 2~4 章介紹待測設計 (DUT) 與測試平臺連接的方法。

第 5 章介紹在測試平臺中進行配置物件的快速配置和傳遞的方法。

第 6 章對 reactive slave 方式驗證舉出了分析和驗證環境架設的方法。

第 7 章和第 8 章介紹對於激勵控制的方法。

第 9 章和第 10 章介紹對於記分板的快速實現方法。

第 11 章介紹對於固定延遲輸出結果的 RTL 介面訊號的監測方法。

第 12 章介紹監測和控制 DUT 內部訊號的方法。

第 13 章介紹向基於 UVM 的驗證環境中傳遞設計參數的方法。

第 14 章介紹驗證平臺和設計之間連接整合的改進方法。

第 15 章和第 16 章介紹事務級資料的偵錯追蹤和對 layered protocol 設計驗證的簡便方法。

第 17 章介紹應用於 VIP 的存取者模式方法。

第 18 章介紹設置 UVM 目標 phase 的額外等待時間的方法。

第 19 章介紹基於 UVM 驗證平臺的模擬結束機制。

第 20 章介紹記分板和斷言檢查相結合的驗證方法。

第 21 章介紹支援錯誤注入測試的驗證平臺的架設方法。

第 22 章介紹一種基於 bind 的 ECC 儲存注錯測試方法。

第 23 章介紹在驗證環境中使用列舉型態變數的改進方法。

第 24 章和第 25 章介紹基於 UVM 的 SVA 封裝、偵錯和控制的方法。

第 26~28 章介紹多種對於晶片重置的測試方法。

第 29 章介紹對參數化類別的壓縮處理方法。

第 30 章介紹基於 UVM 的中斷處理方法。

第 31 章和第 32 章介紹提高覆蓋率程式的可重用方法。

第 33~36 章介紹基於 UVM 的多種場景下的隨機約束方法。

第 37 章介紹支援動態位址映射的暫存器建模方法。

第 38 章和第 39 章介紹對暫存器突發存取的建模方法。

第 40 章介紹對於暫存器間接存取的建模方法。

第 41 章介紹對於 UVM 儲存建模的最佳化方法。

第 42 章介紹對片上儲存空間動態管理的方法。

第 43 章介紹簡便靈活的暫存器覆蓋率統計收集方法。

第 44 章模擬真實環境下暫存器重配置驗證的方法。

第 45 章介紹在 UVM 環境中使用 C 語言對暫存器進行讀寫存取的方法。

第 46 章介紹提高對暫存器模型建模程式可讀性的方法。

第 47 章介紹相容 UVM 的供應商儲存 IP 的後門存取方法。

第 48 章介紹應用於晶片領域的程式倉庫管理方法。

第 49 章介紹 DPI 多執行緒模擬加速的方法。

第 50 章介紹基於 UVM 驗證平臺的硬體模擬加速技術。

本書特色

（1）不同於帶領讀者學習 UVM 的基礎用法，本書分為多個專題，每個專題專注於解決一種晶片驗證場景下的工程問題，相關技術工程師可以快速參考並複現解決想法和步驟，實用性強。

（2）本書詳細描述了每個專題要解決的問題、背景、解決的想法、基本原理和步驟，並舉出了範例程式以供參考。

目標讀者

（1）具備一定基礎的相關專業的在校大學生。

（2）相關領域的技術工程人員。

學習建議

（1）本書由一個個較為獨立的技術專題組成，需要讀者具備一定的技術基礎，包括 SystemVerilog、UVM 及一些硬體常識。

（2）可以按照章節順序進行學習，也可根據興趣或實際專案需要選擇部分章節進行學習。

（3）本書中的程式範例部分，有部分程式是虛擬程式碼，僅作為範例進行講解，需要讀者在理解的基礎上自行進行專案實踐應用，以應對不同專案中存在的技術問題。掃描目錄上方二維碼可下載本書原始程式。

由於編者水準有限，本書難免存在不足之處，懇請讀者給予批評指正。

編者
2024 年 1 月

目錄

第 1 章　可重用的 UVM 驗證環境

1.1　背景技術方案及缺陷 1-1
1.1.1　現有方案 1-1
1.1.2　主要缺陷 1-2
1.2　解決的技術問題 1-3
1.3　提供的技術方案 1-3
1.3.1　結構 1-4
1.3.2　原理 1-5
1.3.3　優點 1-8
1.3.4　具體步驟 1-8

第 2 章　interface 快速宣告、連接和配置傳遞的方法

2.1　背景技術方案及缺陷 2-1
2.1.1　現有方案 2-1
2.1.2　主要缺陷 2-2
2.2　解決的技術問題 2-2
2.3　提供的技術方案 2-3
2.3.1　結構 2-3
2.3.2　原理 2-4
2.3.3　優點 2-9
2.3.4　具體步驟 2-10

第 3 章　在可重用驗證環境中連接 interface 的方法

3.1　背景技術方案及缺陷 3-1
3.1.1　現有方案 3-1
3.1.2　主要缺陷 3-1

3.2 解決的技術問題 3-2
3.3 提供的技術方案 3-2
3.3.1 結構 3-2
3.3.2 原理 3-2
3.3.3 優點 3-3
3.3.4 具體步驟 3-4

第 4 章 支援結構通訊埠資料型態的連接 interface 的方法 1
4.1 背景技術方案及缺陷 4-1
4.1.1 現有方案 4-1
4.1.2 主要缺陷 4-1
4.2 解決的技術問題 4-2
4.3 提供的技術方案 4-2
4.3.1 結構 4-2
4.3.2 原理 4-2
4.3.3 優點 4-3
4.3.4 具體步驟 4-4

第 5 章 快速配置和傳遞驗證環境中配置物件的方法
5.1 背景技術方案及缺陷 5-1
5.1.1 現有方案 5-1
5.1.2 主要缺陷 5-1
5.2 解決的技術問題 5-2
5.3 提供的技術方案 5-2
5.3.1 結構 5-2
5.3.2 原理 5-3
5.3.3 優點 5-7
5.3.4 具體步驟 5-7

第 6 章 對採用 reactive slave 方式驗證的改進方法
6.1 背景技術方案及缺陷 6-1

	6.1.1	現有方案	6-1
	6.1.2	主要缺陷	6-5
6.2	解決的技術問題		6-5
6.3	提供的技術方案		6-5
	6.3.1	結構	6-5
	6.3.2	原理	6-6
	6.3.3	優點	6-6
	6.3.4	具體步驟	6-6

第 7 章　應用 sequence 回饋機制的激勵控制方法

7.1	背景技術方案及缺陷		7-1
	7.1.1	現有方案	7-1
	7.1.2	主要缺陷	7-2
7.2	解決的技術問題		7-3
7.3	提供的技術方案		7-3
	7.3.1	結構	7-3
	7.3.2	原理	7-4
	7.3.3	優點	7-5
	7.3.4	具體步驟	7-6

第 8 章　應用 uvm_tlm_analysis_fifo 的激勵控制方法

8.1	背景技術方案及缺陷		8-1
	8.1.1	現有方案	8-1
	8.1.2	主要缺陷	8-1
8.2	解決的技術問題		8-1
8.3	提供的技術方案		8-2
	8.3.1	結構	8-2
	8.3.2	原理	8-2
	8.3.3	優點	8-3
	8.3.4	具體步驟	8-3

第 9 章 快速建立 DUT 替代模型的記分板標準方法

- 9.1 背景技術方案及缺陷 9-1
  - 9.1.1 現有方案 9-1
  - 9.1.2 主要缺陷 9-1
- 9.2 解決的技術問題 9-2
- 9.3 提供的技術方案 9-2
  - 9.3.1 結構 9-2
  - 9.3.2 原理 9-3
  - 9.3.3 優點 9-4
  - 9.3.4 具體步驟 9-4

第 10 章 支援亂序比較的記分板的快速實現方法

- 10.1 背景技術方案及缺陷 10-1
  - 10.1.1 現有方案 10-1
  - 10.1.2 主要缺陷 10-1
- 10.2 解決的技術問題 10-2
- 10.3 提供的技術方案 10-2
  - 10.3.1 結構 10-2
  - 10.3.2 原理 10-3
  - 10.3.3 優點 10-5
  - 10.3.4 具體步驟 10-5

第 11 章 對固定延遲輸出結果的 RTL 介面訊號的 monitor 的簡便方法

- 11.1 背景技術方案及缺陷 11-1
  - 11.1.1 現有方案 11-1
  - 11.1.2 主要缺陷 11-3
- 11.2 解決的技術問題 11-4
- 11.3 提供的技術方案 11-4
  - 11.3.1 結構 11-4
  - 11.3.2 原理 11-4
  - 11.3.3 優點 11-5

第 12 章 監測和控制 DUT 內部訊號的方法

12.1 背景技術方案及缺陷 12-1
    12.1.1 現有方案 12-1
    12.1.2 主要缺陷 12-3
12.2 解決的技術問題 12-3
12.3 提供的技術方案 12-3
    12.3.1 結構 12-3
    12.3.2 原理 12-4
    12.3.3 優點 12-4
    12.3.4 具體步驟 12-5

第 13 章 向 UVM 驗證環境中傳遞設計參數的方法

13.1 背景技術方案及缺陷 13-1
    13.1.1 現有方案 13-1
    13.1.2 主要缺陷 13-2
13.2 解決的技術問題 13-4
13.3 提供的技術方案 13-4
    13.3.1 結構 13-4
    13.3.2 原理 13-6
    13.3.3 優點 13-6
    13.3.4 具體步驟 13-7

第 14 章 對設計與驗證平臺連接整合的改進方法

14.1 背景技術方案及缺陷 14-1
    14.1.1 現有方案 14-1
    14.1.2 主要缺陷 14-3
14.2 解決的技術問題 14-3
14.3 提供的技術方案 14-4
    14.3.1 結構 14-4

11.3.4 具體步驟 11-5

14.3.2　原理 14-4

　　　14.3.3　優點 14-5

　　　14.3.4　具體步驟 14-5

第 15 章　應用於路由類別模組設計的 transaction 偵錯追蹤和控制的方法

　15.1　背景技術方案及缺陷 15-1

　　　15.1.1　現有方案 15-1

　　　15.1.2　主要缺陷 15-3

　15.2　解決的技術問題 15-4

　15.3　提供的技術方案 15-4

　　　15.3.1　結構 15-4

　　　15.3.2　原理 15-5

　　　15.3.3　優點 15-6

　　　15.3.4　具體步驟 15-7

第 16 章　使用 UVM sequence item 對包含 layered protocol 的 RTL 設計進行驗證的簡便方法

　16.1　背景技術方案及缺陷 16-1

　　　16.1.1　現有方案 16-1

　　　16.1.2　主要缺陷 16-3

　16.2　解決的技術問題 16-3

　16.3　提供的技術方案 16-3

　　　16.3.1　結構 16-3

　　　16.3.2　原理 16-4

　　　16.3.3　優點 16-4

　　　16.3.4　具體步驟 16-5

第 17 章　應用於 VIP 的存取者模式方法

　17.1　背景技術方案及缺陷 17-1

　　　17.1.1　現有方案 17-1

　　　17.1.2　主要缺陷 17-4

17.2 解決的技術問題 17-5
17.3 提供的技術方案 17-5
    17.3.1 結構 17-5
    17.3.2 原理 17-6
    17.3.3 優點 17-6
    17.3.4 具體步驟 17-7

第 18 章 設置 UVM 目標 phase 的額外等待時間的方法

18.1 背景技術方案及缺陷 18-1
    18.1.1 現有方案 18-1
    18.1.2 主要缺陷 18-4
18.2 解決的技術問題 18-5
18.3 提供的技術方案 18-5
    18.3.1 結構 18-5
    18.3.2 原理 18-6
    18.3.3 優點 18-6
    18.3.4 具體步驟 18-6

第 19 章 基於 UVM 驗證平臺的模擬結束機制

19.1 背景技術方案及缺陷 19-1
    19.1.1 現有方案 19-1
    19.1.2 主要缺陷 19-1
19.2 解決的技術問題 19-2
19.3 提供的技術方案 19-2
    19.3.1 結構 19-2
    19.3.2 原理 19-2
    19.3.3 優點 19-4
    19.3.4 具體步驟 19-4

第 20 章 記分板和斷言檢查相結合的驗證方法

20.1 背景技術方案及缺陷 20-1

        20.1.1　現有方案 20-1

        20.1.2　主要缺陷 20-3

  20.2　解決的技術問題 20-3

  20.3　提供的技術方案 20-4

        20.3.1　結構 20-4

        20.3.2　原理 20-4

        20.3.3　優點 20-5

        20.3.4　具體步驟 20-5

第 21 章　支援錯誤注入驗證測試的驗證平臺

  21.1　背景技術方案及缺陷 21-1

        21.1.1　現有方案 21-1

        21.1.2　主要缺陷 21-1

  21.2　解決的技術問題 21-2

  21.3　提供的技術方案 21-2

        21.3.1　結構 21-2

        21.3.2　原理 21-2

        21.3.3　優點 21-3

        21.3.4　具體步驟 21-3

第 22 章　一種基於 bind 的 ECC 儲存注錯測試方法

  22.1　背景技術方案及缺陷 22-1

        22.1.1　現有方案 22-1

        22.1.2　主要缺陷 22-3

  22.2　解決的技術問題 22-3

  22.3　提供的技術方案 22-4

        22.3.1　結構 22-4

        22.3.2　原理 22-4

        22.3.3　優點 22-5

        22.3.4　具體步驟 22-5

第 23 章 在驗證環境中更優的列舉型態變數的宣告使用方法

23.1 背景技術方案及缺陷 23-1
    23.1.1 現有方案 23-1
    23.1.2 主要缺陷 23-3

23.2 解決的技術問題 23-4

23.3 提供的技術方案 23-4
    23.3.1 結構 23-4
    23.3.2 原理 23-5
    23.3.3 優點 23-5
    23.3.4 具體步驟 23-5

第 24 章 基於 UVM 方法學的 SVA 封裝方法

24.1 背景技術方案及缺陷 24-1
    24.1.1 現有方案 24-1
    24.1.2 主要缺陷 24-5

24.2 解決的技術問題 24-5

24.3 提供的技術方案 24-6
    24.3.1 結構 24-6
    24.3.2 原理 24-7
    24.3.3 優點 24-7
    24.3.4 具體步驟 24-7

第 25 章 增強對 SVA 偵錯和控制的方法

25.1 背景技術方案及缺陷 25-1
    25.1.1 現有方案 25-1
    25.1.2 主要缺陷 25-1

25.2 解決的技術問題 25-2

25.3 提供的技術方案 25-2
    25.3.1 結構 25-2
    25.3.2 原理 25-3

25.3.3 優點 25-4
25.3.4 具體步驟 25-4

第 26 章 針對晶片重置測試場景下的驗證框架

26.1 背景技術方案及缺陷 26-1
    26.1.1 現有方案 26-1
    26.1.2 主要缺陷 26-2
26.2 解決的技術問題 26-3
26.3 提供的技術方案 26-3
    26.3.1 結構 26-3
    26.3.2 原理 26-3
    26.3.3 優點 26-6
    26.3.4 具體步驟 26-6

第 27 章 採用事件觸發的晶片重置測試方法

27.1 背景技術方案及缺陷 27-1
    27.1.1 現有方案 27-1
    27.1.2 主要缺陷 27-1
27.2 解決的技術問題 27-2
27.3 提供的技術方案 27-2
    27.3.1 結構 27-2
    27.3.2 原理 27-2
    27.3.3 優點 27-3
    27.3.4 具體步驟 27-3

第 28 章 支援多空間域的晶片重置測試方法

28.1 背景技術方案及缺陷 28-1
    28.1.1 現有方案 28-1
    28.1.2 主要缺陷 28-1
28.2 解決的技術問題 28-1
28.3 提供的技術方案 28-2
    28.3.1 結構 28-2

28.3.2　原理 28-2

　　　28.3.3　優點 28-2

　　　28.3.4　具體步驟 28-3

第 29 章　對參數化類別的壓縮處理技術

　29.1　背景技術方案及缺陷 29-1

　　　29.1.1　現有方案 29-1

　　　29.1.2　主要缺陷 29-5

　29.2　解決的技術問題 29-8

　29.3　提供的技術方案 29-8

　　　29.3.1　結構 29-8

　　　29.3.2　原理 29-8

　　　29.3.3　優點 29-9

　　　29.3.4　具體步驟 29-9

第 30 章　基於 UVM 的中斷處理技術

　30.1　背景技術方案及缺陷 30-1

　　　30.1.1　現有方案 30-1

　　　30.1.2　主要缺陷 30-2

　30.2　解決的技術問題 30-3

　30.3　提供的技術方案 30-3

　　　30.3.1　結構 30-3

　　　30.3.2　原理 30-3

　　　30.3.3　優點 30-7

　　　30.3.4　具體步驟 30-7

第 31 章　實現覆蓋率收集程式重用的方法

　31.1　背景技術方案及缺陷 31-1

　　　31.1.1　現有方案 31-1

　　　31.1.2　主要缺陷 31-4

　31.2　解決的技術問題 31-4

31.3 提供的技術方案 31-4
31.3.1 結構 31-4
31.3.2 原理 31-5
31.3.3 優點 31-5
31.3.4 具體步驟 31-5

第 32 章 對實現覆蓋率收集程式重用方法的改進
32.1 背景技術方案及缺陷 32-1
32.1.1 現有方案 32-1
32.1.2 主要缺陷 32-1
32.2 解決的技術問題 32-2
32.3 提供的技術方案 32-2
32.3.1 結構 32-2
32.3.2 原理 32-2
32.3.3 優點 32-3
32.3.4 具體步驟 32-3

第 33 章 針對相互依賴的成員變數的隨機約束方法
33.1 背景技術方案及缺陷 33-1
33.1.1 現有方案 33-1
33.1.2 主要缺陷 33-4
33.2 解決的技術問題 33-4
33.3 提供的技術方案 33-5
33.3.1 結構 33-5
33.3.2 原理 33-5
33.3.3 優點 33-6
33.3.4 具體步驟 33-7

第 34 章 對隨機約束區塊的控制管理及重用的方法
34.1 背景技術方案及缺陷 34-1
34.1.1 現有方案 34-1

   34.1.2 主要缺陷 34-4

 34.2 解決的技術問題 34-5

 34.3 提供的技術方案 34-5

   34.3.1 結構 34-5

   34.3.2 原理 34-7

   34.3.3 優點 34-7

   34.3.4 具體步驟 34-7

第 35 章 隨機約束和覆蓋組同步技術

 35.1 背景技術方案及缺陷 35-1

   35.1.1 現有方案 35-1

   35.1.2 主要缺陷 35-4

 35.2 解決的技術問題 35-5

 35.3 提供的技術方案 35-5

   35.3.1 結構 35-5

   35.3.2 原理 35-6

   35.3.3 優點 35-6

   35.3.4 具體步驟 35-6

第 36 章 在隨機約束物件中實現多重繼承的方法

 36.1 背景技術方案及缺陷 36-1

   36.1.1 現有方案 36-1

   36.1.2 主要缺陷 36-3

 36.2 解決的技術問題 36-4

 36.3 提供的技術方案 36-4

   36.3.1 結構 36-4

   36.3.2 原理 36-4

   36.3.3 優點 36-5

   36.3.4 具體步驟 36-5

第 37 章 支援動態位址映射的暫存器建模方法

37.1 背景技術方案及缺陷 37-1
    37.1.1 現有方案 37-1
    37.1.2 主要缺陷 37-3
37.2 解決的技術問題 37-4
37.3 提供的技術方案 37-4
    37.3.1 結構 37-4
    37.3.2 原理 37-4
    37.3.3 優點 37-4
    37.3.4 具體步驟 37-5

第 38 章 對暫存器突發存取的建模方法

38.1 背景技術方案及缺陷 38-1
    38.1.1 現有方案 38-1
    38.1.2 主要缺陷 38-2
38.2 解決的技術問題 38-2
38.3 提供的技術方案 38-2
    38.3.1 結構 38-2
    38.3.2 原理 38-3
    38.3.3 優點 38-5
    38.3.4 具體步驟 38-5

第 39 章 基於 UVM 儲存模型的暫存器突發存取的建模方法

39.1 背景技術方案及缺陷 39-1
    39.1.1 現有方案 39-1
    39.1.2 主要缺陷 39-1
39.2 解決的技術問題 39-1
39.3 提供的技術方案 39-2
    39.3.2 原理 39-2
    39.3.3 優點 39-4
    39.3.4 具體步驟 39-4

第 40 章 暫存器間接存取的驗證模型實現框架

- 40.1 背景技術方案及缺陷 40-1
  - 40.1.1 現有方案 40-1
  - 40.1.2 主要缺陷 40-3
- 40.2 解決的技術問題 40-3
- 40.3 提供的技術方案 40-3
  - 40.3.1 結構 40-3
  - 40.3.2 原理 40-4
  - 40.3.3 優點 40-5
  - 40.3.4 具體步驟 40-5

第 41 章 基於 UVM 的儲存建模最佳化方法

- 41.1 背景技術方案及缺陷 41-1
  - 41.1.1 現有方案 41-1
  - 41.1.2 主要缺陷 41-3
- 41.2 解決的技術問題 41-4
- 41.3 提供的技術方案 41-4
  - 41.3.1 結構 41-4
  - 41.3.2 原理 41-4
  - 41.3.3 優點 41-5
  - 41.3.4 具體步驟 41-6

第 42 章 對片上儲存空間動態管理的方法

- 42.1 背景技術方案及缺陷 42-1
  - 42.1.1 現有方案 42-1
  - 42.1.2 主要缺陷 42-4
- 42.2 解決的技術問題 42-7
- 42.3 提供的技術方案 42-7
  - 42.3.1 結構 42-7
  - 42.3.2 原理 42-8
  - 42.3.3 優點 42-14

第 43 章　簡便且靈活的暫存器覆蓋率統計收集方法

	42.3.4	具體步驟 42-15
	42.3.5	演算法性能測試 42-16
	42.3.6	備註 42-17

43.1 背景技術方案及缺陷 43-1
  43.1.1　現有方案 43-1
  43.1.2　主要缺陷 43-5
43.2 解決的技術問題 43-5
43.3 提供的技術方案 43-5
  43.3.1　結構 43-5
  43.3.2　原理 43-6
  43.3.3　優點 43-7
  43.3.4　具體步驟 43-7

第 44 章　模擬真實環境下的暫存器重配置的方法

44.1 背景技術方案及缺陷 44-1
  44.1.1　現有方案 44-1
  44.1.2　主要缺陷 44-2
44.2 解決的技術問題 44-3
44.3 提供的技術方案 44-3
  44.3.1　結構 44-3
  44.3.2　原理 44-3
  44.3.3　優點 44-4
  44.3.4　具體步驟 44-4

第 45 章　使用 C 語言對 UVM 環境中暫存器的讀寫存取方法

45.1 背景技術方案及缺陷 45-1
  45.1.1　現有方案 45-1
  45.1.2　主要缺陷 45-1
45.2 解決的技術問題 45-2

45.3 提供的技術方案 45-2
45.3.1 結構 45-2
45.3.2 原理 45-3
45.3.3 優點 45-3
45.3.4 具體步驟 45-4

第 46 章 提高對暫存器模型建模程式可讀性的方法

46.1 背景技術方案及缺陷 46-1
46.1.1 現有方案 46-1
46.1.2 主要缺陷 46-3
46.2 解決的技術問題 46-4
46.3 提供的技術方案 46-4
46.3.1 結構 46-4
46.3.2 原理 46-4
46.3.3 優點 46-5
46.3.4 具體步驟 46-5

第 47 章 相容 UVM 的供應商儲存 IP 的後門存取方法

47.1 背景技術方案及缺陷 47-1
47.1.1 現有方案 47-1
47.1.2 主要缺陷 47-7
47.2 解決的技術問題 47-8
47.3 提供的技術方案 47-8
47.3.1 結構 47-8
47.3.2 原理 47-9
47.3.3 優點 47-10
47.3.4 具體步驟 47-10
47.3.5 備註 47-13

第 48 章 應用於晶片領域的程式倉庫管理方法

48.1 背景技術方案及缺陷 48-1

48.1.1 現有方案 48-1
　　　48.1.2 主要缺陷 48-3
　48.2 解決的技術問題 48-4
　48.3 提供的技術方案 48-4
　　　48.3.1 結構 48-4
　　　48.3.2 原理 48-5
　　　48.3.3 優點 48-7
　　　48.3.4 具體步驟 48-7

第 49 章　DPI 多執行緒模擬加速技術

　49.1 背景技術方案及缺陷 49-1
　　　49.1.1 現有方案 49-1
　　　49.1.2 主要缺陷 49-3
　49.2 解決的技術問題 49-4
　49.3 提供的技術方案 49-4
　　　49.3.1 結構 49-4
　　　49.3.2 原理 49-5
　　　49.3.3 優點 49-5
　　　49.3.4 具體步驟 49-5

第 50 章　基於 UVM 驗證平臺的硬體模擬加速技術

　50.1 背景技術方案及缺陷 50-1
　　　50.1.1 現有方案 50-1
　　　50.1.2 主要缺陷 50-1
　50.2 解決的技術問題 50-2
　50.3 提供的技術方案 50-2
　　　50.3.1 結構 50-2
　　　50.3.2 原理 50-2
　　　50.3.3 優點 50-4
　　　50.3.4 具體步驟 50-4

第 1 章
可重用的 UVM 驗證環境

1.1 背景技術方案及缺陷

1.1.1 現有方案

通常驗證開發人員在對 RTL 進行驗證時，廣泛使用的驗證方法學是 UVM(Universal Verification Methodology)，它是一套基於 TLM(Transaction-level Methodology) 通訊開發的驗證平臺。簡單來說，它是一個類別庫檔案，可以幫助驗證開發人員很容易地架設可配置可重用的驗證環境。這套方法學已經把很多底層的介面封裝成了一個個物件，開發者只需按照語法規則來使用即可。

一個基於 UVM 驗證平臺的典型架構，如圖 1-1 所示。

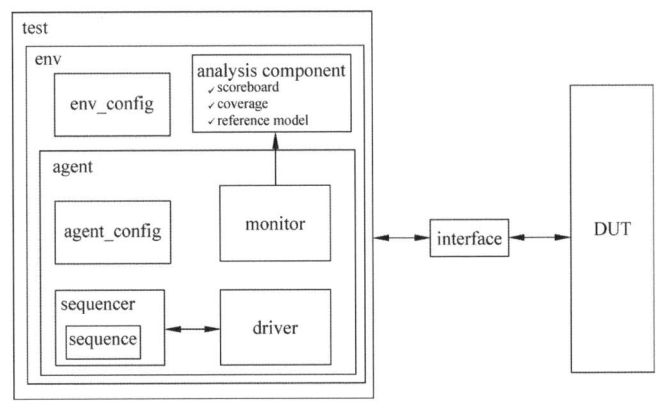

▲圖 1-1 UVM 驗證平臺的典型架構

圖中中英文對照如下：

- test 測試用例
- env 驗證環境
- agent 代理
- agent_config 代理配置
- sequencer 序列器
- sequence 序列
- analysis component 分析元件
- monitor 監測器
- driver 驅動器
- interface 介面
- DUT 待測設計

理論上只有 UVM 的 agent、scoreboard 和基本的 transaction 及包含測試內容的 sequence 和 sequence library 需要修改，其他的程式幾乎可以被重用。

這套 UVM 驗證方法學，不僅使程式得以重用，還規範了 SystemVerilog 程式撰寫的框架，使程式易於理解和維護。

1.1.2 主要缺陷

雖然 UVM 驗證方法學在一定程度上提升了程式的再使用性、易讀性和可維護性，但是在使用該方法學來做實際的專案時，尤其是驗證團隊對於比較複雜的 RTL 進行驗證時，存在以下一些缺陷：

(1) 需要手動去撰寫一個個組件或物件類別檔案，費時費力。

(2) 雖然已經有了一套 UVM 框架，但團隊中每個人的程式書寫習慣存在差異，當出現問題時還是較難定位。

(3) 當對複雜 RTL 驗證時，需要將已有的程式進行重用，但是由於沒有遵照統一的可重用結構，所以實際上可重用的過程存在諸多問題。

以上缺陷影響了專案推進的進度。

1.2 解決的技術問題

解決 1.1.2 節提到的缺陷問題,並且實現以下目標:

(1) 快速使用 UVM 架設可重用的驗證環境,提升開發效率。

(2) 規範 UVM 開發框架,方便團隊協作和專案管理。

進一步提升程式的再使用性、易讀性及可維護性,從而提升效率,加快專案推進的進度。

1.3 提供的技術方案

實現想法如下:

(1) 利用指令稿提取適合目標專案的可重用的驗證環境的基本框架,以盡可能地減少具有通用性和重複性的開發工作,從而提升開發效率。

(2) 由於在一個複雜的 RTL 設計中還有各種各樣的子設計模組,因此指令稿生成的這套可重用的驗證環境需要充分考慮到通用性、相容性及好用性,並且需要提供簡明的使用說明文檔。

原先的 UVM 使用過程示意圖如圖 1-2 所示。

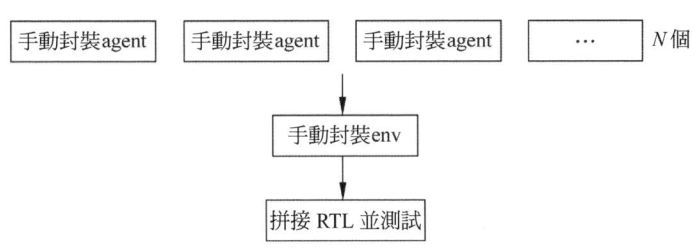

▲圖 1-2 原先的 UVM 使用過程示意圖

此時所有的程式都由手工撰寫完成。

提供技術方案的 UVM 使用過程示意圖如圖 1-3 所示。

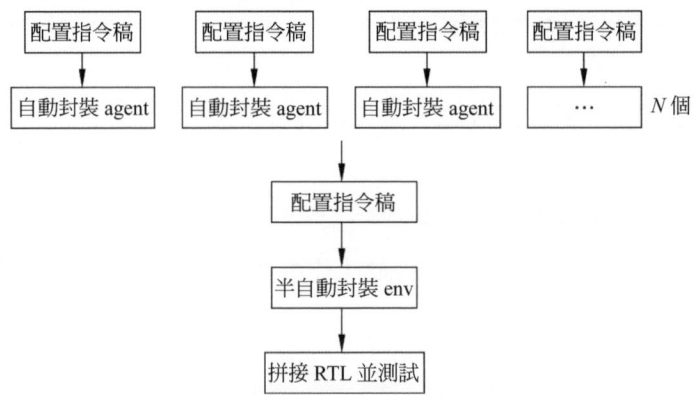

▲ 圖 1-3 本章節方案的 UVM 使用過程示意圖

　　此時會先透過簡單地配置一下指令稿來自動將同一組介面訊號封裝成 agent，然後透過配置指令稿來半自動地完成對頂層 env 的封裝。這裡的半自動指的是只會幫助完成對底層 agent 的宣告實體化及一些範本類別檔案框架的撰寫，其中 reference model 及分析元件等留給使用者根據具體的 RTL 設計模組來撰寫，但也已經比原先方式的效率提升很多。

　　所以理論上透過配置指令稿可以實現對原先 UVM 驗證環境的封裝、規範和自動化，從而大大提升開發效率，加快專案進度。

注意：這裡幾乎不需要手寫一行程式，這是基於以下兩筆原則進行的。
(1) 僅對單方向輸入 / 輸出通訊埠進行 interface 建模且 RTL 的前序模組和後序模組的交接 interface 部分應該盡可能「乾淨」的原則。
(2) 對於各自負責前序模組和後序模組的驗證人員來講，兩邊可以互不影響地進行驗證平臺的開發。

　　對於輸入 / 輸出通訊埠需要在同一個 interface 中實現的情況，需要手動修改 Clocking block 中的資料成員。另外對於一些時序要求較為複雜的 interface，也可以對指令稿自動生成後的 agent 裡的元件進行手動修改封裝以適應專案需求。

1.3.1 結構

　　指令稿主要分為兩部分：

(1) 對指令稿進行配置，從而產生 protocol UVC，用於將 interface 封裝成 agent。

(2) 對指令稿進行配置，從而產生 layered UVC，用於實體化包含上一步產生的 protocol UVC 及其他的 layered UVC，從而實現對已有程式的重用。

整體結構示意圖如圖 1-4 所示。

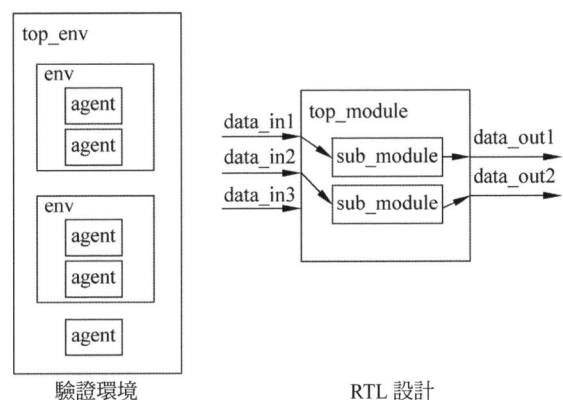

▲圖 1-4 可重用 UVM 驗證環境與 RTL 設計的示意圖

圖 1-4 中左邊為驗證環境的結構，右邊為所對應的 RTL 設計的結構，兩者的對應關係如下：

(1) agent 與 interface 一一對應，例如左邊的 agent 對應於右邊的 data_in 和 data_out。

(2) env 與 sub_module 一一對應，例如左邊的 env 對應於右邊的 sub_module。

透過類似 RTL 層層實體化的方式，可以利用指令稿架設起可重用的驗證環境。

1.3.2 原理

首先來對 RTL 設計模組的行為功能進行抽象，如圖 1-5 所示。

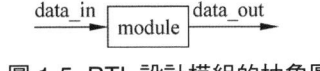

▲圖 1-5 RTL 設計模組的抽象圖

由圖 1-5 會發現每個 RTL 設計模組都由以下三部分組成：

(1) 輸入端介面，用於獲取外部的輸入激勵，如圖 1-5 所示的 data_in。

(2) 行為功能，用於對輸入激勵進行相應的邏輯運算，如圖 1-5 所示的 module 模組內部的運算邏輯 (包括組合和時序邏輯電路)。

(3) 輸出端介面，用來將運算後的結果輸出，如圖 1-5 所示的 data_out。

再對基於 TLM 通訊的可重用 UVM 驗證環境的結構進行
分析，然後主要對上述 3 個抽象的部分進行建模：

(1) 輸入端介面，可以將 interface 封裝成 agent 來建模。

(2) 行為功能，可以用 reference model 來建模。

(3) 輸出端介面，同樣可以將 interface 封裝成 agent 來建模。

如果還是以上述 RTL 設計為例，則通常驗證開發人員使用 UVM 架設的相應的驗證環境的結構類似下面這樣，如圖 1-6 所示。

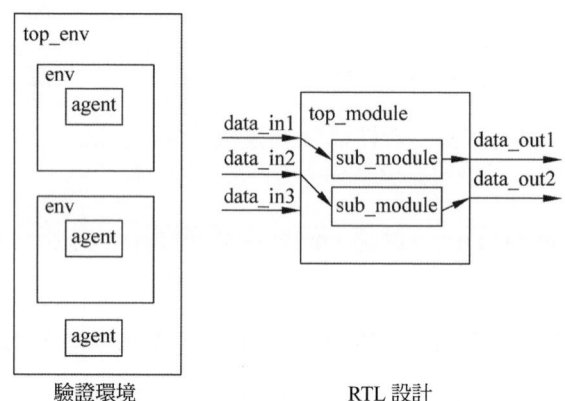

▲圖 1-6 常見的可重用 UVM 驗證環境與 RTL 設計的示意圖

但要注意此時左邊的驗證環境中的 agent 將包括輸入和輸出端 interface，以及對應的 driver、monitor 和 sequencer。

此時至少需要手動撰寫以下的類別檔案：

- interface
- transaction
- monitor

- driver
- sequencer
- agent
- config
- sequence
- reference model
- 分析元件及其他一些測試環境所需要的類別

可以看到,這裡需要手動撰寫的類別檔案非常多,而且輸入/輸出端介面的程式混合到了一起,程式在寫法上還是相對比較自由的,不利於在更頂層的驗證環境中進行程式的重用。

因此,需要來對上面的類別檔案進行分層,將 interface 獨立封裝成 agent,此時該 agent 不涉及具體模組的行為功能。

那麼透過配置指令稿可以生成 protocol UVC 對應的類別檔案,即將 interface 封裝成 agent 相連結的 class:

- interface
- transaction
- monitor
- driver
- sequencer
- agent
- agent_config
- sequence

然後透過配置指令稿可以生成 layered UVC 對應的類別檔案,即將行為功能和分析元件及上述 protocol UVC 封裝成 env 相連結的 class:

- env
- env_config
- reference model
- 分析元件及其他一些測試環境所需要的類別

1.3.3 優點

透過配置 protocol UVC 和 layered UVC 的指令檔,最終實現了以下幾點。

(1) 幾乎不需要修改任何一行程式就可以實現對 interface 的封裝,即將其封裝成 agent,那麼不再需要去手動撰寫相應的 driver、monitor、sequencer 等類別了,並且可以很容易地對其 agent 封裝進行重用。只要配置好相應的 active 模式,還可以靈活地對 sequence 和 sequence library 實現程式重用,基本解決了需要手動去撰寫一個個元件或物件類別檔案導致的費時費力的問題。

(2) 在已有的 UVM 驗證方法學框架的基礎上,透過配置指令稿實現了對原有框架的二次封裝,對使用 UVM 進行了進一步的團隊規範和統一,從而盡可能地減少了由於團隊成員程式書寫習慣的差異而導致的專案管理中出現的偵錯困難的問題。

(3) 由於透過配置指令稿已經規範好了 UVM 的驗證環境,因此團隊成員之間進行相互溝通及配合會更加流暢,程式的可重用也會更加容易。

因此可以大大提升開發人員的工作效率,造成加速專案進度的作用,從而保證晶片專案的流片時間。

1.3.4 具體步驟

第 1 步,生成 protocol UVC,即透過配置 .yml 指令檔實現對 interface 的自動封裝 (封裝為 agent)。

.yml 指令檔的大致內容如下:

```
//xxx.yml 檔案
name : xxx
fields :
    -
      name: field1_name
      width : num1
    -
      name: field2_name
      width : num2
    -
      ...
```

由於這裡主要是對 interface 進行封裝，所以需要配置 interface 上的資料成員和位元寬度，如果位元寬度 width 為參數，則需要支援傳遞位元寬度 width 為字串類型。

配置完成後，透過 Python 指令碼命令實現對 protocol UVC 的自動生成，例如可以透過以下命令實現。

```
env_gen xxx.yml /protocol_uvc/xxx_folder_path
```

這樣就可以在上述 xxx_folder_path 下生成以下的 agent 封裝檔案，其檔案目錄結構如下：

```
|--xxx_folder_path
   |-- xxx_uvc_interface.svh
   |-- xxx_uvc_trans.svh
   |-- xxx_uvc_sequence.svh
   |-- xxx_uvc_driver.svh
   |-- xxx_uvc_monitor.svh
   |-- xxx_uvc_sequencer.svh
   |-- xxx_uvc_agent_config.svh
   |-- xxx_uvc_agent.svh
   |-- xxx_uvc_pkg.sv
   |-- xxx_uvc_desc.yml
```

上述封裝好的 class 檔案有一些要點。

(1) interface 中需要使用 clocking block 來盡可能地避免模擬過程中可能發生的競爭冒險。

在理想情況下會在圖中兩條虛線處進行驅動或採樣，從而盡可能地避免競爭冒險，如圖 1-7 所示。

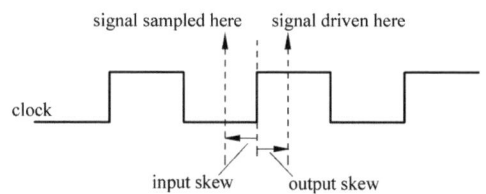

▲圖 1-7 在帶時鐘偏斜的上昇緣處採樣和驅動的時序圖

圖中中英文對照如下：

- clock 時鐘
- signal sampled here 表示在此處採樣
- signal driven here 表示在此處驅動
- input skew 輸入偏斜
- output skew 輸出偏斜

SystemVerilog 考慮到了這一點，可以參考暫存器時序邏輯執行的方式，即對所有的輸出端都進行暫存，以此來盡可能地避免驗證環境中的競爭冒險。因為畢竟建立時間和持續時間等時序方面的驗證不該由功能驗證人員來負責，即在預設情況下，功能驗證人員要假定該 RTL 將來綜合後的電路在時序上沒有問題，因此需要利用 Clocking blocks 來建構一個理想的驅動和採樣 interface 的環境，程式如下：

```
interface xxx_if (input clk,input rst);
    logic [num1-1:0] field1_name;
    logic [num2-1:0] field2_name;
    ...

    clocking drv @(posedge clk iff(!rst));
        default input #1step output `Tdrive;
        output field1_name;
        output field2_name;
        ...
    endclocking

    clocking mon @(posedge clk iff(!rst));
        default input #1step output `Tdrive;
        input field1_name;
        input field2_name;
        ...
    endclocking

    task initialize();
        field1_name <= 'dx;
        field1_name <= 'dx;
        ...
    endtask
endinterface
```

最佳採樣 DUT interface 端資料的時間是剛好在下一個時鐘跳變沿改變輸出端資料之前進行採樣，這時應該是最穩定的時候，這裡的 input 使用了 #1step 的延遲，即相當於模擬時間精度。

最佳驅動時間 `Tdrive 應該是在時鐘跳變沿之前的 10%~20%，因為那個時候激勵也最穩定，要在 DUT 採樣 interface 之前預留一些時間。另外在理想的前端功能模擬環境下，將此延遲統一設置為 #1step 也是可行的。

透過將 interface 中的資料成員全部列在 Clocking block 的 drv 和 mon 裡，方便配置指令稿實現後面 driver 和 monitor 程式的自動化，即做到幾乎不需要修改任何一行程式。在實際專案中，建議對於 interface 中彼此沒有連結的訊號進一步分開並封裝成獨立的 agent，而非將所有的介面訊號全部寫到一個 interface 裡。

(2) driver 的驅動部分需要採用非阻塞 try_next_item 及非阻塞賦值的方式來撰寫，程式如下：

```
task run_phase(uvm_phase phase);
    vif.initialize();
    forever begin
        seq_item_port.try_next_item(req);
        if(req!=null)begin
            @(vif.drv)
            vif.drv.field1_name <= req.field1_name;
            vif.drv.field2_name <= req.field2_name;
            ...
            seq_item_port.item_done();
        end
        else begin
            @(vif.drv)
            vif.initialize();
        end
    end
endtask : run_phase
```

使用非阻塞的方式是為了避免在有效 req 請求發送完之後，可能由於模擬還沒有結束，但驗證環境中的匯流排上的請求有效訊號依然為高，而錯誤地認為依然在發送請求，因此，在沒有獲得有效 req 請求時，呼叫 interface 的 initialize 介面來將匯流排上訊號重置。

注意：一般來講，對 valid 有效訊號重置為非有效，對其餘資料訊號重置為不定態，實際專案中需要 EDA 工具支援對不定態的檢查。

(3) monitor 依然需要使用 clocking block 及阻塞賦值的方式來撰寫，程式如下：

```
task run_phase(uvm_phase phase);
    forever begin
        tr = xxx_trans::type_id::create("tr");
        @(vif.mon);
        tr.field1_name = vif.mon.field1_name;
        tr.field2_name = vif.mon.field2_name;
        ...
    end
endtask : run_phase
```

第 2 步，生成 layered UVC，即透過配置 .yml 指令檔實現對上述 agent 的半自動封裝 (封裝為 env)。

.yml 指令檔的大致內容如下：

```
//xxx.yml 檔案
name: xxx
layered_uvc :
  - 
    path : uvc_path1
    yaml : yaml_path1
    num: num1
  - 
    path : uvc_path2
    yaml : yaml_path2
    num: num2
  - 
    ...
```

由於這裡需要對第 1 步的 agent 進行封裝，因此需要指定實體化包含的 agent 的所在路徑，.yml 設定檔的所在路徑，以及需要實體化包含的數量。

配置完成後，類似第 1 步的方式，可以透過 Python 指令碼命令實現對 layered UVC 的自動產生：

```
env_gen xxx.yml /layered_uvc/xxx_folder_path
```

同樣可以在指定目錄 xxx_folder_path 下產生以下的 env 封裝檔案，其檔案目錄結構如下：

```
|--xxx_folder_path
    |-- xxx_uvc_coverage.svh
    |-- xxx_uvc_model.svh
    |-- xxx_uvc_scoreboard.svh
    |-- xxx_uvc_env_config.svh
    |-- xxx_uvc_env.svh
    |-- xxx_uvc_pkg.sv
    |-- xxx_uvc_desc.yml
    |-- tb
    |   |-- tb_xxx_uvc_env.sv
    |   |-- tb_xxx_uvc_test.sv
    |   |-- tb_xxx_uvc_testbench.sv
    |   |-- tb_xxx_uvc_pkg.sv
```

上面產生的 env 檔案中將實體化包含之前透過 yml 檔案封裝好的 agent，除此之外還實體化包含了一些分析元件，如覆蓋率元件、參考模型及記分板等，並且定義了一些通用的 TLM 通訊連接，開發人員可以根據專案的實際情況，靈活地使用。

以上就是使用配置指令稿的兩個步驟。

下面以一個實際的例子來進行簡單說明。top 模組中包含子模組 A、B 和 C，包括 4 個 interface，分別是①、②、③、④，如圖 1-8 所示。

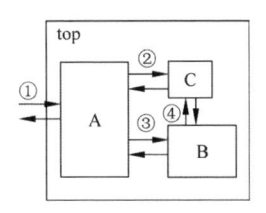

▲圖 1-8　包含 A、B、C 共 3 個子模組的 RTL 設計

驗證人員的目標為完成對 top 作為 RTL 的驗證工作，但為了保證專案的進度，在設計人員的 RTL 還沒有完成時，驗證的工作就已經開始了。

可以看到這裡的 interface ①、②、③其實都屬於模組 A 的 interface，但是為了後期管理方便和避免重複工作，這裡至少會把 interface 按照與其他模組的介面進行劃分，例如這裡就將模組 A 的 interface 劃分成了①、②、③。

簡單小結下此時驗證人員面臨的情況：

(1) RTL 還沒有完成，即此時還沒有 RTL，可能需要驗證人員去寫一個能夠驅動 interface 的 RTL model。

(2) 該 RTL(這裡的 top 模組) 包含多個子模組 A、B 和 C，以及內部有多個 interface，包括①、②、③、④。

(3) 該 RTL 對外的 interface 只有一個，即①，但根據其內部的子模組，將其涉及的 interface 進行了劃分，而非放到一個 interface 裡，這樣做的好處前面已經解釋過了。

下面來一步一步架設對上述 RTL 設計的驗證環境。

首先分析該 RTL 的 interface 功能連接和依賴關係，整個 RTL 的 req 請求激勵都來自 interface ①的輸入端，由 interface ①的輸入引出一連串的 interface ②、③、④上的時序功能互動。假如經過分析後 (具體專案具體分析)，發現模組 B 是其中依賴關係相對較弱的地方，即 interface ③和④相對獨立，則先從模組 B 入手。

第 1 步，使用前面的 protocol UVC 的配置指令稿，將 interface ③和④各自封裝成兩個獨立的 agent。

這一步比較簡單，直接用 .yml 設定檔配置 interface 中訊號名稱和位元寬度即可自動生成，驗證人員幾乎不需寫一行程式。

第 2 步，使用前面的 layered UVC 的配置指令稿，實體化包含上一步建立好的兩個 agent，從而實現對其程式的重用。

這裡的重點是撰寫 reference_model 和 RTL_model。由於當前還沒有 RTL，又要確保 env 能夠先執行起來，所以需要架設環境。

注意：圖中沒有畫出來的組件或物件，不代表就沒有，只是省略了，下同。

子模組 B 的驗證平臺結構示意圖如圖 1-9 所示。

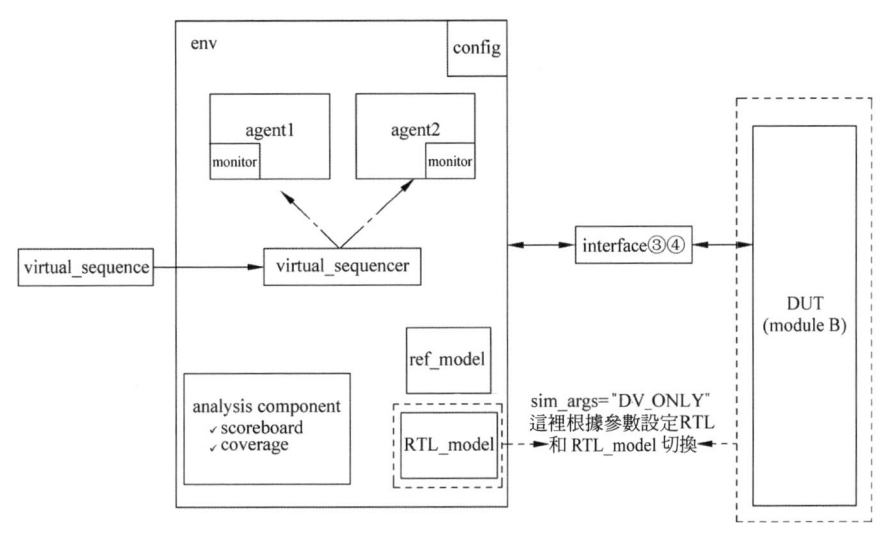

▲ 圖 1-9　子模組 B 的驗證平臺結構示意圖

reference_model 和 RTL_model 建議分兩個 class 來寫，區別在於 ref_model 不用將結果驅動到 interface，而 RTL_model 則需要，其中很多程式是重複的，寫完一個之後，寫另一個應該會很快。

可以透過傳遞模擬參數 DV_ONLY 來切換是帶 RTL 還是 RTL_model 來模擬。

寫一些簡單的 sequence 來做 env 的初步偵錯。

注意：這裡不使用 virtual_sequence 也是可以的，直接在 test 裡啟動對應 agent 的 sequence 即可。

第 3 步，使用前面的 protocol UVC 的配置指令稿，將 interface ②封裝成 agent。

類似第 1 步，不再贅述。

注意：這是為後面開始架設對子模組 C 的驗證環境做準備工作的。

第 4 步，使用前面的 layered UVC 的配置指令稿，實體化包含第 2 步建立好的 env 及第 3 步建立好的 agent，從而實現對其程式的重用。

另外驗證人員至少還需要完成以下工作：

(1) 類似第 2 步的過程，只不過這一步撰寫的 env 將對第 2 步建立好的 env

及第 3 步建立好的 agent 進行配置、實體化和連接，其他不再贅述。

（2）將 interface ④對應的 agent 配置成 passive 模式，因為這裡不需要將激勵驅動到 interface ④上，將 interface ②和③對應的 agent 配置成 active 模式。

（3）這一步的 reference_model 和 RTL_model 只需寫子模組 C 的對應部分就可以了。

子模組 B 和 C 的驗證平臺結構示意圖如圖 1-10 所示。

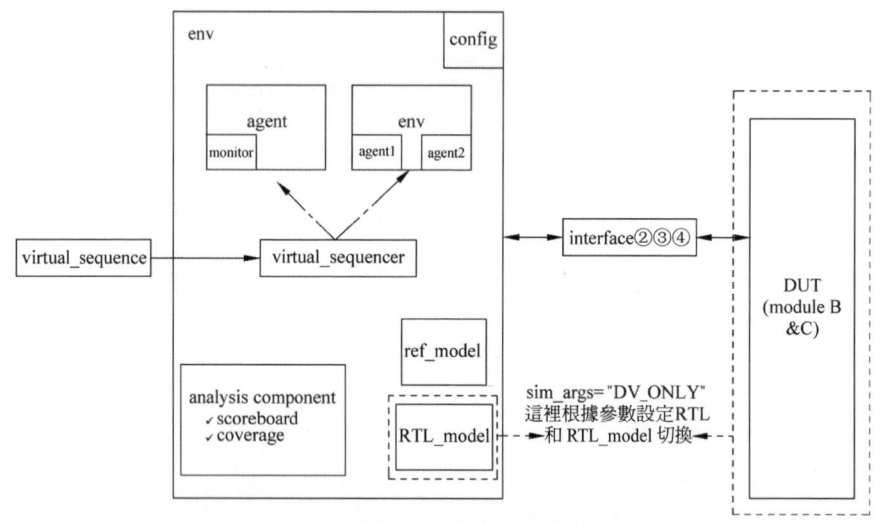

▲圖 1-10 子模組 B 和 C 的驗證平臺結構示意圖

第 5 步，類似第 3 步，使用前面的 protocol UVC 的配置指令稿，將 interface ①封裝成 agent。

第 6 步，類似第 4 步，使用前面的 layered UVC 的配置指令稿，實體化包含第 4 步建立好的 env 及第 5 步建立好的 agent，從而實現對其程式的重用。

子模組 A 和 B、C(top 模組) 的驗證平臺結構示意圖如圖 1-11 所示。

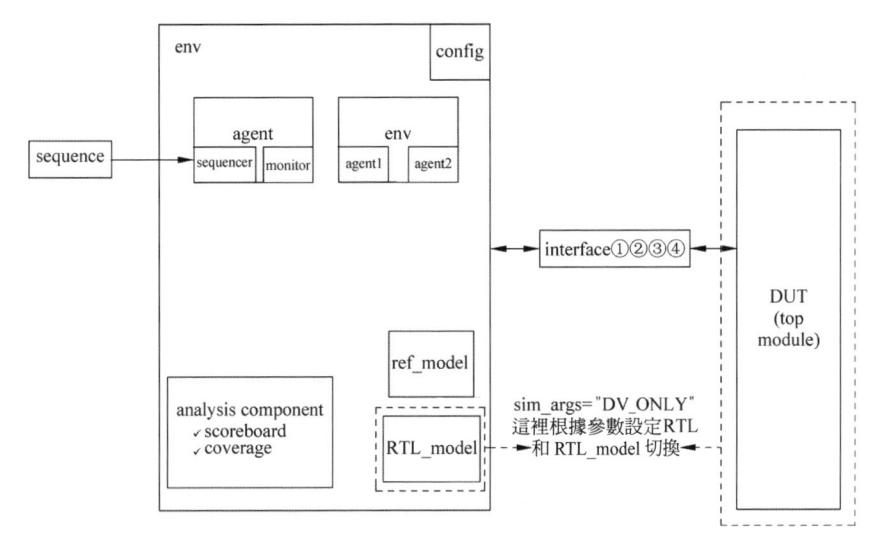

▲ 圖 1-11 子模組 A 和 B、C(top 模組) 的驗證平臺結構示意圖

另外驗證人員至少還需要完成以下工作：

將 interface ① 封裝成 agent，並將其配置成 active 模式，同時將其餘的 interface 都配置成 passive 模式。

同理，這一步撰寫的 env 將對第 4 步建立好的 env 及 interface ① 封裝的 agent 進行配置、實體化和連接，其他不再贅述。

另外這裡不再需要使用 virtual sequence。

這一步的 reference_model 和 RTL_model 只需寫子模組 A 的對應部分就可以了。

透過以上步驟，就像搭積木似的，使用自動化的配置指令稿，一層層架設起來了一個完整的可重用的驗證環境。

最後來總結一下：

第 1 步，使用配置指令稿將 RTL 設計模組中涉及的輸入 / 輸出介面封裝成 agent。

此時對開發人員來講，可以做到幾乎不需要寫一行程式。

第 2 步，使用配置指令稿對第 1 步封裝好的 agent 進行實體化包含，並且指令稿還自動生成了一些分析元件等類別檔案。

此時對開發人員來講，大部分的開發和驗證偵錯工作會在這一步完成，包括撰寫分析元件進行功能特性覆蓋收集及功能正確性分析，在 tb 資料夾下撰寫測試用例等工作。

第 2 章
interface 快速宣告、連接和配置傳遞的方法

2.1 背景技術方案及缺陷

2.1.1 現有方案

通常驗證開發人員在對 RTL 進行驗證時，廣泛使用的驗證方法學是 UVM，它是一套基於 TLM 通訊開發的驗證平臺。簡單來說，它是一個類別庫檔案，可以幫助驗證開發人員很容易地架設可配置可重用的驗證環境。這套方法學已經把很多底層的介面封裝成了一個個物件，開發者只需按照語法規則來使用。

一個基於 UVM 驗證平臺的典型架構示意圖如圖 2-1 所示。

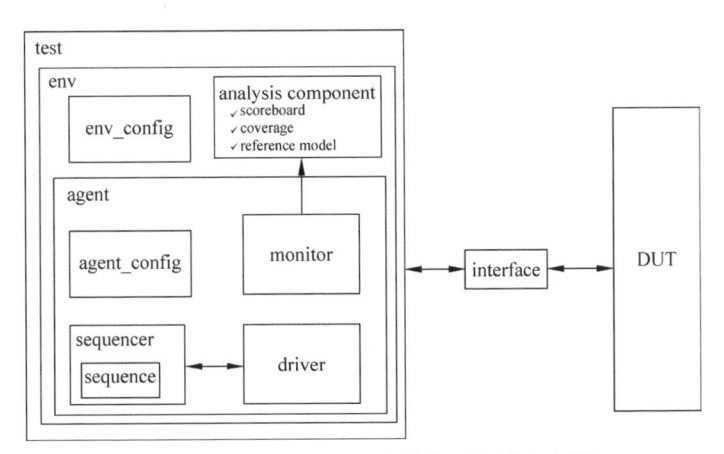

▲圖 2-1　UVM 驗證平臺的典型架構示意圖

可以看到會透過 interface 將 DUT 連接到驗證平臺。此時，通常驗證開發人員需要在 top 模組中完成以下 3 件事：

(1) 宣告 interface。

(2) 將 interface 連接到 DUT。

(3) 透過 set_config_db 向 env 傳遞 interface。

2.1.2 主要缺陷

採用上述現有的方案對於簡單的 RTL 設計是可行的，但是如果 RTL 層次比較多，在比較複雜的情況下，在 top 中對所有的 interface 進行宣告、連接和配置傳遞，則事情將變得異常麻煩。困難主要有以下 3 點：

(1) 往往一個複雜的晶片的內部會由成百上千個子模組組成，那麼對應的 interface 也會達到成百上千個，在頂層環境裡只宣告 interface 就需要至少上千次，很容易遺漏而出錯。

(2) 這樣一個複雜的晶片的內部由成百上千個子模組組成，其內部模組的實體化路徑層次冗長複雜，非常容易在 interface 連接和配置傳遞的過程中產生人為錯誤。

(3) 如果在驗證平臺的頂層對其層次之下的所有 interface 進行宣告、連接和配置傳遞，則將存在大量的重複性工作，影響開發效率。

以上這 3 點使程式顯得非常臃腫，而且很容易導致遺漏或配置錯誤，從而給後續的驗證工作製造麻煩，最終影響專案進度。所以需要有一種自動化且可重用的方式來完成上面的工作。

2.2 解決的技術問題

避免 2.1.2 節中的缺陷問題，並且實現以下目標：

(1) 實現對複雜 RTL 設計中涉及的 interface 的快速宣告、連接和配置傳遞，以提升驗證平臺的開發效率。

(2) 實現對驗證平臺的 interface 的宣告、連接和配置傳遞的程式可重用，降低重複性開發工作。

(3) 規範 UVM 開發框架，方便團隊協作和專案管理。

從而進一步提升程式的再使用性、易讀性及可維護性，從而提升效率，加快專案推進的進度。

2.3 提供的技術方案

2.3.1 結構

主要分為兩個可重用驗證環境的程式封裝：

(1) 對 interface 封裝的 agent。本身不具備功能，僅對 interface 的行為進行驅動和監測。

該封裝部分對應的 package 將包含 define 巨集函式檔案，用於封裝 agent 部分對應 interface 的宣告、連接和配置程式。

(2) 對底層 agent 和 env 封裝的 env 還會包含一些分析元件，如 scoreboard、coverage 等，這是一個完整的 RTL 設計模組的驗證平臺。

同理，該封裝部分對應的 package 將包含 define 巨集函式檔案，用於封裝 env 部分對應底層 agent 和 env 中所有的 interface 的宣告、連接和配置程式。

整體結構示意圖如圖 2-2 所示。

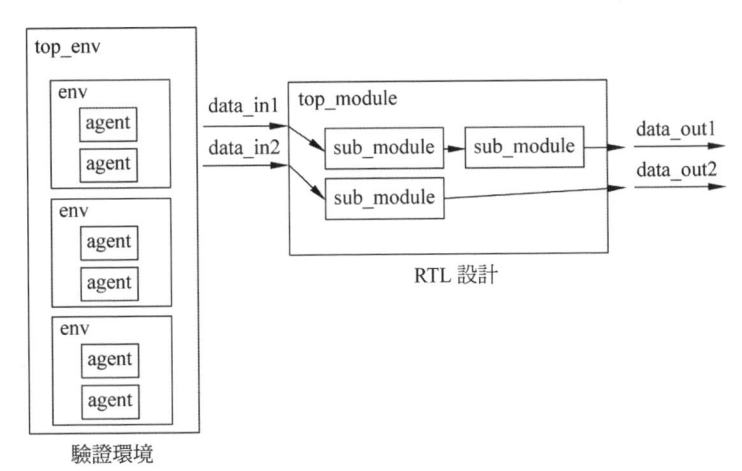

▲ 圖 2-2 可重用 UVM 驗證環境與 RTL 設計的示意圖

圖 2-2 中左邊為驗證環境的結構，右邊為所對應的 RTL 設計的結構，兩者的對應關係如下：

agent 與 interface 一一對應，例如左邊的 agent 對應於右邊的 data_in 和 data_out。

env 與 sub_module 一一對應，例如左邊的 env 對應於右邊的 sub_module。

以類似搭積木的方式，每個層次封裝巨集函式以供更底層來呼叫，從而遮罩當前層次的 interface 宣告、連接和配置的細節以實現程式的可重用。

2.3.2 原理

首先從圖 2-1 的 UVM 驗證平臺的典型架構可以知道需要透過 interface 來完成對 RTL 設計和驗證平臺的連接。

然後對 RTL 設計模組的行為功能進行抽象，如圖 2-3 所示。

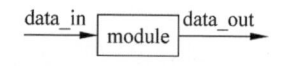

▲圖 2-3 RTL 設計模組的抽象圖

由圖 2-3 會發現每個 RTL 設計模組都由以下三部分組成：

(1) 輸入端介面，用於獲取外部的輸入激勵，如圖 2-3 所示的 data_in。

(2) 行為功能，用於對輸入激勵進行相應的邏輯運算，如圖 2-3 所示的 module 模組內部的運算邏輯 (包括組合和時序邏輯電路)。

(3) 輸出端介面，用來將運算後的結果輸出，如圖 2-3 所示的 data_out。

然後會對上面 3 個抽象部分做以下驗證環境的封裝，如圖 2-4 所示。

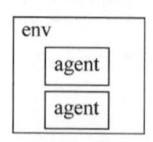

▲圖 2-4 RTL 設計模組對應的驗證環境的封裝

(1) 將輸入端 data_in 的 interface 封裝成 agent。

(2) 將輸出端 data_out 的 interface 封裝成 agent。

上面封裝的 agent 主要完成兩件事：

agent 封裝組件裡的 monitor 監測採樣 interface 的訊號，封裝成 transaction 以傳遞給驗證環境，以供後續元件處理。

agent 封裝元件裡的 driver 獲得 interface 控制碼，然後將需要的激勵 transaction 驅動到 interface 上，作為後續模組的輸入激勵。

(3) 將上面兩個 agent 封裝在 env 裡，並在該層次下撰寫 reference model 和一些分析元件，並開始撰寫測試用例，以便對該 RTL 設計模組做驗證。

但在驗證平臺的 top 模組裡需要完成對 data_in 和 data_out 對應的 interface 的宣告、連接和配置傳遞，程式如下：

```
module top;
    importuvm_pkg::*;
    importxxx_pkg::*;
    ...
    tb_rtl_inst_top rtl_inst_top();
    tb_env_inst_top env_inst_top();

    initial begin
       run_test();
    end
endmodule : top

    module tb_rtl_inst_top;
    logic clk;
    logic rst;
    logic[4:0] data_in;
    logic[4:0] data_out;

    // 實體化 RTL 設計
    rtl_top dut (
        .clk(clk),
        .rst(rst),
        .data_in(data_in),
        .data_out(data_out)
    );
endmodule : tb_rtl_inst_top

module tb_env_inst_top;
    import uvm_pkg::*;

    // 宣告 interface
    data_in_interface data_in_intf;
```

```
        data_out_interface data_out_intf;
        // 連接 interface
        initial begin
            force top.rtl_inst_top.data_in = data_in_intf.data_in;
            force data_out_intf.data_out = top.rtl_inst_top.data_out;
        end

        // 配置傳遞 interface
        initial begin
            uvm_config_db#(virtual data_in_interface)::set(null,"uvm_test_top.env.m_
data_in_uvc*","vif",top.env_inst_top.data_in_intf);
            uvm_config_db#(virtual data_out_interface)::set(null,"uvm_test_top.env.m_
data_out_uvc*","vif",top.env_inst_top.data_out_intf);
        end
endmodule : tb_env_inst_top
```

可以看到 top 模組中實體化包含了兩個 module，一個是 rtl_inst_top，用來實體化 RTL 設計，另一個是 env_inst_top，用來對所有的 interface 進行宣告、連接和配置傳遞。

當前 RTL 設計模組只有一個層次，是最簡單的情況，如果是像圖 2-2 中那樣呢？

那麼在驗證平臺的 top 模組裡需要完成對所有底層 agent 所封裝的 interface 進行宣告、連接和配置傳遞，程式如下：

```
module top;
    import uvm_pkg::*;
    import xxx_pkg::*;
    ...

    tb_rtl_inst_top rtl_inst_top();
    tb_env_inst_top env_inst_top();

    initial begin
      run_test();
    end
endmodule : top

module tb_rtl_inst_top;
    logic clk;
    logic rst;
    logic[4:0] data_in1;
    logic[4:0] data_in2;
```

```
    logic[4:0] data_out1;
    logic[4:0] data_out2;

    // 實體化 RTL 設計
    rtl_top dut (
        .clk(clk),
        .rst(rst),
        .data_in1(data_in1),
        .data_in2(data_in2),
        .data_out1(data_out1),
        .data_out2(data_out2)
    );
endmodule : tb_rtl_inst_top

module tb_env_inst_top;
    import uvm_pkg::*;

    // 宣告 interface
    data_in_interfacesub_module1_data_in_intf;
    data_out_interface sub_module1_data_out_intf;
    data_in_interfacesub_module2_data_in_intf;
    data_out_interface sub_module2_data_out_intf;
    data_in_interfacesub_module3_data_in_intf;
    data_out_interface sub_module3_data_out_intf;

    // 連接 interface
    initial begin
        force top.rtl_inst_top.dut.sub_module1.data_in = sub_module1_data_in_intf.data_in;
        force sub_module1_data_out_intf.data_out = top.rtl_inst_top.dut.sub_module1.data_out;
        force top.rtl_inst_top.dut.sub_module2.data_in = sub_module2_data_in_intf.data_in;
        force sub_module2_data_out_intf.data_out = top.rtl_inst_top.dut.sub_module2.data_out;
        force top.rtl_inst_top.dut.sub_module3.data_in = sub_module3_data_in_intf.data_in;
        force sub_module3_data_out_intf.data_out = top.rtl_inst_top.dut.sub_module3.data_out;
    end

    // 配置傳遞 interface
    initial begin
        uvm_config_db#(virtual data_in_interface)::set(null,"uvm_test_top.env.m_env[0].m_data_in_uvc*","vif",top.env_inst_top.sub_module1_data_in_intf);
        uvm_config_db#(virtual data_out_interface)::set(null,"uvm_test_top.env.m_
```

```
env[0].m_data_out_uvc*","vif",top.env_inst_top.sub_module1_data_out_intf);
        uvm_config_db#(virtual data_in_interface)::set(null,"uvm_test_top.env.m_
env[1].m_data_in_uvc*","vif",top.env_inst_top.sub_module2_data_in_intf);
        uvm_config_db#(virtual data_out_interface)::set(null,"uvm_test_top.env.m_
env[1].m_data_out_uvc*","vif",top.env_inst_top.sub_module2_data_out_intf);
        uvm_config_db#(virtual data_in_interface)::set(null,"uvm_test_top.env.m_
env[2].m_data_in_uvc*","vif",top.env_inst_top.sub_module3_data_in_intf);
        uvm_config_db#(virtual data_out_interface)::set(null,"uvm_test_top.env.m_
env[2].m_data_out_uvc*","vif",top.env_inst_top.sub_module3_data_out_intf);
    end
endmodule : tb_env_inst_top
```

可以看到，在頂層對 interface 進行宣告、連接和配置傳遞已經有點麻煩了。那麼如果 RTL 設計層次非常複雜呢，如圖 2-5 所示。

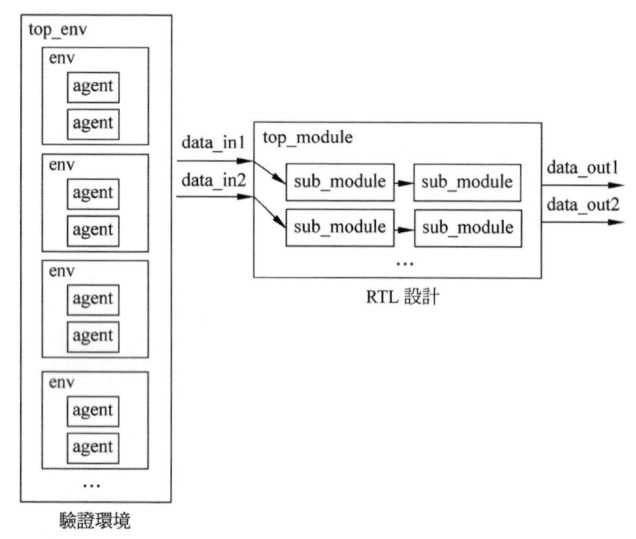

▲圖 2-5 較為複雜的 RTL 設計及其對應的驗證環境示意圖

如果此時在驗證平臺的 top 模組裡繼續對所有底層 agent 所封裝的 interface 進行宣告、連接和配置傳遞，則會發現事情會變得非常棘手，路徑層次和程式敘述會變得非常冗長複雜，很容易出錯。在一個複雜的 RTL 設計模組中，這幾乎是不可能完成的工作。

因此需要對上述 interface 的連接配置進行層層封裝以遮罩對於 interface 的連接配置細節，便於在頂層進行呼叫。

即頂層只要呼叫下一層封裝好的巨集函式即可，如圖 2-6 所示。

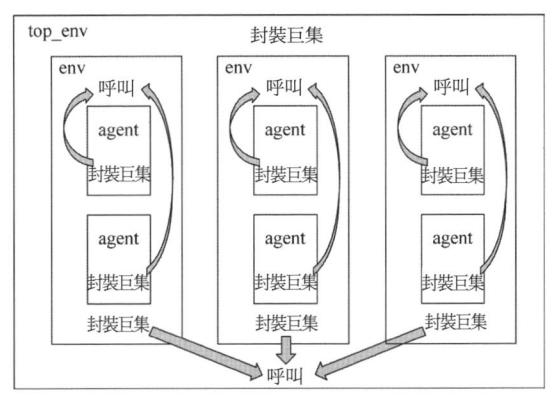

▲ 圖 2-6　巨集函式呼叫來實現 interface 宣告、連接和配置傳遞的原理圖

這裡的巨集函式已經完成了對其底層所實體化包含的所有的 interface 的宣告、連接和配置傳遞，從而極佳地遮罩了底層的細節，使在驗證平臺的 top 模組裡不需要知道如何對底層所有的 interface 進行連接配置，而只需知道其下一層如何工作。

2.3.3 優點

優點如下：

(1) 實現了對複雜 RTL 設計中涉及的 interface 的快速宣告、連接和配置傳遞，提升了驗證平臺的開發效率。

(2) 實現了對驗證平臺的 interface 的宣告、連接和配置傳遞的程式可重用，降低了重複性開發工作。

(3) 給頂層重用的封裝巨集函式只有兩個參數，在架設驗證平臺時 RTL 還沒有完成的情況下，那麼 DUT 新增的下一層級的實體化名稱是需要手動指定的，其他都可以根據一開始配置的指令稿自動產生。

(4) 規範了 UVM 開發框架，方便團隊協作和專案管理。

因此提升了開發人員的工作效率，有著加速專案進度的作用，從而保證晶片專案的流片時間。

2.3.4 具體步驟

基本想法是透過巨集函式來對每層驗證環境中的 interface 連接配置進行封裝，然後在更頂層呼叫下一層封裝好的巨集函式，以此來完成對底層 interface 的連接配置。

下面以圖 2-2 為例，對整個工作流程進行詳細論述。

圖 2-2 的 RTL 設計由 3 個同樣完成加 1 功能的子模組實體化而成，其子模組 sub_module 的 RTL 程式如下：

```
module sub_module(
    clk,
    reset,
    data_in,
    data_out
);
    input clk;
    input reset;
    input[4:0] data_in;
    output reg[4:0] data_out;

    always@(posedge clk) begin
        if(reset)
            data_out <= 0;
        else
            data_out <= data_in + 'd1;
    end
endmodule
```

top_module 的 RTL 程式如下：

```
module top_module(
    clk,
    reset,
    data_in1,
    data_in2,
    data_out1,
    data_out2
);
    input clk;
    input reset;
    input[4:0] data_in1;
    input[4:0] data_in2;
```

```
    output reg[4:0] data_out1;
    output reg[4:0] data_out2;

    wire[4:0] data_out1_wire;

    sub_module module1(
        .clk(clk),
        .reset(reset),
        .data_in(data_in1),
        .data_out (data_out1_wire)
    );
    sub_module module2(
        .clk(clk),
        .reset(reset),
        .data_in(data_out1_wire),
        .data_out (data_out1)
    );
    sub_module module3(
        .clk(clk),
        .reset(reset),
        .data_in(data_in2),
        .data_out (data_out2)
    );
endmodule
```

第 1 步，在底層 (每層都要) 的 agent 或 env 封裝的 package 裡新增 define 檔案。

首先將 sub_module 的兩個輸入 / 輸出通訊埠 data_in 和 data_out 分別封裝成獨立的 agent，這一步驗證開發人員通常會透過對指令稿進行配置來自動實現。

然後需要在該層次的 package 檔案裡新增 define 檔案，package 檔案的程式如下：

```
//data_in_pkg.sv 檔案
package data_in_pkg;
    import uvm_pkg::*;
    ...

    `include "data_in_defines.svh"
    `include "data_in_trans.svh"
    `include "data_in_driver"
    `include "data_in_sequencer.svh"
    `include "data_in_sequence.svh"
    `include "data_in_monitor.svh"
    `include "data_in_coverage.svh"
```

```
    `include "data_in_agent_config.svh"
    `include "data_in_agent.svh"
endpackage

//data_out_pkg.sv 檔案
package data_out_pkg;
    import uvm_pkg::*;
    ...

    `include "data_out_defines.svh"
    `include "data_out_trans.svh"
    `include "data_out_driver"
    `include "data_out_sequencer.svh"
    `include "data_out_sequence.svh"
    `include "data_out_monitor.svh"
    `include "data_out_coverage.svh"
    `include "data_out_agent_config.svh"
    `include "data_out_agent.svh"
endpackage
```

以上是對於 interface 封裝成 agent 一般需要包含的類別檔案，可以看到 define 檔案也同樣被包含在 package 檔案裡。

第 2 步，在該 define 檔案中新增連接配置 interface 的巨集，即用於對更底層已經寫好的用於連接配置 interface 的巨集進行封裝。

以輸入通訊埠 data_in 為例，首先來看 interface，程式如下：

```
//data_in_interface.sv 檔案
interface data_in_interface(input clk,input rst);
logic[4:0] data_in;

    clocking drv @(posedge clk iff(!rst));
        default input #1step output `Tdrive;
        output data_in;
    endclocking

    clocking mon @(posedge clk iff(!rst));
        default input #1step output `Tdrive;
        input data_in;
    endclocking
endinterface
```

然後來看 define 檔案裡定義的巨集函式，程式如下：

```
//data_in_defines.svh 檔案
`define data_in_create_inf(inst_name,dut_path,env_path="",is_active) \
    data_in_interface inst_name(clk,rst); \
    initial begin \
        if(is_active == 'd1) begin \
            force dut_path.data_in = inst_name.data_in; \
        end \
        else begin \
            force inst_name.data_in = dut_path.data_in; \
        end \
    end \
\
initial begin \
        uvm_config_db#(virtual data_in_interface)::set(null,env_path,`"vif`",top.env_inst_top.inst_name); \
    end \
```

和輸入通訊埠類似，輸出通訊埠的 interface 和 define 檔案的程式如下：

```
//data_out_interface.sv 檔案
interface data_out_interface(input clk,input rst);
    logic[4:0] data_out;

    clocking drv @(posedge clk iff(!rst));
        default input #1step output `Tdrive;
        output data_out;
    endclocking

    clocking mon @(posedge clk iff(!rst));
        default input #1step output `Tdrive;
        input data_out;
    endclocking
endinterface

//data_out_defines.svh 檔案
`define data_out_create_inf(inst_name,dut_path,env_path="",is_active) \
data_out_interface inst_name(clk,rst); \
initial begin \
        if(is_active == 'd1) begin \
            force dut_path.data_out = inst_name.data_out; \
        end \
        else begin \
            force inst_name.data_out = dut_path.data_out; \
        end \
    end \
\
```

```
initial begin \
        uvm_config_db#(virtual data_out_interface)::set(null,env_path,`"vif`",top.
env_inst_top.inst_name); \
    end \
```

可以看到，這裡的 interface 都只有一個資料成員，這裡僅作為範例，實際上一個 RTL 設計的輸入 / 輸出通訊埠有很多。這裡將輸入和輸出通訊埠分開，即分別寫成獨立的 interface 並封裝成獨立的 agent，這是為後期配置指令稿自動化來考慮的。

可以看到，在 define 檔案裡，首先對當前 interface 進行宣告，然後透過 is_active 參數來指定 interface 連接方向，從而判斷其是否需要由 env 來透過 sequence 驅動給 DUT，即該 interface 對應的 agent 封裝是否為 active 模式。因為在頂層驗證環境中，需要清楚地知道並配置好當前已有的 agent 的 active 模式，從而確定環境中哪些 interface 上的訊號是由 env 中的 sequence 來驅動的 (此時 is_active 為 1)，哪些是由 DUT 來驅動的 (此時 is_active 為 0)。

而這裡的 is_active 是可以在配置指令稿來生成 env 時就獲知的，因此可以由指令稿自動完成對封裝好的巨集函式的參數設置。這也是為什麼如果要達到全自動化指令稿配置，則需要將 interface 中的資料成員限定為單一方向的原因之一。另一個原因是為了實現驅動和採樣的自動化，即 interface 中 drv 和 mon 這兩個 clocking block 會把 interface 中所有的資料成員都包含進來，不會出現輸入 / 輸出通訊埠混在一起的情況，那麼後面在 driver 或 monitor 中來使用這兩個 clocking block 時，就不需要修改 interface 中的程式了，可以直接使用，從而提升開發效率。

當然也可以選擇手工封裝此巨集函式，那麼就不存在上述的使用限制了，由負責該 agent 或 env 封裝的驗證人員手動封裝好 interface 的連接配置巨集，以便在更頂層的 env 中使用。

注意：這裡對於輸出通訊埠也設置了 is_active，這是因為對於後續模組來講，這裡的輸出通訊埠就變成了後續模組的輸入通訊埠，具體取決於待驗證的 RTL 設計。

第 3 步，在當前層次的上一層 env 中呼叫第 2 步封裝好的用於連接配置 interface 的巨集函式。

然後需要在更頂層的 env 中對輸入 / 輸出通訊埠這兩個 interface 的 agent 封裝進行實體化，從而建立對 sub_module 的 env。

和之前一樣，還是會在 tb_env_inst_top 模組中對 interface 進行宣告、連接和配置傳遞，程式如下：

```
module tb_env_inst_top;
    import uvm_pkg::*;
    // 對輸入 / 輸出端 interface 進行宣告、連接和配置傳遞
 `data_in_create_inf(data_in_intf,top.rtl_inst_top,"uvm_test_top.env.m_data_in_uvc*",1)
 `data_out_create_inf(data_out_intf,top.rtl_inst_top,"uvm_test_top.env.m_data_out_uvc*",0)
endmodule : tb_env_inst_top
```

可以看到，直接呼叫之前封裝好的巨集即可，而且對巨集函式的呼叫和參數設置完全可以由指令稿來自動完成。

第 4 步，重複第 1 步到第 3 步，進行層層巨集函式的封裝和呼叫，從而實現對一個複雜驗證環境下的 interface 的宣告連接和配置。

下面繼續以圖 2-2 為例，重複第 1 步到第 3 步以架設 top_module 對應的 env。

第 1 步，在底層 (每層都要) 的 agent 或 env 封裝的 package 裡新增 define 檔案。

在 sub_module 的 env 中，除了使用其底層 agent 中封裝好的 interface 巨集函式外，還需要封裝好本層次中的巨集函式以供更頂層的 env(top_module 對應的 env) 來呼叫。

因此在 sub_module 對應的 env 的 package 封裝中，同樣需要新增 define 檔案，程式如下：

```
//sub_module_pkg.sv 檔案
package sub_module_pkg;
    import uvm_pkg::*;
    import data_in_pkg::*;
    import data_out_pkg::*;
    ...
```

```
    `include "sub_module_defines.svh"
    `include "sub_module_env_config.svh"
    `include "sub_module_env.svh"
endpackage
```

第 2 步，在該 define 檔案中新增連接配置 interface 的巨集，即對更底層已經寫好的用於連接配置 interface 的巨集進行封裝。

在之前的第 3 步裡講了如何在 sub_module 對應的 env 中使用在底層封裝好的 interface 連接配置巨集函式，現在來看如何封裝以供更頂層來使用，程式如下：

```
//sub_module_defines.svh 檔案
  `define sub_module_create_inf_active(sub_path,env_path="") \

`data_in_create_inf(sub_path``_data_in_intf,top.rtl_inst_top.dut.sub_path,{``env_
path``,`"m_data_in_uvc*`"},1) \

`data_out_create_inf(sub_path``_data_out_intf,top.rtl_inst_top.dut.sub_path,{``env_
path``,`"m_data_out_uvc*`"},0) \

  `define sub_module_create_inf(sub_path,env_path="") \

`data_in_create_inf(sub_path``_data_in_intf,top.rtl_inst_top.dut.sub_path,{``env_
path``,`"m_data_in_uvc*`"},0) \

`data_out_create_inf(sub_path``_data_out_intf,top.rtl_inst_top.dut.sub_path,{``env_
path``,`"m_data_out_uvc*`"},0) \
```

可以看到，封裝了兩個巨集函式，對應於該層 env 被更頂層實體化包含的兩種使用模式，其中第 1 種使用模式對應的 sub_module 的輸入通訊埠是由 sequence 激勵來驅動的，第 2 種使用模式對應的 sub_module 的輸入通訊埠則是由前序模組的輸出通訊埠來驅動的，一般來講，是前序 RTL 模組或其對應的 RTL 模型。

一般所有的 env 都只有上面這兩種使用模式，因為只有是否被前序模組驅動或被 env 中的 sequence 激勵來驅動這兩種情況。

具體頂層使用哪個巨集函式，可以在頂層配置指令稿時透過參數指定，也可以由驗證人員手動選擇進行呼叫，因為其作為更頂層的 env 的開發者，必須清楚其要實體化包含的底層 agent 對應的 active 模式。

另外可以看到這裡給頂層重用的封裝巨集函式只有兩個參數，在架設驗證平臺及 RTL 還沒有完成的情況下，DUT 新增的下一層級的實體化名稱 (sub_path 對應於 RTL 中的 module1、module2 或 module3，另外 top_module 的實體化名預設為 dut) 是需要手動指定的，其他都可以根據一開始配置的指令稿自動產生。

第 3 步，在當前層次的上一層 env 中呼叫第 2 步封裝好的用於連接配置 interface 的巨集函式。

現在來建立 top_module 對應的 env，同樣會在這一層次的 tb_env_inst_top 模組中使用上一步封裝好的巨集函式來完成對 interface 的宣告、連接和配置傳遞，程式如下：

```
module tb_env_inst_top;
    import uvm_pkg::*;
    // 對輸入／輸出端 interface 進行宣告、連接和配置傳遞

`sub_module_create_inf_active(module1,"uvm_test_top.env.m_sub_module[0]")
`sub_module_create_inf(module2,"uvm_test_top.env.m_sub_module[1]")
`sub_module_create_inf_active(module3,"uvm_test_top.env.m_sub_module[2]")
endmodule : tb_env_inst_top
```

同樣可以直接呼叫之前封裝好的巨集，當然也可以由指令稿來自動完成。

從之前的圖 2-2 可知，module1 和 module3 的輸入通訊埠都將由 sequence 激勵來驅動，而 module2 作為 module1 的後續模組，其輸入端由 module1 的輸出端來驅動，因此其應該呼叫巨集 sub_module_create_inf，而非 sub_module_create_inf_active，即要注意實體化包含的可重用驗證環境內部 agent 的使用模式。

在 top_module 層對應的 env 下封裝巨集函式，程式如下：

```
//top_module_defines.svh 檔案
  `define top_module_create_inf_active(sub_path,env_path="") \
`sub_module_create_inf_active(sub_path.module1,{``env_path``,`".m_sub_module[0]*`"}) \
`sub_module_create_inf(sub_path.module2,{``env_path``,`".m_sub_module[1]*`"}) \
`sub_module_create_inf_active(sub_path.module3,{``env_path``,`".m_sub_module[2]*`"}) \

  `define top_module_create_inf(sub_path,env_path="") \
`sub_module_create_inf(sub_path.module1,{``env_path``,`".m_sub_module[0]*`"}) \
`sub_module_create_inf(sub_path.module2,{``env_path``,`".m_sub_module[1]*`"}) \
`sub_module_create_inf(sub_path.module3,{``env_path``,`".m_sub_module[2]*`"}) \
```

即不斷重複第 1 步到第 3 步，層層封裝和重複使用，以實現 interface 的自動宣告、連接和配置傳遞，從而提升開發效率，加快專案進度。當然以上還可以透過指令稿實現，即實現 interface 連接配置部分程式的自動化，從而進一步提升開發效率。

第 3 章

在可重用驗證環境中連接 interface 的方法

3.1 背景技術方案及缺陷

3.1.1 現有方案

本章要解決的問題和 2.1.1 節相同，但是解決的方法不同，因此部分內容可以參考 2.1.1 節。一般來講本章的方法會更加簡潔，但並不絕對，取決於具體的專案和應用場景。

3.1.2 主要缺陷

除了 2.1.2 節描述的缺陷以外，再補充以下兩筆：

(1) 需要手動或透過指令稿實現對 DUT 模組中所有的 interface 的訊號連接，對於層次複雜的設計模組，這種方法非常麻煩，並且容易出錯。

(2) 在設計的模組中，常常存在主從模組，並且有的模組的輸入介面需要由驗證環境來負責驅動，有的則需要由前序設計模組來驅動，因此，在 interface 訊號連接的過程中還需要根據通訊埠的方向特性進行連接。對於複雜的設計模組來講，往往有成百上千個介面訊號，這樣一一區分介面的訊號連接方向往往容易導致錯誤，影響開發效率。

3.2 解決的技術問題

和 2.2 節相同。

3.3 提供的技術方案

3.3.1 結構

和 2.3.1 節相同，本質上解決的是同一問題，只是本章更進一步，簡化了在上面的程式中連接 interface 的部分，可以說不用去手動進行連接了。

3.3.2 原理

原理如下：

(1) 對 DUT 內部的 interface 進行封裝，然後透過 interface bind 對其在 DUT 內部進行連接，並且透過 UVM 的配置資料庫向驗證環境進行傳遞，從而完成 interface 的宣告、連接和配置傳遞。

(2) 使用巨集函式進行層層封裝，從而實現驗證環境中 interface 宣告、連接和配置傳遞的再使用性。

具體如圖 3-1 所示，可以和現有方案的圖 2-1 進行比較，發現 interface 連接直接在 DUT 內部完成，但是為了保證設計和驗證工作相互不產生影響，不會去修改設計的程式，而會在驗證環境中實現這一目標。

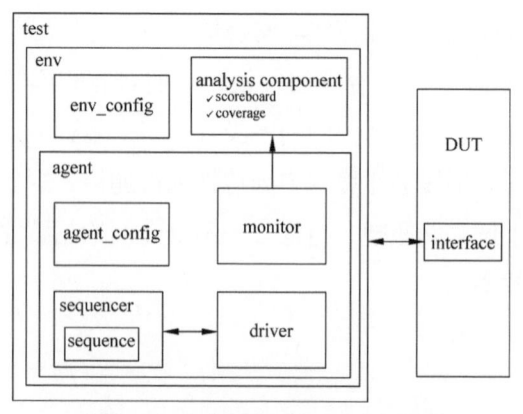

▲圖 3-1 本章連接 interface 範例圖

具體分為以下 4 個步驟：

第 1 步，改變 interface 中訊號的宣告方式，即將其中的 logic 類型的成員寫到通訊埠宣告列表內。

第 2 步，新增 interface_wrapper.sv 檔案以完成對 RTL 設計模組中包含的 interface 的宣告和配置傳遞。

第 3 步，在該層次下的 top 模組中，使用在 interface_wrapper 中封裝好的 set_vif 方法進行配置傳遞，並且透過 bind 敘述完成 interface 的連接。

注意：上面步驟中會穿插使用一些巨集函式實現連接 interface 在驗證環境中的可重用。

接著重複第 2 步和第 3 步以架設更多層次的驗證環境。

此時，你會發現不需要再透過此前的 force 或 assign 敘述手動連接 interface 了 (因為 bind 敘述已經幫你完成了)，而且不用管此前 interface 的連接方向 (因為 VCS 在執行時期會根據驅動的情況自動轉換方向)。

利用上述想法，同樣可以透過指令稿實現對 interface 連接配置部分程式的自動化，從而進一步提升開發效率，加快專案進度。

3.3.3 優點

優點如下：

(1) 實現了對複雜 RTL 設計中涉及的 interface 的快速宣告、連接和配置傳遞，提升驗證平臺的開發效率。

(2) 實現了對驗證平臺的 interface 的宣告、連接和配置傳遞的程式可重用，降低了重複性開發工作。

(3) 不再需要手動或透過指令稿實現對 DUT 模組中所有的 interface 的訊號連接，因為可以利用 VCS 在執行時期根據驅動的情況自動轉換方向的特性，從而降低了程式量，提高了開發效率。

(4) 消除了設計主從模組及模組輸入介面驅動源的不同而導致的需要根據通訊埠的方向特性進行連接的複雜性，從而進一步提升了開發效率。

(5) 規範了 UVM 開發框架，方便團隊協作和專案管理。

因此提升了開發人員的工作效率，有著加速專案進度的作用，從而保證晶片專案的流片時間。

3.3.4 具體步驟

下面以圖 2-2 為例，對整個工作流程進行詳細論述。

圖 2-2 的 RTL 設計由 3 個同樣完成加 1 功能的子模組實體化而成，其子模組 sub_module 的 RTL，程式如下：

```
module sub_module(
    clk,
    reset,
    data_in,
    data_out
);
    input clk;
    input reset;
    input[4:0] data_in;
    output reg[4:0] data_out;

    always@(posedge clk) begin
        if(reset)
            data_out <= 0;
        else
            data_out <= data_in + 'd1;
    end
endmodule
```

top_module 的 RTL，程式如下：

```
module top_module(
    clk,
    reset,
    data_in1,
    data_in2,
    data_out1,
    data_out2
);
    input clk;
    input reset;
    input[4:0] data_in1;
```

```
    input[4:0] data_in2;
    output reg[4:0] data_out1;
    output reg[4:0] data_out2;

    wire[4:0] data_out1_wire;

    sub_module module1(
        .clk(clk),
        .reset(reset),
        .data_in(data_in1),
        .data_out (data_out1_wire)
    );
    sub_module module2(
        .clk(clk),
        .reset(reset),
        .data_in(data_out1_wire),
        .data_out (data_out1)
    );
    sub_module module3(
        .clk(clk),
        .reset(reset),
        .data_in(data_in2),
        .data_out (data_out2)
    );
endmodule
```

第 1 步，改變 interface 中訊號的宣告方式，即將其中的 logic 類型的成員寫到通訊埠宣告列表內。

改變在最底層的 agent 裡的 interface，程式如下：

```
// 原先的方式
interface demo_uvc_interface (
    input clk,
    input rst);

    logic[4:0] data;
    ...
endinterface

// 修改後的方式
interface demo_uvc_interface (
    input clk,
    input rst,
    input[4:0] data);
```

```
    ...
endinterface
```

第 2 步，新增 interface_wrapper.sv 檔案以完成對 RTL 設計模組中包含的 interface 的宣告和配置傳遞。

來到 sub_module 對應的驗證環境這一層次，新增 demo_env_interface_wrapper.sv 檔案，程式如下：

```
//demo_env_interface_wrapper.sv
interface demo_env_interface_wrapper();
    import uvm_pkg::*;
    import demo_env_pkg::*;
    parameter rtl_params1=1;
    parameter rtl_params2=1;

    demo_uvc_interface intf0(.clk(sub_module.clk),.rst(sub_module.reset),.data(sub_module.data_in));
    demo_uvc_interface intf1(.clk(sub_module.clk),.rst(sub_module.reset),.data(sub_module.data_out));

    function void set_vif(string path);
        if(path=="this")begin
            uvm_config_db#(virtual demo_uvc_interface)::set(null,"uvm_test_top.env.m_demo_uvc[0]*","vif",intf0);
            uvm_config_db#(virtual demo_uvc_interface)::set(null,"uvm_test_top.env.m_demo_uvc[1]*","vif",intf1);
        end
        else begin
            uvm_config_db#(virtual demo_uvc_interface)::set(null,{"uvm_test_top.env.",path,".m_demo_uvc[0]*"},"vif",intf0);
            uvm_config_db#(virtual demo_uvc_interface)::set(null,{"uvm_test_top.env.",path,".m_demo_uvc[1]*"},"vif",intf1);
        end
    endfunction
endinterface
```

第 3 步，在該層次下的 top 模組中，使用在 interface_wrapper 中封裝好的 set_vif 方法進行配置傳遞，並且透過 bind 敘述完成 interface 的連接。

由於首先會對 sub_module 進行驗證，因此可以在其對應的驗證環境中使用上一步在 interface_wrapper 中封裝好的 set_vif 方法進行配置傳遞，並且可以透過 bind 敘述完成 interface 的連接，程式如下：

```
// 原先的方式
module tb_env_inst_top;
    ...
    demo_uvc_interface intf0(clk,rst);
    demo_uvc_interface intf1(clk,rst);
    initial begin
        force `TB_TOP.rtl_inst_top.data_in = intf0.data;
        forceintf1.data = `TB_TOP.rtl_inst_top.data_out;
    end
endmodule

// 修改後的方式
module tb_env_inst_top;
    ...
    initial begin
        `TB_TOP.rtl_inst_top.dut.intf_wrapper.set_vif("this");
    end
endmodule
```

另外在同層次下的 tb_rtl_inst_top.sv 檔案裡對 interface 進行連接，程式如下：

```
// 原先的方式
module tb_rtl_inst_top;
    ...
    sub_module dut(
        .clk(clk),
        .reset(rst),
        .data_in(data_in),
        .data_out(data_out)
    );
endmodule

// 修改後的方式
module tb_rtl_inst_top;
    ...
    sub_module dut();
    bind sub_module demo_env_interface_wrapper intf_wrapper();
endmodule
```

為了實現 bind interface 程式的可重用，還需要新增 demo_env_interface_bind.sv 檔案，程式如下：

```
//demo_env_interface_bind.sv
`ifndef DEMO_ENV_BIND_SV
`define DEMO_ENV_BIND_SV
```

```
    bind sub_module demo_env_interface_wrapper intf_wrapper();
`endif
```

並且在 demo_env_defines.sv 檔案裡新增配置巨集,程式如下:

```
//demo_env_defines.sv
`define demo_env_set_vif(sub_path,env_path="") \
`TB_TOP.rtl_inst_top.dut.sub_path.intf_wrapper.set_vif(env_path); \
```

接著重複第 2 步和第 3 步以架設更多層次的驗證環境。

重複第 2 步,新增 interface_wrapper.sv 檔案以完成對 RTL 設計模組中包含的 interface 的宣告和配置傳遞。

接著來到 top_module 對應的驗證環境這一層次,新增 demo_env_top_interface_wrapper.sv 檔案,程式如下:

```
//demo_env_top_interface_wrapper.sv
interface demo_env_top_interface_wrapper();
    import uvm_pkg::*;

    demo_uvc_interface intf0(.clk(top_module.clk),.rst(top_module.reset),.data(top_module.data_in1));
    demo_uvc_interface intf1(.clk(top_module.clk),.rst(top_module.reset),.data(top_module.data_in2));
    demo_uvc_interface intf2(.clk(top_module.clk),.rst(top_module.reset),.data(top_module.data_out1));
    demo_uvc_interface intf3(.clk(top_module.clk),.rst(top_module.reset),.data(top_module.data_out2));

    function void set_vif(string path);
    endfunction
endinterface
```

注意:(1) 這裡 interface 通訊埠將被連接到 top_module 上。
(2) set_vif 為空函式,因為 top_module 沒有單獨的 interface,所以只負責實體化連接子模組 sub_module,如果本層次有單獨新增的 interface,則此函式不為空,寫法類似之前 demo_env_interface_wrapper 中的 set_vif 函式。

重複第 3 步,在該層次下的 top 模組中,使用在 interface_wrapper 中封裝好的 set_vif 方法進行配置傳遞,並且透過 bind 敘述完成 interface 的連接。

然後會對 top_module 進行驗證,那麼可以在其對應的驗證環境中使用在

sub_module 對應的驗證環境中封裝好的配置巨集進行配置傳遞，並且透過 bind 敘述完成 interface 的連接，程式如下：

```
module tb_env_inst_top;
    ...
    initial begin
        `demo_env_set_vif(module1,"m_demo_env[0]")
        `demo_env_set_vif(module2,"m_demo_env[1]")
        `demo_env_set_vif(module3,"m_demo_env[2]")
    end
endmodule
```

為了實現 bind interface 程式的可重用，還需要新增 demo_env_interface_bind.sv 檔案，程式如下：

```
//demo_env_top_interface_bind.sv
`ifndef DEMO_ENV_TOP_BIND_SV
`define DEMO_ENV_TOP_BIND_SV
    bind top_module demo_env_top_interface_wrapper intf_wrapper();
`endif
`include "demo_env_interface_bind.sv"
```

並且在 demo_env_defines.sv 檔案裡新增配置巨集，程式如下：

```
//demo_env_top_defines.sv
`define demo_env_top_set_vif(sub_path,env_path="") \
`demo_env_set_vif(sub_path.module1,{``env_path``,".m_demo_env[0]"}) \
`demo_env_set_vif(sub_path.module2,{``env_path``,".m_demo_env[1]"}) \
`demo_env_set_vif(sub_path.module3,{``env_path``,".m_demo_env[2]"}) \
```

另外在同層次下的 tb_rtl_inst_top.sv 檔案裡對 interface 進行連接，程式如下：

```
module tb_rtl_inst_top;
    ...
    top_module dut();
    `include "demo_env_top_interface_bind.sv"
endmodule
```

即不斷重複第 2 步到第 3 步，層層封裝和重複使用，以實現 interface 的自動宣告、連接和配置傳遞，從而提升開發效率，加快專案進度。當然以上還可以透過指令稿實現，即實現 interface 連接配置部分程式的自動化，從而進一步提升開發效率。

第 4 章

支援結構通訊埠資料型態的連接 interface 的方法

4.1 背景技術方案及缺陷

4.1.1 現有方案

現有方案即第 3 章舉出的方案。

而本章舉出的方案是在第 3 章的基礎上進一步支援 RTL 設計通訊埠資料型態為結構 (struct) 的方法。

4.1.2 主要缺陷

在 interface 中使用 struct 資料型態進行設計和驗證的好處有很多。

(1) 可以大大減少連線性的程式量。

一個中等規模大小的 SoC 內部很容易就有超過 2500 個不同的訊號通訊埠，那麼一行程式用於宣告 wire 接線型變數，一行程式用於連接訊號的來源端，一行程式用於連接訊號的終端，這樣光連接內部這些錯綜複雜的通訊埠就需要寫至少 2500×3=7500 行程式。如果使用結構將彼此之間有連結的訊號通訊埠組合到一起，則會大大降低程式量。

(2) 將彼此之間有連結的訊號通訊埠組合到一起，易於開發者理解，從而方便開發和偵錯。

(3) 使用定義好的 struct 通訊埠資料型態，可以標準化地命名和重用，方便專案管理。

(4) 可以很容易地在 struct 資料型態裡增減資料訊號成員，方便在開發過程中進行調整。

可惜 VCS 在模擬時不支援 struct 通訊埠資料型態的自動連接方向的轉換，那麼就會導致現有的連接 interface 的可重用方案變得不再可行。

因此，需要解決這一問題，以對原先的方案進行改進，使其對 RTL 設計中通訊埠類型為 struct 結構類型進行相容。

4.2 解決的技術問題

對第 3 章的方案進行改進，使其對 RTL 設計中通訊埠類型為 struct 結構類型進行相容，即達到 VCS 在模擬時支援 struct 通訊埠資料型態的自動連接方向的轉換的效果，使現有的連接 interface 的可重用方案依然可行。

晶片驗證人員在開發驗證平臺時同時具有連接 interface 方案和使用 struct 結構進行設計和驗證的優點，最終達到提升開發效率的目的，以加速專案進度，縮短專案工期。

4.3 提供的技術方案

4.3.1 結構

和 2.3.1 節相同，只不過圖 2-2 中的 data_in 和 data_out 的資料型態為 struct 而不再是 logic。

4.3.2 原理

VCS 只支援對 wire logic 類型的通訊埠資料型態在模擬時的自動連接方向的轉換，因此只要在 DUT 外層封裝一層 dut_wrapper，然後透過 wire 連線到 DUT，即可完成將 logic 資料型態轉為 packed struct 資料型態，從而使原有方案繼續可行，即實現了其對 RTL 設計中通訊埠類型為 struct 結構類型的相容。

該通訊埠類型的轉換，需要做到不修改 RTL 設計程式，確保設計人員和驗證人員的工作沒有交叉，降低出錯的可能性。

具體如圖 4-1 所示，可以和現有方案的圖 2-1 進行比較，可以看到在圖 2-1 的基礎上封裝了一層 wrapper，透過 wire 連線連接到 packed struct 資料型態通訊埠，以實現通訊埠類型的轉換，同樣為了保證設計和驗證工作相互不產生影響，整個過程中不會去修改設計的程式，而是會在驗證環境實現這一目標。

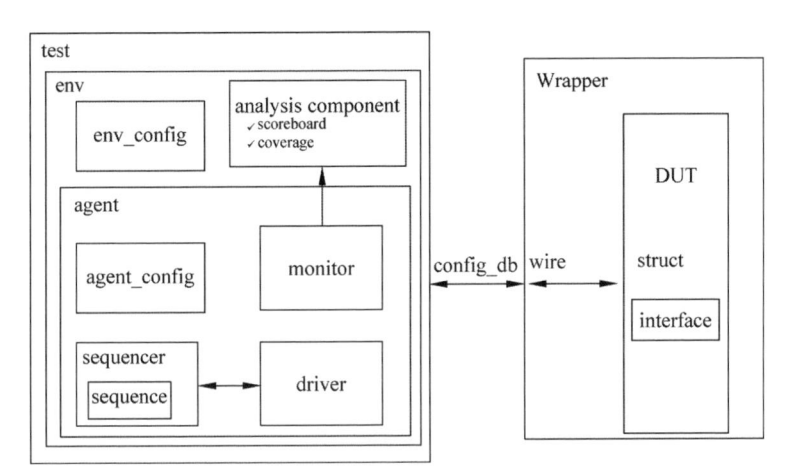

▲圖 4-1 在連接 interface 的基礎上支援 DUT 通訊埠資料型態為結構的示意圖

4.3.3 優點

(1) 在保留了現有連接 interface 優點的同時，增加了對 RTL 設計的 struct 結構通訊埠資料的相容。

(2) 同時具備在 interface 中使用 struct 資料型態進行設計和驗證的好處：

- 可以大大減少連線性的程式量。
- 將彼此之間有連結的訊號通訊埠組合到一起，易於開發者理解，從而方便開發和偵錯。
- 使用定義好的 struct 通訊埠資料型態，可以標準化地命名和重用，方便專案管理。
- 可以很容易地在 struct 資料型態裡增減資料訊號成員，方便在開發過程中進行調整。

綜上，提升了開發人員的工作效率，有著加速專案進度的作用，從而保證晶片專案的流片時間。

4.3.4 具體步驟

下面以圖 2-2 中的 sub_module 模組驗證為例，對整個工作流程進行詳細論述。

第 1 步，新增 dut_wrapper.sv 檔案，在其中實體化 DUT 並透過 wire 類型進行通訊埠連接，程式如下：

```
//sub_module.sv
typedef struct packed{
    logic[4:0] r;
    logic[4:0] g;
    logic[4:0] b;
}data_s;

module sub_module(
    clk,
    reset,
    data_in,
    data_out
);
    input clk;
    input reset;
    input data_s data_in;
    output data_s data_out;

    always@(posedge clk) begin
        if(reset) begin
            data_out.r <= 0;
            data_out.g <= 0;
            data_out.b <= 0;
        end
        else begin
            data_out.r <= data_in.r + 'd1;
            data_out.g <= data_in.g + 'd1;
            data_out.b <= data_in.b + 'd1;
        end
    end
endmodule
```

新增 dut_wrapper 檔案，對上面的 DUT 進行封裝，程式如下：

```
//sub_module_wrapper.sv
module sub_module_wrapper(
    clk,
    reset,
    data_in,
    data_out
);
    input wire clk;
    input wire reset;
    input wire[14:0] data_in;
    output[4:0] data_out;

    sub_module dut(
        .clk(clk),
        .reset(reset),
        .data_in(data_in),
        .data_out(data_out)
    );
endmodule
```

第 2 步，在原先的 interface 中宣告結構變數，然後連接 interface 的資料通訊埠，以便後面將該資料通訊埠上的資料驅動到 interface 或監測擷取該 interface 上的訊號，程式如下：

```
//demo_uvc_interface.sv
interface demo_uvc_interface (
    input clk,
    input rst,
    input[14:0] data);

    wire data_s drv_data;
    data_s mon_data;

    assign data = drv_data;
    assign mon_data = data;

    clocking drv @(posedge clk);
        default input #1step output `Tdrive;
        outputdrv_data
    endclocking

    clocking mon @(posedge clk);
        default input #1step output `Tdrive;
        inputmon_data
    endclocking
```

```
endinterface
```

第 3 步，修改在 interface_wrapper 中的 interface 宣告時將 DUT 模組指定為 dut_wrapper，程式如下：

```
//demo_env_interface_wrapper.sv
interface demo_env_interface_wrapper();
    import uvm_pkg::*;

    demo_uvc_interface intf0(.clk(sub_module_wrapper.clk),.rst(sub_module_wrapper.
reset),.data(sub_module_wrapper.data_in));
    demo_uvc_interface intf1(.clk(sub_module_wrapper.clk),.rst(sub_module_wrapper.
reset),.data(sub_module_wrapper.data_out));

    function void set_vif(string path);
        if(path=="this")begin
            uvm_config_db#(virtual demo_uvc_interface)::set(null,"uvm_test_top.env.
m_demo_uvc[0]*","vif",intf0);
            uvm_config_db#(virtual demo_uvc_interface)::set(null,"uvm_test_top.env.
m_demo_uvc[1]*","vif",intf1);
        end
        else begin
            uvm_config_db#(virtual demo_uvc_interface)::set(null,{"uvm_test_top.
env.",path,".m_demo_uvc[0]*"},"vif",intf0);
            uvm_config_db#(virtual demo_uvc_interface)::set(null,{"uvm_test_top.
env.",path,".m_demo_uvc[1]*"},"vif",intf1);
        end
    endfunction
endinterface
```

第 4 步，在該層次下的 top 模組中，將 dut 模組修改實體化為 dut_wrapper 及將 bind 敘述連接到指定的 dut 模組並修改實體化為 dut_wrapper，程式如下：

```
module tb_rtl_inst_top;
    ...
    sub_module_wrapper dut();
    bind sub_module_wrapper demo_env_interface_wrapper intf_wrapper();
endmodule
```

只要進行以上 4 步，就可以實現 VCS 對 RTL 設計中通訊埠類型為 struct 結構類型的相容，從而使現有的 bind interface 的可重用方案依然可行。

對於 top_module 驗證環境的 struct 通訊埠類型的相容的修改步驟和上面類似，這裡不再贅述。

第 5 章
快速配置和傳遞驗證環境中配置物件的方法

5.1 背景技術方案及缺陷

5.1.1 現有方案

通常驗證開發人員在對 RTL 進行驗證時,廣泛使用的驗證方法學是 UVM,它是一套基於 TLM 通訊開發的驗證平臺。簡單來說,它是一個類別庫檔案,可以幫助驗證開發人員很容易地架設可配置可重用的驗證環境。這套方法學已經把很多底層的介面封裝成了一個個物件,開發者只需按照語法規則來使用。一個基於 UVM 驗證平臺的典型架構示意圖如圖 1-1 所示。

在驗證平臺中的每個 UVC(Universal Verification Component) 都會有其對應的配置物件,用於對該 UVC 進行配置。例如圖 1-1 中的 agent 中對應的 agent_config,以及 env 中對應的 env_config。在開始執行測試用例之前,通常驗證開發人員需要對整個驗證環境進行配置,即至少需要完成對這裡的 agent_config 和 env_config 的配置。

現有的方案是在頂層驗證環境中對其下所有層次對應的配置物件進行宣告、實體化、配置和傳遞。

5.1.2 主要缺陷

採用上述現有的方案對於簡單的 RTL 設計是可行的,但是如果 RTL 層次比較多，在比較複雜的情況下，也就表示在對應的驗證環境比較複雜的情況下，在頂層驗證環境中對其下所有層次對應的配置物件進行宣告、實體化、配置和傳遞將變得異常麻煩。困難主要來自以下 3 點：

（1）往往一個複雜的晶片的內部會由成百上千個子模組組成，那麼對應的可重用 UVC 環境也會達到成百上千個，在頂層驗證環境裡只宣告其層次之下所有的 UVC 對應的配置物件就需要至少上千次，很容易遺漏。

（2）這樣一個複雜的晶片內部由成百上千個子模組組成，其對應的驗證環境內部的實體化路徑層次冗長複雜，很容易在配置和傳遞配置物件的過程中產生人為錯誤。

（3）如果在頂層驗證環境中對其下所有層次對應的配置物件進行宣告、實體化、配置和傳遞，則將存在大量的重複性工作，影響開發效率。

以上這 3 點使程式非常臃腫，而且很容易導致遺漏或配置錯誤，從而給後續的驗證工作造成麻煩，最終影響專案進度。所以需要有一種可重用的方式來完成上面的工作。

5.2 解決的技術問題

避免 5.1.2 節中提到的缺陷問題並實現以下目標：

（1）實現對複雜驗證環境中對其下所有層次對應的配置物件進行宣告、實體化、配置和傳遞的程式可重用，降低重複性開發工作，提升驗證平臺的開發效率。

（2）規範 UVM 開發框架，方便團隊協作和專案管理。

從而進一步提升程式的再使用性、易讀性及可維護性，加快專案推進的進度。

5.3 提供的技術方案

5.3.1 結構

主要分為兩個可重用驗證環境的程式封裝：

(1) 對 interface 封裝的 agent。本身不具備功能，僅對 interface 的行為進行驅動和監測。

該封裝部分對應的 package 將包含 agent_config 配置目的檔，用於配置 agent 的 active 模式和是否支援覆蓋率收集。

(2) 對底層 agent 和 env 封裝的 env。還會包含一些分析元件，如 scoreboard、coverage 等，這是一個完整的 RTL 設計模組的驗證平臺。

同理，該封裝部分對應的 package 將包含 env_config 檔案，一般用於配置其底層 agent 的 active 模式和是否支援覆蓋率收集，以及是否支援 RTL 模式，即 RTL 設計對應的參考模型的運算結果是否會被驅動到對應的 interface 上。

整體結構示意圖如圖 2-2 所示。

圖 2-2 中左邊為驗證環境的結構，右邊為所對應的 RTL 設計的結構，兩者的對應關係如下：

agent 與 interface 一一對應，例如左邊的 agent 對應於右邊的 data_in 和 data_out。

env 與 sub_modul 一一對應，例如左邊的 env 對應於右邊的 sub_module。

以類似搭積木的方式，每層 env 都會在其對應的配置物件裡對其下一層進行宣告、實體化、配置和封裝，然後在當前層次的驗證環境裡呼叫該配置封裝方法來完成配置，從而遮罩其底層的配置細節，實現程式的重用。

5.3.2 原理

首先參考 2.3.2 節的前半部分內容。

然後在頂層驗證環境裡完成對其下所有層次對應的配置物件的宣告、實體化和配置，程式如下：

```
class sub_module_env_config extends uvm_object;
    ...
    data_in_agent_config data_in_agent_cfg;
    data_out_agent_config data_out_agent_cfg;
    bit add_rtl_model = 0;

    function new(string name = "sub_module_env_config");
```

```
        super.new(new);
        data_in_agent_cfg = data_in_agent_config::type_id::create("data_in_agent_cfg");
        data_out_agent_cfg = data_out_agent_config::type_id::create("data_out_agent_cfg");
    endfunction
endclass : sub_module_env_config

class sub_module_env extends uvm_env;
    ...
    sub_module_env_config cfg;
    data_in_agent m_data_in_uvc;
    data_out_agent m_data_out_uvc;

    function new(string name = "sub_module_env",uvm_component parent);
        super.new(new,parent);
    endfunction

    virtual function void build_phase(uvm_phase phase);
        m_data_in_uvc = data_in_agent::type_id::create("m_data_in_uvc",this);
        m_data_out_uvc = data_out_agent::type_id::create("m_data_out_uvc",this);
        cfg = sub_module_env_config::type_id::create("cfg");
        cfg.data_in_agent_cfg.active = UVM_ACTIVE;
        cfg.data_in_agent_cfg.func_cov_en = 0;
        cfg.data_out_agent_cfg.active = UVM_PASSIVE;
        cfg.data_out_agent_cfg.func_cov_en = 0;

        uvm_config_db#(data_in_agent_config)::set(this,"m_data_in_uvc*","cfg",cfg.data_in_agent_cfg);

        uvm_config_db#(data_out_agent_config)::set(this,"m_data_out_uvc*","cfg",cfg.data_out_agent_cfg);

    endfunction
endclass : sub_module_env
```

可以看到在 sub_module_env_config 中實體化時包含了其下一層配置物件，然後在頂層驗證環境 sub_module_env 中對底層的配置物件進行逐一配置和傳遞。

當前 RTL 設計模組只有一個層次，是最簡單的情況，如果是像圖 2-2 中那樣呢？程式如下：

```
class top_module_env_config extends uvm_object;
    ...
    sub_module_env_config sub_module_env_cfg1;
    sub_module_env_config sub_module_env_cfg2;
```

```
    sub_module_env_config sub_module_env_cfg3;
    bit add_rtl_model = 0;

    function new(string name= "top_module_env_config");
        super.new(new);
        sub_module_env_cfg1 = sub_module_env_config::type_id::create("sub_module_env_cfg1");
        sub_module_env_cfg2 = sub_module_env_config::type_id::create("sub_module_env_cfg2");
        sub_module_env_cfg3 = sub_module_env_config::type_id::create("sub_module_env_cfg3");
    endfunction
endclass : top_module_env_config

class top_module_env extends uvm_env;
    ...
    top_module_env_config cfg;
    sub_module_env m_env1;
    sub_module_env m_env2;
    sub_module_env m_env3;

    function new(string name = "top_module_env",uvm_component parent);
        super.new(new,parent);
    endfunction

    virtual function void build_phase(uvm_phase phase);
        m_env1 = sub_module_env::type_id::create("m_env1",this);
        m_env2= sub_module_env::type_id::create("m_env2",this);
        m_env3 = sub_module_env::type_id::create("m_env3",this);

        cfg = top_module_env_config::type_id::create("cfg");
        cfg.sub_module_env_cfg1.data_in_agent_cfg.active = UVM_ACTIVE;
        cfg.sub_module_env_cfg1.data_in_agent_cfg.func_cov_en = 0;
        cfg.sub_module_env_cfg1.data_out_agent_cfg.active = UVM_PASSIVE;
        cfg.sub_module_env_cfg1.data_out_agent_cfg.func_cov_en = 0;
        cfg.sub_module_env_cfg2.data_in_agent_cfg.active = UVM_PASSIVE;
        cfg.sub_module_env_cfg2.data_in_agent_cfg.func_cov_en = 0;
        cfg.sub_module_env_cfg2.data_out_agent_cfg.active = UVM_PASSIVE;
        cfg.sub_module_env_cfg2.data_out_agent_cfg.func_cov_en = 0;
        cfg.sub_module_env_cfg3.data_in_agent_cfg.active = UVM_ACTIVE;
        cfg.sub_module_env_cfg3.data_in_agent_cfg.func_cov_en = 0;
        cfg.sub_module_env_cfg3.data_out_agent_cfg.active = UVM_PASSIVE;
        cfg.sub_module_env_cfg3.data_out_agent_cfg.func_cov_en = 0;

        uvm_config_db#(data_in_agent_config)::set(this,"m_env1.m_data_in_uvc*","cfg",cfg.sub_module_env_cfg1.data_in_agent_cfg);
```

```
        uvm_config_db#(data_out_agent_config)::set(this,"m_env1.m_data_out_
uvc*","cfg",cfg.sub_module_env_cfg1.data_out_agent_cfg);
        uvm_config_db#(data_in_agent_config)::set(this,"m_env2.m_data_in_
uvc*","cfg",cfg.sub_module_env_cfg2.data_in_agent_cfg);
        uvm_config_db#(data_out_agent_config)::set(this,"m_env2.m_data_out_
uvc*","cfg",cfg.sub_module_env_cfg2.data_out_agent_cfg);
        uvm_config_db#(data_in_agent_config)::set(this,"m_env3.m_data_in_
uvc*","cfg",cfg.sub_module_env_cfg3.data_in_agent_cfg);
        uvm_config_db#(data_out_agent_config)::set(this,"m_env3.m_data_out_
uvc*","cfg",cfg.sub_module_env_cfg3.data_out_agent_cfg);
    endfunction

endclass : top_module_env
```

可以看到，在頂層 env 裡對底層的配置物件進行逐一配置和傳遞已經比較麻煩了。

如果 RTL 設計層次非常複雜呢？如圖 2-5 所示。此時，如果在驗證平臺的 top 模組裡繼續對所有底層的配置物件逐一進行配置和傳遞，則會發現事情會變得非常棘手，路徑層次和程式敘述會變得非常冗長複雜，很容易出錯。這在一個複雜的 env 中幾乎是不可能完成的工作。

因此需要對上述底層的配置物件的配置和傳遞進行層層封裝，從而遮罩底層可重用環境的配置細節，以便於對本層及頂層進行呼叫。

即頂層只要呼叫下一層封裝好的巨集函式即可，如圖 5-1 所示。

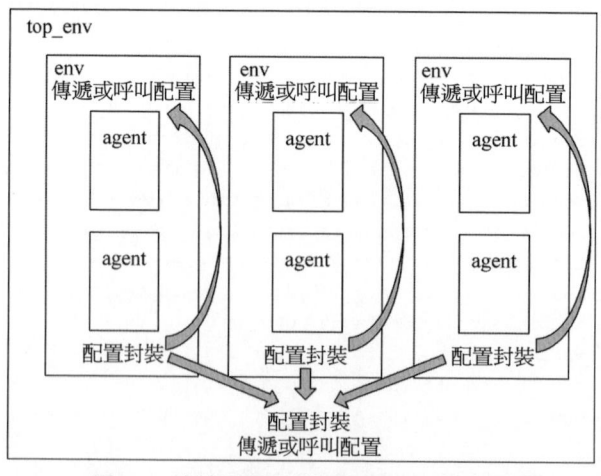

▲圖 5-1 快速配置和傳遞配置物件的原理圖

從圖 5-1 中可知，在每層 env 中需要完成兩件事：

(1) 配置封裝。呼叫下一層環境中的配置封裝方法來完成對本層的配置封裝。

(2) 傳遞或呼叫配置。從 config_db 中得到上一層由 set 傳遞過來的配置物件，如果沒有得到，則自行實體化並呼叫下一層的配置封裝方法進行配置，從而遮罩底層 env 的配置細節。

透過上述方法極佳地遮罩了底層的細節，使在頂層驗證環境裡不需要知道如何對底層所有的 UVC 可重用環境進行配置，而只需知道其下一層如何配置，這也正是實現的原理。

總結一下，即在每個可重用 UVC 對應的配置物件中對下一層次所對應的配置物件進行宣告、實體化和配置的封裝，然後在當前層次的 env 中呼叫封裝好的 config 方法來配置並透過 config_db 來將對應的配置物件傳遞給下一層，從而完成對驗證環境中所有層次對應的配置物件的宣告、實體化和配置。

5.3.3 優點

透過層層實體化和封裝配置的方法實現了對驗證環境中所有可重用 UVC 配置物件的配置傳遞，實現了該部分程式可重用。

因此，提升了開發人員的工作效率，有著加速專案進度的作用，從而保證晶片專案的流片時間。

5.3.4 具體步驟

下面以圖 2-2 為例，對整個工作流程進行詳細論述。

圖 2-2 的 RTL 設計由 3 個同樣完成加 1 功能的子模組實體化而成。

先從最底層的 interface 封裝 agent 開始。

第 1 步，在 env 對應的配置物件裡宣告和實體化下一層配置物件並且封裝對應的 config 方法。

首先會將 sub_module 的兩個輸入 / 輸出通訊埠 data_in 和 data_out 分別封裝成獨立的 agent，這一步驗證開發人員通常會透過對指令稿進行配置來自動實現。

由於 agent 是對 interface 的封裝，其配置選項一般有兩個，分別是 active 和

func_cov_en，一般不會在這一層進行測試驗證，因為其僅是對 interface 的封裝，並不是對一個具體的 RTL 設計的驗證環境，因此不需要在最底層 UVC（agent 這裡）封裝對應的 config 方法。

第 2 步，在底層 (每層都要) 的 agent 或 env 裡宣告並從 config_db 裡得到對應的配置物件以供在該層次進行使用，如果沒有得到，就實體化一個對應的配置物件並且呼叫封裝好的 config 方法對其進行配置。

注意：這裡如果沒有得到本層次對應的配置物件，就實體化並配置，這是為了使用該層次來做頂層的驗證環境，從而對相應的 RTL 設計模組進行驗證測試。

程式如下：

```
class data_in_agent extends uvm_agent;
    data_in_sequencer         sequencer;
    data_in_driver            driver;
    data_in_monitor           monitor;
    data_in_coverage          coverage;
    data_in_agent_config      data_in_agent_cfg;
    ...

    virtual function void build_phase();
    if(!uvm_config_db#(data_in_agent_config)::get(
        this,
        "",
        "cfg",
        data_in_agent_cfg))begin
        data_in_agent_cfg =
          data_in_agent_config::type_id::create("data_in_agent_cfg");
         data_in_agent_cfg.active = UVM_ACTIVE;
         data_in_agent_cfg.func_cov_en = 0;
    end
        if(data_in_agent_cfg.active == UVM_ACTIVE) begin
            sequencer = data_in_sequencer::type_id::create("sequencer",this);
            driver = data_in_driver::type_id::create("driver",this);
        end
        monitor = data_in_monitor::type_id::create("monitor",this);
    endfunction
endclass : data_in_agent
```

可以看到，在底層 agent 裡首先從 config_db 裡得到對應的配置物件以供在該層次進行使用，如果沒有得到，就實體化一個對應的配置物件並且對其進行配置。

data_out_agent 與此類似，這裡不再贅述。

第 3 步，重複第 1 步到第 2 步，進行配置物件的層層封裝，從而實現對一個複雜驗證環境中所有層次對應的配置物件的宣告、實體化和配置。

重複第 1 步，在 env 對應的配置物件裡宣告和實體化下一層配置物件並且封裝對應的 config 方法。

然後來看其上一層 env，即 sub_module 對應的驗證環境。對其配置物件進行封裝，程式如下：

```
class sub_module_env_config extends uvm_object;
    ...
    data_in_agent_config data_in_agent_cfg;
    data_out_agent_config data_out_agent_cfg;
    bit add_rtl_model = 0;

    function new(string name = "sub_module_env_config");
        super.new(new);
        data_in_agent_cfg = data_in_agent_config::type_id::create("data_in_agent_cfg");
        data_out_agent_cfg = data_out_agent_config::type_id::create("data_out_agent_cfg");
    endfunction

    function void config(cfg_mode_enum cfg_mode);
        case(cfg_mode)
            ACTIVE_DV_ONLY_MODE:begin
                data_in_agent_cfg.active = UVM_ACTIVE;
                data_in_agent_cfg.func_cov_en = 0;
                data_out_agent_cfg.active = UVM_PASSIVE;
                data_out_agent_cfg.func_cov_en = 0;
                add_rtl_model = 1;
            end
            PASSIVE_DV_ONLY_MODE:begin
                data_in_agent_cfg.active = UVM_PASSIVE;
                data_in_agent_cfg.func_cov_en = 0;
                data_out_agent_cfg.active = UVM_PASSIVE;
                data_out_agent_cfg.func_cov_en = 0;
                add_rtl_model = 1;
            end
            ACTIVE_RTL_MODE:begin
                data_in_agent_cfg.active = UVM_ACTIVE;
```

```
                    data_in_agent_cfg.func_cov_en = 0;
                    data_out_agent_cfg.active = UVM_PASSIVE;
                    data_out_agent_cfg.func_cov_en = 0;
                    add_rtl_model = 0;
                end
                PASSIVE_RTL_MODE:begin
                    data_in_agent_cfg.active = UVM_PASSIVE;
                    data_in_agent_cfg.func_cov_en = 0;
                    data_out_agent_cfg.active = UVM_PASSIVE;
                    data_out_agent_cfg.func_cov_en = 0;
                    add_rtl_model = 0;
                end
            endcase
        endfunction
endclass : sub_module_env_config
```

可以看到，在 sub_module 對應的 env 配置物件裡，實體化了下一層 agent 對應的配置物件，然後該層次的 env 開發人員提供了 4 種封裝好的配置模式，用列舉資料型態 cfg_mode_enum 來表示。

(1) ACTIVE_DV_ONLY_MODE： 輸入通訊埠激勵需要由 env 這邊的 sequence 舉出，並且帶上 RTL model，即將 reference model 運算的結果驅動到輸出端 interface 上。

(2) PASSIVE_DV_ONLY_MODE： 輸入通訊埠激勵由前序 RTL 或 RTL model 舉出，並且帶上 RTL model，即將 reference model 運算的結果驅動到輸出端 interface 上。

(3) ACTIVE_RTL_MODE： 輸入通訊埠激勵需要由 env 這邊的 sequence 舉出，並且不帶上 RTL model，即由 reference model 運算的結果不會被驅動到輸出端 interface 上。

(4) PASSIVE_RTL_MODE： 輸入通訊埠激勵由前序 RTL 或 RTL model 舉出，並且不帶上 RTL model，即由 reference model 運算的結果不會被驅動到輸出端 interface 上。

注意：(1) 這裡的配置模式僅作範例，在實際專案中的配置模式可能遠不止這幾種，需要該可重用 env 的開發者提供配置說明，描述該可重用環境可以被配置為哪些模式。

(2) 也可以將配置模式分為獨立的類別來寫，這樣後面如果有新增或改動，則直接對該類別進行繼承即可。
(3) 在頂層 env 中，也可以呼叫 randomize() 方法，用來自動完成對所有底層的配置物件中帶有 rand 關鍵字資料成員的隨機化。

重複第 2 步，在底層 (每層都要) 的 agent 或 env 裡宣告並從 config_db 裡得到對應的配置物件以供在該層次進行使用，如果沒有得到，就實體化一個對應的配置物件並且呼叫封裝好的 config 方法對其進行配置。

然後來看如何在 sub_module 對應的 env 裡使用 config 封裝方法來完成對底層可重用 UVC 的配置和傳遞，程式如下：

```
class sub_module_env extends uvm_env;
    ...
    sub_module_env_config cfg;
    data_in_agent m_data_in_uvc;
    data_out_agent m_data_out_uvc;

    function new(string name = "sub_module_env",uvm_component parent);
        super.new(new,parent);
    endfunction

    virtual function void build_phase(uvm_phase phase);
        m_data_in_uvc = data_in_agent::type_id::create("m_data_in_uvc",this);
        m_data_out_uvc = data_out_agent::type_id::create("m_data_out_uvc",this);
        if(!uvm_config_db#(sub_module_env_config)::get(this,"","cfg",cfg))begin
            cfg = sub_module_env_config::type_id::create("cfg");
            cfg.config(ACTIVE_DV_ONLY_MODE);
        end

        uvm_config_db#(data_in_agent_config)::set(this,"m_data_in_uvc*","cfg",cfg.data_in_agent_cfg);
        uvm_config_db#(data_out_agent_config)::set(this,"m_data_out_uvc*","cfg",cfg.data_out_agent_cfg);
    endfunction
endclass : sub_module_env
```

可以看到，這裡先得到更頂層 (如果有) 傳遞過來的配置物件，如果沒有，就實體化一個並呼叫配置物件裡封裝好的 config 方法，然後傳遞給下一層驗證環境 (這裡的 agent)。

然後重複第 1 步到第 2 步,進行配置物件的層層封裝,從而實現對一個複雜驗證環境中所有層次對應的配置物件的宣告、實體化和配置。

繼續重複第 1 步到第 2 步。

繼續重複第 1 步,在 env 對應的配置物件裡宣告和實體化下一層配置物件並且封裝對應的 config 方法。

接著來看其更上一層 env,即 top_module 對應的驗證環境。對其配置物件進行封裝,程式如下:

```
class top_module_env_config extends uvm_object;
    ...
    sub_module_env_config sub_module_env_cfg1;
    sub_module_env_config sub_module_env_cfg2;
    sub_module_env_config sub_module_env_cfg3;
    bit add_rtl_model = 0;

    function new(string name = "top_module_env_config");
        super.new(new);
        sub_module_env_cfg1 = sub_module_env_config::type_id::create("sub_module_env_cfg1");
        sub_module_env_cfg2 = sub_module_env_config::type_id::create("sub_module_env_cfg2");
        sub_module_env_cfg3 = sub_module_env_config::type_id::create("sub_module_env_cfg3");
    endfunction

    function void config(cfg_mode_enum cfg_mode);
        case(cfg_mode)
            ACTIVE_DV_ONLY_MODE:begin
                sub_module_env_cfg1.config(ACTIVE_DV_ONLY_MODE);
                sub_module_env_cfg2.config(PASSIVE_DV_ONLY_MODE);
                sub_module_env_cfg3.config(ACTIVE_DV_ONLY_MODE);
                add_rtl_model = 1;
            end
            PASSIVE_DV_ONLY_MODE:begin
                sub_module_env_cfg1.config(PASSIVE_DV_ONLY_MODE);
                sub_module_env_cfg2.config(PASSIVE_DV_ONLY_MODE);
                sub_module_env_cfg3.config(PASSIVE_DV_ONLY_MODE);
                add_rtl_model = 1;
            end
            ACTIVE_RTL_MODE:begin
                sub_module_env_cfg1.config(ACTIVE_RTL_MODE);
                sub_module_env_cfg2.config(PASSIVE_RTL_MODE);
```

```
                    sub_module_env_cfg3.config(ACTIVE_RTL_MODE);
                    add_rtl_model = 0;
                end
                PASSIVE_RTL_MODE:begin
                    sub_module_env_cfg1.config(PASSIVE_RTL_MODE);
                    sub_module_env_cfg2.config(PASSIVE_RTL_MODE);
                    sub_module_env_cfg3.config(PASSIVE_RTL_MODE);
                    add_rtl_model = 0;
                end
        endcase
    endfunction
endclass : top_module_env_config
```

可以看到，呼叫下一層的驗證環境來對本層次的配置模式進行封裝，同樣封裝在對應層次配置物件的 config 方法裡。

繼續重複第 2 步，在底層 (每層都要) 的 agent 或 env 裡宣告並從 config_db 裡得到對應的配置物件以供在該層次進行使用，如果沒有得到，就實體化一個對應的配置物件並且呼叫封裝好的 config 方法對其進行配置。

然後來看如何在 top_module 對應的 env 裡使用這個 config 封裝方法來完成對底層可重用 UVC 的配置和傳遞，程式如下：

```
class top_module_env extends uvm_env;
    ...
    top_module_env_config cfg;
    sub_module_env m_env1;
    sub_module_env m_env2;
    sub_module_env m_env3;

    function new(string name = "top_module_env",uvm_component parent);
        super.new(new,parent);
    endfunction

    virtual function void build_phase(uvm_phase phase);
        m_env1 = sub_module_env::type_id::create("m_env1",this);
        m_env2 = sub_module_env::type_id::create("m_env2",this);
        m_env3 = sub_module_env::type_id::create("m_env3",this);

        if(!uvm_config_db#(top_module_env_config)::get(this,"","cfg",cfg))begin
            cfg = top_module_env_config::type_id::create("cfg");
            cfg.config(ACTIVE_DV_ONLY_MODE);
        end
```

```
        uvm_config_db#(sub_module_env_config)::set(this,"m_env1*","cfg",cfg.sub_
module_env_cfg1);
        uvm_config_db#(sub_module_env_config)::set(this,"m_env2*","cfg",cfg.sub_
module_env_cfg2);
        uvm_config_db#(sub_module_env_config)::set(this,"m_env3*","cfg",cfg.sub_
module_env_cfg3);
    endfunction
endclass : top_module_env
```

對比之前使用的配置方法，這裡簡化了很多，而且很方便地遮罩了底層的配置細節，只需配置其下一層可重用環境的配置物件。

另外利用上述想法，同樣可以透過指令稿實現對一個複雜驗證環境中所有層次對應的配置物件的宣告、實體化和配置傳遞的自動化，從而進一步提升開發效率，加快專案進度。

最後總結一下，具體分為以下 4 個步驟：

第 1 步，在 env 對應的配置物件裡宣告和實體化下一層配置物件並且封裝對應的 config 方法。

注意：在 agent 中不需要進行封裝，因為這裡 agent 是對 interface 的封裝，其配置選項一般有兩個，一個是 active，用於指定其是否帶驅動部分；另一個是 func_cov_en，用於指定其是否支援覆蓋率收集。

第 2 步，在底層 (每層都要) 的 agent 或 env 裡宣告並從 config_db 裡得到對應的配置物件以供在該層次進行使用，如果沒有得到，就實體化一個對應的配置物件並且呼叫封裝好的 config 方法對其進行配置。

注意：這裡如果沒有得到本層次對應的配置物件，就實體化並配置，這是為了使用該層次來做頂層的驗證環境，從而對相應的 RTL 設計模組進行驗證測試。

重複第 1 步到第 2 步，進行配置物件的層層封裝，從而實現對一個複雜驗證環境中所有層次對應的配置物件的宣告、實體化和配置。

第 6 章

對採用 reactive slave 方式驗證的改進方法

6.1 背景技術方案及缺陷

6.1.1 現有方案

一個非常常見的 RTL 設計模組的互動過程示意圖如圖 6-1 所示。

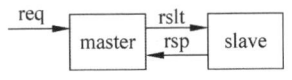

▲圖 6-1 常見的 RTL 設計模組互動示意圖

主動發起動作的 master 根據 req 請求，運算輸出結果 rslt，而被動回應動作的 slave 接收 rslt 作為輸入，然後將 rsp 回應傳回給 master，接著 master 根據 slave 的 rsp 回應再做相應的運算。

如果要驗證 RTL 設計是右邊的 slave，則如圖 6-2 所示。

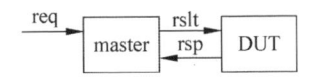

▲圖 6-2 DUT 是 slave 的互動示意圖

此時相對較為簡單，可以基於 UVM 方法學架設以下的驗證平臺，如圖 6-3 所示。

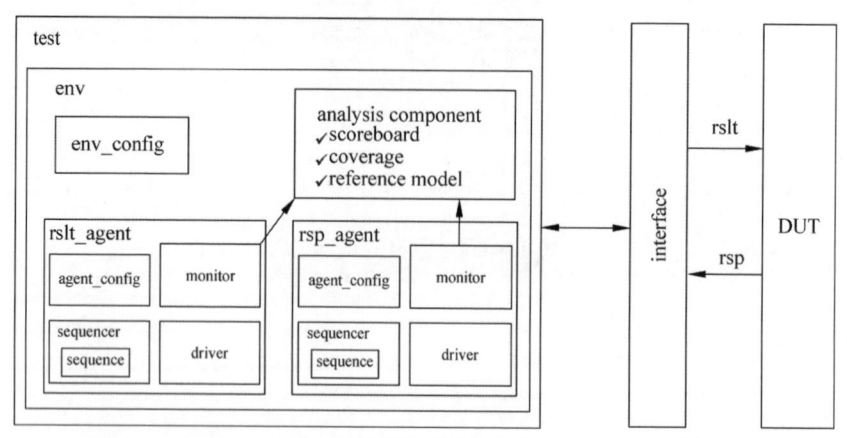

▲圖 6-3 基於 UVM 方法學架設的針對 DUT 是 slave 的驗證平臺

這裡可以架設一個典型的基於 UVM 方法學的驗證平臺。出於方便對大型晶片專案的管理需要和驗證環境的架設的程式再使用性角度的考慮，將介面 rslt 和 rsp 分別封裝成一個 agent，其中 rslt_agent 被配置為 active 模式，然後撰寫 rslt_agent 的 sequence 輸入激勵並透過 rslt_agent 的 sequencer 和 driver 將激勵發送和驅動到 rslt interface 上，然後 DUT 根據該輸入激勵進行運算並將結果輸出到 rsp interface 上，此時，rsp_agent 的 monitor 會監測到 rsp interface 上的訊號結果，封裝成 transaction 並廣播給分析元件。

注意：這裡 rsp_agent 因為不需要驅動激勵，所以會被配置成 passive 模式。同時驗證環境中的參考模型也會根據同樣的激勵運算出相應的期望結果，也透過通訊連接埠傳遞給分析元件。最終分析比較 DUT 實際運算的結果和參考模型運算出來的期望結果，以判斷邏輯功能的正確性。

驗證 RTL 設計是左邊的 master 如圖 6-4 所示。

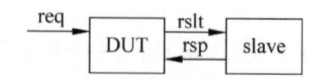

▲圖 6-4 DUT 是 master 的互動範例圖

這種情況相對複雜一些，現有的方案基於 UVM 方法學並採用 reactive slave 來架設驗證平臺，如圖 6-5 所示。

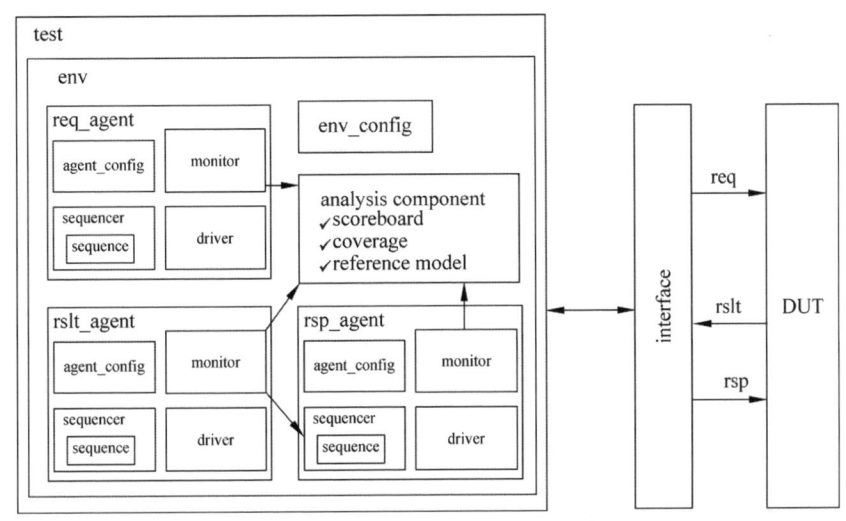

▲ 圖 6-5 方案一：基於 UVM 方法學並採用 reactive slave 方式架設的針對 DUT 是 master 的驗證平臺

這裡依然基於 UVM 方法學來架設驗證平臺，只是這次 DUT 是 master 模組，而不再是 slave。

同樣可以看到，將 3 個 interface，即 req、rslt 和 rsp 分別封裝成了 req_agent、rslt_agent 和 rsp_agent，它們分別工作在 active、passive 和 active 模式下。

首先，req_agent 工作在 active 模式，然後撰寫 req_agent 的 sequence 輸入激勵並透過 req_agent 的 sequencer 和 driver 將激勵發送和驅動到 req interface 上，接著 DUT 根據該輸入激勵進行運算並將結果輸出到 rslt interface 上。此時，req_agent 中的 monitor 會把輸入激勵廣播給參考模型，用來計算期望結果。

rslt_agent 工作在 passive 模式，其上的 monitor 監測到 rslt interface 訊號結果，封裝成 transaction 並向外廣播，此時主要廣播給分析元件和 rsp_agent 中的 sequencer，廣播給分析元件主要用於對結果進行分析比較，而廣播給 rsp_agent 中的 sequencer 則是為了在其中產生用來回應的 reactive slave sequence 激勵，此時 rsp_agent 工作在 active 模式，它會根據 rslt 介面訊號作為輸入激勵，對 master 模組 (待測的 DUT) 的動作進行回應，此時透過在 sequencer 裡產生相應的響應 sequence，並發送和驅動到 rsp interface 上，以給 DUT 作為訊號輸入。

注意：兩個 agent 之間的通訊連接埠連接在 env 層次中完成。

除了上述採用 reactive slave 的方式來對 DUT 是 master 的情況進行驗證以外，還有一種常用的 proactive master 方式的驗證方案，如圖 6-6 所示。

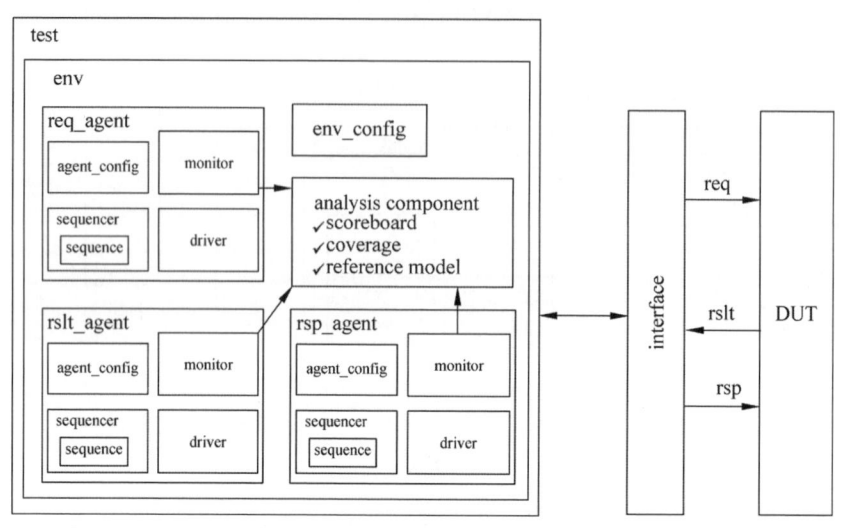

▲ 圖 6-6 方案二：基於 UVM 方法學並採用 proactive master 方式的針對 DUT 是 master 的驗證平臺

這種方案與上一種採用 reactive slave 方案的主要區別在於它不再採用 reactive slave 的方式，而是採用 proactive master 的方式。這裡同樣可以看到，將 3 個 interface，即 req、rslt 和 rsp 分別封裝成了 req_agent、rslt_agent 和 rsp_agent，但與之前有所不同，它們分別工作在 active、passive 和 passive 模式下。

同樣，首先 req_agent 工作在 active 模式，撰寫 req_agent 的 sequence 輸入激勵並透過 req_agent 的 sequencer 和 driver 將激勵發送和驅動到 req interface 上，然後 DUT 根據該輸入激勵進行運算並將結果輸出到 rslt interface 上。此時，req_agent 中的 monitor 會把輸入激勵廣播給參考模型，用來計算期望結果。

rslt_agent 工作在 passive 模式，其上的 monitor 監測到 rslt interface 訊號結果，封裝成 transaction 並向外廣播，此時主要廣播給分析元件和參考模型。

此時會把 rsp interface 的控制碼透過 UVM 配置資料庫傳遞給參考模型，然後參考模型根據 req_agent 和 rslt_agent 中 monitor 廣播過來的 transaction 激勵運算出 rsp interface 上的響應結果，此時再透過獲取的 rsp interface 控制碼驅動給 DUT，從而完成互動。

這時 rsp_agent 工作在 passive 模式，只負責監測 rsp interface 上的訊號並封裝成 transaction，以廣播給分析元件。

6.1.2 主要缺陷

方案一的主要缺陷如下：

再使用性較差。因為 interface 所對應的 agent 彼此之間相互連結，如上面的 rslt_agent 中的 monitor 需要與 rsp_agent 中的 sequencer 進行通訊，需要在驗證環境中進行連接，並且在 rsp_agent 中需要實現部分產生 reactive slave sequence 的邏輯，以上這些會導致邏輯劃分不清，使兩個 agent 不能被有效地封裝成獨立的 package，從而對驗證環境的再使用性造成不良影響。

方案二的主要缺陷如下：

(1) 對 master 的回應輸出比較固定，不夠靈活，即缺少對 sequence 的隨機約束控制，不能極佳地實現錯誤注入以對 DUT 進行更完整的驗證。

(2) 需要從頂層透過 UVM 配置資料庫向參考模型傳遞 interface 控制碼，不可用連接 interface 解決，需要單獨指定路徑傳遞，較為麻煩，損害了程式的再使用性。

6.2 解決的技術問題

避免 6.1.2 節提到的缺陷問題，並且在提高驗證品質的同時提升了驗證環境的再使用性。

6.3 提供的技術方案

6.3.1 結構

由於是在方案二的基礎上的改進，因此本方案的結構和其一樣，如圖 6-6 所示，這裡不再贅述。

6.3.2 原理

原理如下：

(1) 上面的方案二其實避免了方案一中的缺陷，但是有其自身的缺陷，因此，只要解決方案二中存在的缺陷問題就可以達到目的。

(2) 避免在參考模型中直接獲取 interface 來將響應結果直接驅動給 DUT，而是建構回應 sequence 並在參考模型中啟動來完成對回應結果的驅動。這樣就不再需要在頂層模組中透過配置資料庫向下傳遞 interface，也就不需要再單獨指定 interface 傳遞路徑，也可以更進一步地利用 SystemVerilog 的隨機約束對 sequence 進行錯誤注入，以便更完善地對 DUT 進行驗證。

這裡主要用到的原理是 UVM 中的 sequence 機制和基於 SystemVerilog 的隨機約束。

6.3.3 優點

優點如下：

(1) 修改原先在參考模型中直接獲取 interface 來將響應結果直接驅動給 DUT，而是建構回應 sequence 並在參考模型中啟動來完成對回應結果的驅動。

(2) 不再需要在頂層模組中透過 UVM 配置資料庫向下傳遞 interface，即不再需要單獨指定 interface 傳遞路徑，同時不再需要在參考模型中獲取該 interface。

(3) 可以方便地利用 SystemVerilog 的隨機約束對 sequence 進行錯誤注入，以便更完善地對 DUT 進行驗證。

6.3.4 具體步驟

第 1 步，架設如圖 6-6 所示的驗證平臺，並做好配置和連接工作。

具體參考圖 6-6 及相應的描述部分，這裡不再贅述。

第 2 步，撰寫 rsp_agent 中用來回應的 sequence，程式如下：

```
//rsp_sequence.sv
class rsp_sequence extends uvm_sequence #(rsp_transaction);
    rsp_transaction trans;
```

```
    ...
    function config(rsp_transaction trans_in);
        this.trans = new("trans");
        this.trans.copy(trans_in);
    endfunction

    virtual task body();
        start_item(this.trans);
        finish_item(this.trans);
    endtask
endclass
```

可以看到，在 config 方法中對要發送的 trans 激勵進行實例化和配置，然後在 body 方法中啟動。

第 3 步，在參考模型中獲取 rslt_agent 中的 monitor 廣播過來的 transaction 資料，然後進行邏輯運算並配置和啟動上一步撰寫的 rsp_sequence，從而使其在 rsp_agent 中的 sequencer 和 driver 上進行傳遞和驅動，最終完成對 DUT 作為 master 動作的回應，程式如下：

```
//reference_model.sv
class reference_model extends uvm_component;
    uvm_blocking_get_port#(rslt_transaction) rslt_port;
    rsp_sequence rsp_seq;
    ...

    task run_phase(uvm_phase phase);
        rslt_transaction rslt;
        rsp_transaction rsp;

        rsp = new("rsp");
        fork
            // 呼叫 predict_rsp 的方法計算 rsp 回應的期望結果並配置啟動 rsp_seq 以驅動
            // 到 interface
            forever begin
                rslt_port.get(rslt);
                rsp = predict_rsp(rslt);
                assert(rsp.randomize() with{...});
                rsp_seq = new("rsp_req");
                rsp_seq.config(rsp);
                rsp_seq.start(rsp_agent.sqr);
            end
            ...
```

```
            join
    endtask
endclass
```

  可以很輕鬆地在 rsp_transaction 中撰寫隨機約束，從而在呼叫 randomize 時對其進行隨機錯誤注入，從而完善對 DUT 的驗證，而這在方案二中實現起來比較麻煩。

第 7 章

應用 sequence 回饋機制的激勵控制方法

7.1 背景技術方案及缺陷

7.1.1 現有方案

通常驗證開發人員為了對 RTL 設計 (圖中的 DUT) 進行驗證，需要給它施加相應的輸入激勵，然後監測及比較其輸出的結果是否符合預期，而驗證人員往往會希望能夠根據 DUT 內部的狀態來決定下一步給其施加什麼樣的激勵，因此在 sequence 就需要知道 DUT 內部的狀態，從而可以在 sequence 內部根據 DUT 內部的狀態產生下一步的 sequence_item。

而現有實現的方法有以下兩種，分別如圖 7-1 和圖 7-2 所示。

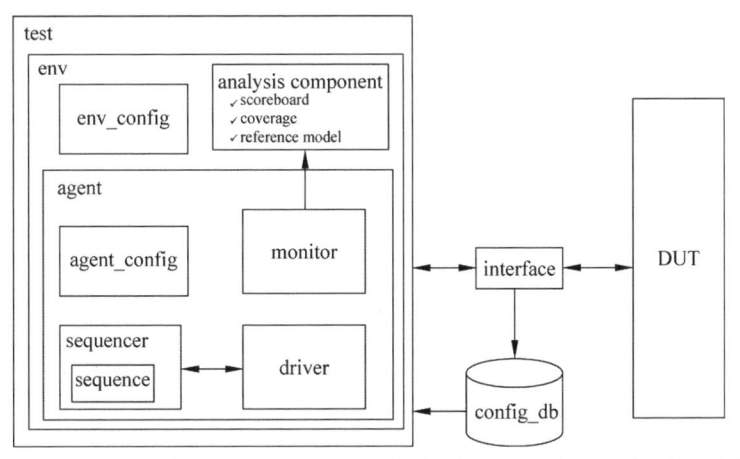

▲ 圖 7-1 現有的應用 sequence 回饋機制的激勵控制實現方法 (第 1 種)

7-1

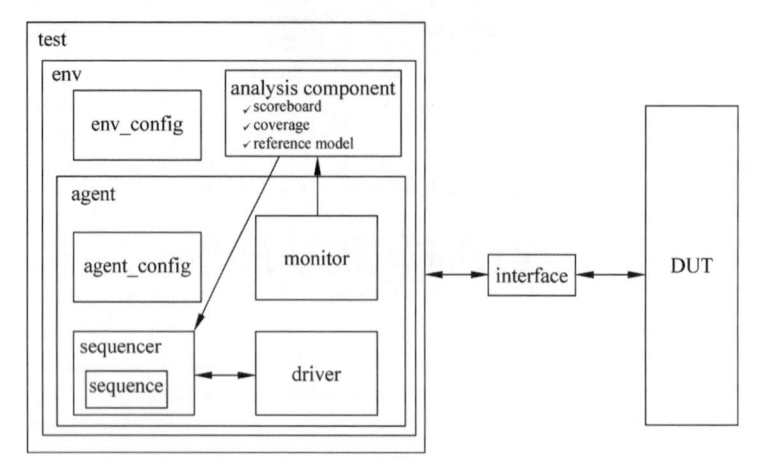

▲ 圖 7-2　現有的應用 sequence 回饋機制的激勵控制實現方法 (第 2 種)

　　圖 7-1 是第 1 種實現方法，即將 DUT 中的內部狀態訊號封裝成 interface，然後透過 config_db 向驗證環境進行傳遞，此時由於 sequence 激勵會被掛載到對應的 sequencer 上，因此在 sequence 裡可以獲得 DUT 內部狀態訊號的 virtual interface 控制碼，sequence 可以監測 interface 上的值，從而最終在其內部實現根據 DUT 內部狀態訊號來決定下一步給 DUT 施加什麼樣的激勵。

　　圖 7-2 是第 2 種實現方法，由於為了驗證 DUT 運算功能的正確性，通常會撰寫相應的參考模型，然後給兩者施加同樣的激勵來比較兩者的輸出結果，如果一致，則認為功能是符合預期的，否則可能是哪裡出了問題，需要進一步偵錯確定。簡單來講，參考模型中通常也會有一份與 DUT 中相對應的內部狀態訊號，可以直接將參考模型的控制碼傳遞給 sequencer，同樣由於 sequence 是掛載在 sequencer 上的，因此 sequence 可以獲得參考模型的控制碼，這樣最終就可以根據參考模型對應的 DUT 內部狀態訊號來決定下一步給 DUT 施加什麼樣的激勵了。

7.1.2　主要缺陷

　　採用上述兩種方法是可行的，但本節將利用 UVM 的 sequence 的回饋機制舉出一種新的實現方法。

　　這種新的方法的本身與之前兩種現有的實現方法之間並沒有孰優孰劣之說，在實際的晶片驗證工作中，可以視 DUT 的情況和驗證人員的工作習慣進行靈活選擇。

7.2 解決的技術問題

舉出一種應用 sequence 回饋機制的激勵控制方法，從而實現根據 DUT 內部狀態動態地產生 sequence 激勵，以便在實際的晶片驗證工作中為驗證人員提供更多的實現方法。

7.3 提供的技術方案

7.3.1 結構

考慮舉例的代表性，這裡以精準匹配模組作為 DUT 為例說明。

首先簡單介紹精準匹配模組，其用於完成 key(圖 7-3 中的 addr) 和 pointer(圖 7-3 中的 data) 之間的映射，在乙太網交換晶片中常常會實體化使用該模組。這裡為了範例，可以簡單地將精準匹配模組理解為一個字典型態資料庫，具有基本寫讀功能。

注意：對於精準匹配來講，這裡的讀取操作表示刪除操作。

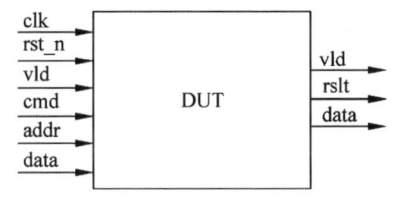

▲ 圖 7-3 抽象後的 DUT 範例方塊圖

對該 DUT 進行抽象後得到其方塊圖如圖 7-3 所示。

可以看到其輸入通訊埠有以下幾種。

- clk：時鐘訊號。
- rst_n：低電位重置訊號。
- vld：資料有效訊號。
- cmd：

    1'b0：寫入請求訊號。

　　　　　1'b1：讀取請求訊號。
- addr：位址訊號。
- data：資料訊號。

可以看到其輸出通訊埠有以下幾種。
- vld：資料有效訊號。
- rslt：請求執行成功與否訊號。
　　　　　1'b0：執行失敗。
　　　　　1'b1：執行成功。
- data：之前讀取請求所對應的資料。

然後架設其對應的驗證平臺，這裡基於典型 UVM 的驗證平臺，如圖 1-1 所示。

7.3.2 原理

UVM 的元件 sequencer 與 driver 之間的通訊機制如圖 7-4 所示。

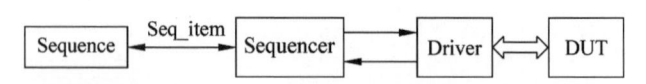

```
Sequence ←─Seq_item─→ Sequencer ←──→ Driver ←──→ DUT
```

▲圖 7-4　現有的應用 sequence 回饋機制的激勵控制實現方法 (第 2 種)

　　Sequence 機制提供了一種 sequence → sequencer → driver 的單向資料傳輸機制，但是在複雜的驗證平臺中，sequence 需要根據 driver 的回饋來決定接下來要發送的 sequence_item(前面說的輸入激勵)。換言之，sequence 需要得到 driver 的回饋，恰好 sequence 機制提供了對這種回饋的支援，它允許 driver 將一個 response 返給 sequence。

　　那麼，利用上述 UVM 的 sequence 機制，將 DUT 的內部狀態資訊透過 response 由 driver 返給 sequence，這樣就可以實現對輸入激勵的產生和控制。

　　下面來看這兩者預先定義好的資料通訊埠成員。

　　uvm_driver 類別的資料通訊埠成員有 uvm_seq_item_pull_port #(REQ,RSP) seq_item_port; 用來與 sequencer 對應的 export 通訊埠進行連接通訊。

　　uvm_sequencer 類別的資料通訊埠成員有 uvm_seq_item_pull_imp #(REQ,

RSP, this_type) seq_item_export; 用來與 driver 相對應的通訊埠進行連接通訊。

兩者的通訊埠連接如圖 7-5 所示。

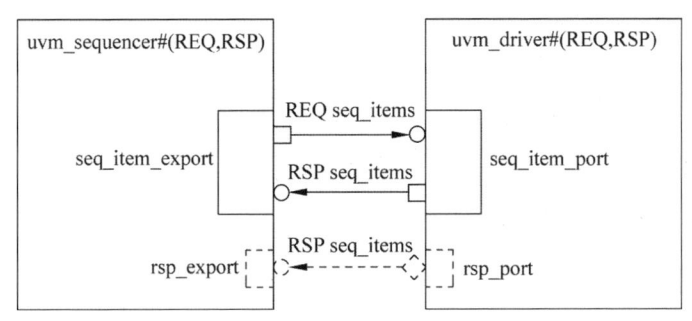

▲ 圖 7-5 sequencer 和 driver 的通訊埠連接圖

可以看到，sequencer 和 driver 之間的通訊是透過 TLM 雙向通訊埠 seq_item_port 和 seq_item_export 來完成的。透過這兩個通訊埠可以完成激勵請求資料 REQ sequence_item 及回饋資料 RSP sequence_item 的通訊傳輸，從而實現 sequencer 將 sequence 裡產生的 sequence_item 發送給 driver，然後待 driver 處理完後給 sequencer 傳回一個 response，最終 sequence 透過 get_response() 方法進行接收，即 sequence 會透過接收的這個 response 獲取 DUT 的內部狀態資訊。

注意：(1) sequencer 和 driver 是一對一連接以進行通訊的，不能將多個 sequencer 連接到一個 driver 上，也不能將一個 sequencer 連接到多個 driver 上，這也是為什麼一般 agent 會對一個 sequencer 和一個 driver(當然還有 monitor) 進行連接和封裝，從而完成對一種通訊協定的封裝。
(2) sequencer 和 driver 之間的通訊連接埠，除了這裡用到 seq_item_export 和 seq_item_port 通訊埠之外，還有一些通訊埠在圖 7-5 中用虛線進行了表示，這是一個單向通訊連接埠，由於這裡用不到，因此這裡不對其介紹。

7.3.3 優點

因為本章舉出的方法與之前的兩種現有方法沒有孰優孰劣之分，因此不存在特別的優點，主要是在實際的晶片驗證工作中為驗證人員提供了更多選擇。

7.3.4 具體步驟

第 1 步，撰寫上述 DUT 所需要的 interface 和 transaction。

這裡將 DUT 的輸入/輸出通訊埠分成兩個 interface 來撰寫，並在其中增加 clocking block 以方便後面進行驅動和監測，程式如下：

```
//demo_in_interface.sv
interface demo_in_interface(input clk,input rst_n);
    logic vld;
    logic cmd;
    logic[2:0] addr;
    logic[2:0] data;

    clocking drv @(posedge clk);
        default input #1step output `Tdrive;
        output vld;
        output cmd;
        output addr;
        output data;
    endclocking

    clocking mon @(posedge clk);
        default input #1step output `Tdrive;
        input vld;
        input cmd;
        input addr;
        input data;
    endclocking
endinterface

//demo_out_interface.sv
interface demo_out_interface(input clk,input rst_n);
    logic vld;
    logic rslt;
    logic[2:0] data;

    clocking drv @(posedge clk);
        default input #1step output `Tdrive;
        output vld;
        output rslt;
        output data;
    endclocking

    clocking mon @(posedge clk);
```

```
        default input #1step output `Tdrive;
        input vld;
        input rslt;
        input data;
    endclocking
endinterface
```

相應地，撰寫上面兩個 interface 所對應的 transaction，程式如下：

```
//demo_in_transaction.sv
class demo_in_transaction extends uvm_sequence_item;
      rand bit vld;
      rand bit cmd;
      rand bit[2:0]addr;
      rand bit[2:0]data;
    function new(string name="");
        super.new(name);
    endfunction : new

     `uvm_object_utils_begin(sequence_item)
      `uvm_field_int(vld, UVM_ALL_ON)
      `uvm_field_int(cmd, UVM_ALL_ON)
      `uvm_field_int(addr, UVM_ALL_ON)
      `uvm_field_int(data, UVM_ALL_ON)
     `uvm_object_utils_end
endclass

//demo_out_transaction.sv
class demo_out_transaction extends uvm_sequence_item;
      rand bit      vld;
      rand bit      rslt;
      rand bit[2:0]  data;

    function new(string name="");
        super.new(name);
    endfunction : new

    `uvm_object_utils_begin(sequence_item)
     `uvm_field_int(vld, UVM_ALL_ON)
     `uvm_field_int(rslt, UVM_ALL_ON)
     `uvm_field_int(data, UVM_ALL_ON)
    `uvm_object_utils_end
endclass
```

第 2 步，撰寫激勵 sequence 及其內部帶回饋的任務。

對於該 DUT 的測試激勵作以下產生和控制 (僅用於範例說明)：

(1) 先發送寫入請求，將其內部的儲存空間寫滿，直到發生寫入失敗，即儲存空間已經被寫滿，此時監測總共寫入的 data 數量和預期是否一致，從而幫助判斷儲存空間和寫入請求操作是否執行成功。

(2) 發送讀取請求，將之前寫入的 data 讀出 (刪除)，直到發生讀取 (刪除) 失敗，即儲存空間已經被清空，此時監測總共寫入的 data 數量和預期是否一致，並且監測比較讀出的 data 與之前寫入的是否一致，從而幫助判斷讀寫功能是否正確。

可以看到下面的 sequence 中主要透過 write_until_full 和 read_until_empty 這兩個任務來完成對激勵的產生和控制，其中輸出的佇列 data_q 分別代表寫入 DUT 內部儲存的資料，和讀取 (刪除)DUT 內部儲存的資料，可以用來比較兩者是否一致。同樣輸出的 num 分別代表寫滿儲存和讀取 (刪除) 空儲存的數量，也可以用來比較兩者是否一致，從而幫助判斷 DUT 功能的正確性。

其中 write 和 read 這兩個任務內部用到了 get_response，用於獲取來自 driver 的回饋，該 response 包含了 DUT 輸出端的資料，從而可以獲得運算後的結果，包括運算是否成功，以及讀出的資料。

程式如下：

```
//demo_sequence.sv
class demo_sequence extends uvm_sequence #(demo_in_transaction,demo_out_transaction);
    ...

    task body();
        write_until_full(req);
        read_until_empty(req);
    endtask : body

    task write;
        input demo_in_transaction tr;
        input bit[2:0] addr;

        start_item(tr);
         if (!(tr.randomize() with {tr.vld=='b1; tr.cmd=='b0;tr.addr==addr;}))
            `uvm_fatal("body","randomize failed")
        finish_item(tr);
```

```
            get_response(rsp);
            `uvm_info("body", $sformatf("Get response : %s", rsp.sprint()), UVM_HIGH)
    endtask

    task write_until_full;
        input demo_in_transaction tr;
        output bit[2:0] num;
        output bit[2:0] data_q[$];

        num='d0;
        `uvm_info("body", "starting write_until_full", UVM_HIGH)
        while (rsp.rslt) begin
            write(tr,num);
            data_q.push_back(tr.data);
            num++;
        end
    endtask

    task read;
        input demo_in_transaction tr;
        input bit[2:0] addr;

        start_item(tr);
        if (!(tr.randomize() with {tr.vld=='b1; tr.cmd=='b1;tr.addr==addr;}))
            `uvm_fatal("body","randomize failed")
        finish_item(tr);
        get_response(rsp);
        `uvm_info("body", $sformatf("Get response : %s", rsp.sprint()), UVM_HIGH)
    endtask

    task read_until_empty;
        input demo_in_transaction tr;
        output bit[2:0] num;
        output bit[2:0] data_q[$];

         bit[2:0] num='d0;
         `uvm_info("body", "starting read_until_empty", UVM_HIGH)
        while (rsp.rslt) begin
            read(tr,num);
            data_q.push_back(rsp.data);
            num++;
        end
    endtask
endclass
```

這一步包含以下 4 個小步驟：

(1) 呼叫 start_item() 以開啟傳送。

開啟對 sequence_item 的傳送。

(2) 對 sequence_item 進行約束控制和調整。

一般透過隨機或直接設定值實現。

(3) 呼叫 finish_item() 以等待完成。

完成 finish_item() 呼叫，它會阻塞，直到 driver 完成了對其的傳輸。

(4) 呼叫 get_response() 以等待回饋。

get_response() 將阻塞，直到從 sequencer 那裡得到有效的回饋資訊。

第 3 步，撰寫帶回饋的 driver。

這裡透過在每個 sequence_item 中加入 id 域來解決 req 請求和 rsp 回饋資料的一一對應問題，即 id 域用來標識 sequence_item 和所對應的 sequence，這裡的關鍵是設置 set_id_info() 函式，它用來將 req 的 id 域資訊複製到 rsp 中，從而告知 sequencer 將與 req 對應的 response 返給相應的 sequence，程式如下：

```
//demo_driver.sv
class demo_driver extends uvm_driver    #(demo_in_transaction,demo_out_transaction);
    virtual demo_in_interface vif_in;
    virtual demo_out_interface vif_out;
    ...

    task run_phase(uvm_phase phase);
        forever begin
            seq_item_port.get_next_item(req);
            drive_item(req,rsp);
            rsp.set_id_info(req);
            seq_item_port.item_done(rsp);
        end
    endtask : run_phase

    task drive_item(input demo_in_transaction tr,output demo_out_transaction rsp);
        demo_out_transaction resp = demo_out_transaction::type_id::create("resp");
        vif_in.drv.vld<= tr.vld;
        vif_in.drv.cmd<= tr.cmd;
        vif_in.drv.addr <= tr.addr;
        vif_in.drv.data <= tr.data;
        @vif_out.mon;
        resp.vld= vif_out.mon.vld;
        resp.rslt = vif_out.mon.rslt;
```

```
        resp.data = vif_out.mon.data;
        rsp = resp;
    endtask
endclass
```

這一步包含以下 3 個小步驟：

(1) 呼叫 get_next_item() 以發起對 sequence_item 的獲取。

呼叫 get_next_item 方法，從 sequencer 那獲取 sequence_item。

(2) 將 sequence_item 驅動給 DUT。

呼叫 drive_item 方法將事務級激勵轉換成訊號級激勵，並驅動給 DUT。

(3) 呼叫 put_response() 或直接呼叫 item_done(rsp)，在完成本次 sequence_item 的驅動的同時放置回饋。

根據需要，將 response 資訊傳回給 sequence，然後 sequence 可以透過 get_response() 獲取該 response 資訊。sequence 呼叫 finish_item() 來等待 driver 呼叫 item_done()，此時透過這樣的握手協定完成了一次對 sequence_item 的發送和驅動，然後如此循環，直到將 sequence 裡產生的所有 sequence_item 都傳送並驅動給 DUT。

第 8 章

應用 uvm_tlm_analysis_fifo 的激勵控制方法

8.1 背景技術方案及缺陷

8.1.1 現有方案

和 7.1.1 節相同,這裡不再贅述。

8.1.2 主要缺陷

採用現有方案是可行的,但本章節將應用 UVM 的 uvm_tlm_analysis_fifo 舉出一種新的實現方法,與第 7 章不同的地方主要在於不再借助 UVM 的 sequence 回饋機制實現對激勵的產生和控制,而是採用 uvm_tlm_analysis_fifo 結合 UVM 元件之間的通訊和配置資料庫實現同樣的目的。

注意:這些實現方法之間並不存在孰優孰劣之說,在實際的晶片驗證工作中,可以視 DUT 的情況和驗證人員的工作習慣進行靈活選擇。

8.2 解決的技術問題

應用 uvm_tlm_analysis_fifo 結合 UVM 元件之間的通訊和配置資料庫的激勵控制方法,從而實現根據 DUT 內部狀態動態地產生 sequence 激勵,以便在實際的晶片驗證工作中為驗證人員提供更多的實現方法。

8.3 提供的技術方案

8.3.1 結構

將 uvm_tlm_analysis_fifo 增加到 env 中，並且透過 UVM 組件通訊連接埠獲取 monitor 廣播過來的 transaction 資料，這些 transaction 包含著 DUT 的狀態資訊，然後將這些 transaction 傳給 sequence，從而最終實現 sequence 對輸入激勵的產生和控制，如圖 8-1 所示。

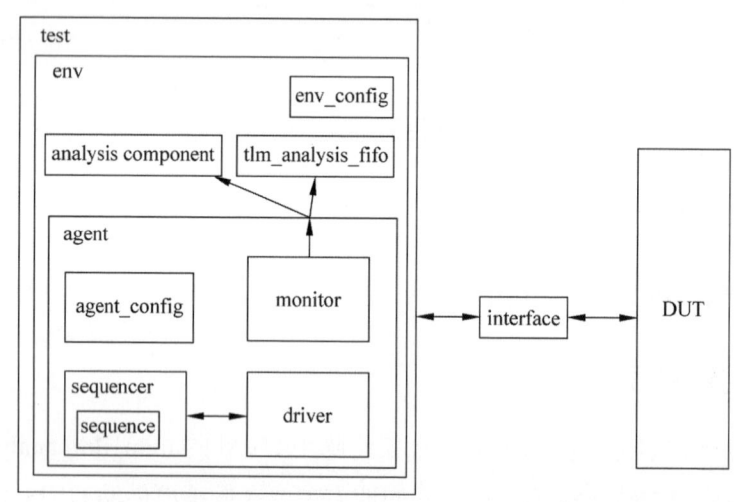

▲圖 8-1 應用 uvm_tlm_analysis_fifo 的 UVM 驗證平臺

和 7.3.1 節一樣，考慮到舉例的代表性，本章還以精準匹配模組作為 DUT 為例說明，並且還是基於典型 UVM 的驗證平臺進行架設驗證環境，但從圖 8-1 中可以看到，這裡在 env 中增加了 uvm_tlm_analysis_fifo，用於通訊連接，並使用 UVM 配置資料庫進行傳遞。

8.3.2 原理

主要的實現原理是 UVM 的 FIFO 通訊，其原理圖如圖 8-2 所示。

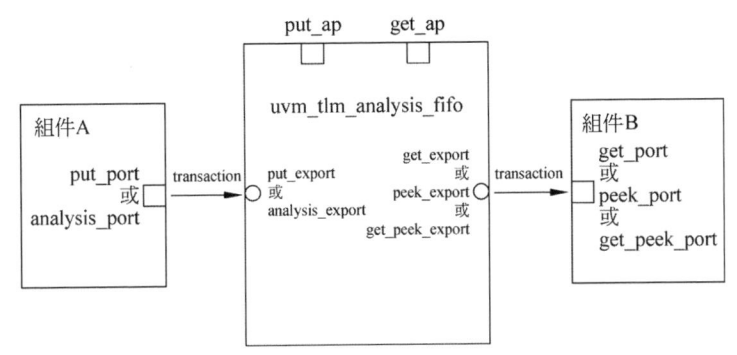

```
                    put_ap      get_ap
                      uvm_tlm_analysis_fifo
  ┌─────────┐      ┌──────────────────────┐      ┌─────────┐
  │ 組件A    │      │ put_export           │      │ 組件B    │
  │ put_port│      │ 或         get_export│      │ get_port│
  │ 或      │──────│ analysis_export      │──────│ 或      │
  │analysis │transaction        peek_export│transaction│peek_port│
  │_port    │      │            或        │      │ 或      │
  │         │      │            get_peek_ │      │get_peek_│
  │         │      │            export    │      │port     │
  └─────────┘      └──────────────────────┘      └─────────┘
```

▲ 圖 8-2 uvm_tlm_analysis_fifo 通訊的原理圖

圖 8-2 中「圓形」和「方形」表示通訊連接埠，可以使用這些通訊埠及其介面方法完成元件 A 和元件 B 之間的通訊，因此 uvm_tlm_analysis_fifo 主要造成一個資料暫存和通訊連接的作用。

整體分為兩個過程：

(1) 元件 A 和 FIFO 透過 put 系列通訊埠進行連接。元件 A 呼叫 put 系列通訊埠相關的介面方法 (put、try_put、can_put) 將 transaction 資料發送給 FIFO，然後 FIFO 利用其內部實現的 put 系列介面方法來接收元件 A 發送的資料並快取到 FIFO 裡，同時利用 put_ap 通訊埠將接收的資料向外廣播。

(2) 元件 B 和 FIFO 透過 get 或 peek 系列通訊埠進行連接。元件 B 呼叫 get 或 peek 系列方法來從 FIFO 中獲取 transaction 資料，然後 FIFO 利用其內部實現的 get 或 peek 系列介面方法來將快取中的資料取出並傳給元件 B，同時利用 get_ap 通訊埠將從快取中取出的資料向外廣播。

8.3.3 優點

因為本章舉出的方法與之前的兩種現有方法沒有孰優孰劣之分，因此不存在特別的優點，主要是在實際的晶片驗證工作中為驗證人員提供更多的選擇。

8.3.4 具體步驟

第 1 步，撰寫上述 DUT 所需要的 interface 和 transaction。

這裡將 DUT 的輸入 / 輸出通訊埠分成兩個 interface 來撰寫，並在其中增加

clocking block 以方便後面進行驅動和監測，程式如下：

```
//demo_in_interface.sv
interface demo_in_interface(input clk,input rst_n);
    logic vld;
    logic cmd;
    logic[2:0] addr;
    logic[2:0] data;

    clocking drv @(posedge clk);
        default input #1step output `Tdrive;
        output vld;
        output cmd;
        output addr;
        output data;
    endclocking

    clocking mon @(posedge clk);
        default input #1step output `Tdrive;
        input vld;
        input cmd;
        input addr;
        input data;
    endclocking
endinterface

//demo_out_interface.sv
interface demo_out_interface(input clk,input rst_n);
    logic vld;
    logic rslt;
    logic[2:0] data;

    clocking drv @(posedge clk);
        default input #1step output `Tdrive;
        output vld;
        output rslt;
        output data;
    endclocking

    clocking mon @(posedge clk);
        default input #1step output `Tdrive;
        input vld;
        input rslt;
        input data;
    endclocking
endinterface
```

相應地，撰寫上面兩個 interface 所對應的 transaction，程式如下：

```
//demo_in_transaction.sv
class demo_in_transaction extends uvm_sequence_item;
    rand bit    vld;
    rand bit    cmd;
    rand bit[2:0]   addr;
    rand bit[2:0]   data;

  function new(string name="");
     super.new(name);
  endfunction : new

  `uvm_object_utils_begin(sequence_item)
   `uvm_field_int(vld, UVM_ALL_ON)
   `uvm_field_int(cmd, UVM_ALL_ON)
   `uvm_field_int(addr, UVM_ALL_ON)
   `uvm_field_int(data, UVM_ALL_ON)
  `uvm_object_utils_end
endclass

//demo_out_transaction.sv
class demo_out_transaction extends uvm_sequence_item;
    rand bitvld;
    rand bitrslt;
    rand bit[2:0]data;

  function new(string name="");
     super.new(name);
  endfunction : new

  `uvm_object_utils_begin(sequence_item)
   `uvm_field_int(vld, UVM_ALL_ON)
   `uvm_field_int(rslt, UVM_ALL_ON)
   `uvm_field_int(data, UVM_ALL_ON)
  `uvm_object_utils_end
endclass
```

第 2 步，在 monitor 裡採樣 DUT 輸出通訊埠訊號並封裝成 transaction 資料，從而獲取 DUT 內部狀態資訊，然後透過 monitor 的通訊連接埠將封裝好的 transaction 資料廣播出去，程式如下：

```
//demo_monitor.sv
class demo_monitor extends uvm_monitor;
    virtual demo_out_interface vif;
```

```
        uvm_analysis_port #(sequence_item) ap;
        ...

        function void build_phase(uvm_phase phase);
            ...
            ap= new("ap",this);
        endfunction : build_phase

        task run_phase(uvm_phase phase);
            demo_out_transaction tr;
            forever begin
                @vif.mon;
                tr.vld= vif_out.mon.vld;
                tr.rslt = vif_out.mon.rslt;
                tr.data = vif_out.mon.data;
                ap.write(tr);
            end
        endtask
endclass
```

第 3 步,在驗證環境裡宣告實體化 uvm_tlm_analysis_fifo,並將其連接到 monitor 的通訊連接埠,用來暫存廣播過來的 transaction 資料,然後將 uvm_tlm_analysis_fifo 透過 config_db 向驗證平臺的其他元件和物件進行傳遞,程式如下:

```
//demo_env.sv
class demo_env extends uvm_env;
    agent          agent_h;
    coverage       coverage_h;
    scoreboard     scoreboard_h;

    uvm_tlm_analysis_fifo #(demo_out_transaction) rsp_tlm_af;
    ...

    function void build_phase(uvm_phase phase);
        agent_h       = agent::type_id::create ("agent_h",this);
        coverage_h    = coverage::type_id::create ("coverage_h",this);
        scoreboard_h  = scoreboard::type_id::create("scoreboard_h",this);
        rsp_tlm_af = new("rsp_tlm_af", this);
        uvm_config_db#(uvm_tlm_analysis_fifo#(demo_out_transaction))::set(null, "",
"rsp_tlm_af", rsp_tlm_af);
        ...
    endfunction : build_phase

    function void connect_phase(uvm_phase phase);
        agent_h.ap.connect(rsp_tlm_af.analysis_export);
```

```
        ...
    endfunction : connect_phase
endclass
```

第 4 步，撰寫 sequence 的父類別 sequence_base，在其中透過 config_db 獲取 tlm_analysis_fifo 的控制碼，然後呼叫 uvm_tlm_analysis_fifo 的 get 方法獲取 fifo 中的 response，即之前 monitor 廣播過來的 transaction 資料，接著觸發 event 事件，程式如下：

```
//demo_seq_base.sv
class demo_seq_base extends uvm_sequence #(demo_in_transaction,demo_out_transaction);
    demo_in_transaction tr = fifo_trans::type_id::create("tr");
    demo_out_transaction rsp;
    uvm_tlm_analysis_fifo #(demo_out_transaction) rsp_tlm_af;
    event rsp_tlm_af_event;
    ...

    virtual task pre_start();
        super.pre_start();
        if (!uvm_config_db#(uvm_tlm_analysis_fifo#(demo_out_transaction))::get(null, "", "rsp_tlm_af", rsp_tlm_af))
            `uvm_fatal(get_type_name(),"The response uvm_tlm_analysis_fifo must be set!")
        fork
            forever begin
                rsp_tlm_af.get(rsp);
                ->rsp_tlm_af_event;
                `uvm_info(get_type_name(), $sformatf("Get response : %s", rsp.sprint()), UVM_HIGH)
            end
        join_none
    endtask
endclass
```

第 5 步，在 sequence 裡使用觸發的 event 事件和 fifo 裡的 response 回饋資料，然後根據回饋資料來對激勵進行產生和控制。

同樣對於該 DUT 的測試激勵作以下產生和控制 (僅用於範例說明)：

(1) 先發送寫入請求，將其內部的儲存空間寫滿，直到發生寫入失敗，即儲存空間已經被寫滿，此時監測總共寫入的 data 數量和預期是否一致，從而幫助判斷儲存空間和寫入請求操作是否執行成功。

(2) 發送讀取請求，將之前寫入的 data 讀出 (刪除)，直到發生讀取 (刪除)

失敗，即儲存空間已經被清空，此時監測總共寫入的 data 數量和預期是否一致，並且監測比較讀出的 data 與之前寫入的是否一致，從而幫助判斷讀寫功能是否正確。

可以看到下面的 sequence 中主要透過 write_until_full 和 read_until_empty 這兩個 task 來完成對激勵的產生和控制，其中輸出的佇列 data_q 代表寫入 DUT 內部儲存的資料和讀取 (刪除)DUT 內部儲存的資料，可以用來比較兩者是否一致。同樣輸出的 num 代表寫滿儲存和讀取 (刪除) 空儲存的數量，也可以用來比較兩者是否一致，從而幫助判斷 DUT 功能的正確性。

其中，write 和 read 這兩個 task 內部用到了 @rsp_tlm_af_event，用於同步父類別 sequence_base 以獲取 fifo 中的 transaction 資料，該 transaction 包含了 DUT 輸出端的資料，從而可以獲得運算後的結果，包括運算是否成功，以及讀出的資料，程式如下：

```
//demo_sequence.sv
class demo_sequence extends demo_seq_base;
    ...

    task body();
        write_until_full(req);
        read_until_empty(req);
    endtask : body

    task write;
        input demo_in_transaction tr;
        input bit[2:0] addr;

        start_item(tr);
          if (!(tr.randomize() with {tr.vld=='b1; tr.cmd=='b0;tr.addr==addr;}))
              `uvm_fatal("body","randomize failed")
        finish_item(tr);
        @rsp_tlm_af_event;
    endtask

    task write_until_full;
        input demo_in_transaction tr;
        output bit[2:0] num;
        output bit[2:0] data_q[$];
```

```
            num='d0;
            `uvm_info("body", "starting write_until_full", UVM_HIGH)
            while (rsp.rslt) begin
                write(tr,num);
                data_q.push_back(tr.data);
                num++;
            end
    endtask
    task read;
            input demo_in_transaction tr;
            input bit[2:0] addr;

            start_item(tr);
            if (!(tr.randomize() with {tr.vld=='b1; tr.cmd=='b1;tr.addr==addr;}))
                `uvm_fatal("body","randomize failed")
            finish_item(tr);
            @rsp_tlm_af_event;
    endtask

    task read_until_empty;
        input demo_in_transaction tr;
        output bit[2:0] num;
        output bit[2:0] data_q[$];

        bit[2:0] num='d0;
        `uvm_info("body", "starting read_until_empty", UVM_HIGH)
        while (rsp.rslt) begin
            read(tr,num);
            data_q.push_back(rsp.data);
            num++;
        end
    endtask
endclass
```

第 9 章

快速建立 DUT 替代模型的記分板標準方法

9.1 背景技術方案及缺陷

9.1.1 現有方案

通常晶片的驗證工作會在設計人員提供已經成熟穩定且自測成功的 RTL 設計程式之後開始進行，一個基於 UVM 驗證平臺的典型架構示意圖如圖 1-1 所示。

通常驗證開發人員會透過 interface 來完成設計人員提供的 RTL 設計 (圖 1-1 中的 DUT) 和左邊驗證環境的連接，然後驗證人員會根據設計文件提取對應 RTL 設計的功能特性列表，最後依據功能特性的要求撰寫對應的測試用例並進行模擬驗證。

9.1.2 主要缺陷

採用上述方案是一般的做法，但如果專案工期吃緊，在驗證人員有限的情況下則會希望以如圖 9-1 所示晶片設計和晶片驗證的工作同步進行，而非以如圖 9-2 所示的管線順序方式來推進專案進度。

▲ 圖 9-1 設計和驗證工作以同步方式並行進行

設計工作

驗證工作

▲圖 9-2 一般的設計和驗證工作以管線方式順序進行

顯然圖 9-1 所示的並行的同步工作方式可以大大縮短專案工期，提升專案進度。因為採用這種方式，晶片的驗證人員不需要等待設計人員的 RTL 設計完成就可以著手開展驗證工作了。

相反，如圖 9-2 所示的以管線順序推進專案的方式的缺陷非常明顯，即會使專案工期較長，影響晶片產品推向市場的時間，很可能錯過市場的視窗期，在瞬息萬變的資訊化產業裡錯失良機，為公司團隊帶來損失。

而現有的建立 DUT 模型的方法是單獨寫一個模組，用來模擬 RTL 設計，但同時還需要撰寫參考模型來做功能檢查，效率比較低，因為需要寫兩份程式。

所以需要有一種快速建立 DUT 的模型的方法，以替代設計人員所提供的 RTL，以使在設計人員還沒提供給驗證人員待驗證的 RTL 時，驗證人員就可以提前開展並完成絕大部分驗證工作。

9.2 解決的技術問題

解決的技術問題如下：

(1) 實現快速對 DUT 進行替代建模，以使驗證人員的工作可以提前開展，即與設計人員的工作並行推進，從而縮短專案工期。

(2) 實現一種由配置選項控制的融合參考模型、DUT 替代模型，並加入記分板 (Scoreboard) 檢查機制的元件結構，以簡化驗證人員的工作，從而進一步提升驗證工作效率，加快專案推進的進度。

9.3 提供的技術方案

9.3.1 結構

通常驗證開發人員為了檢查 DUT 功能的正確性，需要撰寫參考模型 (圖 9-3

中的 Predictor)，然後會將同樣的激勵發送給參考模型和 DUT，然後各自運算後被送到比較器 (圖中的 Evaluator) 進行比較，即透過比較運算結果是否一致來判斷 DUT 功能的正確性，如圖 9-3 所示。

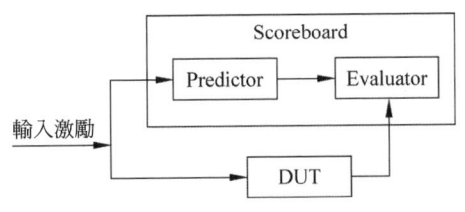

▲ 圖 9-3　記分板 (Scoreboard) 的組成結構

那麼能否利用已經寫好的參考模型，既可以用作 DUT 的替代模型用於前期替代 DUT 來架設驗證環境，又可以用作參考模型來對運算結果進行檢查呢？

經過分析比較會發現，參考模型和 DUT 的區別主要在於，參考模型不會將運算完的結果驅動到 interface 上，而 DUT 會將運算完的結果驅動到 interface，因此，可以透過在參考模型中獲取 interface 的控制碼，然後將運算結果驅動到 interface 就可以實現對 DUT 的替代。

9.3.2 原理

透過配置選項來切換是否要將參考模型的運算結果驅動到 interface 上，並且加入比較器的部分，從而簡化對記分板的開發，提升驗證工作效率，如圖 9-4 所示。

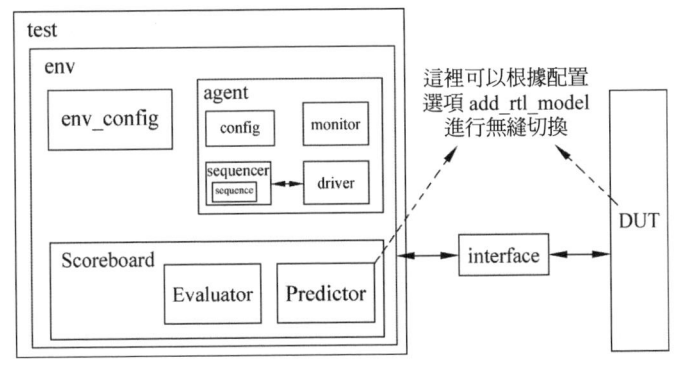

▲ 圖 9-4　快速建立 DUT 替代模型的驗證平臺結構

參考模型和 DUT 都會根據輸入的激勵來完成運算，並各自輸出相應的結果，只不過 DUT 會將結果直接輸出到 interface 上，而參考模型則會輸出抽象的 transaction 事務級資料。那麼，如果參考模型能夠獲得 interface 的控制碼，然後將運算結果 transaction 的事務級資料驅動到 interface 上，實際上就實現了和 DUT 一樣的功能，即完成了快速建立 DUT 替代模型的目標。

9.3.3 優點

優點如下：

(1) 將參考模型和 DUT 替代模型透過配置選項進行無縫切換，從而實現一份程式兩重作用，即實現了程式的重用，提升了開發效率。

(2) 將參考模型和記分板以一種簡明的方式在驗證元件記分板裡實現，簡化了驗證平臺元件中的通訊埠的連接，即簡化了元件之間的通訊，從而實現在模組層級的驗證工作中，進一步提升了開發效率。

(3) 規範了用於記分板中順序的結果比較和亂序的結果比較的通用結構。

(4) 可以根據需要實現部分 RTL 和 RTL 的替代模型一起模擬執行的目的，從而造成縮短工期，提升專案推進進度的作用。

9.3.4 具體步驟

由於常見的記分板中比較器分為順序的結果比較和亂序的結果比較，因此下面分別針對兩種比較應用的場景舉出兩種不同的應用結構。

1. 順序結果比較的記分板結構

第 1 步，宣告 uvm_blocking_get_port 通訊埠 req_port 和 rslt_port，用於分別接收來自輸入/輸出 interface 上監視到的輸入激勵 transaction_req 和 DUT 運算的結果 transaction_rslt。需要在驗證環境裡使用 fifo 完成 monitor 與 scoreboard 的 TLM 通訊連接。

第 2 步，從 uvm_config_db 配置資料庫裡獲取配置物件 cfg，並根據配置選項 add_rtl_model 來選擇是否繼續獲取輸出端驅動的 interface。

第 3 步，撰寫並呼叫 predictor 的方法計算期望結果，並寫入期望佇列。

第 4 步，根據配置選項決定是否將運算得到的期望結果驅動到輸出端 interface 上，從而快速建立 DUT 的替代模型。

第 5 步，根據配置選項來對運算的期望結果和 DUT 實際輸出的結果進行比較。

第 6 步，最終期望佇列應該為空，如果不為空，則顯示出錯。

程式如下：

```
class in_order_scoreboard extends uvm_scoreboard;
    `uvm_component_utils(in_order_scoreboard)
    uvm_blocking_get_port#(transaction_req) req_port;
    uvm_blocking_get_port#(transaction_rslt) rslt_port;

    virtual rslt_interface vif;
    config_object cfg;

    function new(string name = "in_order_scoreboard",uvm_component parent = null);
        super.new(name, parent);
    endfunction

    function void build_phase(uvm_phase phase);
        req_port = new("req_port", this);
        rslt_port = new("rslt_port", this);

        if(!uvm_config_db#(config_object)::get(this,"","cfg",this.cfg))begin
            `uvm_fatal(this.get_name(),"config not found in config db")
        end
        if(cfg.add_rtl_model) begin
            if(!uvm_config_db#(virtual rslt_interface)::get(this,"","vif",this.vif))begin
                `uvm_fatal(this.get_name(),"interface not found in config db")
            end
        end
    endfunction

    task run_phase(uvm_phase phase);
        transaction_req req;
        transaction_rslt exp;
        transaction_rslt act;
        transaction_rslt exp_q[$];

        exp = new("exp");
```

```
            fork
                // 呼叫 predictor 的方法計算期望結果,並寫入期望佇列
                forever begin
                    req_port.get(req);
                    exp = predict_rslt(req);
                    exp_q.push_back(exp);
                end
                // 根據配置選項決定是否將運算得到的期望結果驅動到輸出端 interface 上
                if(cfg.add_rtl_model) begin
                    forever begin
                        @(vif.drv);
                        vif.drv.data <= exp.data;
                    end
                end
                // 根據配置選項來對運算的期望結果和 DUT 實際輸出的結果進行比較
                if(!cfg.add_rtl_model) begin
                    forever begin
                        rslt_port.get(act);
                        if(exp_q.size())begin
                            if(act.compare(exp_q.pop_front()))
                                `uvm_info(this.get_name,"PASS",UVM_LOW)
                            else
                                `uvm_error(this.get_name,"FAIL")
                        end
                        else
                            `uvm_error(this.get_name,"FAIL")
                    end
                end
            join
    endtask

    function void check_phase(uvm_phase phase);
        if(exp_q.size())   `uvm_error(this.get_name,"FAIL")
    endfunction
endclass
```

2. 亂序結果比較的記分板結構

和上面的結構類似,增加了對 transaction 中的 id 進行查詢的邏輯,其餘基本一樣。

第 1 步,宣告 uvm_blocking_get_port 通訊埠 req_port 和 rslt_port,用於分別接收來自輸入 / 輸出 interface 上監視到的輸入激勵 transaction_req 和 DUT 運算的結果 transaction_rslt。需要在驗證環境裡使用 fifo 完成 monitor 與 scoreboard 的

TLM 通訊連接。

第 2 步，從 uvm_config_db 配置資料庫裡獲取配置物件 cfg，並根據配置選項 add_rtl_model 來選擇是否繼續獲取輸出端驅動的 interface。

第 3 步，撰寫並呼叫 predictor 的方法計算期望結果，然後根據計算得到的 id 資訊查詢 DUT 實際運算結果 act_q 佇列中是否存在對應的 transaction，如果存在，則根據配置選項進行比較，如果不存在，則將期望結果寫入 exp_q 期望佇列。

第 4 步，根據配置選項決定是否將運算得到的期望結果驅動到輸出端 interface 上，從而快速建立 DUT 的替代模型。

第 5 步，根據配置選項來將運算的期望結果和 DUT 實際輸出的結果進行比較，這裡類似上面的第 3 步，根據 id 查詢期望佇列 exp_q 中是否存在對應的 transaction，如果存在，則根據配置選項進行比較，如果不存在，則將 DUT 的實際結果寫入 act_q 實際結果佇列。

第 6 步，最終檢查上面兩個佇列是否為空，如果不為空，則顯示出錯。

程式如下：

```
class out_of_order_scoreboard extends uvm_scoreboard;
    `uvm_component_utils(out_of_order_scoreboard)
    uvm_blocking_get_port#(transaction_req) req_port;
    uvm_blocking_get_port#(transaction_rslt) rslt_port;

    virtual rslt_interface vif;
    config_object cfg;

    function new(string name = "out_of_order_scoreboard",uvm_component parent = null);
        super.new(name, parent);
    endfunction

    function void build_phase(uvm_phase phase);
        req_port = new("req_port", this);
        rslt_port = new("rslt_port", this);

        if(!uvm_config_db#(config_object)::get(this,"","cfg",this.cfg))begin
            `uvm_fatal(this.get_name(),"config not found in config db")
        end
        if(cfg.add_rtl_model) begin
            if(!uvm_config_db#(virtual rslt_interface)::get(this,"","vif",this.vif))begin
```

```
                    `uvm_fatal(this.get_name(),"interface not found in config db")
            end
        end
endfunction

task run_phase(uvm_phase phase);
    transaction_req req;
    transaction_rslt exp;
    transaction_rslt act;
    transaction_rslt exp_q[$];
    transaction_rslt act_q[$];
    transaction_rslt exp_tmp;
    transaction_rslt act_tmp;

    exp = new("exp");
    fork
        // 呼叫 predictor 的方法計算期望結果,然後根據 id 查詢結果決定進行比較還是寫入
        // 期望佇列
        forever begin
            req_port.get(req);
            exp = predict_rslt(req);
            if(!cfg.add_rtl_model) begin
                if(act_q.exists(exp.id))begin
                    act_tmp = find_by_id(exp.id);
                    if(act.compare(exp_tmp))
                        `uvm_info(this.get_name,"PASS",UVM_LOW)
                    else
                        `uvm_error(this.get_name,"FAIL")
                end
                else begin
                    exp_q.push_back(exp);
                end
            end
            else begin
                exp_q.push_back(exp);
            end
        end
        // 根據配置選項決定是否將運算得到的期望結果驅動到輸出端 interface 上
        if(cfg.add_rtl_model) begin
            forever begin
                @(vif.drv);
                vif.drv.data <= exp.data;
            end
        end
        // 根據配置選項來對運算的期望結果和 DUT 實際輸出的結果進行比較
        if(!cfg.add_rtl_model) begin
```

```
                forever begin
                    rslt_port.get(act);
                    if(exp_q.exists(act.id))begin
                        exp_tmp = find_by_id(act.id);
                        if(act.compare(exp_tmp))
                            `uvm_info(this.get_name,"PASS",UVM_LOW)
                        else
                            `uvm_error(this.get_name,"FAIL")
                    end
                    else begin
                        act_q.push_back(act);
                    end
                end
            end
        join
    endtask

    function void check_phase(uvm_phase phase);
        if(exp_q.size() || act_q.size())
            `uvm_error(this.get_name,"FAIL")
    endfunction
endclass
```

可以看到，透過上述方法可以快速建立 DUT 的替代模型，並且應用記分板的標準化方法，可以很方便地滿足順序結果和亂序結果的比較，從而提升驗證效率，縮短晶片專案工期。

第 10 章

支援亂序比較的記分板的快速實現方法

10.1 背景技術方案及缺陷

10.1.1 現有方案

通常驗證開發人員為了檢查 DUT 功能的正確性，需要撰寫參考模型，然後會將同樣的激勵發送給參考模型和 DUT，然後各自運算後被送到比較器進行比較，即透過比較運算結果是否一致，來判斷 DUT 功能的正確性，如圖 9-3 所示。

10.1.2 主要缺陷

通常驗證開發人員為了驗證晶片功能點的正確性，基本會使用上述記分板的結構實現對其進行檢查，但是以上方案存在兩個主要缺陷。

第 1 個缺陷：重複性程式開發導致的開發效率低的問題。

驗證開發人員需要各自針對不同的專案及不同的模組開發各自的記分板元件來對晶片功能進行檢查，一個複雜的 RTL 設計中通常含有大量的子模組，針對這些子模組分別撰寫記分板元件則存在大量的重複性程式開發工作，導致整個驗證團隊的開發效率變低，白白消耗了驗證開發人員的時間和精力。

第 2 個缺陷：基於 UVM 驗證方法學提供的記分板快速實現元件 (uvm_algorithmic_comparator 元件) 存在使用的局限性。

為了解決上述問題，UVM 驗證方法學提供了一種記分板的快速實現方式，即透過 uvm_algorithmic_comparator 類別實現，可以有效地提升驗證開發人員的開發效率，但是僅支援參考模型運算的期望結果和實際結果的順序比較檢查，而在實際專案中，很多情況下需要進行亂序比較，因此具有其使用上的局限性。

10.2 解決的技術問題

避免上述缺陷：

(1) 使用一種通用的記分板實現架構來避免重複性的程式開發工作，從而提升驗證開發人員的工作效率。

(2) 在基於 UVM 驗證方法學的基礎上進行改進，實現既支援順序的比較檢查又支援亂序的比較檢查，從而打破原本使用上的局限性。

10.3 提供的技術方案

10.3.1 結構

本章使用的記分板結構示意圖如圖 10-1 所示。

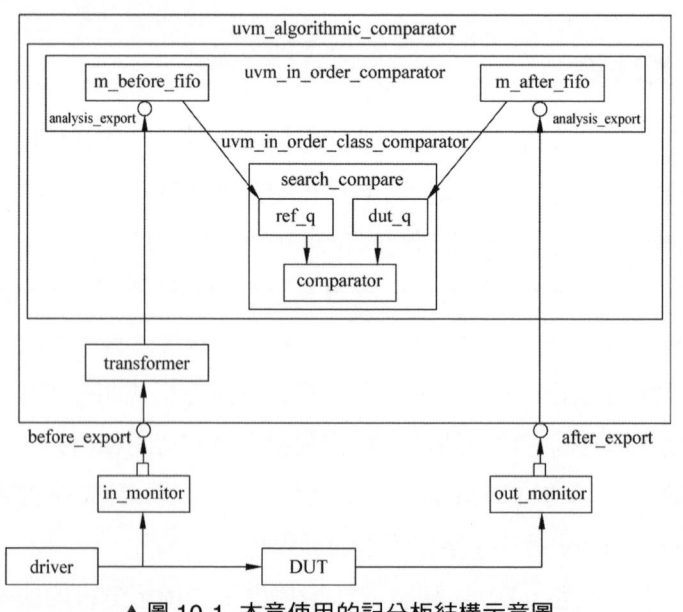

▲圖 10-1 本章使用的記分板結構示意圖

透過驗證環境中的 driver 來驅動輸入激勵，從而施加給 DUT，與此同時透過 in_monitor 來監測輸入介面上的訊號並封裝成交易資料，並將該交易資料廣播給 UVM 提供的 uvm_algorithmic_comparator，然後會經由 transformer 元件透過 transform 方法來預測輸出的期望結果，並寫入 m_before_fifo 進行快取。

DUT 透過對輸入激勵進行運算將結果訊號輸出到輸出通訊埠上，此時 out_monitor 監測輸出介面上的訊號並封裝成交易資料，並將該交易資料廣播給 UVM 提供的 uvm_algorithmic_comparator，此時將直接寫入 m_after_fifo 進行快取。

接著不斷地從上述兩個快取 fifo 中獲取交易資料，並呼叫支援亂序查詢比較的演算法 search_compare 來完成對轉換器元件預測輸出的期望結果和 DUT 實際輸出結果的檢查比較，在此過程中寫入相應的快取佇列，從而判斷 DUT 運算功能的正確性。

10.3.2 原理

在驗證環境中，在記分板元件的組成結構中除了計算期望值的方法不一樣以外，其剩餘結構基本相同，因此可以使用一種通用的結構來減少重複性的程式開發工作，從而提升驗證開發人員的工作效率。

UVM 提供了一個比較器 uvm_algorithmic_comparator 類別，用於快速地實現記分板。該類別 uvm_algorithmic_comparator 作為一個參數化的類別，其接收以下 3 個參數。

(1) BEFORE：監測器監測到的待測設計輸入通訊埠的交易資料，其需要被預測轉為輸出通訊埠事務類型的期望結果。

(2) AFTER：監測器監測到的待測設計輸出通訊埠的交易資料，即被轉換後的交易資料類型。需要在該交易資料類型裡撰寫實現字串轉換方法 convert2string 和比較介面方法 do_compare 以供比較器呼叫來進行檢查比較和列印操作。

(3) TRANSFORMER：一個包含用於根據輸入激勵計算期望結果的名稱為 transform 方法的 UVM 元件。

上述比較器透過 TLM 通訊連接埠來接收 DUT 輸入和輸出端的交易資料，然後以 DUT 輸入端交易資料作為轉換器的輸入參數來計算期望結果，將期望結果存入 m_before_fifo 裡，然後將 DUT 輸出端交易資料存入 m_after_fifo 裡。最後在 run phase 裡分別從這兩個快取 fifo 裡取出輸出並進行比較。

但是上述方法僅支援順序比較，如果要進行亂序比較，則需要從上述兩個 fifo 裡分別取出輸入和輸出端交易資料，然後分別呼叫支援亂序查詢比較的演算法 search_compare 來完成對轉換器元件預測輸出的期望結果和 DUT 實際輸出結果的檢查比較。

該亂序比較演算法的原理圖如圖 10-2 所示。

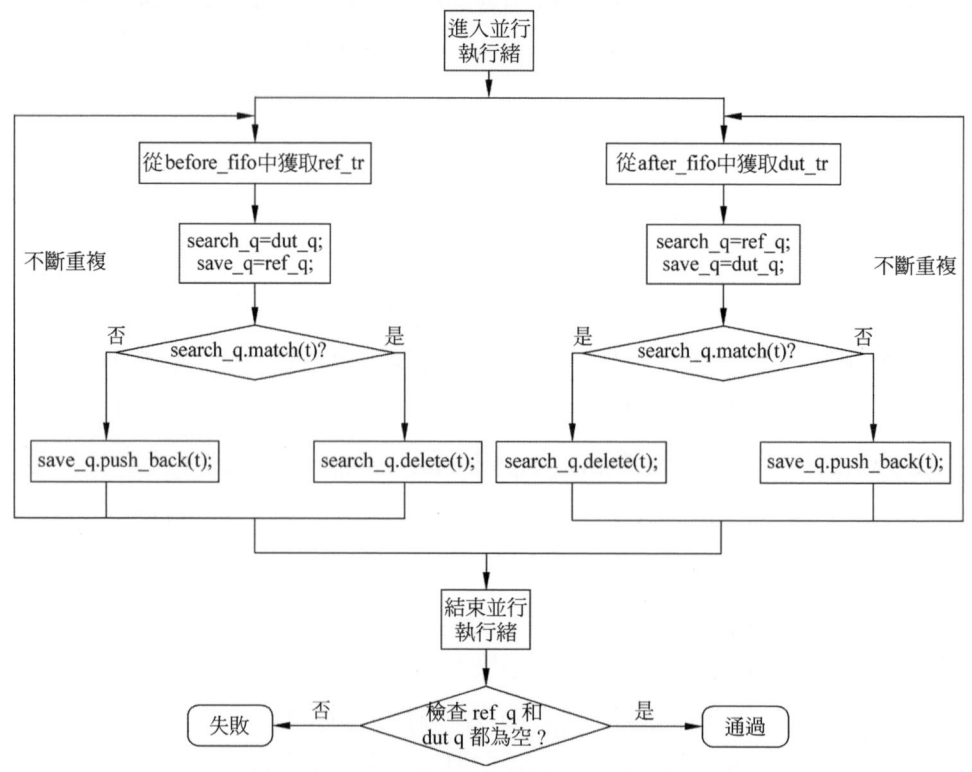

▲ 圖 10-2 本章使用的亂序比較演算法的原理圖

首先透過兩個平行線程來不斷地從上述兩個 fifo (圖中的 before_fifo 和 after_fifo) 中取期望結果的交易資料和實際 DUT 運算輸出結果的交易資料。

然後在查詢佇列 (圖中的 search_q) 裡進行查詢匹配，如果匹配成功，則代表比對通過 (圖 10-2 中的 search_q.match 進行匹配判斷，如果匹配成功，則進入「是」分支繼續執行)，則此時在查詢佇列裡將該匹配到的交易資料刪除 (圖 10-2 中的 search_q.delete)，如果沒有匹配成功，則將未匹配到的交易資料寫入儲存佇列 (圖 10-2 中的 save_q.push_back)，供之後的交易資料進行匹配。

不斷重複上述過程，直到最後兩邊的佇列都被匹配完畢。

最後檢查這兩個佇列是否都已經被清空，如果是，則模擬通過，否則模擬失敗。

10.3.3 優點

優點如下：

(1) 使用通用的記分板實現架構來避免重複性的程式開發工作，從而提升驗證開發人員的工作效率。

(2) 在基於 UVM 驗證方法學的基礎上進行改進，實現既支援順序的比較檢查又支援亂序的比較檢查，從而打破原本使用上的局限性。

(3) 本章的亂序比較演算法無須匹配亂序標籤 id 即可實現對亂序的比較，實現起來更加簡單，而且該演算法使用了雙佇列和雙執行緒進行實現，查詢比較的效率更高。

(4) 利用類別的多態特性，與 UVM 方法學進行相容，提供了對比較器工作模式的配置介面，可以根據實際專案情況靈活地進行配置，以快速實現記分板的順序或亂序檢查比較。

(5) 可以實現僅對有效輸出交易資料進行檢查比較，可以大大減少在驗證環境中的無效交易資料，提升了模擬效率，對於大型複雜晶片的模擬驗證場景比較有幫助。

10.3.4 具體步驟

第 1 步，對 UVM 提供的基礎類別進行改造以支援亂序比較。

具體包括以下 5 個小步驟：

(1) 在 UVM 函式庫類別的全域定義檔案 uvm_object_globals 中增加列舉資料型態 uvm_comparator_mode_enum，用於設定比較器的工作模式，其中預設為

UVM_COMPARATOR_IN_ORDER，即順序比較模式，也可配置為亂序比較模式 UVM_COMPARATOR_OUT_OF_ORDER，程式如下：

```
//uvm_object_globals.svh
typedef enum bit { UVM_COMPARATOR_IN_ORDER=0, UVM_COMPARATOR_OUT_OF_ORDER=1 } uvm_
comparator_mode_enum;
```

　　(2) 在比較器 uvm_algorithmic_comparator 中增加配置工作模式的介面方法，以供使用者配置比較器的工作模式。另外需要改寫廣播通訊埠的接收 write() 方法以根據 transformer 輸出轉換的期望結果是否有效來將期望結果寫入對應的快取 m_before_fifo 中，這樣可以減少驗證環境中整體的有效交易資料數量，提升模擬效率，程式如下：

```
//uvm_algorithmic_comparator.svh
function void cfg_comparator_mode(uvm_comparator_mode_enum cfg_mode);
    comp.mode = cfg_mode;
endfunction

function void write(input BEFORE b);
    AFTER tr;
    bit vld;
    tr = m_transformer.transform(b,vld);
    if(vld)
      comp.before_export.write( tr );
endfunction
```

　　(3) 在順序比較器 uvm_in_order_comparator 中增加獲取本地成員變數，即其父類別 uvm_in_order_class_comparator 要用到的快取 fifo(m_before_fifo 和 m_after_fifo) 的介面方法，程式如下：

```
//class uvm_in_order_comparator in uvm_in_order_comparator.svh
function uvm_tlm_analysis_fifo #(T) get_before_fifo();
    return m_before_fifo;
endfunction

function uvm_tlm_analysis_fifo #(T) get_after_fifo();
    return m_after_fifo;
endfunction
```

　　(4) 利用類別的多態特性，在順序比較器父類別 uvm_in_order_class_comparator 中對其子類別 uvm_in_order_comparator 的 run_phase 方法進行重寫，

從而實現對亂序比較功能的支援，同時對此前順序比較功能進行相容支援，可透過配置比較器的工作模式實現。事實上順序比較是一種特殊情況下的亂序，因此當比較器被配置為亂序比較工作模式 UVM_COMPARATOR_OUT_OF_ORDER 之後，其既支援順序的比較又支援亂序的比較。

在這裡透過此前原理部分介紹過的亂序搜索比較演算法 search_compare 實現快速的亂序比較，具體演算法原理因為原理部分已經詳細介紹過，所以這裡不再贅述。

除此之外，利用 UVM 的 phase 機制，在其即將模擬結束的 check_phase 階段對快取的佇列進行檢查，這裡透過斷言實現，程式如下：

```
//uvm_in_order_class_comparator.svh
class uvm_in_order_class_comparator #( type T = int )
extends uvm_in_order_comparator #( T ,
                                   uvm_class_comp #( T ) ,
                                   uvm_class_converter #( T ) ,
                                   uvm_class_pair #( T, T ) );

typedef uvm_in_order_class_comparator #(T) this_type;

`uvm_component_param_utils(this_type)

uvm_comparator_mode_enum mode = UVM_COMPARATOR_IN_ORDER;
T ref_q[$];
T dut_q[$];

const static string type_name = "uvm_in_order_class_comparator #(T)";

function new( string name, uvm_component parent);
  super.new( name, parent );
endfunction

virtual function string get_type_name ();
  return type_name;
endfunction

virtual task run_phase(uvm_phase phase);
  case(mode)
    UVM_COMPARATOR_IN_ORDER:begin
      super.run_phase(phase);
    end
    UVM_COMPARATOR_OUT_OF_ORDER:begin
```

```
            uvm_tlm_analysis_fifo #(T) before_fifo = get_before_fifo();
            uvm_tlm_analysis_fifo #(T) after_fifo = get_after_fifo();
            T ref_tr;
            T dut_tr;

            fork
              forever begin
                before_fifo.get(ref_tr);
                search_compare(ref_tr, dut_q, ref_q);
              end
              forever begin
                after_fifo.get(dut_tr);
                search_compare(dut_tr, ref_q, dut_q);
              end
            join
        end
      endcase
    endtask

    function void search_compare(T tr, ref T search_q[$], ref T save_q[$]);
        int indexes[$];

        indexes = search_q.find_first_index(it) with (tr.compare(it));

        if (indexes.size() == 0) begin
          save_q.push_back(tr);
          `uvm_info("SEARCH_COMPARE",$sformatf("not find in search_q, push back trans
action is %s",tr.convert2string),UVM_LOW)
          return;
        end
        search_q.delete(indexes[0]);
        `uvm_info("SEARCH_COMPARE",$sformatf("find in search_q, delete transaction is
%s",tr.convert2string),UVM_LOW)
      endfunction

      function void check_phase(uvm_phase phase);
        super.check_phase(phase);
        REF_Q_NOT_EMPTY_ERR : assert(ref_q.size() == 0) else
          `uvm_error("REF_Q_NOT_EMPTY_ERR", $sformatf("ref_q is not empty!!! It still
contains %d transactions! Please check!", ref_q.size()))
        DUT_Q_NOT_EMPTY_ERR : assert(dut_q.size() == 0) else
          `uvm_error("DUT_Q_NOT_EMPTY_ERR", $sformatf("dut_q is not empty!!! It still
contains %d transactions! Please check!", dut_q.size()))
      endfunction
    endclass
```

(5) 在 DUT 的輸出端監測器監測得到的交易資料類型中需要撰寫實現字串轉換方法 convert2string 及用於比較的 do_compare 方法，以便在上述搜索比較演算法 search_compare 中使用，程式如下：

```
//out_trans.svh
class out_trans extends uvm_sequence_item;
   `uvm_object_utils(out_trans)

   rand logic vld_o;
   rand logic[3:0] result;

   function new(string name="");
      super.new(name);
   endfunction : new

   function bit do_compare(uvm_object rhs, uvm_comparer comparer);
      out_trans RHS;
      bit      same;

      if (rhs==null)
        `uvm_fatal("RESULT TRANSACTION","Tried to do comparison to a null pointer");
      if (!$cast(RHS,rhs))
        same = 0;
      else
         same = super.do_compare(rhs, comparer) &&
               (RHS.vld_o== vld_o) &&
               (RHS.result== result);
      return same;
   endfunction : do_compare

   function string convert2string();
      string s;
      s = $sformatf("vld_o: %b, result : %0d",vld_o,result);
      return s;
   endfunction : convert2string
endclass : out_trans
```

第 2 步，建立 transformer 元件，在其中實現 transform 方法，用於將輸入激勵的交易資料類型轉為期望的輸出結果的交易資料類型。

這裡 transform 方法包括輸出一個位元的 vld 有效位元訊號，用於指示本次轉換輸出的期望結果是否會被寫入比較器的 m_before_fifo 快取中以進行檢查比較，程式如下：

```
//transformer.svh
class transformer extends uvm_component;
  `uvm_component_utils(transformer)

  bit[3:0] result_q[$];

  function new (string name, uvm_component parent);
    super.new(name, parent);
    for(bit[3:0] i=1;i<='d10;i++)begin
      result_q.push_back(i);
    end
    result_q.shuffle();
  endfunction : new

function out_trans transform(in_trans in_tr,output bit vld);
  out_trans out_tr;;
  out_tr = new("out_tr");

  if(in_tr.vld_i)begin
    if(result_q.size())begin
      out_tr.vld_o = 1;
      out_tr.result = result_q.pop_front();
    end
    else begin
      out_tr.vld_o = 0;
      out_tr.result = 0;
    end
  end
  else begin
    out_tr.vld_o = 0;
    out_tr.result = 0;
  end
    `uvm_info("TRANSFORMER",$sformatf("predict out trans is %s",out_tr.convert2string),UVM_LOW)
    if(out_tr.vld_o)begin
      vld = 1;
      return out_tr;
    end
    else begin
      vld = 0;
      return null;
    end
  endfunction
endclass
```

第 3 步，在驗證環境組件中快速實現記分板功能。

具體包括以下兩個小步驟：

(1) 在驗證環境元件中實體化 transformer 和 uvm_algorithmic_comparator，在實體化比較器時把轉換器作為輸入參數進行傳入。

(2) 對監測器的廣播通訊埠與 uvm_algorithmic_comparator 的接收通訊埠進行連接。

這裡比較器的接收通訊埠 before_export 用於接收 DUT 輸入通訊埠的交易資料，比較器的接收通訊埠 after_export 用於接收 DUT 輸出通訊埠的交易資料，程式如下：

```
//env.svh
class env extends uvm_env;
  `uvm_component_utils(env)

  agent           agent_h;
  uvm_algorithmic_comparator #(in_trans, out_trans, transformer) comparator;
  transformer transf;

  function void build_phase(uvm_phase phase);
    agent_h = agent::type_id::create ("agent_h",this);
    agent_h.is_active = UVM_ACTIVE;

    transf = new("transf",this);
    comparator = new("comparator",this, transf);
    comparator.cfg_comparator_mode(UVM_COMPARATOR_OUT_OF_ORDER);
  endfunction : build_phase

  function void connect_phase(uvm_phase phase);
    agent_h.in_ap.connect(comparator.before_export);
    agent_h.out_ap.connect(comparator.after_export);
  endfunction : connect_phase

  function new (string name, uvm_component parent);
    super.new(name,parent);
  endfunction : new
endclass
```

第 4 步，撰寫激勵序列，然後在測試用例中啟動，以此來對記分板功能進行驗證測試，程式如下：

```systemverilog
//random_sequence.svh
class random_sequence extends uvm_sequence #(in_trans);
   `uvm_object_utils(random_sequence)

   in_trans tr;

   function new(string name = "random_sequence");
      super.new(name);
   endfunction : new

   virtual task body();
      repeat (10) begin
         tr = in_trans::type_id::create("tr");
         tr.vld_i = 1;
         start_item(tr);
         finish_item(tr);
         `uvm_info("RANDOM SEQ", $sformatf("random tr: %s", tr.convert2string), UVM_LOW)
      end
      repeat (10) begin
         tr = in_trans::type_id::create("tr");
         start_item(tr);
         assert(tr.randomize());
         finish_item(tr);
         `uvm_info("RANDOM SEQ", $sformatf("random tr: %s", tr.convert2string), UVM_LOW)
      end
   endtask : body
endclass : random_sequence

//base_test.svh
class base_test extends uvm_test;
   `uvm_component_utils(base_test)
   env       env_h;

   function void build_phase(uvm_phase phase);
      env_h = env::type_id::create("env_h",this);
   endfunction : build_phase

   function void end_of_elaboration_phase(uvm_phase phase);
      uvm_top.print_topology();
   endfunction : end_of_elaboration_phase

   function new (string name, uvm_component parent);
      super.new(name,parent);
   endfunction : new
endclass
//demo_test.svh
```

```
class demo_test extends base_test;
   `uvm_component_utils(demo_test)

   random_sequence random_seq;

   function new(string name, uvm_component parent);
      super.new(name,parent);
      random_seq = random_sequence::type_id::create("random_seq");
   endfunction : new

   task main_phase(uvm_phase phase);
      phase.raise_objection(this);
      random_seq.start(env_h.agent_h.sequencer_h);
      #100;
      phase.drop_objection(this);
   endtask
endclass
```

等待模擬結束，最終可以看到模擬通過了。

第 11 章

對固定延遲輸出結果的 RTL 介面訊號的 monitor 的簡便方法

11.1 背景技術方案及缺陷

11.1.1 現有方案

在做數位晶片驗證時，常常會遇到有些 RTL 設計會在接收到有效的輸入端 req 請求訊號之後，經過固定的時鐘延遲 (latency) 後輸出相應的 rslt 結果，即對每個輸入端 req 請求都需要固定的時鐘週期 (cycle) 來運算並輸出結果。

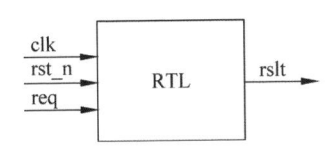

```
clk ──▶┌─────┐
rst_n ─▶│ RTL │──▶ rslt
req ──▶└─────┘
```

▲ 圖 11-1 固定 latency 輸出結果的 RTL 設計範例方塊圖

如圖 11-1 所示，這是上述固定 latency 輸出結果的 RTL 設計的簡單範例方塊圖，圖 11-2 是該類別 RTL 設計的時序範例圖。

該範例 RTL 設計非常簡單，輸入通訊埠有時鐘訊號 clk，低電位有效重置訊號 rst_n，請求訊號 req，輸出端結果 rslt 訊號。

從圖 11-2 中可以看到，在重置訊號 rst_n 被拉高之後，開始發送 req 請求訊號 req1、req2…reqn，然後經過固定的時鐘 latency(這裡固定的 latency 為 4 個 cycle) 之後運算完成並輸出結果 rslt1、rslt2…rsltn。

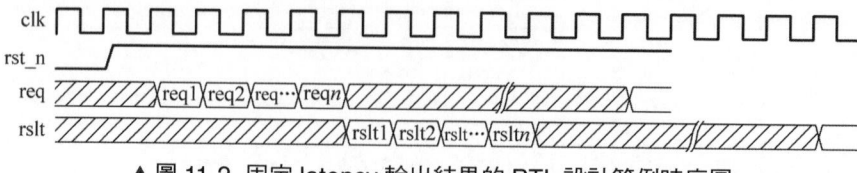

▲圖 11-2 固定 latency 輸出結果的 RTL 設計範例時序圖

而在基於 UVM 的驗證環境中，往往需要透過 monitor 來監測 interface 上的訊號資料，然後封裝成相應 transaction，並透過內部的通訊連接埠將封裝好的 transaction 發送給驗證環境中需要對該資料進行處理或分析的元件或物件。

其中，對這種固定 latency 輸出結果的 RTL 設計上 interface 訊號的監測，常常需要保證在 transaction 中監測封裝到的請求 req 訊號和結果 rslt 訊號要一一對應，即將兩者的訊號封裝到同一個 transaction 中。

要實現上述目標，一般現有的方案是透過移位暫存實現的，即先定義一個較寬的陣列或訊號，然後對每個 cycle 進行移位，移位固定 latency 數量個 cycle 之後，同時採樣當前的 req 和 rslt 訊號，這樣即可將請求和結果封裝到同一個 transaction 中去。

以上面 RTL 設計為例，monitor 的具體實現，程式如下：

```
//demo_monitor.sv
class demo_monitor extends uvm_monitor;
    virtual demo_interface vif;
    uvm_analysis_port #(demo_trans) ap;
    demo_trans tr;
    demo_trans tr_q[$];
    ...

    task run_phase(uvm_phase phase);
        for(int i=0;i<5;i++) begin
            tr_q[i] = demo_trans::type_id::create($sformatf("tr_q[%d]",i));
        end

        fork
            shift_req;
            mon_trans;
        join_none
    endtask

    task shift_req;
```

```
        forever begin
            @(vif.mon);
            for(int i=4;i>0;i--)begin
                tr_q[i].copy(tr_q[i-1]);
            end
            tr_q[0].req = vif.mon.req;
        end
    endtask

    task mon_trans;
        forever begin
            @(vif.mon);
            tr_q[4].rslt = vif.mon.rslt;
            ap.write(tr_q[4]);
        end
    endtask
endclass
```

可以看到，這裡主要分為以下 3 個步驟：

第 1 步，透過 shift_req 的 task 來對 interface 上的請求 req 訊號進行移位暫存，將資料暫存在 tr_q 佇列裡。

第 2 步，透過 mon_trans 將運算結果 rslt 採樣封裝到固定 latency 之後的移位暫存請求 tr_q[4] 裡。

第 3 步，呼叫通訊連接埠將監測封裝好的 transaction 廣播發送出去。

11.1.2 主要缺陷

通常驗證開發人員對於固定 latency 輸出結果的 RTL 設計上的 interface 訊號的監測會採用上述方案，該方案可行，但撰寫起來比較麻煩，比較容易出錯，具體表現在以下兩個方面：

(1) 需要使用 for 迴圈敘述來對移位暫存的 transaction 佇列中的元素進行逐一實例化。

(2) 需要再次使用 for 迴圈敘述來完成對請求 req 訊號的移位暫存。

因此，需要一種更為簡便的對固定延遲輸出結果的 RTL 介面訊號的監測方法，從而盡可能地簡化 monitor 程式的撰寫，減少出錯的可能性。

11.2 解決的技術問題

實現一種更為簡便的對固定延遲輸出結果的 RTL 介面訊號的監測方法，從而盡可能地簡化 monitor 程式的撰寫，減少出錯的可能性。

11.3 提供的技術方案

11.3.1 結構

基於 UVM 驗證方法學來架設對 RTL 設計的驗證平臺，因此結構上並無改動。

UVM 驗證平臺的典型架構示意圖如圖 1-1 所示。

11.3.2 原理

monitor 的演算法實現流程如圖 11-3 所示。

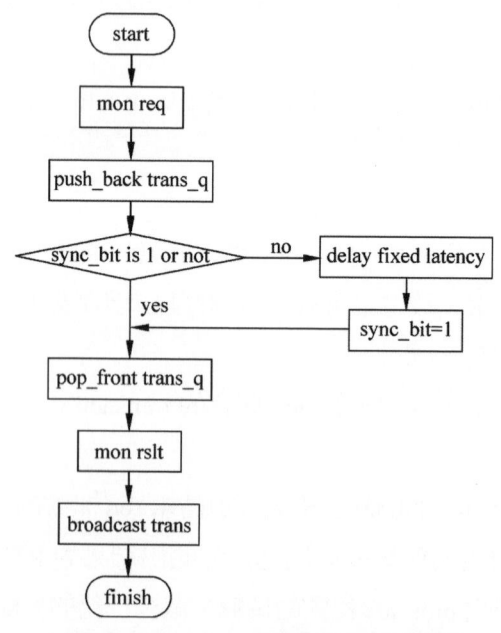

▲圖 11-3 monitor 的演算法實現流程圖

透過一個單 bit 的同步訊號 sync_bit 來對監測到的請求 req 訊號進行延遲固定的 latency，隨後由於 RTL 設計中的硬體是一個管線的結構，不再需要進行延遲，因此會將 sync_bit 置為 1，隨後從 trans_q 佇列中取出之前被快取的 transaction 並監測封裝運算結果 rslt，最後利用通訊連接埠對外進行廣播。

11.3.3 優點

簡化了對於固定 latency 輸出結果的 RTL 設計上的 interface 訊號的監測的原有方案，主要表現在以下兩點：

(1) 利用佇列資料型態及其內建方法，不再需要像原方案中使用 for 迴圈敘述那樣對移位暫存的 transaction 佇列中的元素進行逐一實例化，從而簡化程式的撰寫過程。

(2) 利用單 bit 資料型態的同步 sync_bit 進行同步，不再需要再次使用 for 迴圈敘述來完成對請求 req 訊號的移位暫存。

11.3.4 具體步驟

依然以圖 11-1 中的 RTL 設計為例，來說明這種簡便的 monitor 實現方法的具體步驟。

第 1 步，監測請求 req 訊號並寫入佇列 trans_q。

第 2 步，判斷單 bit 同步訊號 sync_bit 的值，如果為 0，則延遲固定的 latency，如果為 1，則進入下一步。

第 3 步，從佇列 trans_q 中取出之前被快取的 trans 並監測封裝運算結果 rslt。

第 4 步，將監測封裝好的 transaction 利用通訊連接埠對外進行廣播，程式如下：

```systemverilog
//demo_monitor.sv
class demo_monitor extends uvm_monitor;
    virtual demo_interface vif;
    uvm_analysis_port #(demo_trans) ap;
    demo_trans tr;
    demo_trans tr_q[$];
```

```
    ...
    task run_phase(uvm_phase phase);
        fork
            mon_req;
            mon_rslt;
        join_none
    endtask
    task mon_req;
        forever begin
            tr = demo_trans::type_id::create("tr");
            @(vif.mon);
            tr.req = vif.mon.req;
            tr_q.push_back(tr);
        end
    endtask

    task mon_rslt;
        static bit sync_bit = 'b0;
        forever begin
            tr = demo_trans::type_id::create("tr");
            if(!sync_bit)begin
                repeat(5)begin
                    @(vif.mon);
                end
                sync_bit = 'b1;
            end
            else begin
                @(vif.mon);
            end
            tr = tr_q.pop_front();
            tr.rslt = vif.mon.rslt;
            ap.write(tr);
        end
    endtask
endclass
```

第 12 章

監測和控制 DUT 內部訊號的方法

12.1 背景技術方案及缺陷

12.1.1 現有方案

在對 RTL 設計 (DUT) 做驗證時，常常會有以下需求：

(1) 有時需要可以直接存取 RTL 設計的內部訊號，以此來給定一個值，例如根據儲存檔案給內部儲存設定初值。

(2) 有些測試用例需要 force 內部訊號進行人為錯誤注入的驗證。

(3) 對 RTL 設計內部的一些訊號增加一些斷言以做細節性的檢查驗證。

(4) 有時需要動態監測 RTL 設計內部的訊號值。

而要實現以上需求，即監測和控制 RTL 設計內部的訊號，現有的方案是先將需要關注的 RTL 設計內部的訊號連接到 interface 上，然後透過 interface 的相關介面方法實現監測和控制。

基於 UVM 實現上述目標的架構如圖 12-1 所示。

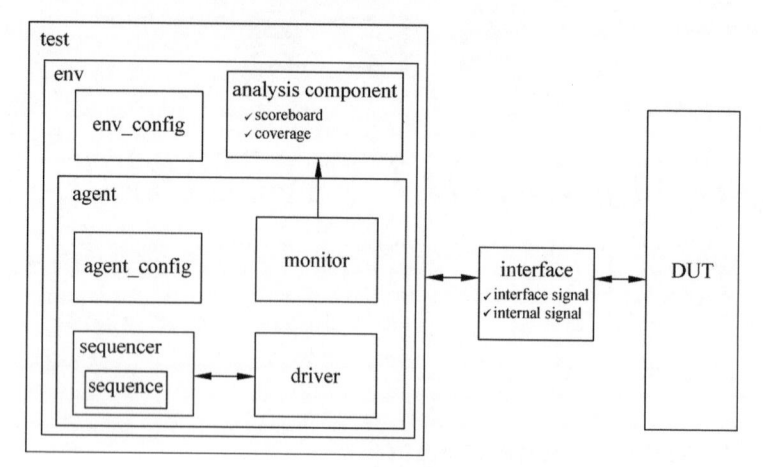

▲ 圖 12-1 現有方案的架構圖

程式如下：

```systemverilog
//demo_interface.sv
interface demo_interface (
    input clk,
    input rst,
    input[4:0] interface_signal,
    input[4:0] internal_signal);

    task force_internal_signal(bit[3:0] data);
        internal_signal = data;
    endtask

    task release_internal_signal;
        release internal_signal;
    endtask

    ...
endinterface
//top.sv
module top;
    ...
    rtl_demo dut;
    demo_interface demo_intf;

    initial begin
        force dut.interface_signal = demo_intf.interface_signal;
        force dut.internal_signal = demo_intf.internal_signal;
    end
endmodule
```

可以看到，如果要監測 RTL 設計的內部訊號，就可將相應的 internal_signal 寫到 interface 上，在合適的時間將 RTL 設計的內部訊號透過 driver 驅動到 interface 上即可。如果要控制 RTL 設計的內部訊號，則可呼叫其內部的 force_internal_signal 和 release_internal_signal 方法。

12.1.2 主要缺陷

採用上述方案可行，但是主要存在以下一些缺陷：

(1) RTL 設計的內部訊號和實際的輸入/輸出介面訊號都透過 interface 實現，需要手動將 RTL 設計的內部訊號與該 interface 的相關訊號進行連接，如果 RTL 設計層次複雜，則會使後續的驗證程式變得不可重用，從而降低了開發效率。

(2) 需要撰寫實現 RTL 設計的內部訊號的 driver 和 monitor 邏輯，甚至在其對應的 transaction 中也要增加相應的訊號成員，實現起來較為麻煩。

(3) 只是為了觀測 RTL 設計的內部訊號就將這些內部訊號透過 interface 進行連接和實現，程式容錯笨重，不方便管理，也不符合原先 interface 的使用原則。

所以需要有一種更便捷的監測和控制 DUT 內部訊號的方法，來避免出現上述問題。

12.2 解決的技術問題

在實現 12.1.1 節中描述的驗證需求的同時，避免 12.1.2 節中提到的缺陷。

12.3 提供的技術方案

12.3.1 結構

DUT 的內部訊號可以透過 interface wrapper 輕鬆獲取，然後匯入抽象類別，並衍生其子類別，在其子類別中多載介面方法，最後透過配置資料庫向驗證環境傳遞該子類別，然後使驗證環境中的元件或物件透過該子類別的控制碼呼叫之前多載的介面方法，從而最終實現在驗證環境中對 RTL 設計的內部訊號進行監測和控制。驗證平臺架構圖如圖 12-2 所示。

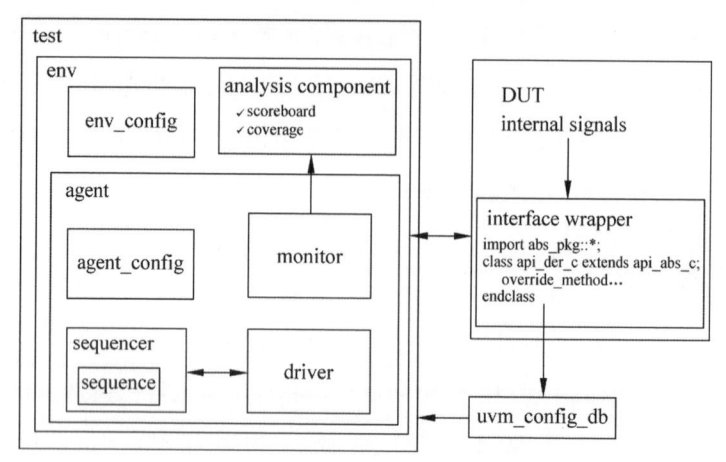

```
test
  env
    env_config
    analysis component
      ✓ scoreboard
      ✓ coverage
    agent
      agent_config
      monitor
      sequencer
        sequence
      driver
  DUT
    internal signals
  interface wrapper
    import abs_pkg::*;
    class api_der_c extends api_abs_c;
      override_method...
    endclass
  uvm_config_db
```

▲ 圖 12-2 本章使用的驗證平臺架構圖

12.3.2 原理

原理如下：

（1）因為 interface wrapper 是透過 bind 直接與 DUT 進行綁定的，因此兩者的作用域一致，透過 interface wrapper 可以很容易地獲取 DUT，即 RTL 設計的內部訊號。

（2）因為需要對獲取的 RTL 設計的內部訊號進行監測和控制，所以可以透過撰寫介面方法實現。

（3）由於驗證和設計所在的作用域不一致，因此可以透過類別的多態及 UVM 的配置資料庫進行通訊，這樣就可以實現在驗證環境的元件或物件中獲取介面類別的控制碼，從而呼叫介面方法以實現對 RTL 設計的內部訊號進行監測和控制。

12.3.3 優點

優點如下：

（1）使用 interface wrapper 可以方便地獲取 RTL 設計的內部訊號，不用將其封裝在 interface 和 transaction 中進行監測和控制，使開發工作量減少，其程式清晰整潔且易維護。

（2）使用類別的多態方法來完成設計和驗證環境之間介面方法的同步，解決了原先設計和驗證環境作用域不同的問題。

(3) 上述監測和控制 DUT 內部訊號的方法可以很方便地被其他驗證平臺所重用，對於大型晶片專案的驗證有參考意義。

12.3.4 具體步驟

第 1 步，產生抽象類別，在該抽象類別裡定義一些純虛方法供 interface wrapper 多載，然後將其封裝到 package 裡，程式如下：

```
//demo_abs_pkg.sv
package demo_abs_pkg;
    import uvm_pkg::*;

    virtual class api_abs_c extends uvm_object;
        function new(string name);
            super.new();
        endfunction

        pure virtual task force_internal_sig1(bit[3:0] data);
        pure virtual task release_internal_sig1;
        pure virtual task monitor_internal_sig(output logic[3:0] internal_sig1,output logic[3:0] internal_sig2);
        pure virtual task wait_for_clk(int n);
    endclass
endpackage
```

可以看到定義了抽象類別 api_abs_c，並在其中定義了 4 個純虛方法。

第 2 步，在 interface wrapper 裡匯入上一步包含抽象類別的 package，並繼承上一步抽象類別以衍生子類別，並在其中多載之前抽象類別中定義的純虛方法，即後面要用到的一些介面方法。該多載介面方法可以直接存取 RTL 設計中的內部訊號。

首先來看 RTL 設計，程式如下：

```
//demo_rtl.sv
module demo_rtl(
    clk,
    reset,
    data_in,
    data_out);
    input clk;
```

```
    input reset;
    input[4:0] data_in;
    output reg[4:0] data_out;

    reg[3:0] internal_sig1 = 'd10;
    reg[3:0] internal_sig2 = 'd11;

    always@(posedge clk) begin
        if(reset)
            data_out <= 'd0;
        else
            data_out <= data_in +'d1;
    end
endmodule
```

可以看到 RTL 設計中存在兩個內部訊號，分別是 internal_sig1 和 internal_sig2。

然後來看 interface wrapper，程式如下：

```
//demo_interface_wrapper.sv
interface demo_interface_wrapper();
    import uvm_pkg::*;
    import demo_abs_pkg::*;
    ...

    class api_der_c extends api_abs_c;
        function new(string name="");
            super.new(name);
        endfunction

        task force_internal_sig1(bit[3:0] data);
            demo_rtl.internal_sig1 = data;
        endtask

        task release_internal_sig1;
            release demo_rtl.internal_sig1;
        endtask

        task monitor_internal_sig;
            output logic[3:0] internal_sig1;
            output logic[3:0] internal_sig2;
            interna_sig1 = demo_rtl.internal_sig1;
            interna_sig2 = demo_rtl.internal_sig2;
        endtask
```

```
        task wait_for_clk(int n);
            repeat(n) begin
                @(posedge demo_rtl.clk);
            end
        endtask
    endclass
endinterface
```

可以看到在 interface wrapper 中，首先匯入了上一步的抽象類別所在的 package，然後衍生其子類別 api_der_c，並在其中多載用於監測和控制 RTL 設計內部訊號的介面方法，包括以下幾種。

(1) force_internal_sig1： 用於將 RTL 設計中的內部訊號 internal_sig1 強行賦值。

(2) release_internal_sig1： 用於解除對 RTL 設計中的內部訊號 internal_sig1 的強行賦值。

(3) monitor_internal_sig： 用於監測 RTL 設計中的內部訊號並輸出。

(4) wait_for_clk： 用於等待一定數量的時鐘上昇緣。

第 3 步，透過 config_db 傳遞在 interface wrapper 中定義好的衍生類別，參考程式如下：

```
//demo_interface_wrapper.sv 檔案
interface demo_interface_wrapper();
    ...
    api_der_c api;

    function void set_vif();
        api = new("intf_wrapper_api");
uvm_config_db#(api_abs_c)::set(null,"*","intf_wrapper_api",api);
        ...
    endfunction
endinterface
```

第 4 步，在 transactor 中定義抽象類別控制碼 api，然後從 config_db 中獲得上一步傳遞的衍生類別，然後在需要的地方呼叫 api 實現對 RTL 設計的內部訊號進行監測和控制，程式如下：

```
//demo_transactor.sv
class demo_transactor extends uvm_component;
```

```
    ...
    api_abs_c api;
    logic[3:0] internal_sig1;
    logic[3:0] internal_sig2;

    function void build_phase(uvm_phase phase);

        if(!uvm_config_db#(api_abs_c)::get(this,"","intf_wrapper_api",this.api))begin
            `uvm_fatal(this.get_name(),"ERROR -> intf_wrapper_api not find in config
db")
        end
    endfunction

    task run_phase(uvm_phase phase);
        api.force_internal_sig1('d15);
        api.monitor_internal_sig(internal_sig1,internal_sig2);
        `uvm_info(this.get_name(),$sformatf("API monitor internal_sig1 is %d,internal_
sig2 is %d",internal_sig1,internal_sig2),UVM_LOW)
        api.wait_for_clk(100);
        api.force_internal_sig1('d13);
        api.monitor_internal_sig(internal_sig1,internal_sig2);
        `uvm_info(this.get_name(),$sformatf("API monitor internal_sig1 is %d,internal_
sig2 is %d",internal_sig1,internal_sig2),UVM_LOW)
        api.wait_for_clk(100);
endtask
```

可以看到在 demo_transactor 中首先獲取了 api 控制碼,然後呼叫其中的介面方法來完成對 RTL 設計的內部訊號進行監測和控制。

第 13 章

向 UVM 驗證環境中傳遞設計參數的方法

13.1 背景技術方案及缺陷

13.1.1 現有方案

通常 RTL 設計中會存在一些設計參數，這些設計參數通常用於 RTL 內部的邏輯功能設計，而在驗證環境中也需要用到這些設計參數，用來實現參考模型和一些檢查邏輯，因此在實際的晶片驗證工作中，往往需要將 RTL 設計中的這些設計參數傳遞到驗證環境中以供使用，如圖 13-1 所示。

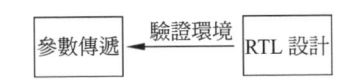

▲圖 13-1 RTL 設計向驗證環境傳遞設計參數的示意圖

當前 RTL 設計的參數傳遞的應用場景主要有以下 3 種。

（1）應用場景 1：RTL 中需要使用的參數是固定的，但是還沒有最終確定下來 (通常是因為出於與其他模組的功能互動或性能的考慮，導致設計參數還沒有最終確定下來)，並且該參數只會被用於當前的設計模組中，即不會被當作 IP 來傳遞參數以實體化多份來供不同的頂層模組使用。

（2）應用場景 2：與上面參數的使用場景相反，RTL 中需要使用的參數是不固定的，即會被當作 IP(Intellectual Property，智慧財產權，一種可以被商業化和重用的 RTL 設計程式) 來傳遞參數以實體化多份來供不同的頂層模組使用，那麼設計人員通常會透過定義 parameter 參數的方式來傳遞。在頂層模組實體化該 RTL 設計模組時，只需在實體化時指定不同的參數。

（3）應用場景 3：RTL 中需要使用的參數是不固定的，但該部分參數一般不會被實體化多份，即不會在被用作 IP 時被設定成不同的參數值。

以上 3 種 RTL 設計參數傳遞的應用場景所對應的現有的向驗證環境中進行參數傳遞的方案分別對應以下 3 種：

（1）應用場景 1 所對應的現有方案：設計人員通常會透過定義巨集引數的方式來傳遞該應用場景下的參數。該巨集引數由於語法關係，對設計和驗證環境都是全域可見的，因此在驗證環境中可以直接使用由設計人員提供的該巨集引數。

（2）應用場景 2 所對應的現有方案：對應的驗證環境可以複製多份，在每個驗證環境裡定義名稱相同但不同值的 parameter 參數，然後在頂層可重用驗證環境中分別實體化上面不同 parameter 參數的環境來使用。

（3）應用場景 3 所對應的現有方案：直接在驗證環境中定義與設計中名稱相同的 parameter 參數，然後在驗證環境中使用即可。

13.1.2 主要缺陷

以上 3 種應用場景所對應的現有方案的主要缺陷如下。

應用場景 1 所對應的現有方案的主要缺陷：

(1) 如前所述，由於設計參數還沒有最終確定下來，隨時可能會變動，如修改參數值，甚至會刪除該 define 巨集引數，而直接使用一個固定的數值。那麼，原本在驗證環境中使用的該巨集引數就需要被全域修改或刪除，如果在驗證環境的很多檔案中使用了該巨集引數，則一個一個手動確認並修改，工作量較大，從而降低設計和驗證人員配合工作的效率，甚至會帶來額外的驗證偵錯問題，因此，在實際的驗證工作中應該盡可能地避免這種效率較低的工作配合方式。

(2) 在理想情況下，RTL 設計透過與驗證環境共用 define 巨集引數定義的檔案，從而實現傳參，即驗證環境裡使用的 define 巨集引數就是 RTL 設計定義好的，但是往往在 RTL 設計的 define 巨集引數的名稱和數值還沒確定下來之前，驗證人員就需要去架設相應的驗證環境，很可能驗證人員定義的巨集引數和設計人員後期所定義的不一致，因此就需要兩邊的 define 巨集引數名稱保持一致，但是事實上很難完全做到這一點，因此需要提供一種靈活的參數映射方式以進行參數化的傳遞，而且還要與 RTL 設計中的定義一樣，從而避免參數名稱定義的衝突，保證參數的唯一性。

(3) 由於使用了過多的 define 巨集引數，又由於巨集引數分佈在各個 RTL 設計的參數定義檔案且是全域可見的關係，對於一個複雜的 RTL 設計來講，很可能帶來名稱衝突而導致作用域不同的錯誤，給參數管理和偵錯過程增加了難度，因此應該儘量地避免使用巨集引數，即前期可以使用巨集引數作為過渡，後期待 RTL 設計逐漸成熟穩定之後，逐漸減少巨集引數的使用，改為 parameter 參數定義的方式，此時驗證環境中的該部分參數也需要相應地進行修改，因此從一開始，在驗證環境中最好不要使用這種全域可見的 define 巨集引數，改為另一種限制參數可見範圍的參數方式，從而避免由於 define 巨集引數的作用域過廣帶來的衝突問題。

應用場景 2 所對應的現有方案的主要缺陷：

由於對應的驗證環境程式被覆製成了多份，導致程式容錯量巨大，如果一個地方修改，則所有的被複製的程式的位置都需要被手動修改，程式維護的過程非常麻煩，不方便管理，從而降低了開發維護的效率，因此需要有一種只維護一份程式，卻可以像 IP 設計那樣達到根據不同的應用場景被傳遞不同的參數以實體化多份的效果，這樣就避免了上述程式容錯導致的維護過程困難的問題。

應用場景 3 所對應的現有方案的主要缺陷：

如果 RTL 設計中的 parameter 參數值被修改了，則其所對應的驗證環境中的 parameter 參數也要手動進行修改。那麼，很可能發生設計人員修改了某一個參數，但是忘記通知驗證人員，從而導致驗證人員在驗證偵錯的過程中出現了問題，花費了大量偵錯的時間，結果卻是由於設計和驗證溝通沒有同步的原因導致的，降低了開發的效率，因此需要一種使驗證環境中的 parameter 參數自動與 RTL 設計參數同步的程式實現機制。

13.2 解決的技術問題

本節舉出 3 種新的改進方案，解決上面描述的 3 種應用場景的現有方案所對應的主要缺陷。

13.3 提供的技術方案

13.3.1 結構

應用場景 1 所對應的改進方案結構示意圖如圖 13-2 所示。

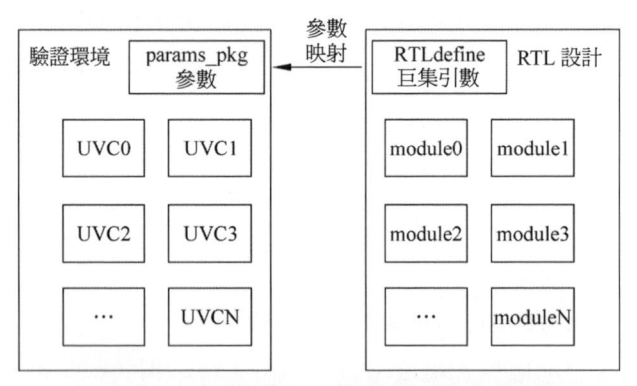

▲圖 13-2 應用場景 1 所對應的改進方案結構

由於 define 巨集引數是全域可見的，因此此時驗證環境和 RTL 共用一套由設計人員提供的 define 巨集引數定義檔案，即以 RTL 設計為準，此時可以在驗證環境中的每個 UVC 中新增 params_pkg.sv 檔案，用於與 RTL 設計中 define 巨集引數的一一映射。

應用場景 2 所對應的改進方案如圖 13-3 所示。

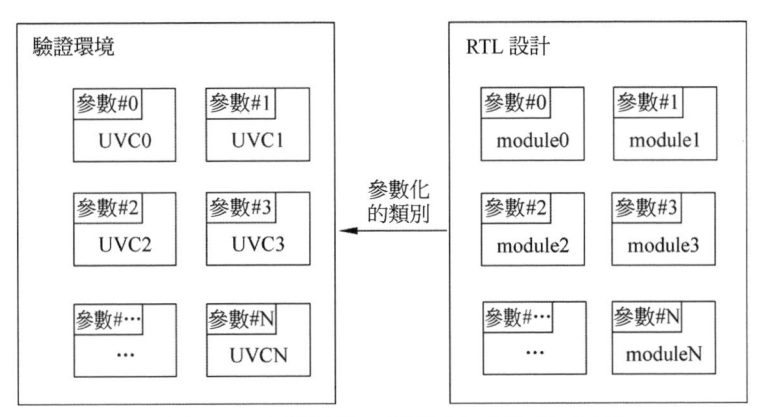

```
                    驗證環境                           RTL 設計
        ┌─────────────────────────┐        ┌─────────────────────────┐
        │  ┌─參數#0─┐  ┌─參數#1─┐  │        │  ┌─參數#0─┐  ┌─參數#1─┐  │
        │  │ UVC0  │  │ UVC1  │  │        │  │module0│  │module1│  │
        │  └───────┘  └───────┘  │ 參數化 │  └───────┘  └───────┘  │
        │  ┌─參數#2─┐  ┌─參數#3─┐  │ 的類別 │  ┌─參數#2─┐  ┌─參數#3─┐  │
        │  │ UVC2  │  │ UVC3  │  │◄────── │  │module2│  │module3│  │
        │  └───────┘  └───────┘  │        │  └───────┘  └───────┘  │
        │  ┌參數#···┐ ┌─參數#N─┐  │        │  ┌參數#···┐ ┌─參數#N─┐  │
        │  │  ...  │  │ UVCN  │  │        │  │  ...  │  │moduleN│  │
        │  └───────┘  └───────┘  │        │  └───────┘  └───────┘  │
        └─────────────────────────┘        └─────────────────────────┘
```

▲圖 13-3 應用場景 2 所對應的改進方案結構

對於在 RTL 設計中直接實體化的 IP 所對應的驗證環境來講，可以透過撰寫參數化的類別來解決，即將 RTL 設計所對應的 UVC 驗證環境撰寫成參數化的類別，供在不同的頂層驗證環境中實體化時指定不同的參數來使用。

應用場景 3 所對應的改進方案如圖 13-4 所示。

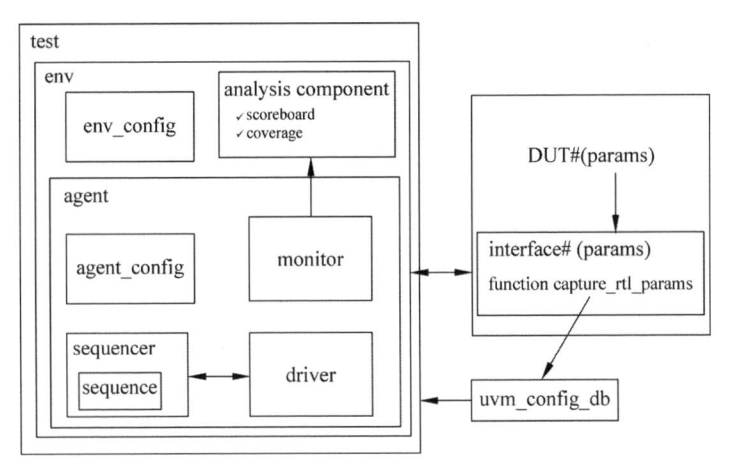

▲圖 13-4 應用場景 3 所對應的改進方案結構

透過 interface wrapper 來定義相應的介面方法，用於獲取 RTL 設計中的 parameter 參數，並將其封裝到 struct 資料型態中，然後向驗證環境中進行傳遞。

13.3.2 原理

原理如下：

(1) 利用 package 檔案的作用域範圍控制來避免 define 巨集引數的全域範圍，即作用域過廣的問題。

(2) 利用參數化類別的撰寫方式實現對 UVC 環境的實體化傳參。

(3) 利用 interface wrapper 的介面方法實現對 RTL 設計中 parameter 參數的自動獲取。

13.3.3 優點

應用場景 1 所對應的方案改進點：

(1) 如前所述，由於設計參數還沒有最終確定下來，隨時可能會變動，如修改參數值，甚至會刪除該 define 巨集引數，而直接使用一個固定的數值。那麼，採用改進後的方案後，原本需要在驗證環境中使用的該巨集引數就需要被全域修改或刪除，如果在驗證環境的很多檔案中使用了該巨集引數，也不要緊。因為此時不再需要一個一個手動修改，只需確認並修改一個地方，即只修改 params_pkg.sv 檔案中對應的映射參數即可，大大提升了開發效率。

(2) 在理想情況下，RTL 設計透過與驗證環境共用 define 巨集引數定義的檔案，從而實現傳參，即驗證環境裡使用的 define 巨集引數就是 RTL 設計定義好的，但是往往在 RTL 設計的 define 巨集引數的名稱和數值還沒確定下來之前，驗證人員就需要去架設相應的驗證環境，很可能驗證人員定義的巨集引數和設計人員後期所定義的不一致，因此就需要兩邊的 define 巨集引數名稱保持一致，但是事實上很難完全做到這一點，但採用改進後的方案後，此時可以透過靈活的參數映射方式進行參數化的傳遞，即前期可以由驗證人員根據設計文件的要求完成對 parameter 參數的定義，然後等 RTL 設計中 define 巨集引數確定下來後做好同步，從而避免了參數名稱定義的衝突，保證參數的唯一性。

(3) 由於使用了過多的 define 巨集引數，又由於巨集引數分佈在各個 RTL 設計的參數定義檔案且是全域可見的關係，對於一個複雜的 RTL 設計來講，很可能帶來名稱衝突而導致作用域不同的錯誤，給參數管理和偵錯過程增加了難度，因此應該儘量避免使用巨集引數，即前期可以使用巨集引數作為過渡，後期待 RTL 設計逐漸成熟穩定之後，逐漸減少巨集引數的使用，改為 parameter 參數定義的方式，此時驗證環境中的該部分參數也需要相應地進行修改，因此從一開始，在驗證環境中最好不要使用這種全域可見的 define 巨集引數，改為另一種限制參數可見範圍的參數方式，從而避免由於 define 巨集引數的作用域過廣帶來的衝突問題。這裡，採用改進後的方案後，改用 parameter 參數方式來與 define 巨集引數這種全域可見的參數進行一一映射，從而避免了作用域過廣所可能帶來的參數衝突問題。

應用場景 2 所對應的方案改進點：

由於對應的驗證環境程式被覆製成了多份，導致程式容錯量巨大，如果一個地方修改，則所有的被複製的程式的位置都需要被手動修改，程式維護的過程非常麻煩，不方便管理，從而降低了開發維護的效率。採用改進後的方案，透過參數化類別的方式可以實現只維護一份程式，卻可以像 IP 設計那樣達到根據不同的應用場景被傳遞不同的參數以實體化多份的效果，從而避免了上述程式容錯導致的維護過程困難的問題。

應用場景 3 所對應的方案改進點：

如果 RTL 設計中的 parameter 參數值被修改了，則其所對應的驗證環境中的 parameter 參數也要手動進行修改。那麼，很可能發生設計人員修改了某一個參數，但是忘記通知驗證人員，從而導致驗證人員在驗證偵錯的過程中出現了問題，花費了大量偵錯的時間，結果卻是由於設計和驗證溝通沒有同步的原因導致的，降低了開發的效率。採用改進後的方案，透過 interface 中的介面方法自動與 RTL 設計參數進行同步，從而避免了上面的問題。

13.3.4 具體步驟

下面分別針對 3 種應用場景舉出相應的改進方案的詳細步驟：

1. 應用場景 1 所對應的改進方案

第 1 步，在底層 UVC 可重用環境中新增 params_pkg.sv 檔案，並匯入當前層次下的 uvc_pkg 中以供該層次驗證環境使用，程式如下：

```
//demo_uvc_params_pkg.sv 檔案
package demo_uvc_params_pkg;
    parameter params1 =`P1;
    parameter params2 =`P2;
endpackage
```

然後匯入當前層次下的 uvc_pkg 中，程式如下：

```
//demo_uvc_pkg.sv
`include "demo_uvc_params_pkg.sv"
package demo_uvc_pkg;
    import demo_uvc_params_pkg::*;
    ...
endpackage
```

第 2 步，在更高層次 UVC 可重用環境中新增本層次所對應的 params_pkg.sv 檔案，然後在當前層次下的 uvc_pkg 中匯入之前底層的 uvc_pkg 及本層次下的 params_pkg 以供該層次驗證環境使用，程式如下：

```
//demo_uvc_env_params_pkg.sv
package demo_uvc_env_params_pkg;
    parameter params3 =`P3;
    parameter params4 =`P4;
endpackage
```

然後將第 1 步的 uvc_pkg 和當前層次下 demo_uvc_env_params_pkg 匯入 uvc_pkg 中，程式如下：

```
//demo_uvc_env_pkg.sv
`include "demo_uvc_env_params_pkg.sv"
`include "demo_uvc_pkg.sv"
package demo_uvc_env_pkg;
    import demo_uvc_env_params_pkg::*;
    import demo_uvc_pkg::*;
    ...
endpackage
```

2. 應用場景 2 所對應的改進方案

將原本非參數化的類別修改為參數化的類別。

第 1 步，修改非參數化類別的撰寫和註冊方式。

對於非參數化的類別，使用巨集 \`uvm_component_utils 和 \`uvm_object_utils 來註冊 object 和 component。

對於參數化的類別，使用巨集 \`uvm_object_param_utils 和 \`uvm_component_param_utils 來註冊 object 和 component，程式如下：

```
// 非參數化類別的方式
class component_example extends uvm_component;
    `uvm_component_utils(component_example)
    ...
endclass
class object_example extends uvm_object;
    `uvm_object_utils(object_example)
    ...
endclass
// 參數化類別的方式
class component_example#(int params1,int params2) extends uvm_component;
    `uvm_component_param_utils(component_example#(params1,params2))
    ...
endclass
class object_example#(int params3,int params4) extends uvm_object;
    `uvm_object_param_utils(object_example#(params3,params4))
    ...
endclass
```

對於一個可重用 UVC，例如可封裝成 agent，程式如下：

```
//agent_example.sv 檔案
class agent_example#(int params1,int params2) extends uvm_agent;
    `uvm_component_param_utils(agent_example#(params1,params2))
    ...
endclass
```

第 2 步，在頂層驗證環境中使用參數化的類別，修改非參數化類別的宣告和實例化方式，程式如下：

```
class env_example extends uvm_env;
    `uvm_component_utils(env_example)
    agent_example#(1,2) agent;
```

```
        ...
    function void build_phase(uvm_phase phase);
        agent= agent_example#(1,2)::type_id::create("agent",this);
    endfunction
endclass
```

3. 應用場景 3 所對應的改進方案

在第 3 章內容的基礎上，透過 interface wrapper 來定義相應的介面方法，用於獲取 RTL 設計中的 parameter 參數，並將其封裝到 struct 資料型態中，然後向驗證環境中進行傳遞。

第 1 步，在 interface wrapper 裡宣告 parameter 參數，並且名稱和 RTL 設計中的名稱保持一致，並且宣告 struct 結構變數，利用介面方法獲取 RTL 設計中的參數並透過 UVM 配置資料庫向驗證環境傳遞。

首先來看 RTL 設計中的參數，程式如下：

```
//demo_rtl.sv
module demo_rtl(...);
    parameter rtl_params1 = 7;
    parameter rtl_params1 = 8;

    ...
endmodule
```

然後在 interface wrapper 中也定義同樣名稱的 parameter，但是具體數值可以不一致，因為下一步連接時可以指定參數連接，程式如下：

```
//demo_env_interface_wrapper.sv
interface demo_env_interface_wrapper();
    import uvm_pkg::*;
    import demo_env_pkg::*;

    parameter rtl_params1=1;
    parameter rtl_params2=1;

    rtl_params_t rtl_params;

    function void capture_rtl_params();
        rtl_params.rtl_params1=rtl_params1;
```

```
        rtl_params.rtl_params2=rtl_params2;
        uvm_config_db#(rtl_params_t)::set(null,"uvm_test_top.env*","rtl_params",rtl_
params)
    endfunction
...
endinterface
```

可以在 demo_env_pkg 裡定義 rtl_params_t 結構資料型態，程式如下：

```
//demo_env_pkg.sv
typedef struct packed{
    int rtl_params1;
    int rtl_params2;
} rtl_params_t;
```

注意：上述結構變數的範圍，如果不是在 interface wrapper 裡匯入已經在 demo_env_pkg 定義好的結構變數，而是在 interface wrapper 裡自行定義，則兩者的範圍是不一樣的，EDA 工具會把兩者名稱相同的結構變數當成兩個不同的變數，因此會導致後面從 UVM 配置資料庫獲取變數時顯示出錯。

第 2 步，在連接 interface wrapper 時指定參數連接，程式如下：

```
//top.sv
module top;
    ...
demo_rtl dut();
    bind demo_rtl demo_env_interface_wrapper#(.rtl_params1(rtl_params1),.rtl_params2
(rtl_params2)) intf_wrapper();
endmodule
```

可以看到，這裡在連接時將 RTL 設計中的參數指定給了 interface wrapper 中的參數。

第 3 步，在 top 的 run_test 敘述之前，呼叫上一步的介面方法獲取 RTL 設計中的 parameter 參數，程式如下：

```
//top.sv
module top;
    ...
    initial begin
        intf_wrapper.capture_rtl_params();
        run_test();
```

```
        end
endmodule
```

第 4 步，在驗證環境裡獲取配置資料庫裡獲取的 struct 結構資料型態的 RTL 設計參數並根據需要使用該變數。

可以在驗證環境的任意元件或物件中獲取之前的 RTL 設計參數，程式如下：

```
rtl_params_t rtl_params;

if(!uvm_config_db#(rtl_params_t)::get(this,"","rtl_params",rtl_params))begin
    `uvm_fatal(this.get_name(),"rtl_params not found in config_db")
end
`uvm_info(this.get_name(),$sformatf("rtl_params1 is %d,rtl_params2 is %d",rtl_
params.rtl_params1,rtl_params.rtl_params2),UVM_LOW)
```

第 14 章

對設計與驗證平臺連接整合的改進方法

14.1 背景技術方案及缺陷

14.1.1 現有方案

在對 DUT 進行驗證時，廣泛使用 UVM 來架設驗證平臺。基於該驗證方法學，需要將該 DUT 連接整合到驗證平臺中以對其功能特性進行驗證測試，往往會使用 virtual interface 的方式對兩者進行連接，即使用 virtual interface 的方式連接 DUT 和驗證平臺，如圖 1-1 所示。

從圖 1-1 中可以看到，往往會透過 interface 將 DUT 連接到驗證平臺。此時，需要在頂層模組中完成以下幾件事情：

(1) 宣告 interface。

(2) 將 interface 連接到 DUT。

(3) 透過 UVM 的配置資料庫 set_config_db 向驗證環境傳遞 interface。

(4) 驗證環境中的驗證元件再從 UVM 的配置資料庫中獲得該 interface，從而獲取 DUT 上的訊號。

下面來看現有方案的簡單範例。首先來看 interface，程式如下：

```
interface demo_interface (input clk,input rst);
    logic [num1-1:0] field1;
    logic [num2-1:0] field2;

    clocking drv @(posedge clk iff(!rst));
```

```
        default input #1step output `Tdrive;
        output field1;
        output field2;
    endclocking

    task initialize();
        field1 <= 'dx;
        field2 <= 'dx;
    endtask
    ...
endinterface
```

其中有兩個資料訊號成員，分別是 field1 和 field2。

然後來看對應的驗證元件，以 driver 為例，程式如下：

```
class demo_driver extends uvm_driver#(item);
    virtual demo_interface vif;
    ...

    virtual function void build_phase(uvm_phase phase);
        if(!uvm_config_db#(virtual demo_interface)::get(this,"","vif",this.vif))
            `uvm_fatal(this.get_name(),"interface not found in config db!")
    endfunction

    virtual task run_phase(uvm_phase phase);
        vif.initialize();
        forever begin
            seq_item_port.try_next_item(req);
            if(req!=null)begin
                drive(req);
                seq_item_port.item_done();
            end
            else begin
                @(vif.drv);
                vif.initialize();
            end
        end
    endtask

    virtual task drive(input item req);
        @(vif.drv);
        vif.drv.field1 <= req.field1;
        vif.drv.field2 <= req.field2;
    endtask

endclass
```

首先在 build_phase 裡從 UVM 的配置資料庫中獲得該 interface，然後在 run_phase 裡首先對 interface 訊號進行重置，接著不斷獲取 sequencer 過來的激勵請求，如果為空，則繼續進行重置操作，如果不為空，則將激勵請求訊號驅動到 interface 上，從而施加給 DUT 的輸入通訊埠。

14.1.2 主要缺陷

採用上述方案是最常見的做法，但是並不符合軟體開發的鬆散耦合的原則，因為這會將驗證平臺中的驗證組件和 interface 形成緊耦合的關係。如果 interface 在開發過程中被修改，則與該介面緊耦合的很多驗證元件程式相應地也需要進行修改。例如在 RTL 設計和驗證的過程中，設計人員可能會修改部分 RTL 中的介面訊號，那麼驗證人員開發的驗證平臺的程式也要同步進行修改，此時，驗證人員通常可以採用以下兩種方法同步：

(1) 直接去修改原先驗證環境中的程式。
(2) 將原先驗證環境中的程式整個複製下來，然後進行修改。

其中方法 (1) 永遠只有一份最新的驗證環境的程式，無法對以往的程式版本進行追溯。

其中方法 (2) 儘量不要在多個地方出現重複的程式是軟體開發的原則，首先複製的過程可能會遺漏出錯，其次萬一需要對重複部分的程式進行修改，那麼需要修改多個地方，煩瑣且容易出錯。

因此，以上兩種方法既不方便程式管理，又顯得非常笨拙。更優的做法是，提供一種類似軟體版本管理的方式，對原先已經撰寫好的驗證平臺的程式進行重複使用，從而盡可能地降低將來程式管理的難度，同時提高驗證人員開發工作的效率。

14.2 解決的技術問題

解決的技術問題如下：
(1) 解決驗證平臺中的驗證元件和 interface 緊耦合所帶來的問題。

(2) 加強對驗證平臺程式的管理，提高驗證人員的開發效率。

14.3 提供的技術方案

14.3.1 結構

本章舉出的設計與驗證平臺的連接結構示意圖如圖 14-1 所示。

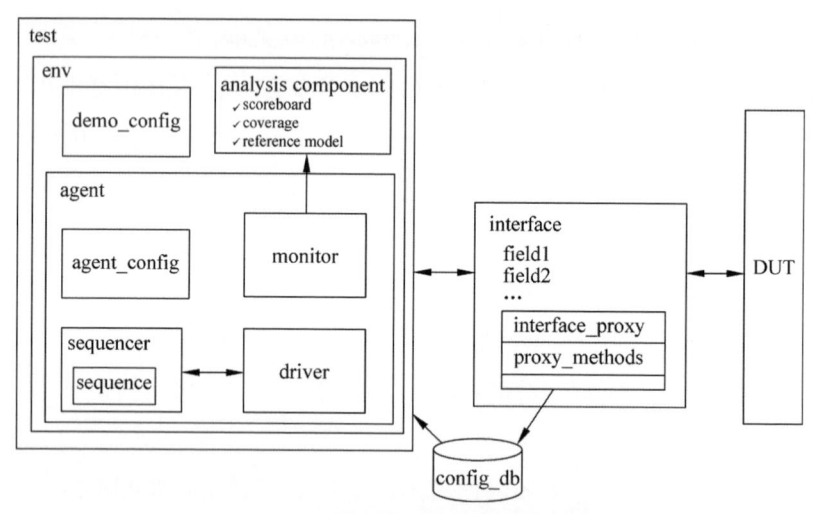

▲ 圖 14-1 設計與驗證平臺的連接結構

14.3.2 原理

原理如下：

(1) 將所有直接對 interface 的操作都改為透過其內部建立的介面代理實現。

(2) 介面代理可以透過對介面代理的抽象範本類別繼承實現。

(3) 透過 UVM 配置資料庫將介面代理傳遞給驗證平臺上的驗證組件。

(4) 驗證平臺上的驗證元件透過介面代理完成與 interface 相關的操作。

(5) 將需要修改的驗證元件作為父類別，然後對其進行繼承，在此基礎上使用介面代理的方法進行新增修改，從而實現新的驗證環境的程式版本。

14.3.3 優點

參考 14.2 節，這裡不再贅述。

14.3.4 具體步驟

第 1 步，建立 interface 的代理範本類別，該範本類別必須被繼承並實現其內部的純虛方法。根據 interface 中已有的資料訊號成員，實現相應的代理方法，用來設置和獲取訊號值。除此之外，還包括重置和時鐘邊沿等待的代理方法，根據具體專案中的介面協定，可以在這裡增加更多的相應代理方法，程式如下：

```
virtual class interface_proxy_base;
    pure virtual function void initialize();
    pure virtual task wait_for_clk(int unsigned num_cycles = 1);
    pure virtual function logic [num1-1:0] get_field1();
    pure virtual function void set_field1(logic [num1-1:0] field1);
    pure virtual function logic [num2-1:0] get_field2();
    pure virtual function void set_field1(logic [num2-1:0] field2);
endclass
```

第 2 步，在 interface 中對上述 interface 的代理範本類別進行繼承並實現其內部的純虛方法，然後宣告並建構該介面代理，程式如下：

```
interface demo_interface (input clk,input rst);
    ...
    class demo_interface_proxy extends demo_pkg::interface_proxy_base;
        virtual function void initialize();
            field1 <= 'dx;
            field2 <= 'dx;
        endfunction

        virtual task wait_for_clk(int unsigned num_cycles = 1);
            repeat (num_cycles)
                @(drv);
        endtask

        virtual function logic [num1-1:0] get_field1();
            return drv.field1;
        endfunction
        virtual function void set_field1(logic [num1-1:0] field1);
            drv.field1 <= field1;
        endfunction
```

```
        virtual function logic [num2-1:0] get_field2();
            return drv.field2;
        endfunction

        virtual function void set_field2(logic [num2-1:0] field2);
            drv.field2 <= field2;
        endfunction
    endclass

    demo_interface_proxy proxy = new();
endinterface
```

第 3 步，在與該 interface 相關的驗證元件中不再需要獲取 interface，而改為獲取該 interface 中的代理，然後用該代理來完成對激勵請求的驅動操作，程式如下：

```
class demo_driver extends uvm_driver#(item);
    demo_interface_proxy intf_proxy;
    ...

    virtual function void build_phase(uvm_phase phase);
        if(!uvm_config_db#(demo_interface_proxy)::get(this,"","proxy",this.intf_proxy))
            `uvm_fatal(this.get_name(),"interface proxy not found in config db!")
    endfunction

    virtual task run_phase(uvm_phase phase);
        intf_proxy.initialize();
        forever begin
            seq_item_port.try_next_item(req);
            if(req!=null)begin
                drive(req);
                seq_item_port.item_done();
            end
            else begin
                intf_proxy.wait_for_clk();
                intf_proxy.initialize();
            end
        end
    endtask

    virtual task drive(input item req);
        intf_proxy.wait_for_clk();
        intf_proxy.set_field1(req.field1);
        intf_proxy.set_field2(req.field2);
```

```
    endtask
endclass
```

透過以上 3 個步驟，已經完成了對之前方案的替代。

下面看個簡單的例子：

如果設計人員向 RTL 設計的通訊埠訊號增加了一個資料訊號成員 field3，則可以透過以下幾個步驟更新驗證環境的程式。

第 1 步，需要繼承之前介面的代理範本類別並新增針對新增成員 field3 操作代理的純虛方法，從而形成新的代理範本類別，程式如下：

```
virtual class interface_proxy_base_ext extends demo_pkg::interface_proxy_base;
    pure virtual function logic [num3-1:0] get_field3();
    pure virtual function void set_field3(logic [num3-1:0] field3);
endclass
```

第 2 步，在相應的 interface 中對上一步的代理範本類別進行繼承，然後新增實現上一步對新增成員 field3 操作的代理方法，程式如下：

```
interface demo_interface_ext (input clk,input rst);
    ...
    logic [num3-1:0] field3;

    class demo_interface_proxy_ext extends demo_pkg::interface_proxy_base_ext;
        virtual function void initialize();
            field1 <= 'dx;
            field2 <= 'dx;
            field3 <= 'dx;
        endfunction

        virtual task wait_for_clk(int unsigned num_cycles = 1);
            repeat (num_cycles)
                @(drv);
        endtask

        virtual function logic [num1-1:0] get_field1();
            return drv.field1;
        endfunction

        virtual function void set_field1(logic [num1-1:0] field1);
            drv.field1 <= field1;
        endfunction
```

```
        virtual function logic [num2-1:0] get_field2();
            return drv.field2;
        endfunction

        virtual function void set_field2(logic [num2-1:0] field2);
            drv.field2 <= field2;
        endfunction

        virtual function logic [num3-1:0] get_field3();
            return drv.field3;
        endfunction

        virtual function void set_field3(logic [num3-1:0] field3);
            drv.field3 <= field3;
        endfunction
    endclass

    demo_interface_proxy_ext proxy = new();
endinterface
```

第 3 步，對之前的驗證元件進行繼承以重複使用之前的程式，只需呼叫父類別的方法並新增修改的部分。

可以看到在 drive 方法裡，透過 super 關鍵字調用了父類別的方法，然後透過介面代理的方法來驅動新增的資料訊號成員，此時就完成了驗證環境程式與 interface 的同步修改，程式如下：

```
class demo_driver_ext extends demo_pkg::demo_driver;
    demo_interface_proxy_ext intf_proxy;
    ...

    virtual function void build_phase(uvm_phase phase);
        if(!uvm_config_db#(demo_interface_proxy_ext)::get(this,"","proxy",this.intf_proxy))
            `uvm_fatal(this.get_name(),"interface proxy not found in config db!")
    endfunction

    virtual task drive(input item req);
        super.drive(req);
        intf_proxy.set_field3(req.field3);
    endtask
endclass
```

第 15 章

應用於路由類別模組設計的 transaction 偵錯追蹤和控制的方法

15.1 背景技術方案及缺陷

15.1.1 現有方案

在晶片驗證的工作中，常常會遇到包含路由功能的模組，用來對流量進行路由。一個典型的應用場景為片上匯流排系統中的 AMBA 總線路由選擇。除此之外，很多專用積體電路中也有相似的總線路由模組。

一個包含路由功能的 RTL 設計示意圖如圖 15-1 所示。

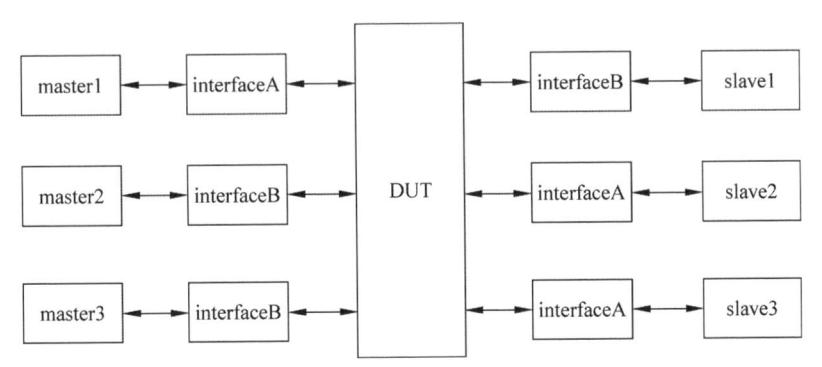

▲圖 15-1 包含路由功能的 RTL 設計示意圖

可以看到，這裡的 DUT 的左邊透過 interface 連接到 master 上，右邊透過 interface 連接到 slave 上。DUT 透過路由選擇功能將相關的流量從 master 路由到對應的 slave 上。

15-1

注意：master 為主動發起動作的模組，一般會主動發起讀寫等操作請求，然後經由 interface 連接到 DUT，然後 DUT 透過路由功能路由到相應的 interface 上，直到相應的 slave 上，這裡的 slave 為從屬模組，被動接收 master 發起的操作，然後進行動作回應。通常 master 和 slave 會根據造訪網址範圍進行劃分。

可以看到，由於存在多種不同的 interface，相應地會存在多種不同類型的 transaction，通常 transaction 在驗證平臺裡造成以下兩種作用：

(1) 用於在 UVM 驗證元件或物件之間進行通訊，包括將其驅動到 interface 上，例如將激勵封裝成 transaction 並驅動給 DUT。

(2) 從 interface 上監測訊號並封裝成 transaction，再廣播給驗證環境裡的其他元件或物件，通常不同的介面都會有相應的不同的 transaction 類型。

這裡不同類型的 transaction 雖然基本衍生於 UVM 的元件 uvm_sequence_item，但是其內部的成員變數的介面方法和隨機約束各不相同。驗證人員在驗證偵錯的過程中，常常需要將這些不同的 transaction 所包含的資訊列印到記錄檔中，以幫助偵錯。

現有的方案是在撰寫 transaction 時使用 UVM 的 field automation 巨集對相應的成員變數進行註冊，然後就可以使用 UVM 提供的一些資料操作的介面方法，包括以下幾種介面方法。

- copy：複製
- compare：比較
- pack：將資料打包
- unpack：將資料解壓縮
- print：列印
- sprint：傳回待列印的字串

這樣就不用自己去撰寫程式了，比較方便。

當然也可以手動撰寫一些資料操作的介面方法，例如最常用的 convert2string() 方法，即將 transaction 中的成員變數的值封裝成字串並傳回。

transaction 的程式如下：

```
//demo_item.sv
class demo_item extends uvm_sequence_item;
    rand bit r_w;                              //1 寫入, 0 讀取
    rand bit[31:0] addr;
    rand bit[7:0] data_bytes[];                // 以位元組為單位的資料
    rand bit[4:0] length;                      // 位元組長度
    rand bit[3:0] a_id;                        // 特定的 id 標識

    `uvm_object_utils_begin(a_item)
        `uvm_field_int(r_w, UVM_ALL_ON)
        `uvm_field_int(addr, UVM_ALL_ON)
        `uvm_field_array_int(data_bytes, UVM_ALL_ON)
        `uvm_field_int(length, UVM_ALL_ON)
        `uvm_field_int(a_id, UVM_ALL_ON)
    `uvm_object_utils_end
    ...
endclass
```

15.1.2 主要缺陷

上述方案可行，但存在以下一些缺陷：

(1) 這些 transaction 相互獨立，相互之間缺少通路之間的聯繫，很難透過這些獨立的 transaction 清楚地獲知來源端到終端的資料流通路資訊，尤其是在涉及比較複雜的路由通路時。這些都是在晶片驗證工作中的必要資訊，對於 RTL 設計中模組之間的資料通信非常重要。

(2) transaction 的列印格式各異，不便於驗證偵錯工作。

(3) 缺少系統級功能驗證所需要的一些資料資訊，例如統計流量資訊、記錄 master 和 slave 的編號、記錄流量的生命週期等，這些資訊對於系統級功能驗證非常重要。

(4) 缺少對於驗證平臺中所有 transaction 的標準化的整體控制方法，而這對於系統級功能驗證同樣非常重要，例如對於輸入激勵的產生、覆蓋率收集、有效資料通路的產生控制等。

因此對於包含路由類別模組設計的驗證，需要有一種對 transaction 的偵錯追蹤和控制的方法，以提升驗證工作的效率。

15.2 解決的技術問題

實現對路由類別模組設計的 transaction 的偵錯追蹤和控制，實現以下目的：

(1) 當對於比較複雜的路由通路進行驗證時，清楚地獲知來源端到終端的資料流通路資訊，從而提高驗證工作的偵錯效率。

(2) 規範統一 transaction 的列印格式，以便於驗證偵錯工作。

(3) 在所有的 transaction 中增加系統級功能驗證所需要的一些資料資訊，例如流量資訊、master 和 slave 的編號資訊、流量的生命週期資訊等，增加對於系統級功能驗證的支援。

(4) 提供對於驗證平臺中所有 transaction 的標準化的整體控制方法，從而進一步加強對於輸入激勵的產生、覆蓋率收集、有效資料通路的產生控制等。

綜上，最終實現簡化驗證人員的工作，提升驗證工作的品質和效率，加快專案推進的進度。

15.3 提供的技術方案

15.3.1 結構

下面以圖 15-1 的 RTL 設計為例來對其驗證環境中的 transaction 進行改造，此時 transaction 的衍生結構示意圖如圖 15-2 所示。

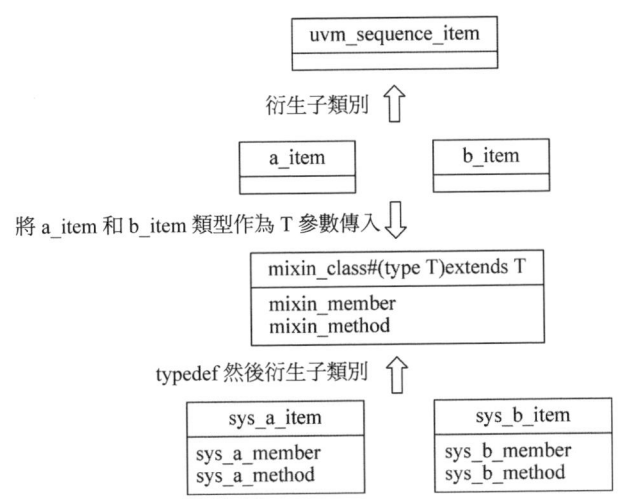

```
                    ┌─────────────────────┐
                    │  uvm_sequence_item  │
                    └─────────────────────┘
            衍生子類別  ⇑
              ┌──────────┐      ┌──────────┐
              │  a_item  │      │  b_item  │
              └──────────┘      └──────────┘
將 a_item 和 b_item 類型作為 T 參數傳入 ⇓
              ┌──────────────────────────────┐
              │ mixin_class#(type T)extends T│
              ├──────────────────────────────┤
              │ mixin_member                 │
              │ mixin_method                 │
              └──────────────────────────────┘
     typedef 然後衍生子類別  ⇑
              ┌──────────────┐    ┌──────────────┐
              │  sys_a_item  │    │  sys_b_item  │
              ├──────────────┤    ├──────────────┤
              │ sys_a_member │    │ sys_b_member │
              │ sys_a_method │    │ sys_b_method │
              └──────────────┘    └──────────────┘
```

▲圖 15-2 對包含路由功能的 RTL 設計的驗證環境中的 transaction 衍生結構

15.3.2 原理

要達到上面提到的目的，需要對驗證平臺中所有的 transaction 都增加共用的資料成員變數和介面方法，使在不同的 transaction 中都可以透過呼叫來實現對模擬過程的偵錯追蹤和控制。

容易想到的是透過多重繼承的方法實現，但是多重繼承存在以下一些問題：

(1) 傳統的單繼承方式，即衍生關係非常明確，可以清楚地知道一個子類別對應的父類別是什麼，但如果是多重繼承，則一個子類別將有多個父類別，那麼衍生關係就會變得很複雜，這對於複雜的設計來講會給驗證帶來困難。

(2) 在多重繼承中，一個子類別有多個父類別，如果在父類別中存在相同的介面方法，則會產生衝突，容易出現意外的錯誤。

因此，需要使用一種能夠達到多重繼承的效果，但是又不通過多重繼承的方式實現的方法，而這正是本章要應用的方法。

本節使用的類似多重繼承的結構示意圖如圖 15-3 所示。

```
base_class1              base_class2              base_classN
base_member1             base_member2             base_memberN
base_method1             base_method2             base_methodN
        ▲                       ▲          ...           ▲
        │                       │                        │
my_class1                my_class2                my_classN
my_member1               my_member2               my_memberN
my_method1               my_method2       ...     my_methodN
```

將 my_class1~N 類型作為 T 參數傳入 ⇩

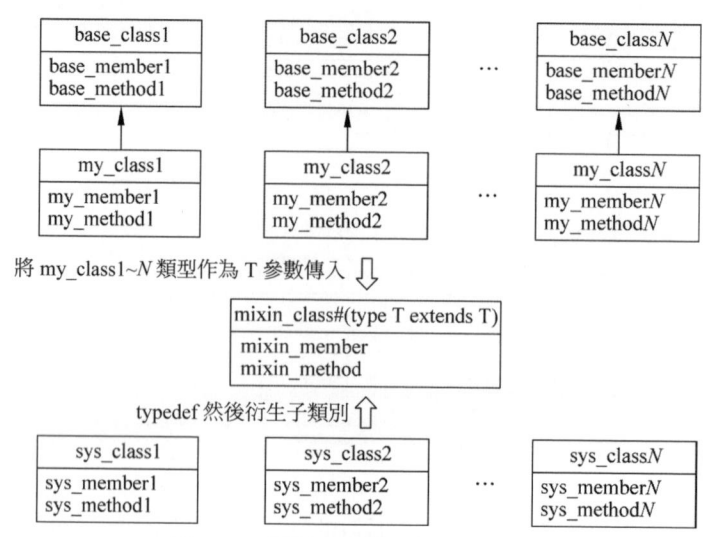

```
mixin_class#(type T extends T)
mixin_member
mixin_method
```

typedef 然後衍生子類別 ⇧

```
sys_class1               sys_class2               sys_classN
sys_member1              sys_member2              sys_memberN
sys_method1              sys_method2      ...     sys_methodN
```

▲ 圖 15-3 類似多重繼承的結構示意圖

　　通常會從 base_class1~N 基礎類別（父類別）衍生要用的子類別 my_class1~N，但要實現在每個 my_class 中都增加共用的資料成員和介面方法，需要對增加的資料成員和介面方法重複寫 N 遍，這樣效率低且後期不宜維護，因此，可以考慮將 my_class1~N 作為資料型態 T 傳入參數化的類別 mixin_class 中，然後只需維護一份程式，即 mixin_class 這個類別就可以實現上面同樣的效果。為了使用方便，透過 typedef 定義經過 mixin_class 封裝後的新的基礎類別，然後在驗證環境中不再直接使用 my_class1~N 這些子類別，而是使用 sys_class1~N 子類別即可。

15.3.3 優點

　　優點如下：

　　(1) 在對於比較複雜的路由通路進行驗證時，清楚地獲知來源端到終端的資料流通路資訊，從而提高驗證工作的偵錯效率。

　　(2) 規範統一 transaction 的列印格式，以便於驗證偵錯工作。

　　(3) 在所有的 transaction 中增加系統級功能驗證所需要的一些資料資訊，例如流量資訊、master 和 slave 的編號資訊、流量的生命週期資訊等，增加對於系統級功能驗證的支援。

(4) 提供對於驗證平臺中所有 transaction 的標準化的整體控制方法，從而進一步加強對於輸入激勵的產生、覆蓋率收集、有效資料通路的產生控制等。

綜上，最終實現簡化驗證人員的工作，提升驗證工作的品質和效率，加快專案推進的進度。

15.3.4 具體步驟

下面以圖 15-1 的 RTL 設計為例進行詳細介紹。

第 1 步，撰寫參數化類別 mixin_class 作為系統級 transaction，在該類別裡撰寫需要共用的資料成員變數，共用的介面方法，以及需要被子類別多載的虛方法，程式如下：

```
//mixin_class.sv
class mixin_class#(type T=uvm_object) extends T;
`uvm_object_param_utils(mixin_class#(T))
// 根據需要定義一些共用的資料成員變數
// 根據需要定義一些共用的介面方法
// 根據需要定義一些可以被子類別多載的虛方法
endclass
```

第 2 步，透過 typedef 定義新的資料型態，從而為每個 transaction 建立新的父類別，程式如下：

```
typedef mixin_class #(a_item) sys_a_item_base;
typedef mixin_class #(b_item) sys_b_item_base;
```

第 3 步，對上一步建立的父類別進行衍生，可以使用 mixin_class 共用的資料成員和介面方法，並可以自訂多載其中的虛方法，程式如下：

```
//sys_a_item.sv
class sys_a_item extends sys_a_item_base
// 定義對於 a_item 來講的一些自訂的成員變數和方法
endclass

//sys_b_item.sv 檔案
class sys_b_item extends sys_b_item_base
// 定義對於 b_item 來講的一些自訂的成員變數和方法
endclass
```

下面舉兩個在資料通路偵錯追蹤和控制中的應用範例。

首先來看之前的兩個 transaction 的範例，程式如下：

```
//a_item.sv
class a_item extends uvm_sequence_item;
    rand bit r_w;  //1 寫入，0 讀取
    rand bit[31:0] addr;
    rand bit[7:0] data_bytes[];         // 以位元組為單位的資料
    rand bit[4:0] length;               // 位元組長度
    rand bit[3:0] a_id;                 // 特定的 id 標識
...
endclass

//b_item.sv
class b_item extends uvm_sequence_item;
    rand b_dir_enum dir;                //B_READ 讀取，B_WRITE 寫入
    rand bit[31:0] addr;                //single 傳輸時使用的位址
    rand bit[31:0] start_addr;          //burst 傳輸時使用的起始位址
    rand bit[31:0] data[];              // 以字為單位的資料
    rand bit[4:0] len;                  // 字長度
    rand bit[3:0] b_id;                 // 特定的 id 標識
    ...
endclass
```

下面來看 mixin_class 參數化的類別，程式如下：

```
//mixin_class.sv
class mixin_class#(type T=uvm_object) extends T;
    `uvm_object_param_utils(mixin_class#(T))
    rand sys_cmd_enum cmd;//SYS_READ 讀取，SYS_WRITE 寫入
    rand sys_master_enum master;//master 編號
    rand sys_slave_enum slave; //slave 編號
    sys_path_model refmodel;  // 參考模型
    ...
    int master_count;  // 由該 master 發出的 transaction 數量
    int slave_count;   // 發給該 slave 的 transaction 數量
    time burst_start_time; //burst transaction 的起始時間
    time burst_end_time;   //burst transaction 的結束時間

    virtual function sys_slave_enum get_slave();  // 根據位址傳回 slave 的編號
        return refmodel.get_slave_from_addr(get_addr());
    endfunction

    virtual function string get_master();
        return "---";  //"---" 表示這個資料成員暫未使用
    endfunction
```

```
    virtual function string get_slave();
      return "---"; //"---" 表示這個資料成員暫未使用
    endfunction

    virtual function bit[31:0] get_addr();
       `uvm_fatal(this.get_name(),"Must redefine get_addr() in child class")
      return 0;
    endfunction

    virtual function string get_custom_fields();
      return "";
    endfunction

    virtual function string get_fields_string();
        string field_strings[];
        string format;

        field_strings = '{ get_master_string(),
          get_slave_string(),
          cmd.name(),
          $sformatf("%0h", get_addr()),
          $sformatf("%0d", get_num_bytes()),
          get_data_string()};
    endfunction

    virtual function string convert2string();
        return {"\n[LOG]", get_fields_string()};
    endfunction
    ...
endclass
```

可以看到，在上面的參數化的類別中定義了 master 和 slave 的編號及根據位址獲取編號的方法，這可以幫助將資料通路列印出來，從而對流量通路進行偵錯追蹤。還透過記錄 transaction 的數量和起始結束時間作為流量頻寬的性能測試。另外還定義了很多虛方法以供子類別進行多載使用，例如獲取位址等介面方法。

【範例 15-1】列印輸出資料通路，並透過共用的成員變數輔助流量的偵錯追蹤。

可以直接將 convert2string() 介面方法傳回的字串列印出來，從而實現類似下面的效果，如圖 15-4 所示。

[LOG]	--MASTER--|	--SLAVE--|	----CMD----|	----ADDR----|	--LENGTH--|	--------DATA--------|
[LOG]	MST_1	SLV_2	SYS_READ	191ff	19	------
[LOG]	MST_1	SLV_3	SYS_WRITE	1702e	7	------
[LOG]	MST_2	SLV_1	SYS_READ	5cba	12	21f35d4c,...
[LOG]	MST_3	SLV_1	SYS_WRITE	6e4c	8	afbc5054,...

▲圖 15-4 輔助流量偵錯追蹤的資料通路列印的日誌資訊

可以看到，應用本節中的方法，透過該列印輸出的 LOG 資訊，很容易就可以知道該 transaction 是由哪個 master 發起並經由哪個 slave 進行回應，並且包含詳細的資料流量資訊，從而大大方便了流量的偵錯追蹤，提高了驗證工作的效率。

【範例 15-2】對輸入激勵進行隨機約束，以產生有效的資料通路。

下面的 sys_path_model 是用來對輸入激勵進行約束的有效流量通路模型。在其中約束了 slave 模組的有效造訪網址範圍及 master 和 slave 的有效存取路徑，以便在後面對輸入激勵的 transaction 進行隨機時可以得到一個合法有效的隨機值，即產生有效的資料通路，程式如下：

```
//sys_path_model.sv
class sys_path_model extends uvm_object;
    rand sys_master_enum master;
    rand sys_slave_enum slave;
    rand bit[31:0] addr;

    // 定義 slave 造訪網址範圍變數
    bit[31:0] addr_map_start[sys_slave_enum];
    bit[31:0] addr_map_end [sys_slave_enum];

    // 定義有效路徑
    sys_slave_enum valid_paths_by_master[sys_master_enum][] = '{
        MST_1: {SLV_1, SLV_2, SLV_3},
        MST_2: {SLV_2, SLV_3},
        MST_3: {SLV_1, SLV_3}
    };

    // 初始化 slave 的造訪網址範圍
    virtual function void initialize_mem_map();
        addr_map_start[SLV_1] = 32'h0;
        addr_map_end  [SLV_1] = 32'h0001_FFFF;
        addr_map_start[SLV_2] = 32'h0002_0000;
        addr_map_end  [SLV_2] = 32'h0002_FFFF;
        ...
    endfunction
```

```
    // 根據位址範圍確定 slave 的編號
    virtual function sys_slave_enum get_slave_from_addr(bit[31:0] addr);
        foreach(addr_map_start[s]) begin
            if(addr inside {[addr_map_start[s]:addr_map_end[s]]})
                return s;
        end
        return UNDEF_SLV_NUM;
    endfunction
    // 約束 master 和 slave 的有效存取路徑
    constraint valid_paths_c{
        foreach(valid_paths_by_master[m]){
            (master == m) -> (slave inside {valid_paths_by_master[m]});
        }}

    // 約束 slave 的有效位址範圍
    constraint mem_map_c{
        foreach(addr_map_start[s]){
            (slave == s)<-> (addr inside {[addr_map_start[s]:addr_map_end[s]]});
        }}
endclass
```

然後可以使用這個模型，即在 mixin_class 中約束隨機生成的 master 和 slave，以約束 master 和 slave 的有效存取路徑，最後在 sys_a_item 中約束 slave 的有效位址範圍，程式如下：

```
//mixin_class.sv
class mixin_class#(type T=uvm_object) extends T;
    rand sys_master_enum master;                 //master 編號
    rand sys_slave_enum slave;                   //slave 編號
    rand sys_path_model refmodel;                // 有效通路路徑模型
    constraint valid_paths{
        master == refmodel.master;               // 約束 master 和 slave 的有效存取路徑
        slave == refmodel.slave; }
    ...
endclass

//sys_a_item.sv
class sys_a_item extends sys_a_item_base;
    ...
    constraint addr_path_c{ addr == refmodel.addr } // 約束 slave 的有效位址範圍
endclass
```

可以看到，應用本章中的方法，可以輕鬆地完成對輸入激勵進行隨機約束，以產生有效的資料通路。

第 16 章

使用 UVM sequence item 對包含 layered protocol 的 RTL 設計進行驗證的簡便方法

16.1 背景技術方案及缺陷

16.1.1 現有方案

　　layered protocol 通常用來將各種不同的 RTL 設計模組中複雜的時序協定轉換成標準的時序協定，以便在匯流排上進行傳遞，從而完成不同層次 layered 之間的資料通信。常見的 layered protocol 有 PCIe、AMBA 匯流排等。

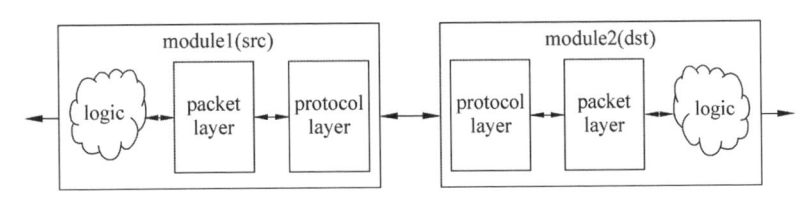

　　包含 layered protocol 的 RTL 設計示意圖如圖 16-1 所示。

▲ 圖 16-1 一個包含 layered protocol 的 RTL 設計示意圖

　　可以看到，這裡有兩個 module，一個是來源端 (src)，另一個是終端 (dst)，這裡會將流量資料從來源端發往終端。首先 module1 會透過 packet layer 將內部邏輯運算完的資料封裝後發送到 protocol layer 上，然後經由 protocol layer 對資料進行二次封裝，即根據標準時序協定進行封裝，封裝後發送給 module2 的 protocol layer，由其進行解析封包分發給其內部的 packet layer，再解析封包分發

16-1

給 module2 內部邏輯進行運算處理，從而完成一次將流量資料從來源端送往終端處理的整個過程。

這裡可以認為 packet layer 是更高層次的通訊協定，protocol layer 是底層的通訊協定，底層是不關心具體的 module 邏輯的，它只負責資料在底層之間完成傳遞，即完成多個 module 之間的資料通信。

對於驗證人員來講，同樣需要對 RTL 設計中的 layered protocol 部分進行驗證。

現有方案的驗證結構示意圖如圖 16-2 所示。

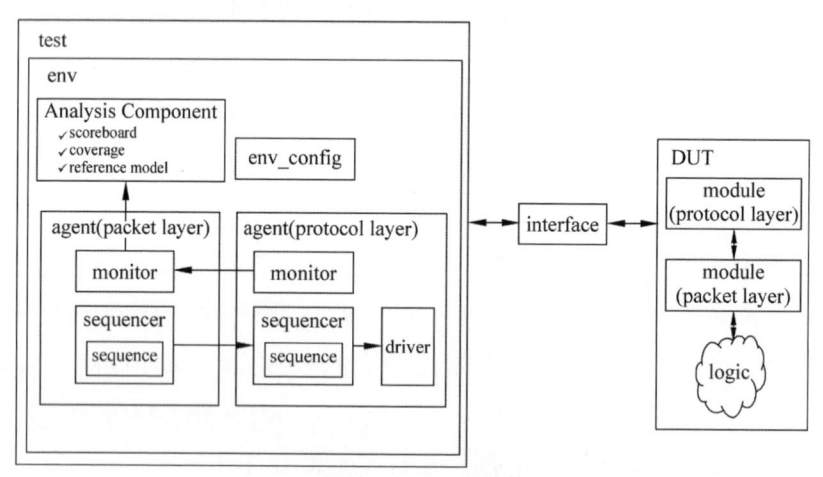

▲圖 16-2 現有方案的驗證結構示意圖

可以看到，packet layer 的 sequence 激勵需要先經過 packet layer sequencer 將高層次的 transaction 資料轉換成低層次的 transaction 資料，再透過通訊連接埠傳遞給低層次 protocol layer 的 sequencer，然後由該層次的 sequencer 完成與 driver 的通訊，並最終由 driver 驅動到 interface 上，接著 DUT 再透過內部的多層 layer 層層解析，最終透過內部的邏輯進行運算並將結果輸出到 interface 上。

隨後 protocol layer monitor 監測到該資料之後，做與 packet layer sequencer 相反的過程，即先將低層次的 transaction 資料轉換成高層次的 transaction 資料，再透過通訊連接埠傳遞給高層次 packet layer 的 monitor，然後由該 monitor 透過通訊連接埠傳遞給分析元件 (Analysis Component)，最終透過分析元件完成對結果的比較分析，以驗證 DUT 功能的正確性。

16.1.2 主要缺陷

上述方案可行，但是驗證人員需要開發 packet layer 相應的 agent，裡面至少需要包含 monitor 和 sequencer 元件，而且該層次的 sequencer 及更低層次，即 protocol layer 的 monitor 需要對各自層次的流量資料 transaction 進行相應轉化並進行通訊，開發過程較為費時，效率較低。

16.2 解決的技術問題

透過基於 UVM sequence item 來簡化上述驗證平臺的開發架設過程，可以實現免去在驗證環境中開發用於協定轉換的 packet layer 對應的 agent，從而提升驗證開發效率，加快專案推進的進度。

16.3 提供的技術方案

16.3.1 結構

實現的想法如下：

(1) 目標是完成對 DUT 的驗證，而該 DUT 內部包括 packet layer 和 protocol layer 通訊及運算邏輯功能部分，在實際驗證的過程中，不一定要完整對通訊 layer 進行建模，而應該特別注意運算邏輯功能，對 layer 層次之間的 transaction 進行監測比較即可，因此可以簡化 layer 層次之間的驗證元件的架設。

(2) 原先是透過開發 layer 層次對應的 agent 實現對多 layer 的 transaction 流量資料之間的轉換，實際上，可以透過定義封裝方法，直接在 transaction 內部完成這一轉換操作。

本章要介紹的是一種簡化的 layered protocol 的驗證平臺結構示意圖如圖 16-3 所示。

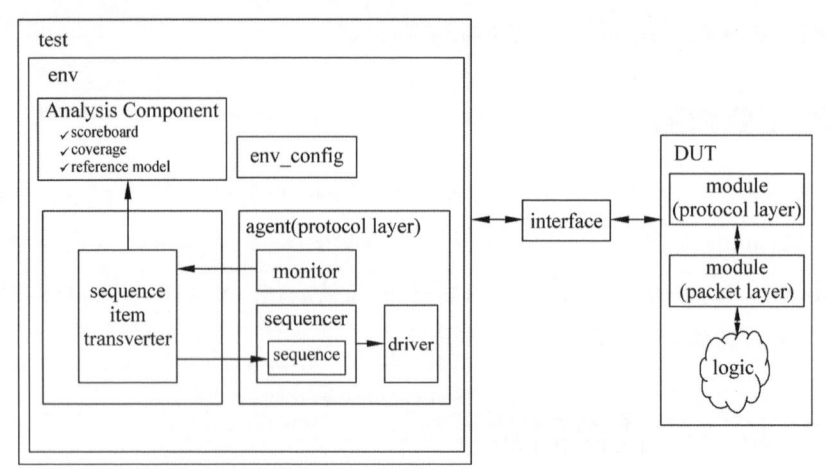

▲ 圖 16-3　簡化的 layered protocol 的驗證平臺結構

16.3.2　原理

當高層次向低層次進行通訊時，只需呼叫在高層次的 transaction 中撰寫好的 pack_trans 方法便可以完成向低層次 transaction 的流量資料轉換。同理，當低層次向高層次進行通訊時，只需呼叫撰寫好的 unpack_trans 方法便可以完成向高層次 transaction 的流量資料轉換。

16.3.3　優點

優點如下：

(1) 使用 UVM sequence item 來簡化對於包含 layered protocol 的 RTL 設計驗證平臺的開發。

(2) 充分使用類別的繼承、多態和類型轉換方法，實現多 layer 層次之間的流量資料型態的轉換。

透過上述方法，省去了開發額外的 packet payer 對應的 agent，從而簡化驗證平臺元件的開發，提升驗證效率。

16.3.4 具體步驟

第 1 步，撰寫低層次 protocol layer 的 transaction，程式如下：

```
//protocol_layer_trans.sv
class protocol_layer_trans #(int data_width=`DATA_WIDTH_DEFAULT) extends uvm_sequence_item;
    rand bit vld;
    rand bit ready;
    rand bit[data_width-1:0] raw_data;
    ...

    virtual function void pack_trans();
    endfunction

    virtual function void unpack_trans();
    endfunction
endclass
```

可以看到，定義了 3 個資料成員變數，含義如下。

(1) vld：用於指示當前 interface 上的資料有效，此時可以被正確地接收。

(2) ready： 當 interface 上的資料被接收完畢後會得到一個 ready 的回饋，用於表明已完成對資料的接收。如果沒有監測到 ready 訊號，則此時 interface 上的資料將一直保持有效，直到被接收完成。

(3) raw_data： interface 上的資料封包，不具備特別的欄位含義。

另外定義了兩個虛方法 pack_trans 和 unpack_trans，用於完成多 layer 層次之間的 transaction 資料轉換。

第 2 步，撰寫高層次 packet layer 的 transaction，程式如下：

```
//packet_layer_trans.sv
class packet_layer_trans extends protocol_layer_trans#(64);
    rand bit[31:0] addr;
    rand bit[31:0] data;
    ...

    virtual function void pack_trans();
        raw_data = {addr,data};
    endfunction

    virtual function void unpack_trans();
```

```
            {addr,data} = raw_data;
        endfunction

        function void post_randomize();
            ...
            pack_trans();
        endfunction
    endclass
```

可以看到，這裡相對高層次的 packet_layer 的 transaction 衍生於 protocol_layer_trans，並且實現了介面方法 pack_trans 和 unpack_trans，在 randomize 的回呼方法 post_randomize 裡始終將 packet_layer_trans 的資料轉為 protocol_layer_trans 的資料。

第 3 步，撰寫高層次 packet layer 的 sequence 激勵，以使其可以在低層次 protocol layer 對應的 sequencer 上進行發送，而這可透過前兩步的 transaction 資料轉換介面方法實現，程式如下：

```
//packet_layer_rand_seq.sv
class packet_layer_rand_seq extends uvm_sequence#(protocol_layer_trans#(64));
    packet_layer_trans pkt_trans;
    protocol_layer_trans#(64) req_item;
    protocol_layer_trans#(64) rsp_item;
    ...

    task body();
        pkt_trans = packet_layer_trans::type_id::create("pkt_trans");
        assert(pkt_trans.randomize() with{vld == 1;});
        if(!cast(req_item,pkt_trans.clone()))begin
            `uvm_fatal("ERROR","cast pkt_trans failed")
        end
        start_item(req_item);
        finish_item(req_item);
        get_response(rsp_item);
        ...
    endtask
endclass
```

撰寫該 sequence 是為了可以在 protocol layer 上的 sequencer 上進行發送，而該 layer 層次上的 sequence 內部的 transaction 是由其更高層次 packet layer 上的 transaction 進行轉換而來的，因此在其中首先宣告實體化 packet_layer_trans，然

後呼叫 randomize 方法對其進行隨機約束，再透過預設的 post_randomize 回呼方法將其資料轉為 protocol layer 的 raw_data，最後做 transaction 資料型態轉換並透過呼叫 start_item 方法將其發送給 protocol layer 上的 sequencer，進行之後的輸入激勵發送並驅動到 interface 給 DUT。

第 4 步，撰寫高層次的 scoreboard，以使其可以正確地接收來自低層次的 transaction 流量資料，並正確地進行比較分析，程式如下：

```
//scoreboard.sv
class scoreboard extends uvm_scoreboard;
    ...
    task run_phase(uvm_phase phase);
        packet_layer_trans pkt_trans;
        protocol_layer_trans#(64) protocol_trans;

        fork
            forever begin
                tlm_port.get(protocol_trans);
                pkt_trans = packet_layer_trans::type_id::create("pkt_trans");
                pkt_trans.raw_data = protocol_trans.raw_data;
                pkt_trans.unpack_data();
                `uvm_info("TEST",$sformatf("Now,it is ok to access pkt_trans fields,i.e. pkt_trans.data is %h",pkt_trans.data),UVM_LOW)
                ...
            end
        join
    endtask
endclass
```

首先透過 UVM 的 tlm_port 通訊連接埠獲取來自底層 protocol layer 的 monitor 廣播過來的監測 transaction，類型為 protocol_trans，再實體化宣告 packet layer 的 transaction，即 pkt_trans，將 protocol_trans 內的 raw_data 賦值給其子類別 pkt_trans 中的 raw_data，然後呼叫 unpack_data 介面方法對資料內容進行轉換，這樣就可以存取 pkt_trans 裡的資料變數成員 (fields) 了，例如這裡做了一個對內部 data 成員的資訊列印操作。後面省略的部分可以做一些功能比較，這裡僅作範例，不再贅述。

第 17 章

應用於 VIP 的存取者模式方法

17.1 背景技術方案及缺陷

17.1.1 現有方案

在晶片驗證過程中，往往需要在一個已經架設好的驗證環境中增加一些新的功能，例如增加一些檢查，以及偵錯日誌的列印記錄等，簡單來說就是在其中某些類別中增加一些資料成員或介面方法。

當然，最簡單直接的方法就是在相應的程式中增加新功能，但是，如果該驗證環境程式由另外的同事負責開發維護，則需要遵循一個原則，即出於後期程式可維護性的考慮，最好不要改動對方的程式。另外，可能不知道被改動的部分會對原有驗證環境的其他部分造成什麼樣的影響，從而導致整個驗證平臺變得不再穩定。

因此，針對上面的情況，現有的方案是繼承原先需要改動的類別，然後在其子類別中進行開發，在使用時透過 UVM 的 factory 機制的多載功能對原先的父類別進行替換即可。

下面來具體說明現有使用 factory 機制的多載功能方案實現對原先類別的功能新增。

為了使用 UVM 的 factory 機制的多載功能，需要做到以下 3 點：

(1) 使用巨集 \`uvm_object_utils(T) 或 \`uvm_component_utils(T) 將物件或組件註冊到 factory。

(2) 使用 type_name::type_id::create() 的方式代替 new 建構函式來建構組件或物件。

(3) 被多載的類別需要是多載的類別的父類別。

然後來看如何使用 factory 的多載功能：

有兩種多載方式：

(1) 將所有的 A 都替換為 B。

(2) 將部分 A 替換為 B。

注意：其中 A 和 B 為組件或物件，並且 A 和 B 不是都是組件，就是都是物件，因為不支援在元件和物件之間互相多載，因為兩者不是同一類型。

下面主要以第 1 種多載方式為例說明，即將所有的 A 都替換為 B。

首先分別建立元件 A 和元件 B，程式如下：

```
//A.sv
class A extends uvm_component;
    `uvm_component_utils(A)

    function new(string name,uvm_component parent);
        super.new(name,parent);
    endfunction

    function void start_of_simulation_phase(uvm_phase phase);
        `uvm_info("TEST","I am component A ",UVM_LOW);
    endfunction
endclass

//B.sv
class B extends A;
    `uvm_component_utils(B)

    function new(string name,uvm_component parent);
        super.new(name,parent);
    endfunction

    function void build_phase(uvm_phase phase);
        `uvm_info("TEST","a new method is added",UVM_LOW);
    endfunction

    function void start_of_simulation_phase(uvm_phase phase);
```

```
        `uvm_info("TEST","I am component B, and I have replaced A ",UVM_LOW);
    endfunction

    function void build_phase
endclass
```

注意：B 是 A 的子類別。

然後在 env 和 agent 裡都使用 \`type_name::type_id::create() 的方式來實體化元件 A，程式如下：

```
//agent.sv
class agent extends uvm_agent;
    ...
    A A_h;

    function void build_phase(uvm_phase phase);
        A_h = A::type_id::create ("A_h",this);
        ...
    endfunction : build_phase
endclass : agent
//env.sv
class env extends uvm_env;
    ...
    A A_h;

    function void build_phase(uvm_phase phase);
        A_h = A::type_id::create ("A_h",this);
        ...
    endfunction : build_phase
endclass : env
```

接著可以使用以下這種方法進行多載，程式如下：

```
set_type_override_by_type(
    uvm_object_wrapper original_type,
    uvm_object_wrapper override_type,
    bit replace = 1
)
```

一般只使用前兩個參數，第 1 個參數是被多載的類別的類型，第 2 個參數是多載的類別的類型，一般使用 ::get_type() 方法獲取。

最後像下面這樣，在 demo_test 測試用例中將所有的元件 A 都替換成元件 B，而其他程式無須做任何改動，程式如下：

```
//demo_test.sv
class demo_test extends base_test;
    ...
    function void build_phase(uvm_phase phase);
        ...
        set_type_override_by_type(A::get_type(), B::get_type());
    endfunction : build_phase
endclass
```

執行該測試用例之後，將列印輸出的資訊如下：

a new method is added 及 I am component B, and I have replaced A。

即驗證平臺中所有的元件 A 都被替換成了 B，自然也就完成了對原先類別功能的新增。

第 2 種多載方式與第 1 種方式類似，可以做到將驗證平臺中的部分 A 替換成 B。

但這次使用另一種方法進行多載，程式如下：

```
set_inst_override_by_type(
    string relative_inst_path,
    uvm_object_wrapper original_type,
    uvm_object_wrapper override_type
)
```

這裡與第 1 種多載方法的主要區別在於，第 1 個參數是替換的路徑，即可透過指定路徑有選擇地進行多載，這裡不再贅述。

綜上，透過 factory 機制的多載功能，可以很方便地對已有的驗證平臺做一些元件或物件的替換修改，輕鬆實現對原有程式的功能新增。

17.1.2 主要缺陷

採用上述 factory 機制的多載功能是通常的做法，但是為了提升開發效率，常常會在驗證平臺中結合使用從 EDA 廠商那裡購買的 VIP 進行驗證，先不提是否出於穩定性的角度考慮不要去修改 VIP，這些 VIP 往往是經過加密的，根本無法直接修改，即無法在其中增加新的功能，而且往往也不能使用現有的方案，即不再能使用 factory 機制的多載功能實現。因為不滿足使用 factory 機制的以下 3 個條件的前兩筆。

　　第一，無論是多載的類別 (B) 還是被多載的類別 (A) 都要在定義時使用巨集 \`uvm_object_utils(T) 或 \`uvm_component_utils(T) 將物件或組件註冊到 factory 中。

　　第二，被多載的類別 (A) 在實例化時，要使用 type_name::type_id::create() 的方式代替 new 建構函式來實體化。

　　第三，多載的類別 (B) 必須衍生於被多載的類別 (A)，即必須是其子類別。

　　EDA 廠商提供的 VIP 很可能不是基於 UVM 方法學開發的，也就表示前兩筆不會被滿足。

　　那麼在這種情況下，原先的方案就不可行了，需要有新的方案來解決上述問題。

17.2　解決的技術問題

　　實現在原有程式的基礎上增加新的功能，以做到不改動原有的程式，並且可應用於驗證平臺中同時使用 VIP 的情況，從而在一定程度上實現對原先採用 UVM 的 factory 機制的多載功能的替代。

17.3　提供的技術方案

17.3.1　結構

　　有以下解決想法：

　　(1) 存取者模式是軟體開發中常用的一種設計模式，用來在已有程式中增加新的程式，並且做到不對原有的程式進行改動，可以參考該存取者模式把其應用到晶片的驗證平臺開發中。

　　(2) 考慮使用 UVM 中提供的 uvm_visitor 和 uvm_visitor_adapter 實現。

　　存取者模式的結構原理圖如圖 17-1 所示。

```
visitor                        adapter
extends uvm_visitor   visit    extends uvm_visitor_adapter
  begin_v();          ---->      accept();
  visit();
  end_v();
```

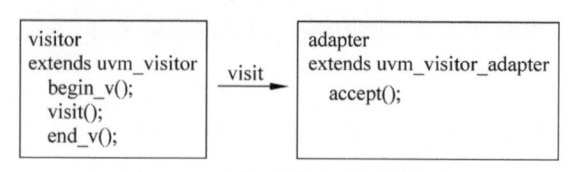

▲ 圖 17-1 存取者模式的結構原理圖

左邊是存取者 visitor，衍生於 uvm_visitor，內部包含 begin_v、visit 和 end_v 存取方法。用於對被存取者發起存取。

右邊是被存取者 adapter，衍生於 uvm_visitor_adapter，內部包含 accept 接受存取方法。用於決定存取是否被接受 (是否呼叫被存取者的 accept 方法)，如果接受，則可以執行存取者的 visit 方法進行存取。

17.3.2 原理

原理如下：

(1) uvm_visitor 是提供給存取者的抽象的父類別，可以存取現有驗證平臺中的任意一個節點物件。對該類別進行繼承，從而產生一個存取者，然後主要在其中實現 visit 方法，並在該方法內對原先的類別增加新的功能。

(2) uvm_visitor_adapter 是提供給被存取者 (接受存取) 的抽象的父類別。對該類別進行繼承，從而產生一個 adapter，並在其中實現 accept 方法，用來指明哪個存取者要存取哪個被存取者。如果被存取者接受了存取者對其進行存取，就會呼叫執行存取者實現的 visit 存取方法，那麼之前在 visit 中新增的功能就相當於加入了被存取者物件中，也就表示實現了對原有程式功能的新增改動。

(3) 由於 uvm_visitor 和 uvm_visitor_adapter 的預設參數也是 uvm_component 元件類型，因此對於 VIP 中未基於 UVM 方法學來開發的類別程式來講，需要在中間再封裝一層 uvm_component 以實現對其存取。

17.3.3 優點

優點如下：

(1) 採用軟體開發中的存取者模式在已有程式中增加新的程式，並且做到不對原有的程式進行改動。

(2) 該方法可在一定程度上對現有方案（使用 factory 機制多載功能）進行替代。

17.3.4 具體步驟

還是以之前現有方案中使用的物件類別 A 和 B 為例，此時依然要實現類似在原先 A 中增加方法並在其中列印 a new method is added，並且還要做到存取物件類別 A 中的資料成員 cnt。

只是此時 A 不再衍生於 UVM 的 component 元件，從而模擬 EDA 廠商提供的 VIP 不是基於 UVM 方法學的情形，即模擬不滿足使用 factory 機制的前兩個條件，也就是透過本章提供的存取者模式方法實現。

第 1 步，A 不再基於 UVM 方法學來撰寫，因此也就不再使用 uvm_info 的資訊列印敘述等。

重寫 A，程式如下：

```
//A.sv
class A;
    int cnt = 66;
    function void my_name();
        $display("I am vip class A");
    endfunction
endclass
```

第 2 步，使用 UVM 元件對 A 進行封裝。這裡封裝在組件 B 裡，程式如下：

```
//B.sv
class B extends uvm_component;
    `uvm_component_utils(B)
    A a_inst;

    function new(string name = "B",uvm_component parent);
        super.new(name,parent);
        a_inst = new();
    endfunction

    function void my_name();
        $display("I am component B");
    endfunction
endclass
```

第 3 步，實現存取者，即對 uvm_visitor 進行繼承，並主要實現 visit 方法，以進行存取，程式如下：

```
//display_visitor.sv
class display_visitor extends uvm_visitor;
    int cnt;

    function new(string name="");
        super.new(name);
    endfunction

    virtual function void begin_v();
        cnt = 0;
    endfunction

    virtual function void end_v();
        `uvm_info(this.get_name(),$sformatf("cnt value is %d",cnt),UVM_NONE)
    endfunction

    virtual function void visit(uvm_component node);
        if(node.get_object_type() == B::type_id::get())begin
            visit_display(node);
        end
        cnt++;
    endfunction

    function void visit_display(uvm_component node);
        B b_inst;
        if(!$cast(b_inst,node))begin
            `uvm_fatal(this.get_name(),"visitor cast B failed")
        end
        `uvm_info(this.get_name(),"a new method is added",UVM_NONE)
        `uvm_info(this.get_name(),$sformatf("vip class A's cnt value is %d",b_inst.a_inst.cnt),UVM_NONE)
    endfunction
endclass
```

在其中定義並實現了 begin_v、end_v 和 visit 方法，增加了 visit_display 方法，在其中實現了列印資訊 a new method is added，還存取並列印了 vip class 中的 cnt 的值。

第 4 步，實現被存取者，即對 uvm_visitor_adapter 進行繼承，並實現 accept 方法，以接受存取者的存取，程式如下：

```
//visit_adapter.sv
class visit_adapter extends uvm_visitor_adapter;
    function new(string name = "");
        super.new(name);
    endfunction

    virtual function void accept(
        uvm_component s,
        uvm_visitor v,
        uvm_structure_proxy#(uvm_component) p,
        bit invoke_begin_end=1);

        if(invoke_begin_end)
            v.begin_v();
        v.visit(s);
        if(invoke_begin_end)
            v.end_v();
    endfunction
endclass
```

第 5 步，在驗證環境中，呼叫被存取者的 accept 方法，從而自動呼叫 visitor 的存取方法，程式如下：

```
//demo_env.sv
class demo_env extends uvm_env;
    ...
    display_visitor display_v;
    visit_adapter adapter;
    B b_inst;
    function new(string name = "demo_env",uvm_component parent);
        super.new(name,parent);
        display_v = new("display_v");
        adapter = new("adapter");
        b_inst = B::type_id::create("b_inst",this);
    endfunction

    ...

    virtual task run_phase(uvm_phase phase);
        super.run_phase(phase);
        adapter.accept(b_inst,display_v,null);
        ...
    endtask

endclass
```

注意：事實上也可以參考 17.3.2 節中的第 3 筆「由於 uvm_visitor 和 uvm_visitor_adapter 的預設參數也是 uvm_component 元件類型，因此對於 VIP 中未基於 UVM 方法學來開發的類別程式來講，需要在中間再封裝一層 uvm_component 以實現對其存取。」來對現有方案 factory 機制多載進行改造，同樣在其中再封裝一層 uvm_component 即可。

第 18 章

設置 UVM 目標 phase 的額外等待時間的方法

18.1 背景技術方案及缺陷

18.1.1 現有方案

在晶片驗證平臺中，為了對程式模擬的執行順序進行統一控制和管理，通常需要使用 UVM 的 phase 機制。只要都遵照統一的程式執行順序的規則，就不會出現由於程式順序雜亂導致的難以偵錯的問題，從而實現程式的可重用，可以說 phase 機制提供了程式模擬執行控制的統一的標準。

UVM 的 phase 主要分為 3 部分，分別如下。

(1) Build phases：這個階段用來配置、建構和連接一個分層的驗證平臺。

(2) Run phases：這個階段消耗模擬時間並且產生和執行測試用例。

(3) Clean up phases：這個階段用來收集並列印模擬結果。

具體的劃分如圖 18-1 所示。

這些 phase 是預先定義好的一些函式或任務，並按照一定的順序自動進行呼叫執行。

有了上述 phase 機制還不夠，通常還需要配合使用 UVM 的 objection 機制，這樣才可以控制模擬的開始和結束，這主要透過成對地使用 raise_objection 和 drop_objection 實現，即透過 raise_objection 來表示異議，此時該 phase 不會被立刻結束，相當於「開始該 phase 的模擬」，然後會檢查該 phase 內的所有其他元件是不是有異議，如果當前 phase 內的當前元件已經呼叫 drop_objection 來取消異議，並且所有其他組件都沒有異議，就相當於「結束當前 phase 的模擬執行」，這樣就可以進入下一個 phase 來繼續執行模擬，否則就一直等待，直到所有組件沒有異議。

因此它一般被使用在消耗模擬時間的 phase 中，即 task phase 中，如圖 18-1 所示的 Run Phases，包括並列的 run 部分和細分的 phase 部分。

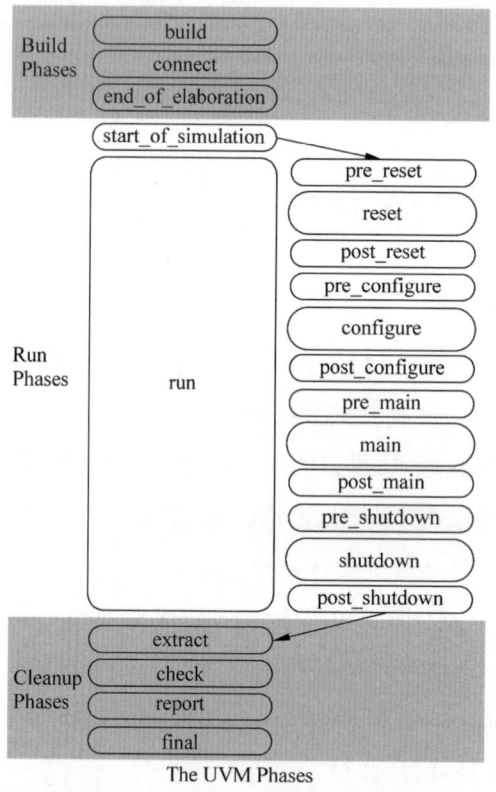

```
Build Phases:
    build
    connect
    end_of_elaboration

    start_of_simulation

Run Phases: run
    pre_reset
    reset
    post_reset
    pre_configure
    configure
    post_configure
    pre_main
    main
    post_main
    pre_shutdown
    shutdown
    post_shutdown

Cleanup Phases:
    extract
    check
    report
    final
```

The UVM Phases

▲ 圖 18-1 UVM 的 phase 機制結構圖

一般會在測試用例裡使用 Run Phases 的細分 phase 來劃分模擬的不同階段，在不同階段裡啟動不同的 sequence 測試序列，這些 sequence 的啟動發送和執行是需要消耗模擬時間的，因此一般會在每個這樣的細分 phase 裡都成對地使用 raise_objection 和 drop_objection，以此來保證模擬的執行。

例如在下面的測試用例 demo_test 裡，在 reset_phase 裡首先呼叫 raise_

objection 方法來「開始在該 phase 的模擬」，然後呼叫 start 方法來啟動對 reset_sequence 測試序列的發送執行，從而完成對 DUT 的初始化，待發送執行後，呼叫 drop_objection 方法來結束該 phase 的模擬，然後進入下一個 phase。同樣地，在 main_phase 裡首先呼叫 raise_objection 方法來「開始在該 phase 的模擬」，然後呼叫 start 方法來啟動對 main_sequence 測試序列的發送執行，待發送執行後，呼叫 drop_objection 方法來結束該 phase 的模擬，程式如下：

```
class demo_test extends uvm_test;
    ...
    task reset_phase(uvm_phase phase);
        phase.raise_objection(this);
        reset_sequence.start(demo_sequencer);
        phase.drop_objection(this);
    endtask

    task main_phase(uvm_phase phase);
        phase.raise_objection(this);
        main_sequence.start(demo_sequencer);
        phase.drop_objection(this);
    endtask
endclass
```

但是這裡的發送執行完 reset_sequence 或 main_sequence 並不表示相應的 reset_phase 或 main_phase 模擬就可以立刻被結束，因為這裡只是表示 sequence 測試序列被驅動到了 DUT 的 interface 上，而 DUT 內部需要一些時間來處理該 interface 上的輸入請求訊號，因此如果此時就立刻結束該 phase 的模擬，則會導致一些測試激勵序列沒有被 DUT 執行完畢，所以一般需要額外等待一段模擬時間之後再結束在該 phase 的模擬。

一般現有方案會在測試用例的基礎類別中透過呼叫 set_drain_time 方法來完成對上述額外等待時間的設置，程式如下：

```
class test_base extends uvm_test;
    ...
    task reset_phase(uvm_phase phase);
        `uvm_info("TEST","Setting reset_phase drain time of 200ns",UVM_NONE)
        phase.phase_done.set_drain_time(this,200ns);
    endtask
```

```
    task main_phase(uvm_phase phase);
        `uvm_info("TEST","Setting main_phase drain time of 500ns",UVM_NONE)
        phase.phase_done.set_drain_time(this,500ns);
    endtask
endclass
```

然後在子類別中使用 super.reset_phase() 和 super.main_phase() 來呼叫其父類別中該 phase 的方法，從而實現對目標 phase 額外等待時間的設置，程式如下：

```
class demo_test extends test_base;
    ...
    task reset_phase(uvm_phase phase);
        super.reset_phase();
        ...
    endtask

    task main_phase(uvm_phase phase);
        super.main_phase();
        ...
    endtask
endclass
```

18.1.2 主要缺陷

主要缺陷如下：

(1) 在每個測試用例中都需要透過 super 的方式來呼叫父類別中可能存在的 drain_time 的設置，很可能遺漏而導致出錯。

(2) 如果希望在測試用例中不同 phase 的額外等待模擬時間不一樣，則需要在每個 phase 中 (例如上面的 reset_phase 和 main_phase，事實上總共有 12 個細分的 Run-phases) 都重複上述在 test_base 基礎類別的 phase 中設置 drain_time 的程式，其實有些 phase 在預設情況下在基礎類別中根據實際專案需要不可以去撰寫，但為了完成對 drain_time 的設置，則必須撰寫，不但麻煩，而且還出現了重複程式，降低了開發效率。

(3) 通常開發驗證平臺和實際執行測試用例對 DUT 進行驗證的開發人員可能不是同一個人，那麼如果讓實際執行測試用例對 DUT 進行驗證的人員記得在相應 phase 裡透過 super 的方式來呼叫驗證平臺中開發完成的測試用例的基礎類別別中的方法，這就表示實際執行測試用例對 DUT 進行驗證的人員還需要對驗證平臺中可能存在的問題進行負責，即必須關心該測試用例基礎類別中相應 phase 中的邏輯，否則可能會引入一些未知錯誤，而且出現錯誤之後，很可能也會給偵錯增加難度。

(4) 如果從測試用例的子類別中繼續衍生，則為了完成在該 phase 中 drain_time 的設置，該子類別的子類別也必須使用 super 的方式呼叫其父類別，即原先子類別中的相應 phase 的方法，但是很可能這並不是驗證開發人員想要的，因為其可能並不想執行其中的邏輯，因此這無疑也會給實際的驗證過程帶來麻煩。

18.2 解決的技術問題

實現在設置額外的 phase 模擬結束等待時間的同時避免上述缺陷。

18.3 提供的技術方案

18.3.1 結構

UVM 的 phase 存取是符合 singleton 設置模式的，即 UVM 的 phase 機制是可以保證每個元件中僅有一個對應 phase 的實例，並為其提供了一個全域的存取點，因此可以在統一的 Run-phase 之前的 end_of_elaboration_phase 獲取該 phase 唯一的全域存取點，然後對該 phase 呼叫 set_drain_time 設置額外的結束等待時間。

設置 phase 結束額外等待時間的方法，其結構如圖 18-2 所示。

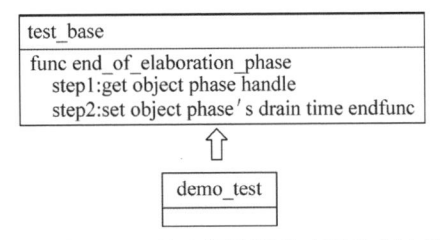

```
test_base
func end_of_elaboration_phase
    step1:get object phase handle
    step2:set object phase's drain time endfunc
              ⇑
          demo_test
```

▲圖 18-2　設置 phase 結束額外等待時間的方法的實現結構

18.3.2 原理

原理如下：

(1) 利用 UVM 的 phase 存取是符合 singleton 設置模式的特點，獲取唯一的 phase 控制碼。

(2) 需要在消耗模擬時間的 Run-phases 之前，利用 UVM 的 phase 的 find_by_name 方法獲取唯一的 phase 控制碼。

(3) 在測試用例基礎類別的 end_of_elaboration_phase 中呼叫 set_drain_time 來完成對額外的 phase 模擬結束等待時間的設置。

18.3.3 優點

避免了 18.1.2 節中的缺陷問題。

18.3.4 具體步驟

第 1 步，在測試用例基礎類別中的 end_of_elaboration_phase 中呼叫 phase 的 find_by_name 方法以獲取目標 phase。

第 2 步，呼叫 phase_done 中的 set_drain_time 方法設置目標 phase 的額外的模擬結束等待時間，程式如下：

```
class test_base extends uvm_test;
    ...
    function void end_of_elaboration_phase(uvm_phase phase);
        uvm_phase reset_phase = phase.find_by_name("reset",0);
        `uvm_info("TEST","Setting reset_phase drain time of 200ns",UVM_NONE)
        reset_phase.phase_done.set_drain_time(this,200ns);

        uvm_phase main_phase = phase.find_by_name("main",0);
        `uvm_info("TEST","Setting main_phase drain time of 500ns",UVM_NONE)
        main_phase.phase_done.set_drain_time(this,500ns);
    endfunction
endclass
```

可以看到，此時不再需要在測試用例中透過 super 的方式來呼叫父類別中可能存在的對 drain_time 的設置。

第 19 章

基於 UVM 驗證平臺的模擬結束機制

19.1 背景技術方案及缺陷

19.1.1 現有方案

本章是對第 18 章的改進，因此背景技術和現有方案可以參考第 18 章中的內容。

19.1.2 主要缺陷

主要缺陷如下：

(1) 實際上 DUT 的內部邏輯的處理延遲時間是以時鐘週期為單位的，但是現有方案中指定的目標 phase 的結束額外等待時間是以 EDA 工具的模擬時間為單位的，並不是以時鐘週期為單位的，因此現有方案透過 set_drain_time 設置的方式並不準確。因為如果設置的額外等待時間過長，就增加了過長的無意義的模擬時間，無疑降低了驗證工作的效率，如果設置的額外等待時間過短，則可能會因為不同的 DUT 而導致有的額外等待時間足夠，有的又不夠的情況，難以確定一個統一的等待時間，此時如果出現問題，則會增加問題偵錯的難度。

(2) 透過測試用例基礎類別的 set_drain_time 設置目標 phase 的結束額外等待時間會在專案編譯階段確定下來，而很多 IP 供應商提供的設計是以預先編譯完成的形式提供的 (部分出於商業安全的考慮)，因此這就很難要求對方在預先編譯期間為本專案設置好剛好合適的目標 phase 的結束額外等待時間，因此在這種應用場景下，現有方案就變得不再可行了。

因此，需要一種更優的基於 UVM 驗證平臺的模擬結束機制，以此來避免上述缺陷，並且在模擬執行階段而非編譯階段來完成對目標 phase 的結束額外等待時間的設置。

19.2 解決的技術問題

舉出一種更好的基於 UVM 驗證平臺的模擬結束機制，以此來避免上述缺陷，並且在專案的模擬執行階段而非編譯階段來完成對目標 phase 的結束額外等待時間的設置。

19.3 提供的技術方案

19.3.1 結構

目標 phase 的模擬結束機制的原理圖如圖 19-1 所示。

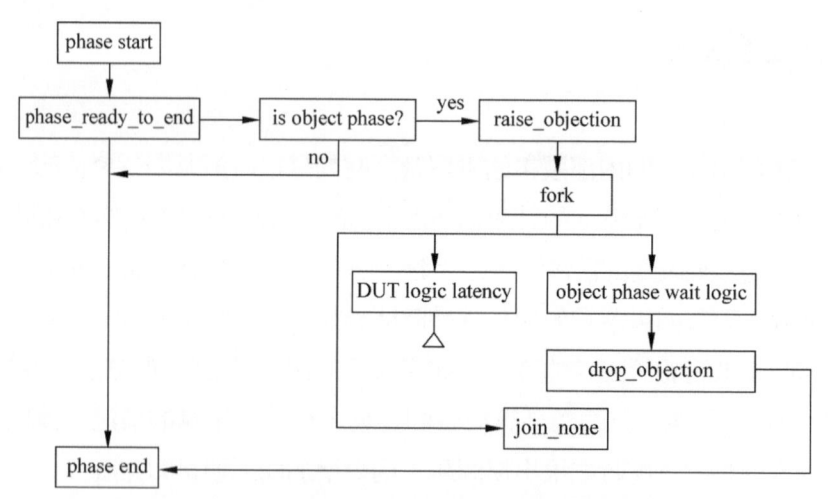

▲圖 19-1　目標 phase 的模擬結束機制的原理圖

19.3.2 原理

有以下實現想法：

（1）在專案的模擬執行階段而非編譯階段對模擬結束進行控制。

（2）UVM 元件中提供了 phase_ready_to_end 回呼方法，其會在目標 phase 結束之前被自動呼叫，那麼可以利用該自動回呼方法來撰寫對模擬結束的控制邏輯。

（3）可以選擇大多數驗證平臺中存在的分析元件，即選擇 scoreboard 中的 phase_ready_to_end 回呼方法實現對模擬結束的控制。

（4）對於 scoreboard 來講，可以透過 TLM 通訊連接埠獲取來自 DUT 的運算輸出結果和來自參考模型的運算輸出結果，因為參考模型的運算比較快，單純的運算邏輯一般不涉及時序，因此會先獲取來自參考模型的運算輸出結果並寫入 scoreboard 的佇列中，然後獲取來自 DUT 的運算輸出結果後從之前的佇列中取出參考模型的結果，最後對兩者進行比較，因此，可以考慮透過判斷佇列是否為空，來決定是否要繼續等待模擬結束，可以將該部分邏輯在自動回呼方法 phase_ready_to_end 中實現。

（5）透過類似的想法，可以在 phase_ready_to_end 中實現對圖 18-1 中 12 個消耗模擬時間的細分 phase 的結束等待時間的設置。

然後如圖 19-1 所示，主要針對消耗模擬時間的 phase。

首先 phase start 開始，然後在 phase end 結束之前會自動呼叫 UVM 元件中的 phase_ready_to_end 方法，接著在其中完成對目標 phase 的模擬結束的控制邏輯，從而在專案的模擬執行階段而非編譯階段實現對模擬結束的控制。

在進入 phase_ready_to_end 方法中之後，首先判斷是否是 object phase，即是否是目標 phase。

如果不是目標 phase，則說明不對其增加額外的結束等待時間的延遲，直接跳躍到 phase end 來結束當前 phase。

如果是目標 phase，則呼叫 phase 的 raise_objection 方法來「開始該 phase 的模擬」，然後進入並行的 fork...join_none 區塊，此時 DUT 正在接收該 phase 的測試序列並需要一定的時間來完成運算，同時目標 phase 等待邏輯判斷 DUT 是否已經完成了該運算，這通常是透過在 scoreboard 中的 TLM 通訊連接埠接收來自 monitor 監測到的 DUT 的 interface 訊號來判斷的，此時如果等待完成，則呼叫 phase 的 drop_objection 方法來「結束當前 phase 的模擬執行」，隨後跳躍到 phase end 來結束當前 phase。

19.3.3 優點

避免了 19.1.2 節中提到的缺陷問題。

19.3.4 具體步驟

依然以之前現有方案中的舉例為例，需要在 reset_phase 和 main_phase 中增加對這兩個 phase 的結束額外等待時間，從而完成對模擬結束的控制。

主要在記分板元件 scoreboard 中的 phase_ready_to_end 方法中撰寫具體的模擬結束的控制邏輯。

第 1 步，呼叫 phase 的 get_name 方法來判斷是否是目標 phase，這裡是 reset_phase 和 main_phase。如果不是，則直接結束該回呼方法 phase_ready_to_end。

第 2 步，執行目標 phase 的延遲等待控制邏輯，這裡分為兩個小步驟：

(1) 呼叫 phase 的 raise_objection 方法來「開始該 phase 的模擬」。

(2) 進入並行的 fork...join_none 區塊，等待 DUT 完成該 phase 階段激勵序列的運算，然後呼叫 phase 的 drop_objection 方法來「結束當前 phase 的模擬執行」，程式如下：

```
class demo_scoreboard extends uvm_scoreboard;
    virtual function void phase_ready_to_end(uvm_phase phase);
        if((phase.get_name != "reset") && (phase.get_name != "main"))
            return;

        //reset_phase 延遲邏輯
        if(reset_phase control logic) begin
            phase.raise_objection(this);
            fork
                delay_reset_phase(phase);
            join_none
        end
```

```
        //main_phase 延遲邏輯
        if(main_phase control logic) begin
            phase.raise_objection(this);
            fork
                delay_main_phase(phase);
            join_none
        end
    endfunction

    virtual task delay_reset_phase(uvm_phase phase);
        wait(reset_phase control logic);
        phase.drop_objection(this);
    endtask

    virtual task delay_main_phase(uvm_phase phase);
        wait(main_phase control logic);
        phase.drop_objection(this);
    endtask
endclass
```

第 20 章

記分板和斷言檢查相結合的驗證方法

20.1 背景技術方案及缺陷

20.1.1 現有方案

通常驗證開發人員會採用斷言 (SystemVerilog Assertion) 和記分板兩種方式來對 RTL 設計的功能進行檢查，用以確保 RTL 設計的功能符合設計手冊的描述要求。

1. 記分板驗證方式

記分板的組成結構示意圖如圖 9-3 所示。

記分板通常由兩部分組成，分別是參考模型和比較器。通常為了檢查 DUT 功能的正確性，需要撰寫參考模型，然後會將同樣的激勵發送給參考模型和 DUT，然後各自運算後將運算結果送到比較器進行比較，透過比較運算結果是否一致，來判斷 DUT 功能的正確性。整個過程中會使用 monitor 來監測 DUT 輸入和輸出 interface 上的訊號，並且將其封裝成事務級資料型態，然後廣播發送給記分板，記分板中的參考模型根據接收的輸入介面的交易資料來計算期望的輸出結果，然後在比較器裡與接收的輸出介面的交易資料進行比較，從而判斷 DUT 功能的正確性。

2. 斷言驗證方式

斷言驗證分為立即斷言 (Immediate Assertion) 和併發斷言 (Concurrent Assertion)。立即斷言可以很容易地在驗證元件這種類物件中使用，但是能夠檢查的場景非常有限，因此還需要功能更加強大的併發斷言來做更為詳細的檢查，例如基於時鐘的時序協定方面的檢查。

採用上述兩種驗證方式的驗證平臺，即現有方案的驗證平臺，如圖 20-1 所示。

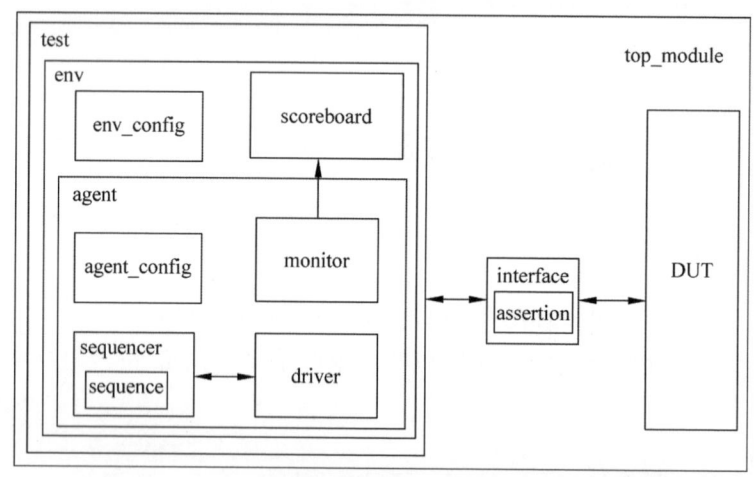

▲圖 20-1 採用上述兩種驗證方式的驗證平臺 (現有方案)

現有的採用上述兩種驗證方式的驗證平臺，將記分板實體化在驗證環境 (圖中 env) 中，將斷言檢查使用在訊號介面 (圖中 interface) 中，從而對訊號介面上的訊號做訊號級的時序和協定檢查。

現有方案中記分板 (圖中 scoreboard) 和斷言 (圖中 assertion) 檢查同時存在，由於併發斷言通常是基於時鐘變化來檢查的，因此在每個時鐘週期併發斷言都會被檢查，然而這其中存在著大量不需要進行斷言檢查的情形，因為記分板並沒有在每個時鐘週期都顯示存在比較錯誤的問題，因此在每個時鐘週期都去做併發斷言檢查會降低模擬性能，延長模擬時間，從而降低驗證開發人員的工作效率。

出現以上缺陷，往往是由於兩種檢查方式是相互獨立的，即彼此之間缺乏連結，因此需要採用一種將記分板和斷言檢查相結合的驗證方法，從而在利用上述兩種驗證方式各自優點的同時，避免其缺陷帶來的影響，最終實現提升驗證工作的品質及驗證開發人員的工作效率。

20.1.2 主要缺陷

記分板是基於事務級資料的檢查，其相對於介面的訊號級來講，抽象層次更高，抽象層次更高通常表示模擬效率更高，速度更快，也更容易建模，以此來對 DUT 做功能檢查。

但是這同時也帶來一個缺陷，即其很難發現 DUT 時序協定導致的錯誤，因為畢竟記分板不是基於時鐘週期的訊號級資料來做檢查的，即很難發現問題的根源。通常來講，當其顯示比較錯誤時，當前模擬時間距離最初的問題根源已經過去了很多個時鐘週期了，因此需要依賴驗證開發人員耐心地觀察波形上的訊號變化，以此來定位具體的問題，尤其當涉及的介面訊號較多且時序協定較為複雜時，問題的定位將變得更加困難，將會耗費驗證開發人員大量時間，給問題的追蹤偵錯帶來不便。

斷言驗證是記分板檢查的有力的補充，可以完成基於時鐘變化的訊號級的協定檢查，從而幫助驗證開發人員快速地定位問題的根源。

但是較為複雜的併發斷言卻不能在驗證元件這種類物件中使用，而只能在模組或介面中使用。在這種情況下，通常驗證開發人員會使用併發斷言在介面中做一些訊號級的行為檢查，卻不能將強大的併發斷言檢查方式用在記分板裡，以使其在模擬過程中根據記分板獲取的事務級資料再結合記分板追蹤到的問題做進一步的檢查。

20.2 解決的技術問題

解決上述缺陷問題，並且使用一種將記分板和斷言檢查兩者緊密結合的驗證方法，從而提升驗證工作的品質及驗證開發人員的工作效率。

20.3 提供的技術方案

20.3.1 結構

本節提供的記分板和斷言相結合的驗證平臺的結構示意圖如圖 20-2 所示。

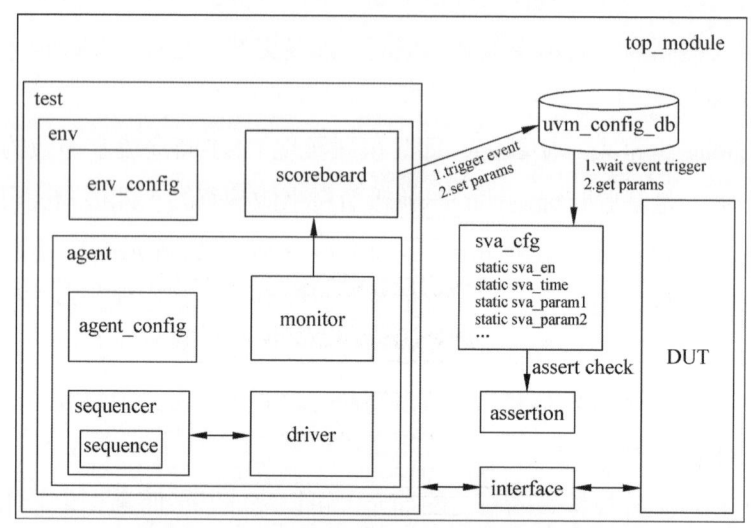

▲圖 20-2 記分板和斷言相結合的驗證平臺的結構

20.3.2 原理

原理如下：

(1) 一般來講，如果基於抽象的事務級資料的記分板檢查正確，則再去做訊號級的斷言檢查無疑會白白降低模擬性能，但是如果記分板檢查發現了錯誤，則此時的斷言檢查可以幫助定位問題的根源，例如 DUT 時序協定的錯誤，從而幫助驗證開發人員更快地定位錯誤，提高問題偵錯的效率。

(2) 在某個模擬過程中的時間點時，記分板的事務級檢查出現比較錯誤，此時在配置資料庫中設置的 uvm_event 事件將被觸發，同時一些模擬過程參數將被存到 UVM 配置資料庫裡。與此同時，在頂層模組裡不斷監測該事件被觸發，一旦被觸發啟動，則從 UVM 配置資料庫中傳回之前存入的模擬過程參數來啟用並且供斷言做進一步的訊號級檢查，從而將兩種驗證方式緊密地結合在一起。

20.3.3 優點

優點如下：

(1) 使用了 uvm_event 事件同步，UVM 的配置資料庫及 UVM 的 phase 機制的綜合方法，實現了記分板和併發斷言檢查之間的緊密連結配合，從而幫助驗證開發人員進行更加全面的功能檢查及更快地定位問題的根源。

(2) 實現了記分板和併發斷言檢查之間的模擬過程中的參數共用及併發斷言檢查的動態特性，避免了原本只能在靜態的模組或介面中使用的缺陷。

(3) 既避免了記分板檢查不到訊號級問題的缺陷，又解決了併發斷言在整個模擬過程中都被啟用啟動所帶來的模擬性能問題，將兩者結合，從而實現了先透過記分板從抽象的事務級層面進行功能檢查，然後透過併發斷言從更為具體的訊號級層面的時序及協定方面進行檢查，最終實現了對 DUT 功能問題根源的快速定位，提升了驗證開發人員的工作效率，與此同時也提升了驗證工作的品質。

20.3.4 具體步驟

第 1 步，在記分板裡宣告 uvm_event 事件，控制斷言的啟用開關變數，在 build_phase 裡對該事件進行實例化，並把該 uvm_event 事件傳入 UVM 配置資料庫裡。

注意：這裡傳入的範圍空間為整個驗證平臺。

然後在對 run_phase 的參考模型輸出結果和 DUT 實際運算結果進行比較的過程中，如果出現比較錯誤，則呼叫 trigger 方法觸發 uvm_event 事件。同時呼叫系統函式 $time 以獲取當前的模擬時間，然後將控制斷言的開關開啟，並且同樣將當前模擬時間和啟用開啟的斷言控制開關傳入 UVM 配置資料庫裡。

注意：這裡傳入的範圍空間依然為整個驗證平臺。

除此之外，還可以傳遞更多併發斷言中需要用到的模擬過程變數參數，從而使記分板和斷言檢查兩者緊密地連結和配合，以便進行功能檢查和問題鎖定，程式如下：

```
class demo_scoreboard extends uvm_scoreboard;
    `uvm_component_utils(demo_scoreboard)
    uvm_blocking_get_port#(transaction_req) req_port;
    uvm_blocking_get_port#(transaction_rslt) rslt_port;

    uvm_event sva_event;
    bit sva_en;
    time sva_time;
    demo_type sva_param1;
    demo_type sva_param2;

    function new(string name = "demo_scoreboard",uvm_component parent = null);
        super.new(name, parent);
        sva_event = new("sva_event");
        uvm_config_db#(uvm_event)::set( null, "*","sva_event",sva_event);
    endfunction

    function void build_phase(uvm_phase phase);
        req_port = new("req_port", this);
        rslt_port = new("rslt_port", this);
    endfunction

    task run_phase(uvm_phase phase);
        transaction_req req;
        transaction_rslt exp;
        transaction_rslt act;
        transaction_rslt exp_q[$];

        exp = new("exp");
        fork
            // 呼叫 predictor 的方法計算期望結果，並寫入期望佇列
            forever begin
                req_port.get(req);
                exp = predict_rslt(req);
                exp_q.push_back(exp);
            end
            // 根據配置選項來將運算的期望結果和 dut 實際輸出的結果進行比較
            forever begin
                rslt_port.get(act);
                if(exp_q.size())begin
                    if(act.compare(exp_q.pop_front()))
                        `uvm_info(this.get_name,"PASS",UVM_LOW)
                    else begin
```

```
                        sva_event.trigger();
                        uvm_config_db#(bit)::set( null, "*","sva_en",1);
                        uvm_config_db#(bit)::set( null, "*","sva_time",$time);
                        uvm_config_db#(bit)::set( null, "*","sva_param1",sva_param1_
value);
                        uvm_config_db#(bit)::set( null, "*","sva_param2",sva_param2_
value);
                        ...
                        `uvm_error(this.get_name,"FAIL")
                    end
                end
            end
        join
    endtask
endclass
```

第 2 步，將所有的用於檢查的斷言封裝到一個 package 類別檔案中，並且可以透過 disable iff() 關鍵字來控制斷言的開關狀態。在其中建立衍生於 uvm_object 的斷言配置物件，其中包括控制斷言的啟用開關變數、模擬時間變數及其他併發斷言中需要用到的模擬過程變數，需要使用 static 關鍵字將以上變數設置為全域靜態變數，程式如下：

```
package sva_pkg;
    property p_demo(clk,rst_n,sva_en,sva_time,sva_param1,sva_param2);
      @ (posedge clk) disable iff (!rst_n ||!sva_en)
      // 使用輸入端的 sva_time、sva_param1、sva_param2 等參數並根據具體的專案來撰寫相應的
      // 併發斷言檢查
    endproperty : p_demo

    class sva_cfg extends uvm_object;
        static bit sva_en;
        static time sva_time;
        static demo_type sva_param1;
        static demo_type sva_param2;
        ...
    endclass
endpackage
```

第 3 步，在驗證平臺的頂層模組裡匯入上述 package 類別檔案，從而使驗證環境可以使用封裝好的斷言檢查及斷言配置物件，然後在 initial begin...end 程式控制區塊裡按照程式控制區塊的執行順序依次執行，以便完成以下幾件事情：

(1) 宣告並實例化斷言配置物件。

(2) 阻塞等待驗證平臺執行到剛好要進入消耗模擬時間的執行階段，即透過 end_of_elaboration_phase 控制碼呼叫 wait_for_state 方法，並把參數 UVM_PHASE_DONE 和 UVM_EQ 傳遞進去，以此來等待該 end_of_elaboration_phase 階段執行結束。

(3) 從 UVM 配置資料庫中獲取之前在記分板裡存入的 uvm_event 事件。

(4) 透過呼叫已獲取的 uvm_event 事件的 wait_trigger 方法來等待該事件被觸發，觸發之後則可以進行下一步的斷言參數的獲取，以此來做進一步的檢查。

(5) 當事件被觸發後，獲取之前在記分板中事件觸發時開啟的斷言控制開關、模擬時間及其他一些模擬過程參數變數。

(6) 將獲取的斷言開關賦值給 package 類別檔案裡斷言配置物件的全域靜態變數，即控制斷言的啟用開關變數，使其狀態為啟用開啟的狀態，從而實現在記分板出現比較問題時再透過變數開啟斷言檢查，以提升模擬性能。

(7) 將獲取的模擬時間賦值給 package 類別檔案裡斷言配置物件的全域靜態變數，即模擬時間變數，使其為記分板出現比較問題時的模擬執行時間，從而可以實現在併發斷言中使用該模擬執行時間變數，以控制斷言檢查的模擬時間視窗，從而進一步縮小模擬時間範圍，更快地定位問題的根源。

(8) 除了上述控制斷言的啟用開關變數和模擬時間變數以外，還可以根據具體專案需要，透過類似的方式將記分板中的模擬過程變數傳遞給斷言配置物件的全域靜態變數，從而實現兩者執行參數的共用。

(9) 呼叫 package 類別檔案裡相應的併發斷言進行檢查，將斷言配置物件裡的全域靜態變數（控制斷言的啟用開關變數）、模擬時間及依據具體專案需要的模擬過程變數參數作為併發斷言檢查的輸入參數進行傳入，最後獲取斷言檢查的結果，從而實現對記分板中追蹤到的問題的進一步的時序及協定的訊號級檢查，程式如下：

```
module top_module
    import sva_pkg::*;
    uvm_event sva_event;
    sva_cfg sva_cfg_h;
```

```
    bit sva_en = 0;
    time sva_time;
    demo_type sva_param1;
    demo_type sva_param2;
    ...

    initial begin
        sva_cfg_h = new();
        end_of_elaboration_phase.wait_for_state(UVM_PHASE_DONE,UVM_EQ);
        if(!uvm_config_db #(uvm_event)::get(null,"","sva_event",sva_event))begin
            `uvm_fatal("top_module","Don't get the sva_event")
        end
        sva_event.wait_trigger();
        if(!uvm_config_db #(bit)::get(null,"","sva_en",sva_en))begin
            `uvm_fatal("top_module","Don't get the sva_en")
        end
        sva_cfg::sva_en = sva_en;
        if(!uvm_config_db #(time)::get(null,"","sva_time",sva_time))begin
            `uvm_fatal("top_module","Don't get the sva_time")
        end
        sva_cfg::sva_time = sva_time;
        if(!uvm_config_db #(demo_type)::get(null,"","sva_param1",sva_param1))begin
            `uvm_fatal("top_module","Don't get the sva_param1")
        end
        sva_cfg::sva_param1 = sva_param1;
        if(!uvm_config_db #(demo_type)::get(null,"","sva_param2",sva_param2))begin
            `uvm_fatal("top_module","Don't get the sva_param2")
        end
        sva_cfg::sva_param2 = sva_param2;
        ...
    end

    a_demo: assert property
                (p_demo(clk,rst_n,
                sva_cfg::sva_en,
                sva_cfg::sva_time,
                sva_cfg::sva_param1,
                sva_cfg::sva_param2))
                    `uvm_info("top_module","SVA PASSED \n",UVM_LOW);
    else
                    `uvm_error("top_module","SVA FAILED \n")
    ...
endmodule
```

第 21 章

支援錯誤注入驗證測試的驗證平臺

21.1 背景技術方案及缺陷

21.1.1 現有方案

與 1.1.1 節相同,這裡不再贅述。

21.1.2 主要缺陷

現有方案是通常情況下採用的對 DUT 的驗證方案,但是在實際驗證工作中還需要考慮到以下兩種資料出現差錯的情況:

(1) 在實際的驗證平臺中可能會出現時序匯流排協定的違反錯誤。

這種情況是不應該出現的,也是設計和驗證人員應該避免的,但是驗證平臺應能夠辨識並提醒開發人員進行修正。

(2) 訊號傳輸過程中的錯誤。

晶片在實際資料傳輸過程中,由於傳輸系統會導致在鏈路上傳輸的或多個幀資料出現差錯。在這種情況下,就需要 RTL 設計具有差錯檢測機制,僅當檢測的結果正確時才接收該資料,以盡可能地提高資料傳輸的正確性。

那麼,在這種情況下,就需要對具有差錯檢測機制的 RTL 設計進行錯誤注入測試,以驗證在發生錯誤傳輸資料的情況下該 RTL 設計的相關差錯檢測功能。

而現有的方案並沒有在一開始就考慮到錯誤注入測試的場景,因此,需要對其進行改進以適應實際晶片驗證的需要。本章將使用一種適用於差錯注入測試的驗證平臺結構，可以方便地對具有類似差錯檢測機制功能的 RTL 設計進行行為功能驗證。

21.2 解決的技術問題

可根據實際專案需要靈活地開關控制錯誤注入模式，從而完成對具有差錯檢測機制的 RTL 設計進行錯誤注入測試。

21.3 提供的技術方案

21.3.1 結構

支援錯誤注入驗證測試的驗證平臺結構示意圖如圖 21-1 所示。

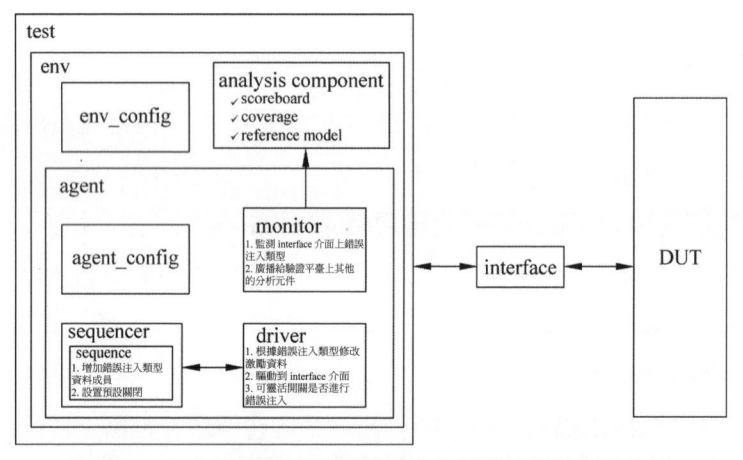

▲圖 21-1 支援錯誤注入驗證測試的驗證平臺結構示意圖

21.3.2 原理

透過輸入激勵序列元素 (Sequence Item) 攜帶需要進行的錯誤注入類型，然後 driver 可以根據該錯誤注入類型對輸入激勵資料進行錯誤注入和修改，然後將修改後的激勵資料驅動到介面匯流排上，接著 monitor 能夠監測到當前路徑上所包含的錯誤注入類型，然後透過通訊連接埠廣播給驗證平臺中的分析元件，以此來對 RTL 設計的差錯檢測功能進行驗證。

21.3.3 優點

優點如下：

(1) 在預設情況下，不進行錯誤注入測試，可根據實際專案的需要靈活地進行開關控制，因此與現有方案下的驗證平臺結構完全相容。

(2) 提供了足夠的靈活性，可由驗證開發人員自行選擇要加入的錯誤注入模式，以根據實際專案需要進行多種類型的錯誤注入測試，從而對 DUT 的差錯監測行為功能進行全面驗證。

21.3.4 具體步驟

例如需要傳輸的幀資料格式如圖 21-2 所示。

| 起始幀 | 有效傳輸資料 | 循環容錯驗證資料 | 結束幀 |

▲圖 21-2 具有差錯監測機制的幀資料格式範例

其中包含起始幀資料 (Start Of Frame，SOF)、有效傳輸資料 (Payload)、循環容錯驗證資料 (Cyclic Redundancy Check，CRC) 和結束幀資料 (End Of Frame，EOF)。

第 1 步，在序列元素中增加與錯誤注入相關的資料成員，並透過隨機約束將錯誤注入預設關閉，程式如下：

```
class demo_item extends uvm_sequence_item;
    rand bit[7:0] payload;
    rand bit[15:0] crc;
    ...

    rand bit crc_err;
    rand bit eof_err;

    constraint c_error{
        crc_err == 0;
        eof_err == 0;
    }
endclass
```

第 2 步，撰寫具有錯誤注入的 sequence，對包含的 sequence item 進行隨機，然後使用序列本地的錯誤注入成員變數，覆蓋包含的序列元素的錯誤注入成員變數，從而表示要進行測試的錯誤注入類型，程式如下：

```
class demo_sequence extends uvm_sequence;
    demo_item item;
    bit crc_err;
    bit eof_err;

    ...
    task body();
        item = demo_item::type_id::create("item");
        start_item(item);
        assert(item.randomize());
        item.crc_err = crc_err;
        item.eof_err = eof_err;
        finish_item(item);
    endtask
endclass
```

第 3 步，在 driver 中的驅動方法裡，增加錯誤注入的驅動邏輯，使其能夠根據序列元素中的錯誤注入類型對接收的序列元素資料進行修改以將帶有錯誤的輸入激勵資料驅動到介面匯流排上，程式如下：

```
class demo_driver extends uvm_driver#(demo_item);
    ...
    task run_phase(uvm_phase phase);
        forever begin
            seq_item_port.get_next_item(req);
            drive(req);
            seq_item_port.item_done();
        end
    endtask

    task drive(input demo_item req);
        if(req.crc_err)begin
            // 產生並驅動帶 CRC 錯誤的請求
        end
        else if(req.eof_error)begin
            // 產生並驅動帶 EOF 錯誤的請求
        end
        else begin
            // 驅動請求
```

```
        end
    endtask
endclass
```

第 4 步，在 transaction 中增加能夠標識錯誤注入的類型的成員變數，程式如下：

```
class demo_trans extends uvm_transaction;
    rand bit[7:0] payload;
    rand bit[15:0] crc;
    ...
    bit err_detected;

endclass
```

第 5 步，在 monitor 中增加錯誤監測邏輯，以使其能夠檢測到錯誤注入的測試場景，然後利用通訊連接埠廣播給其他驗證分析元件以對 DUT 相關的錯誤監測機制功能進行驗證分析，程式如下：

```
class demo_monitor extends uvm_monitor;
    ...
    demo_trans trans;

    task run_phase(uvm_phase phase);
        trans = demo_trans::type_id::create("trans");
        forever begin
            // 監測介面訊號，封裝成 transaction 並廣播
            if(vif.mon.crc_err || vif.mon.eof_err)
                `uvm_warning(this.get_name(),"error injection detected")
            trans.payload = vif.mon.payload;
            trans.crc = vif.mon.crc;
            trans.err_detected = vif.mon.crc_err || vif.mon.eof_err;
            ap.write(trans);
        end
    endtask
endclass
```

第 22 章

一種基於 bind 的 ECC 儲存注錯測試方法

22.1 背景技術方案及缺陷

22.1.1 現有方案

ECC 的全稱是 Error Detection and Correction Code,是一種差錯檢測和修正演算法,通常在數位晶片電路的儲存模組中用於保護資料的完整性。

其邏輯包括兩個模組,一個是 ECC 編碼模組,另一個是 ECC 解碼模組,如圖 22-1 所示。

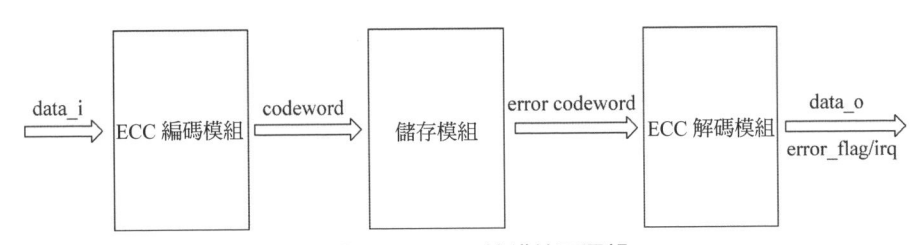

▲圖 22-1 ECC 檢錯校正邏輯

ECC 編碼模組會根據輸入的資料 data_i 計算得到額外的容錯資料 ECC,這些容錯資料主要用來對錯誤的資料位元進行檢測和糾正,這跟實際使用的編碼演算法有關,例如漢明碼 (Hamming Codes)、蕭氏碼 (Hsiao Codes)、裡德所羅門碼 (Reed-Solomon Codes)、BCH 差錯控制碼 (Bose-Chaudhuri-Hocquenghem Codes)。

經過以上這些演算法進行編碼後將編碼字 (圖 22-1 中的 codeword) 寫入儲存模組中，此時可能會存在一些由於電磁輻射干擾導致的資料錯誤，即將編碼字中的個別位元資料翻轉後換成錯誤的資料，然後錯誤的編碼字從儲存模組中被讀取出來並被送給 ECC 解碼模組，此時解碼模組可以對錯誤的位元進行檢測和糾正，但通常只能糾正 1 位元錯誤和檢測 2 位元錯誤。

ECC 檢錯校正邏輯對於數位邏輯晶片的資料安全性和完整性非常重要，因此在實際的晶片驗證中，需要驗證的內容至少需要包括以下幾點。

(1) ECC 檢錯校正邏輯是否能夠正確地對儲存模組中的資料進行校正。

(2) ECC 檢錯校正邏輯是否能夠正確地對儲存模組中的資料進行檢錯。

(3) ECC 檢錯校正邏輯是否能對發現的資料錯誤置起相應的中斷，並報告發生錯誤的儲存模組的所在位置。

現有 ECC 檢錯校正邏輯的功能測試方案如圖 22-2 所示。

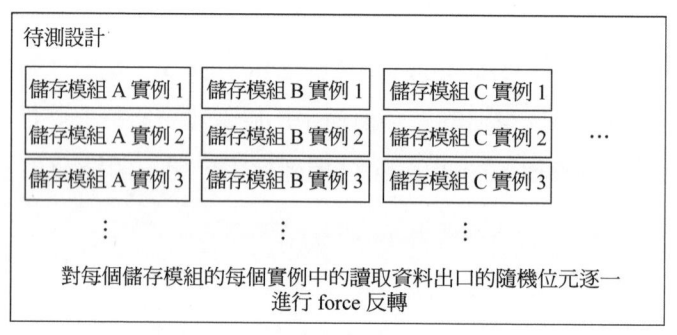

▲圖 22-2 現有 ECC 檢錯校正邏輯的功能測試方案示意圖

為了對 ECC 檢錯校正邏輯進行驗證，需要人為地對待測設計中的儲存模組的實例中的讀取資料出口中的隨機位元進行 force 反轉，即需要針對不同的待測設計模組，根據其內部不同的儲存實例的硬體路徑撰寫對應的目標測試用例，程式如下：

```
force mem_A_1_path.rdata[random_bits] = ~ correct_rdata[random_bits];
force mem_A_2_path.rdata[random_bits] = ~ correct_rdata[random_bits];
force mem_A_3_path.rdata[random_bits] = ~ correct_rdata[random_bits];
...
force mem_B_1_path.rdata[random_bits] = ~ correct_rdata[random_bits];
force mem_B_2_path.rdata[random_bits] = ~ correct_rdata[random_bits];
```

```
force mem_B_3_path.rdata[random_bits] = ~ correct_rdata[random_bits];
...
force mem_C_1_path.rdata[random_bits] = ~ correct_rdata[random_bits];
force mem_C_2_path.rdata[random_bits] = ~ correct_rdata[random_bits];
force mem_C_3_path.rdata[random_bits] = ~ correct_rdata[random_bits];
...
```

然後檢查 ECC 是否能對這些人為注錯的儲存資料進行正確檢錯和校正，對應的中斷及標識位元是否能夠正常被置起，這些可以透過參考模型比較及查看待測設計的功能是否正常，以及讀取狀態暫存器進行確認。

22.1.2 主要缺陷

採用現有方案，將存在以下 3 個缺陷：

(1) 如果採用 force 每個儲存模組的實例，則測試程式將非常長，撰寫效率低且難以閱讀。

(2) 如果儲存模組的 IP 更換，則之前非常長的程式將需要重寫撰寫，費時費力。

(3) 針對不同設計模組，由於使用的儲存模組的實例的硬體路徑和選用儲存模組的 IP 的不同，需要撰寫不同的目標測試用例，因此無法快速地應用到已有的回歸測試用例中進行驗證。

因此需要有一種簡便高效，並且可以快速應用到已有的回歸測試用例裡的針對 ECC 檢錯校正邏輯進行驗證的方法。

22.2 解決的技術問題

提供一種簡便高效，並且可以快速應用到已有的回歸測試用例裡的針對 ECC 檢錯校正邏輯進行驗證的方法。

22.3 提供的技術方案

22.3.1 結構

基於 bind 的 ECC 儲存注錯測試方法示意圖如圖 22-3 所示。

```
┌─────────────────────────────────────────────────────┐
│ 待測設計                                             │
│  ┌──────────┐  ┌──────────┐  ┌──────────┐           │
│  │ 儲存模組A │  │ 儲存模組B │  │ 儲存模組C │          │
│  │┌────────┐│  │┌────────┐│  │┌────────┐│    ...    │
│  ││ECC注錯模組││  ││ECC注錯模組││  ││ECC注錯模組││         │
│  │└────────┘│  │└────────┘│  │└────────┘│           │
│  └──────────┘  └──────────┘  └──────────┘           │
│                                                     │
│  將 ECC 注錯模組與儲存模組連接在一起，並且在 ECC 注錯模組中對儲存 │
│  模組的讀取資料出口的隨機位元進行 force 反轉                  │
└─────────────────────────────────────────────────────┘
```

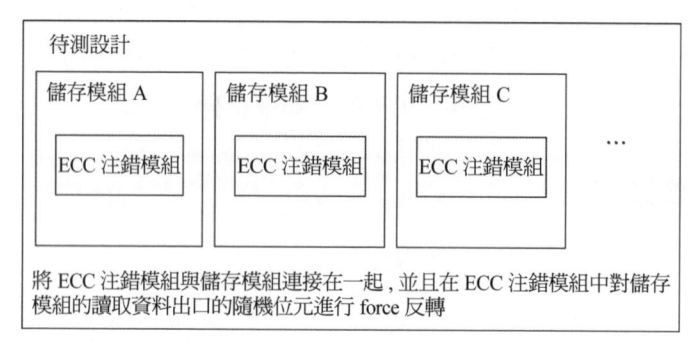

▲圖 22-3 基於 bind 的 ECC 儲存注錯測試方法示意圖

需要準備 ECC 注錯模組，並且將 ECC 模組與不同的儲存模組的 IP 連接在一起，然後在 ECC 注錯模組中對儲存模組的讀取資料出口的隨機位元進行 force 反轉，從而實現用人為的錯誤資料來模擬實際晶片電路中由於電磁輻射干擾導致的資料錯誤，最後來測試 ECC 檢錯校正邏輯是否能對人為製造的錯誤資料進行相應檢測和糾正並且報告相應的位置，以及上報對應的中斷。

22.3.2 原理

硬體設計與驗證描述語言 SystemVerilog 容許使用關鍵字 bind 將一個模組或介面綁定到已有的模組或該模組的部分實例中，從而在不對原先的設計模組程式進行修改的情況下實現一些新增的功能，可以做到與原先已有的設計模組程式的獨立，方便團隊成員之間的協作和程式的管理。

通常綁定輔助程式的使用場景如下：

(1) 斷言檢查。

(2) 覆蓋率收集。

(3) 事務級資料採樣並輸出到檔案，從而方便後續對該檔案的處理，例如繪圖型分析。

(4) 介面的連接，即將待測設計連接到測試平臺。

因此，可以利用這一特性，應用在對 ECC 檢錯校正邏輯的測試場景中。

22.3.3 優點

優點如下：

(1) 透過巧妙地使用 bind，實現了對於 ECC 檢錯校正功能的便捷測試，可以快速地應用於已有的回歸測試用例中，從而提高了驗證測試的效率。

(2) 除了可以應用在對 ECC 檢錯校正邏輯的測試場景中，還可以將其應用於待測設計中的 FIFO 使用水線的統計收集，以供設計人員進行分析。

22.3.4 具體步驟

第 1 步，撰寫用來模擬實際晶片電路中由於電磁輻射干擾導致的資料錯誤的 ECC 注錯模組，程式如下：

```
module xxx_mem_ip_ecc_serr();
    bit err_sbit;
    initial begin
        if($testplusargs("ENABLE_FORCE_SERR"))begin
            force xxx_mem_ip.rdata[random_sbit] = std::randomize(err_sbit);
        end
    end
endmodule

module xxx_mem_ip_ecc_derr();
    bit[1:0] err_dbit;
    initial begin
        if($testplusargs("ENABLE_FORCE_DERR"))begin
            force xxx_mem_ip.rdata[random_dbit] = std::randomize(err_dbit);
        end
    end
endmodule
```

透過 force 的方式將儲存模組中的讀取資料出口的隨機位元設置為隨機值。

ECC 注錯模組包括對單位元和多位元儲存資料的注錯測試，因此需要準備兩種 ECC 注錯模組。

使用模擬執行參數來控制，從而可以在已有的測試用例中僅透過傳遞參數實現是否進行 ECC 功能測試，從而避免了 22.1.2 節中提到的缺陷 (3)。

第 2 步，將準備好的 ECC 注錯模組在測試平臺中與儲存模組 IP 連接在一起。此時，ECC 注錯模組成為該儲存模組 IP 的子模組實例，並且可以存取儲存模組 IP 中的訊號，程式如下：

```
bind xxx_mem_ip xxx_mem_ip_ecc_serr xxx_mem_ip_ecc_serr_inst();
bind xxx_mem_ip xxx_mem_ip_ecc_derr xxx_mem_ip_ecc_derr_inst();
```

透過把兩者連接在一起，相當於實現了對所有的儲存模組實例進行了相應的注錯操作，即只需像上一步在 ECC 注錯模組中寫一筆 force 敘述就可以了，不需要對所有的儲存模組的實例都寫這樣的敘述，這樣就避免了 22.1.2 節中提到的缺陷 (1)。

如果將來待測設計中所使用的儲存模組 IP 進行了更換，則只需在連接時修改模組名稱，即只需修改兩行程式，這樣就避免了 22.1.2 節中提到的缺陷 (2)。

第 3 步，在模擬測試用例執行時期增加模擬參數來控制單位元和多位元儲存資料的注錯測試，程式如下：

```
// 在模擬命令中傳遞模擬執行參數
+ENABLE_FORCE_SERR
+ENABLE_FORCE_DERR
```

對於單位元的儲存資料注錯測試來講，錯誤的資料會被自動糾正，因此需要和已有測試用例一樣檢查待測設計的功能是否正常，並且檢查單位元錯誤是否會被上報。

對於多位元的儲存資料注錯測試來講，只能做到檢測錯誤，因此需要關閉對由於儲存資料錯誤導致的待測設計的功能性測試的檢查，但需要檢查多位元錯誤是否會被上報。

第 23 章

在驗證環境中更優的列舉型態變數的宣告使用方法

23.1 背景技術方案及缺陷

23.1.1 現有方案

在對數位晶片進行驗證的過程中，通常會使用列舉型態變數來取代單純的二進位數字值，這樣可以既清晰又方便地模擬 DUT 的運算操作，否則直接閱讀二進位數字值時很難理解 DUT 到底做了什麼運算操作，如圖 23-1 所示。

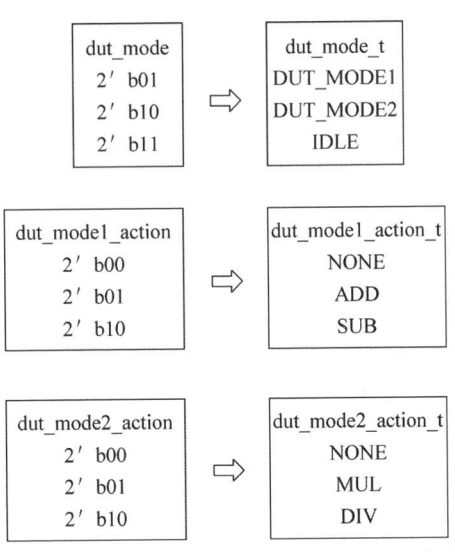

▲圖 23-1 列舉型態變數與二進位數字數值型態的轉換

圖 23-1 中有 3 種列舉型態變數，分別如下：

(1) dut_mode_t：用來指示 DUT 的工作模式，例如 DUT_MODE1、DUT_MODE2 及空閒的 IDLE 模式。

(2) dut_mode1_action_t：用來指示 DUT 工作在 DUT_MODE1 模式下能夠進行的運算操作，可以看到可以做加法 ADD、減法 SUB 及不進行任何操作的 NONE。

(3) dut_mode2_action_t：用來指示 DUT 工作在 DUT_MODE2 模式下能夠進行的運算操作，可以看到可以做乘法 NUL、除法 DIV 及不進行任何操作的 NONE，程式如下：

```
package demo_pkg;
    typedef enum {DUT_MODE1, DUT_MODE2, IDLE} dut_mode_t;
    typedef enum {NONE, ADD, SUB} dut_mode1_action_t;
    typedef enum {NONE, MUL, DIV} dut_mode2_action_t;
    // 使用上面列舉型態變數的類別
    ...
endpackage
```

但是以上這段程式無法透過 EDA 工具進行編譯，因為在同一個範圍域裡出現了兩個 NONE，因此通常有以下兩種解決方案。

方案一，修改其中的 NONE，為其加上首碼或尾綴，以此來與另一個 NONE 區分開來，程式如下：

```
package demo_pkg;
    typedef enum {DUT_MODE1, DUT_MODE2} dut_mode_t;
    typedef enum {NONE, ADD, SUB} dut_mode1_action_t;
    typedef enum {NONE2, MUL, DIV} dut_mode2_action_t;

    // 使用上面列舉型態變數的類別
    class demo_model;
        dut_mode1_action_t dut_mode1_act;
        dut_mode2_action_t dut_mode2_act;

        function new();
            dut_mode1_act = NONE;
            dut_mode2_act = NONE2;
        endfunction
        ...
    endclass
endpackage
```

可以看到在 demo_model 類別中，直接宣告該列舉型態變數並使用即可。

方案二，將 dut_mode1_action_t 和 dut_mode2_action_t 分開封裝到單獨的 package 裡，然後匯入 demo_pkg 中，從而避免因為在一個範圍域內出現兩個 NONE 而導致的編譯不通過的情況，程式如下：

```
package pkg1;
    typedef enum {NONE, ADD, SUB} dut_mode1_action_t;
endpackage

package pkg2;
    typedef enum {NONE, MUL, DIV} dut_mode2_action_t;
endpackage

package demo_pkg;
    import pkg1::*;
    import pkg2::*;
    typedef enum {DUT_MODE1, DUT_MODE2} dut_mode_t;

    // 使用上面列舉型態變數的類別
    class demo_model;
        dut_mode1_action_t dut_mode1_act;
        dut_mode2_action_t dut_mode2_act;

        function new();
            dut_mode1_act = pkg1::NONE;
            dut_mode2_act = pkg2::NONE;
        endfunction
        ...
    endclass
endpackage
```

可以看到，在 demo_model 類別中使用時，需要透過 :: 符號指定其屬於哪個 package。

23.1.2 主要缺陷

方案一的缺陷：

必須對名稱相同的列舉型態變數增加前尾綴來修改名稱，在列舉型態變數多起來之後，很容易遺漏而導致出錯。

對名稱相同的列舉型態變數增加前尾綴來修改名稱的方式，事實上逐漸背離了當初透過列舉型態變數來替代二進位數字數值型態的可讀性的初衷。

方案二的缺陷：

如果對每個可能發生名稱重複的列舉型態變數單獨用 package 來封裝，則很可能會導致 package 較多而帶來麻煩。

原本可以直接寫列舉型態變數名稱來指定對應的二進位數字值，但是為了區分名稱相同，從而避免導致的編譯問題，現在需要在前面加上 :: 符號來指定其屬於哪個 package，問題在於既要記住其對應的 package 又要記住其內部的列舉型態變數名稱，使用起來非常不方便。

如果此時還要增加一個與之前名稱相同的列舉型態變數，則要先檢查所有已經存在的 package 的名稱，避免名稱重複，如果 package 數量已經較多，則檢查起來也會非常麻煩。

23.2 解決的技術問題

實現一種在驗證環境中更安全的列舉型態變數的宣告使用方法，從而避免原先在 package 中封裝的同一個範圍域內的列舉型態變數的名稱重複問題，同時避免上述提到的缺陷問題。

23.3 提供的技術方案

23.3.1 結構

本章節使用的列舉型態變數的方法示意圖如圖 23-2 所示。

```
demo_pkg

virtual class wrap_name;
  typedef enum{...}t;
endclass

class demo_model;
  wrap_name::t name;

  func new;
    name=wrap_name::enum_value;
  endfunc
endclass
```

▲圖 23-2 在驗證環境中宣告使用列舉型變數的方法示意圖

(1) 利用每個 class 都有自己的範圍域的特性來定義封裝列舉型態變數，從而避免在同一個範圍域的列舉型態變數的名稱重複問題。

(2) 在用來定義封裝列舉型態變數的 class 前面增加關鍵字 virtual 來防止對該 class 的實體化，即如果使用建構函式 new 建構 virtual class 的物件，則將產生編譯錯誤，因此只能被用來表示列舉型態變數，從而替代原先的 package 封裝方式。

23.3.2 原理

原理如下：

(1) 利用每個 class 都有自己的範圍域的特性來定義封裝列舉型態變數以取代原先在 package 中封裝的方式。

(2) 在 class 前面增加關鍵字 virtual，以保證使用該封裝類別的安全性。

23.3.3 優點

避免了 23.1.2 節中提到的缺陷問題。

23.3.4 具體步驟

程式如下：

```
package demo_pkg;
    typedef enum {DUT_MODE1, DUT_MODE2} dut_mode_t;

    virtual class dut_mode1_action_wrap;
        typedef enum {NONE, ADD, SUB} t;
    endclass

    virtual class dut_mode2_action_wrap;
        typedef enum {NONE, MUL, DIV} t;
    endclass

    // 使用上面列舉型態變數的類別
    class demo_model;
        dut_mode1_action_wrap::t dut_mode1_act;
        dut_mode2_action_wrap::t dut_mode2_act;

        function new();
```

```
            dut_mode1_act = dut_mode1_action_wrap::NONE;
            dut_mode2_act = dut_mode2_action_wrap::NONE;
        endfunction
        ...
    endclass
endpackage
```

第 24 章

基於 UVM 方法學的 SVA 封裝方法

24.1 背景技術方案及缺陷

24.1.1 現有方案

對較為複雜的時序協定做驗證時，往往會使用 SystemVerilog 的併發斷言來輔助驗證，然而併發斷言不能被寫在類別 (Class) 裡面，通常寫在 interface 中實現。

首先來看 demo_protocol_checker，顧名思義，用來檢查 RTL 設計協定的正確性 (完成對目標協定的檢查)，其通訊埠類型和 demo_interface 的資料訊號成員保持一致，然後定義一些本地成員變數和具體的斷言檢查，程式如下：

```
//demo_protocol_checker.sv
interface demo_protocol_checker(
    // 訊號通訊埠宣告
    input logic clk,
    input logic req,
    input logic ack,
    input logic [7:0] data
    );
    // 本地資料成員變數
    // 相關斷言
endinterface
```

然後把上面的斷言實體化在實際的interface中，透過*進行自動通訊埠連接，程式如下：

```
//demo_interface.sv
```

```
interface demo_interface;
    // 資料訊號成員
    logic clk;
    logic req;
    logic ack;
    logic [7:0] data;
    ...
    // 實體化協定檢查斷言
    demo_protocol_checker protocol_checker(.*);
endinterface
```

在複雜的時序協定驗證中,往往斷言檢查需要存取驗證環境的配置物件,以此來根據時序協定配置的行為進行針對性的目標協定檢查。

例如有配置物件,程式如下:

```
//demo_config.sv
class demo_config extends uvm_object;
    // 配置選項
    rand demo_protocol_enum protocol_mode;
    rand int unsigned min_value;
    rand int unsigned max_value;
    // 隨機約束
    constraint c_value_scope {
        min_value >= 15;
        max_value <= 127;
    }
    `uvm_object_utils_begin(demo_config)
    `uvm_field_enum(..,protocol_mode,...)
    `uvm_field_int (min_value,...)
    `uvm_field_int (max_value,...)
    `uvm_object_utils_end
endclass
```

因此,相應地,需要在 demo_protocol_checker 中宣告一些本地變數和設置介面方法,用於控制斷言,程式如下:

```
//demo_protocol_checker.sv
import uvm_pkg::*;
import demo_pkg::*;
interface demo_protocol_checker(
    // 訊號通訊埠宣告
    input logic clk,
    input logic req,
    input logic ack,
```

```
    input logic [7:0] data
);

// 本地資料成員變數
bit checks_enable = 1;
demo_protocol_enum protocol_mode;
int unsigned min_value;
int unsigned max_value;

// 設置本地成員變數
function void set_config(demo_config cfg);
    protocol_mode = cfg.protocol_mode;
    min_value = cfg.min_value;
    max_value = cfg.max_value;
endfunction

function void set_checks_enable(bit en);
    checks_enable = en;
endfunction

// 相關斷言
sequence s_fast_transfer;
    req ##3 !req[*1:3] ##0 ack;
endsequence

sequence s_slow_transfer;
    req ##3 !req[*7:15] ##0 ack;
endsequence

property p_transfer;
    @(posedge clk)
    disable iff (!checks_enable)
    req |->
    if (protocol_mode == DEMO_FAST)
      s_fast_transfer;
    else
      s_slow_transfer;
endproperty
a_transfer:
assert property (p_transfer)
    else $error("illegal transfer");

property p_data_value_max;
    @(posedge clk)
    disable iff (!checks_enable)
    ack |-> (data >= min_value) && (data <= max_value);
```

```
        endproperty

    a_data_value_max:
        assert property (p_data_value_max)
            else $error("illegal ack");
endinterface
```

可以看到，主要做了以下一些斷言檢查：

(1) 使用 checks_enable 來選擇是否啟用斷言檢查。

(2) 使用 protocol_mode 來選擇不同的斷言 sequence，兩者主要是對 req 請求的回應時間不同，一個比較快，必須在 1~3 個時鐘週期內回應，另一個比較慢，必須在 7~15 個時鐘週期內回應。

(3) 檢查 data 資料的範圍是否為 'd15~'d127。

為了設置 demo_protocol_checker，還需要在 demo_interface 中包一層介面方法，程式如下：

```
//demo_interface.sv
interface demo_interface;
    ...
    function void set_config(demo_config cfg);
        protocol_checker.set_config(cfg);
    endfunction

    function void set_checks_enable(bit en);
        protocol_checker.set_checks_enable(en);
    endfunction
endinterface
```

通常驗證開發人員會在 UVM 的 build_phase 中對 demo_config 進行配置，因此需要在該 phase 之後且在 run-time phase 之前將配置完的配置物件 demo_config 傳遞給 demo_protocol_checker，因此通常會在 UVM 元件 (這裡僅作範例，可以在任意元件中完成，例如 monitor 中) 中的 end_of_elaboration_phase 中完成，程式如下：

```
//uvm_transactors.sv
class uvm_transactors extends uvm_component;
    ...
    function void end_of_elaboration_phase(uvm_phase phase);
        vif.set_config(cfg);
```

```
        vif.set_checks_enable(checks_enable);
    endfunction
endclass
```

綜上，現有方案的架構示意圖如圖 24-1 所示。

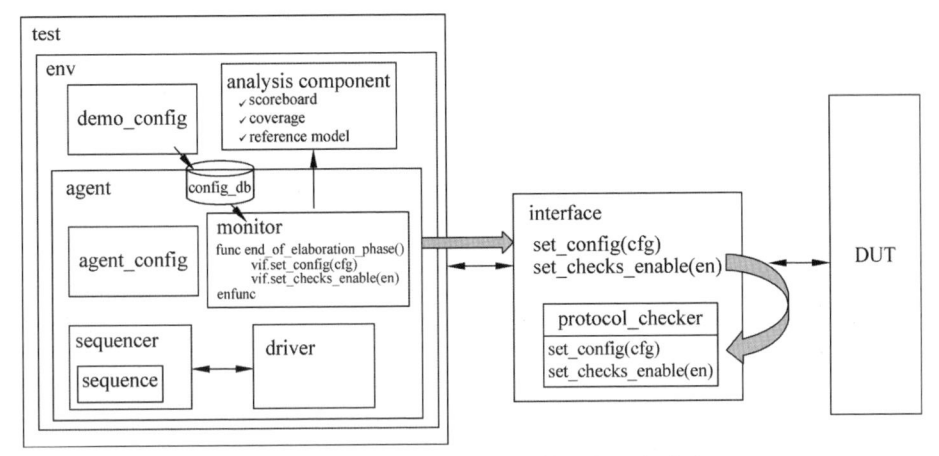

▲圖 24-1 向 SVA 傳遞配置物件的現有方案

首先在 UVM 元件裡的 build_phase 對配置物件進行配置，使用 UVM 的 config_db 配置資料庫將配置完成的配置物件透過 virtual interface 的控制碼呼叫 set_config 和 set_checks_enable 配置介面方法，向 interface 傳遞，然後由其呼叫 SVA(SystemVerilog Assertion)，即這裡的 protocol_checker 的配置介面方法，從而最終實現在 protocol_checker 中獲取配置選項，使斷言檢查以正常執行。

24.1.2 主要缺陷

上述方案存在一個問題，即這裡傳遞給 demo_protocol_checker 的配置選項是靜態的，如果在模擬過程中配置物件 demo_config 被動態地修改了，則 demo_protocol_checker 中的配置選項的值就不是最新的了，需要動態地被更新，否則斷言就不能正確地完成對目標協定的檢查。

24.2 解決的技術問題

解決的技術問題如下：

(1) 避免 24.1.2 節中提到的主要缺陷。

(2) 對基於 UVM 方法學的 SVA 進行封裝，相當於提供適用於 UVM 方法學架設驗證平臺環境的 SVA 寫法的範本。

24.3 提供的技術方案

24.3.1 結構

向 SVA 動態地傳遞配置物件的示意圖如圖 24-2 所示。

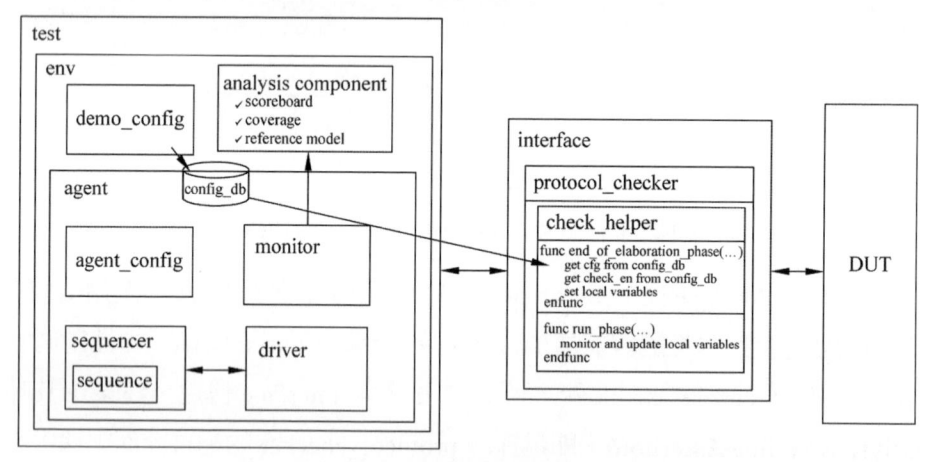

▲圖 24-2 向 SVA 動態地傳遞配置物件的示意圖

對圖 24-2 的解釋說明如下：

(1) 在模擬過程中配置物件被動態地修改，即需要在 UVM 的 run-time phase 裡動態地感知到該配置物件中的資料成員變數的值產生變化，因此需要借助 UVM 元件物件內建的 phase 來完成，那麼這可以透過在 demo_protocol_checker 中撰寫 uvm_component 的子類別實現。

(2) 原先在 UVM 元件中獲取 virtual interface 的控制碼，然後透過該控制碼呼叫介面方法獲取配置物件，同時將配置物件傳遞給 demo_protocol_checker，現在修改為在 demo_protocol_checker 中的 uvm_coponent 的子類別的 end_of_elaboration_phase 中透過直接獲取 config_db 來得到配置物件。

(3) 可以在消耗模擬時間程式的執行過程中，即 run-time phase 中，動態地監測配置物件中資料成員的變化，然後對配置物件進行同步，從而實現在 demo_protocol_checker 中動態地更新配置選項，使斷言檢查得以正常執行。

24.3.2 原理

原理如下：

(1) 利用 UVM 配置資料庫 config_db 獲取驗證環境中配置完成的配置物件。

(2) 在 interface 中對 UVM 元件類別進行衍生，從而借助 UVM 的 phase 機制，實現在 end_of_elaboration_phase 中直接獲取並傳遞配置物件，在 run_phase 中保持對配置物件的監測和更新。

綜上，最終實現向 SVA 中動態傳遞配置物件，即完成在基於 UVM 方法學的驗證平臺中對 SVA 的封裝。

24.3.3 優點

實現了在模擬過程中對配置物件的動態監測和更新。

24.3.4 具體步驟

第 1 步，對之前的 demo_protocol_checker 進行修改，增加 check_helper 類別，在其中的 end_of_elaboration_phase 中透過配置資料庫獲取配置物件並傳遞給 demo_protocol_checker。

第 2 步，在 check_helper 的 run_phase 中保持對配置物件的監測和更新。

上面兩步的程式如下：

```
//demo_protocol_checker.sv
import uvm_pkg::*;
import demo_pkg::*;
interface demo_protocol_checker(
...
    );

    bit checks_enable = 1;
    demo_protocol_enum protocol_mode;
```

```
        int unsigned min_value;
        int unsigned max_value;
        ...
        demo_config cfg;

        class check_helper extends uvm_component;
            ...
            function void end_of_elaboration_phase(uvm_phase phase);
                super.end_of_elaboration_phase(phase);
                if (!uvm_config_db#(demo_config)::get(this, "", "cfg", cfg))
                    `uvm_fatal("ERROR","no demo_config cfg in db")
                void'(uvm_config_db#(bit)::get(this, "","checks_enable", checks_enable));
                protocol_mode = cfg.protocol_mode;
                min_value = cfg.min_value;
                max_value = cfg.max_value;
            endfunction

            task run_phase(uvm_phase phase);
                super.run_phase(phase);
                forever begin
                    @(cfg.protocol_mode or cfg.min_value or cfg.max_value)
                    begin
                        protocol_mode = cfg.protocol_mode;
                        min_value = cfg.min_value;
                        cfg_max_value = cfg.max_value;
                    end
                    `uvm_info("UPDATE","cfg update", UVM_LOW)
                end
            endtask
        endclass

        check_helper m_helper = new("helper");
endinterface
```

在 get 資料庫之前，需要對資料庫進行 set，程式如下：

```
uvm_config_db#(demo_config)::set(null, "*", "cfg", cfg);
uvm_config_db#(bit)::set(null, "*m_helper", "checks_enable", 0);
```

第 25 章

增強對 SVA 偵錯和控制的方法

25.1 背景技術方案及缺陷

25.1.1 現有方案

在對較為複雜的時序協定做驗證時，往往會使用 SystemVerilog 的併發斷言，即用 SVA 來輔助驗證，然而併發斷言不能被寫在類別裡面，通常寫在 interface 中實現。在複雜的時序協定驗證中，往往斷言檢查還需要存取驗證環境的配置物件，以此來根據時序協定配置的行為進行針對性的目標協定檢查。

本章是對第 24 章的改進最佳化，因此現有方案可以參考第 24 章的內容，這裡不再贅述。

25.1.2 主要缺陷

現有的方案是可行的，但存在一些缺陷以待改進最佳化：

(1) 在原先的斷言中使用的是 $error 系統方法，並沒有採用 UVM 的訊息列印方式，因此不能使用更加豐富的訊息類型等控制回呼方法，從而導致出現問題後偵錯不便。

(2) 原先的 SVA 封裝在靜態的 interface 裡，因此在現有方案中配置物件的設置需要在頂層直接向下傳遞到同樣在頂層模組中進行宣告傳遞的 interface 裡，傳遞的路徑作用域太廣，應該將配置物件層層傳遞給對應的 UVC 封裝，最終傳遞給 agent，再由 agent 向其底層傳遞，從而方便配置物件的控制和管理。

(3) 現有方案是將 SVA 封裝在了相應的 interface 裡，而改進後的方案實現了類似在 agent 中封裝實體化 SVA 程式的效果，這更符合 UVC 封裝的原則，方便了專案程式的管理及再使用性和後期的問題偵錯。

25.2 解決的技術問題

在實現對配置物件的動態同步獲取的同時對上述主要缺陷進行改進及最佳化。

25.3 提供的技術方案

25.3.1 結構

本章舉出的增加對 SVA 偵錯和控制的方法架構圖如圖 25-1 所示。

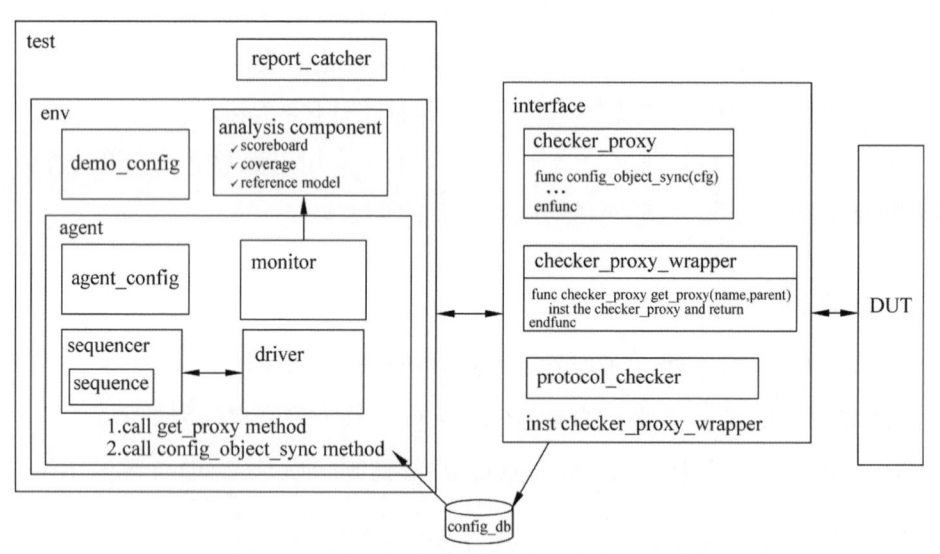

▲圖 25-1 增加對 SVA 偵錯和控制的方法架構圖

在 interface 中宣告 SVA 的代理 checker_proxy 和其封裝 checker_proxy_wrapper，同時在 interface 中建構實例化其封裝 checker_proxy_wrapper，然後使用 UVM 的配置資料庫將該封裝類別傳遞給相應的 UVC agent，在 agent 層次

下呼叫封裝類別中的 get_proxy 方法並傳遞其字串名稱和父節點物件 agent，從而將 checker_proxy 建構實例化在 agent 層次下，於是可以將在 agent 層次下的 checker_proxy（SVA 代理）增加至訊息回呼物件，從而加強對 SVA 訊息的偵錯控制，並且可以在該層次下呼叫 SVA 代理中的配置物件同步方法來完成對配置參數的即時更新同步。

25.3.2 原理

有以下實現想法：

(1) 使用 UVM 訊息報告系統中的回呼物件來增加對 SVA 訊息日誌的控制管理。

(2) 在 interface 裡實體化 UVM 元件從而可以使用 UVM 的 phase 機制和配置資料庫特性，並透過合適的封裝類別結合 UVM 的配置資料庫實現類似在 agent 中封裝實體化 SVA 程式的效果。

UVM 的訊息報告系統原理圖如圖 25-2 所示。

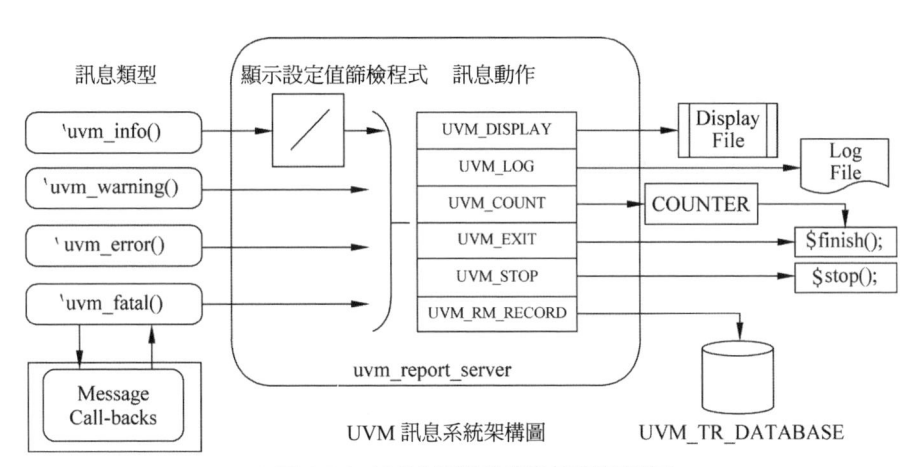

▲ 圖 25-2 UVM 的訊息報告系統原理圖

首先透過訊息巨集產生不同的訊息類型，共有 4 種訊息類型，如 info、warning、error 和 fatal，然後透過顯示設定值篩檢程式設置顯示設定值，從而過濾掉一些不要的資訊，再根據訊息的類型、id 等資訊採取對應不同的動作。另外 UVM 提供訊息回呼，即圖 25-2 中的 Message Call-backs 部分用於對訊息的屬性進行修改後再顯示，而對訊息的修改回呼是透過繼承 UVM 的 uvm_report_catcher 物件實現的。它可以修改訊息類型、訊息容錯設定值、標號 id，以及對應的操作，甚至是具體的字串列印資訊，然後透過 UVM 的訊息系統對後面具體的顯示等操作。這裡主要是實現 catch() 方法，並傳回一種類型為 action_e 的列舉型態參數，該參數有兩種傳回值，分別如下。

(1) THROW： 此時該訊息將被傳遞給其他訊息回呼以進行修改。作為範例，本章使用該參數進行回呼。

(2) CAUGHT： 此時該訊息將被 report_server 抓取以進行後面的過濾、顯示或動作等操作。

25.3.3 優點

避免了 25.1.2 節中出現的缺陷問題。

25.3.4 具體步驟

第 1 步，將所有的斷言 $error 修改成 uvm_error 巨集，並透過 $sformatf 方法結合 %m 來指定所在層次，從而方便後面可能出現的問題偵錯，程式如下：

```
a_transfer:
assert property (p_transfer)
    else `uvm_error("SVA-> protocol_checker",$sformatf("%s\n In Scope %m","transfer illegal"))

a_data_value_max:
assert property (p_data_value_max)
    else `uvm_error("SVA-> protocol_checker",$sformatf("%s\n In Scope %m","ack illegal"))
```

第 2 步，在 UVC agent 封裝的 package（demo_pkg）裡撰寫新增抽象類別 checker_proxy 作為 SVA 的代理，以及新增 SVA 代理的封裝 checker_proxy_wrapper，並在其中撰寫純虛方法 get_proxy 來供後面在 agent 層次下呼叫，以此來對 checker_proxy 進行建構實例化，程式如下：

```
package demo_pkg;
    import uvm_pkg::*;
```

```
    `include "uvm_macros.svh"

    virtual class checker_proxy extends uvm_component;
        function new(string name, uvm_component parent);
            super.new(name,parent);
        endfunction
    endclass

    virtual class checker_proxy_wrapper;
        pure virtual function checker_proxy get_proxy(string name, uvm_component parent);
    endclass

    ...
endpackage
```

第 3 步，在目標 demo_interface 中對上述 SVA 的代理及其封裝進行衍生。對封裝類別 checker_proxy_wrapper 進行建構實例化，但是只對 checker_proxy 進行宣告，卻並沒有對其進行建構實例化，只有在呼叫封裝類別內部的方法 get_proxy 時其才會被建構實例化，透過該方法傳遞其字串名稱和父節點物件，程式如下：

```
interface demo_interface;
    typedef class checker_proxy;
    checker_proxy proxy;

    class checker_proxy extends demo_pkg::checker_proxy;
        function new(string name, uvm_component parent);
            super.new(name,parent);
        endfunction
    endclass

    class checker_proxy_wrapper extends demo_pkg::checker_proxy_wrapper;
        virtual function checker_proxy get_proxy(string name, uvm_component parent);
            if(proxy == null)
                proxy = new(name,parent);
            return proxy;
        endfunction
    endclass

    checker_proxy_wrapper checker_wrapper = new();
    ...
endinterface
```

第 4 步，將此封裝類別 checker_proxy_wrapper 透過 UVM 配置資料庫傳遞給 agent，程式如下：

```
module top;
    demo_interface demo_intf;

    initial begin
    uvm_config_db#(demo_pkg::checker_proxy_wrapper)::set(null,"*.demo_agent",
    "checker_wrapper",demo_intf.checker_wrapper)
        ...
    end
    ...
endmodule
```

第 5 步，在 agent 裡獲取該封裝類別物件，並呼叫其中的 get_proxy 方法來建構實體化 SVA 的代理 checker_proxy，在建構實體化的同時將 agent 本身作為父節點進行傳遞，從而將 SVA 的代理歸到 agent 節點層次下，此後如果再想控制斷言檢查，就可以透過在 agent 層次下的 SVA 代理來完成了，即最終實現了類似在 agent 中封裝實體化 SVA 程式的效果，這更符合 UVC 封裝的原則，方便了專案程式的管理及再使用性和後期的問題偵錯，程式如下：

```
class demo_agent extends uvm_agent;
    checker_proxy sva_checker;

    virtual function void build_phase(uvm_phase phase);
        checker_proxy_wrapper checker_wrapper;
        if(!uvm_config_db#(checker_proxy_wrapper)::get(this,"","checker_
wrapper",checker_wrapper))
            `uvm_fatal("TEST","No checker wrapper in config db")

        sva_checker = checker_wrapper.get_proxy("sva_checker",this);
    endfunction
endclass
```

第 6 步，撰寫 report_catcher 訊息回呼物件，透過繼承 UVM 的 uvm_report_catcher 物件並撰寫其中傳回參數為 action_e 列舉類型的 catch 方法實現，程式如下：

```
class no_a_transfer_catcher extends uvm_report_catcher;
    function action_e catch();
        if(get_severity() == UVM_ERROR && uvm_is_match("*transfer*",get_message()))
```

```
            set_severity(UVM_WARNING);
        return THROW;
    endfunction
endclass
```

可以看到，上面將斷言 a_transfer 的 UVM_ERROR 資訊等級降為了 UVM_WARNING，可以說相當於關斷了該斷言的檢查。根據在實際專案中斷言的需要，可以結合 UVM 提供的訊息報告系統所提供的介面方法實現對訊息類型、訊息容錯設定值、標號 id、對應的操作、具體的字串列印資訊進行修改，實現複雜的統計和報告訊息日誌，以滿足千變萬化的驗證和偵錯過程的需求，而不僅是使用前方案中的 $error 系統方法。

第 7 步，在測試用例中使用訊息回呼來對 SVA 的訊息統計日誌做更進一步的控制。透過在 end_of_elaboration_phase 中宣告實體化回呼物件並呼叫靜態方法 add 來將目標物件增加到該回呼物件中進行處理，程式如下：

```
class demo_test extends test_base;
    demo_pkg::agent agent1;
    demo_pkg::agent agent2;

    virtual function void end_of_alaboration_phase(uvm_phase phase);
        no_a_transfer_catcher catcher = new("catcher");
        uvm_report_cb::add(agent1.sva_checker,catcher);
    endfunction
    ...
endclass
```

第 8 步，此時再實現之前方案中的對配置物件的動態獲取 (對配置參數的即時更新同步)，還是透過上述的 SVA 代理實現。具體分為以下 3 個小步驟：

(1) 在之前的 SVA 代理中增加純虛方法以供之後對配置物件進行更新同步，程式如下：

```
virtual class checker_proxy extends uvm_component;
    pure virtual function void config_object_sync(demo_config cfg);
endclass
```

(2) 在 demo_interface 中繼承上述 SVA 代理並撰寫實現其中的純虛方法，以此來對配置物件進行更新同步，程式如下：

```
interface demo_interface;
    ...
    demo_protocol_enum protocol_mode;
    int unsigned min_value;
    int unsigned max_value;

    class checker_proxy extends demo_pkg::checker_proxy;
        virtual function void config_object_sync(demo_config cfg);
            protocol_mode = cfg.protocol_mode;
            min_value = cfg.min_value;
            cfg_max_value = cfg.max_value;
        endfunction
        ...
    endclass
    ...
endinterface
```

（3）之前在 agent 中已經獲取了 SVA 代理 checker_proxy，因此可以直接呼叫其中撰寫好的 config_object_sync 方法實現對配置物件的更新同步。同時，由於在 agent 中而非在之前的 interface 中的 helper 類別中實現對配置物件的更新同步，因此避免了之前方案中傳遞的路徑作用域太廣的缺陷，因為在 agent 中本身會宣告並獲取上一層次配置傳遞過來的配置物件，這裡直接使用即可，程式如下：

```
class demo_agent extends uvm_agent;
    checker_proxy sva_checker;

    virtual function void build_phase(uvm_phase phase);
        checker_proxy_wrapper checker_wrapper;
        if(!uvm_config_db#(checker_proxy_wrapper)::get(this,"","checker_wrapper",
        checker_wrapper))
            `uvm_fatal("TEST","No checker wrapper in config db")

        sva_checker = checker_wrapper.get_proxy("sva_checker",this);
    endfunction

    task run_phase(uvm_phase phase);
        super.run_phase(phase);
        forever begin
            @(cfg.protocol_mode or cfg.min_value or cfg.max_value)
            sva_checker.config_object_sync(cfg);
            `uvm_info("UPDATE","cfg update", UVM_LOW)
        end
    endtask
endclass
```

第 26 章

針對晶片重置測試場景下的驗證框架

26.1 背景技術方案及缺陷

26.1.1 現有方案

在對 RTL 設計進行驗證時，往往需要針對重置的場景進行驗證，即在 DUT 正常執行的期間，將重置訊號置為有效狀態，以此來對 DUT 進行重置，經過一段時鐘週期的延遲之後，再釋放重置訊號，以此來重新啟動 DUT。

典型的晶片重置驗證場景 (重置後重新啟動激勵序列)，如圖 26-1 所示。

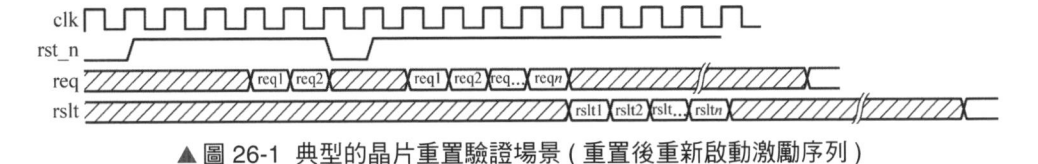

▲圖 26-1 典型的晶片重置驗證場景 (重置後重新啟動激勵序列)

可以看到，圖 26-1 中時鐘訊號 clk 一直正常地進行翻轉，而低電位有效的重置訊號 rst_n 在模擬執行的起始階段為低電位，此時 DUT 處於重定模式，然後經過一定時鐘週期之後，被拉高釋放，此時 DUT 進入正常執行狀態，可以施加測試激勵 req1~n 來對 DUT 的功能進行測試，但是在模擬執行的過程中會再次將重置訊號置為低電位，以此來對 DUT 進行重置，此時測試激勵不再繼續發送剩餘的測試激勵 req2~n，接著重置訊號被釋放，然後重新施加測試激勵 req1~n，此時 DUT 重新運算並輸出結果 rslt1~n。

這裡對 DUT 進行重置，主要是為了將其重置到一個已知的初始執行狀態，因此當其即將進入該重置的狀態之前，以及重置訊號被釋放之後的期間，需要檢查 DUT 還能夠按照原先期望的功能正常執行，可以根據重置訊號釋放後施加的激勵來預測期望的結果，並進行上述檢查。

26.1.2 主要缺陷

通常情況下，在模擬開始時會對 RTL 設計進行重置，但一般不會在模擬的過程中，即不會在 DUT 正常執行期間對其進行重置，因此這種場景也必須被驗證開發人員測試覆蓋到，以確保 RTL 設計能夠在該場景下正常執行，但是，現有的驗證環境往往並不支援這種在模擬執行期間的重置，例如以下操作就不會被現有驗證環境所支援。

操作 1： 當重置訊號有效時，驗證環境需要停止發起的激勵請求，所有相關的元件需要相應地清除內部的一些邏輯狀態，例如參考模型就需要清除內部已經快取的一些資料佇列，以與 DUT 中的邏輯進行匹配，從而實現正確的比較檢查。

操作 2： 重置訊號被釋放後，驗證環境需要重新開始施加發起激勵請求，所有的元件需要能夠重新回到正常執行狀態。

還有不少細節性的操作這裡不一一列舉。

除此之外，由於缺乏針對重置場景下的驗證測試框架，即沒有一套統一遵循的標準框架，驗證開發人員往往會各自對負責的驗證模組所封裝的驗證環境進行重置測試，這又會存在以下 3 點缺陷：

(1) 各個子模組所對應的封裝環境中針對重置場景下的處理動作邏輯風格各異，給後期程式管理和維護增加了難度。

(2) 由於沒有一套統一遵循的標準框架，容易遺漏重置場景下某些細節特性的測試，例如重置訊號有效後，目標測試激勵是重新發起，還是接著原先的激勵繼續發起，此時對驗證組件又該對應地做什麼處理動作。

(3) 當這些子模組所對應的封裝環境向更高層次進行整合驗證時，出現問題將難以偵錯。

因此需要有一種能夠基於現有的 UVM 驗證方法學的基礎上的針對重置場景

下的驗證測試框架，以此來解決上述問題。

26.2 解決的技術問題

解決 26.1.2 節中出現的缺陷問題。

26.3 提供的技術方案

26.3.1 結構

本章舉出的針對重置場景下的驗證平臺結構示意圖如圖 26-2 所示。

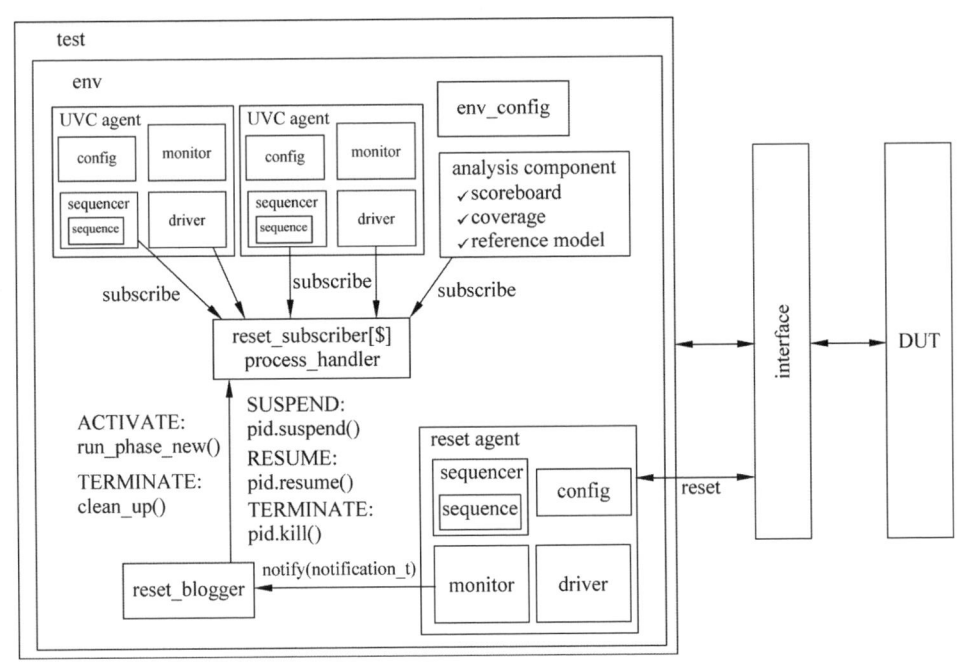

▲圖 26-2 針對重置場景下的驗證平臺結構示意圖

26.3.2 原理

如圖 26-2 所示，重置訊號的監測器會監測匯流排界面上重置訊號的變化，然後根據重置訊號的變化情況及配置的重置模式，呼叫重置通知者 reset_blogger

的通知方法來做訊息通知，通知的內容包括以下幾點。

(1) SUSPEND：暫停處理程序。

(2) TERMINATE：終止處理程序。

(3) RESUME：恢復處理程序。

(4) ACTIVATE：開啟處理程序。

然後所有與重置訊號相關的驗證元件會被作為參數傳遞並實體化成為一個個的重置訂閱者（reset_subscriber），這些重置訂閱者完成對重置通知者訊息的訂閱，並且被寫入重置訂閱者的佇列。

接下來，重置通知者根據從重置訊號監測器收到的訊息來廣播通知給重置訂閱者佇列中所有的訂閱元件成員，最後這些元件成員會呼叫各自內部實現的方法 run_phase_new 或 clean_up 進行相應的動作，與此同時處理程序處理者（process_handler）也會根據通知的訊息對處理程序進行暫停、恢復或終止。

透過上述過程，最終在驗證環境中實現對重置場景下的 DUT 功能的驗證測試。

其中重置訊號的介面封裝 UVC agent 中的配置物件提供了兩種配置模式。

1. RESTART_SEQ_MODE 模式

當重置模式被配置為 RESTART_SEQ_MODE 時，當模擬過程中監測到重置訊號有效並且隨後被釋放之後，驗證環境重新啟動激勵序列進行模擬測試，具體如圖 26-1 所示。

該模式下的執行處理的軟體邏輯如下：

第 1 步，模擬的開始階段，重置訊號監測器呼叫 notify 方法通知訊息 ACTIVATE。

呼叫訂閱元件的 run_new_phase 方法執行模擬，啟動激勵請求序列，並且獲得此時的處理程序控制碼。

第 2 步，當監測到重置訊號有效時，重置訊號監測器呼叫 notify 方法通知訊息 TERMINATE。

呼叫訂閱元件的 clean_up 方法清除重置相關邏輯，並且透過處理程序處理者來呼叫處理程序的 kill 方法，終止當前處理程序並且停止繼續發起的激勵請求序列。

第 3 步，當監測到重置訊號被釋放時，重置訊號監測器呼叫 notify 方法通知訊息 ACTIVATE。

呼叫訂閱元件的 run_new_phase 方法執行模擬，重新啟動激勵請求序列，並再次獲得此時的處理程序控制碼。

第 4 步，不斷地循環執行第 2 步和第 3 步。

2. CONTINUE_SEQ_MODE 模式

當重置模式被配置為 CONTINUE_SEQ_MODE 時，當模擬過程中監測到重置訊號有效並且隨後被釋放之後，驗證環境將接著重置訊號有效前的激勵序列繼續模擬發送和執行，具體如圖 26-3 所示。

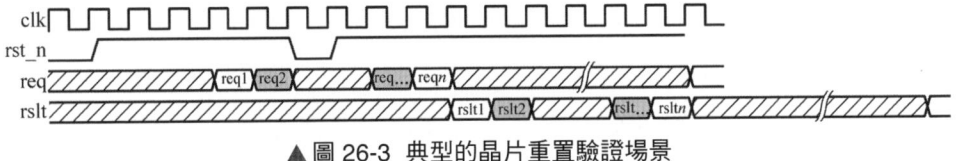

▲圖 26-3 典型的晶片重置驗證場景
（重置後接著重置訊號有效前的激勵序列繼續模擬發送和執行）

該模式下的執行處理的軟體邏輯如下：

第 1 步，模擬的開始階段，重置訊號監測器呼叫 notify 方法通知訊息 ACTIVATE。

呼叫訂閱元件的 run_new_phase 方法執行模擬，啟動激勵請求序列，並且獲得此時的處理程序控制碼。

第 2 步，當監測到重置訊號有效時，重置訊號監測器呼叫 notify 方法通知訊息 SUSPEND。

透過處理程序處理者來呼叫處理程序的 suspend 方法，暫停當前處理程序，暫停已發起的激勵請求序列。

第 3 步，當監測到重置訊號被釋放時，重置訊號監測器呼叫 notify 方法通知訊息 RESUME。

透過處理程序處理者來呼叫處理程序的 resume 方法，恢復當前處理程序，訂閱元件的 run_new_phase 方法繼續執行模擬，繼續執行之前啟動的激勵請求序列。

第 4 步，不斷地循環執行第 2 步和第 3 步。

26.3.3 優點

優點如下：

(1) 針對重置場景下的驗證測試框架可以實現當監測到重置訊號有效時，驗證環境可以停止發起的激勵請求，並且所有相關的元件可以相應地清除內部的一些邏輯狀態。

(2) 針對重置場景下的驗證測試框架可以實現重置訊號被釋放後，驗證環境可以重新開始施加發起激勵請求，所有的元件能夠重新正常執行。

(3) 針對重置場景下的驗證測試框架可以實現根據重置封裝環境的配置來分別測試兩種細分重置場景，一種是重置訊號被釋放後，重新啟動激勵序列來發送激勵請求，另一種是重置訊號被釋放後，繼續發送重置訊號有效前的激勵序列直至發送執行完畢。

(4) 針對重置場景下的驗證測試框架封裝為 package 類別檔案以實現重複使用並且與現有的基於 UVM 驗證方法學完全相容。

26.3.4 具體步驟

首先建立針對重置場景下的驗證測試 package 類別檔案以實現重複使用，包括處理程序處理者、重置通知者和重置訂閱者，具體包括以下 4 個步驟：

第 1 步，建立處理程序處理者 process_handler，並提供 apply 方法，用來根據重置通知訊息類型對當前模擬執行的處理程序操作。

這裡的重置通知資訊類型 reset_blogger_notification_t 是對處理程序 process 操作的列舉型態變數，包括以下幾點。

(1) SUSPEND：暫停處理程序。

(2) TERMINATE：終止處理程序。

(3) RESUME：恢復處理程序。

(4) ACTIVATE：開啟處理程序。

程式如下：

```
//process_handler.svh
class process_handler extends uvm_object;
    virtual task apply(reset_blogger_notification_t what, process pid);
        if(pid) begin
            case(what)
                SUSPEND      : pid.suspend();
                RESUME       : pid.resume();
                TERMINATE    : pid.kill();
            endcase
        end
    endtask

    function new(string name="");
        super.new(name);
    endfunction
endclass
```

第 2 步，建立重置訂閱者 reset_subscriber，包括其基礎類別 reset_subscriber_base，用來訂閱重置通知者的訊息通知，從而相應地對訂閱的驗證元件進行邏輯操作。

首先在基礎類別中提供純虛方法 notify 供其子類別（重置訂閱者 reset_subscriber）進行多載實現。

注意：重置訂閱者是一個參數化的類別，其參數為當前訂閱重置通知者訊息的驗證組件。

然後在重置訂閱者的 notify 方法中根據重置通知資訊類型來決定呼叫訂閱重置通知者訊息的驗證元件的 run_phase_new 方法，以此取代 run_phase 來重新執行模擬，還是呼叫 clean_up 方法來做重置邏輯狀態的清除操作，程式如下：

```
//reset_subscriber_base.svh
    virtual class reset_subscriber_base extends uvm_object;
        pure virtual task notify(reset_blogger origin, reset_blogger_notification_t what);
```

```systemverilog
        function new(string name="");
            super.new(name);
        endfunction
    endclass

//reset_subscriber.svh
    class reset_subscriber #(type T=uvm_component) extends reset_subscriber_base;
        `uvm_object_param_utils(reset_subscriber #(T))
        T container;
        virtual task notify(reset_blogger origin, reset_blogger_notification_t what);
            case(what)
                ACTIVATE: container.run_phase_new(null);
                TERMINATE: container.clean_up();
            endcase
        endtask

        function new(string name="",T container=null);
            super.new(name);
            this.container=container;
        endfunction
    endclass
```

第 3 步，建立重置通知者 reset_blogger，在其中提供 subscribe 方法，用來將重置訂閱者寫入佇列。除此之外，還需要在其中提供 notify 方法，用來根據監測到的重置訊號的變化通知處理程序處理者 process_handler，以此來根據通知的訊息對當前處理程序進行處理，並且通知重置訂閱者 reset_subscriber 來根據通知的訊息對訂閱元件的內部相關邏輯進行清除或重新執行訂閱元件的 run_phase_new 方法來執行模擬。

在通知訂閱元件操作時，只會對兩種訊息類型進行動作回應，分別如下。

(1) ACTIVATE：此時用來啟動模擬進行，那麼訂閱元件就需要重新執行 run_phase_new 方法進行模擬。首先啟動模擬執行，呼叫 process 處理程序的靜態方法 self 來重新獲取當前模擬的處理程序，以便後續處理程序處理者根據重置通知者的訊息通知來對處理程序進行相應操作，然後遍歷重置訂閱者，即對所有的訂閱元件並行地呼叫其內部的 notify 方法，以最終實現並行地呼叫 run_phase_new 方法來重新執行模擬，這裡透過 fork...join_none 來非阻塞的並存執行方式實現，因為訂閱元件的 run_phase_new 類似於 run_phase 方法，是消耗模擬執行時間的，因此必須透過該非阻塞的方式來並存執行，否則相互之間會互相阻塞等待，從而導致錯誤的模擬行為。

(2) TERMINATE： 此時只需遍歷重置訂閱者，即對所有的訂閱元件並行地呼叫其內部的 notify 方法，以最終實現並行地呼叫 clean_up 方法來清除重置訊號相關的內部邏輯。

注意：這裡並不需要使用非阻塞的並存執行方式實現，這是因為訂閱元件 clean_up 方法是函式類型，並不消耗模擬執行時間，因此可以在同一模擬執行時間點完成對所有訂閱元件的內部邏輯的清除操作。

程式如下：

```
//reset_blogger.svh
class reset_blogger extends uvm_object;
    `uvm_object_utils(reset_blogger)

    local process pid;
    local process_handler handler;
    local reset_subscriber_base subscriber[$];

    function new(string name="");
        super.new(name);
    endfunction

    virtual task notify(reset_blogger_notification_t what);
        if(handler==null) begin
            process_handler p = new();
            handler=p;
        end

        handler.apply(what, pid);

        case(what)
          ACTIVATE:begin
                fork
                  begin
                    pid=process::self();
                    foreach(subscriber[idx]) begin
                      fork
                            automatic reset_subscriber_base auto_subscriber = subscriber[idx];
                            auto_subscriber.notify(this,what);
                      join_none
```

```
                                  end
                              end
                          join
                 end
                 TERMINATE:begin
                        foreach(subscriber[idx]) begin
                            subscriber[idx].notify(this,what);
                        end
                 end
            endcase
        endtask

        virtual function void subscribe(reset_subscriber_base s);
            subscriber.push_back(s);
        endfunction
    endclass
```

第 4 步，將上述處理程序處理者、重置通知者和重置訂閱者封裝到 package 類別檔案裡以實現重複使用，程式如下：

```
//reset_pkg.sv
`include "uvm_macros.svh"
package reset_pkg;
    import uvm_pkg::*;
    typedef enum {SUSPEND,TERMINATE,RESUME,ACTIVATE} reset_blogger_notification_t;
    typedef class reset_blogger;

    `include "process_handler.svh"
    `include "reset_subscriber_base.svh"
    `include "reset_subscriber.svh"
    `include "reset_blogger.svh"
endpackage
```

接下來，將上述 package 類別檔案匯入到驗證環境中去使用，主要包括以下幾個步驟：

第 1 步，對重置訊號介面進行封裝，將其封裝成 UVC agent，用來對重置訊號進行監測，並且建構重置場景來對 DUT 進行測試。具體包括以下幾個子步驟。

(1) 將重置訊號單獨封裝成 interface，程式如下：

```
//reset_interface.sv
interface reset_interface(input clk);
  logic reset;
  parameter tsu = 1ps;
```

```
    parameter tco = 0ps;

    clocking drv@(posedge clk);
     output #tco reset;
    endclocking

    clocking mon@(posedge clk);
     input #tsu reset;
    endclocking

    task init();
       reset <= 1;
    endtask

endinterface
```

(2) 建立相對應的重置訊號的交易資料類型，用來作為重置訊號的輸入激勵，其中包括重置訊號及持續的模擬時間，程式如下：

```
//reset_item.svh
class reset_item extends uvm_sequence_item;
    `uvm_object_utils(reset_item)

    rand logic reset;
    rand int duration;

    function new(string name="");
        super.new(name);
    endfunction : new
endclass : reset_item
```

(3) 建立配置物件，用於配置重置場景模式，程式如下：

```
//reset_config.svh
class reset_config extends uvm_object;
    `uvm_object_utils(reset_config)

    reset_case_mode_t mode = RESTART_SEQ_MODE;

    function new(string name="");
        super.new(name);
    endfunction : new
endclass : reset_config
```

(4) 建立驅動器，用來將獲取的重置事務請求資料驅動到重置訊號介面上，從而完成對 DUT 的重置，以建構模擬 DUT 重置測試場景，程式如下：

```
class reset_driver extends uvm_driver #(reset_item);
    `uvm_component_utils(reset_driver)
    virtual reset_interface bfm;

    function new (string name, uvm_component parent);
        super.new(name, parent);
    endfunction : new

    function void build_phase(uvm_phase phase);
        if(!uvm_config_db #(virtual reset_interface)::get(null, "*","reset_bfm", bfm))
            `uvm_fatal("DRIVER", "Failed to get BFM")
    endfunction : build_phase

    task run_phase(uvm_phase phase);
        forever begin
            seq_item_port.try_next_item(req);
            if(req!=null)begin
            this.drive_bfm(req,rsp);
            seq_item_port.item_done();
            end
            else begin
              @(bfm.drv)
              bfm.init();
            end
        end
    endtask : run_phase

  task drive_bfm(REQ req, output RSP rsp);
    rsp = req;
    @(bfm.drv);
    bfm.drv.reset <= req.reset;
    repeat(req.duration)begin
       @(bfm.drv);
    end
  endtask
endclass : reset_driver
```

　　(5) 建立序列器，用來將激勵序列傳送給驅動器，程式如下：

```
//reset_sequencer.svh
class reset_sequencer extends uvm_sequencer #(reset_item);
    `uvm_component_utils(reset_sequencer)

    function new(string name,uvm_component parent);
       super.new(name,parent);
```

```
    endfunction
endclass
```

　　(6) 建立監測器，用來根據配置物件的重置模式及監測到的重置介面訊號的變化，然後呼叫重置通知者的 notify 方法來通知相應的訊息動作。具體包括兩種重置模式的測試場景。

　　第 1 種場景：在配置物件中將重置模式配置為 RESTART_SEQ_MODE。

　　呼叫監測器的 restart_seq 方法來完成監測和訊息動作的通知。在模擬開始後，如果重置訊號為無效狀態，則呼叫重置通知者的 notify 方法來通知訊息 ACTIVATE 給訂閱元件，如果重置訊號為有效狀態，則呼叫重置通知者的 notify 方法來通知訊息 TERMINATE 給訂閱元件，隨後進入迴圈，監測重置訊號的邊沿跳變，以根據重置訊號是否有效，呼叫重置通知者的 notify 方法來通知訊息 ACTIVATE 或 TERMINATE 給訂閱元件，從而最終實現對模擬序列的重新啟動或對模擬序列的停止並終止模擬處理程序。

　　第 2 種場景：在配置物件中將重置模式配置為 CONTINUE_SEQ_MODE。

　　呼叫監測器的 continue_seq 方法來完成監測和訊息動作的通知。在模擬開始後，如果重置訊號為無效狀態，則呼叫重置通知者的 notify 方法來通知訊息 ACTIVATE 給訂閱元件，如果重置訊號為有效狀態，則呼叫重置通知者的 notify 方法來通知訊息 TERMINATE 給訂閱元件，隨後進入迴圈，監測重置訊號的邊沿跳變，以根據重置訊號是否有效，呼叫重置通知者的 notify 方法來通知訊息 SUSPEND 或 RESUME 給處理程序處理者，從而最終實現對模擬處理程序進行暫停和恢復，以實現對重置訊號有效前的激勵序列繼續模擬發送和執行。

　　程式如下：

```
//reset_monitor.svh
class reset_monitor extends uvm_monitor;
   `uvm_component_utils(reset_monitor)

   virtual reset_interface vif;
   reset_blogger blogger;
   reset_config config_h;

   function new (string name, uvm_component parent);
      super.new(name, parent);
```

```
    endfunction

    function void connect_phase(uvm_phase phase);
        super.connect_phase(phase);
        if(!uvm_config_db #(virtual reset_interface)::get(null, "*","reset_bfm", vif))
`uvm_fatal("RESET MONITOR", "Failed to get VIF")
        if (blogger == null)
            if (!uvm_config_db#(reset_blogger)::get(this, "",
                                                   "blogger", blogger))
                `uvm_fatal("NORESET", "blogger must be specified")
        if(!uvm_config_db #(reset_config)::get(this, "","reset_config", config_h))
`uvm_fatal("RESET MONITOR", "Failed to get config")
    endfunction

    virtual task run_phase(uvm_phase phase);
        if(config_h.mode == RESTART_SEQ_MODE)
            restart_seq();
        else
            continue_seq();
    endtask

    virtual task restart_seq();
        if (vif.reset) begin
            blogger.notify(ACTIVATE);
            forever begin
                @(negedge vif.reset)
                    blogger.notify(TERMINATE);
                @(posedge vif.reset)
                    blogger.notify(ACTIVATE);
            end
        end
        else begin
            blogger.notify(TERMINATE);
            forever begin
                @(posedge vif.reset)
                    blogger.notify(ACTIVATE);
                @(negedge vif.reset)
                    blogger.notify(TERMINATE);
            end
        end
    endtask

    virtual task continue_seq();
        if (vif.reset) begin
            blogger.notify(ACTIVATE);
            forever begin
```

```
            @(negedge vif.reset)
              blogger.notify(SUSPEND);
            @(posedge vif.reset)
              blogger.notify(RESUME);
        end
     end
     else begin
        blogger.notify(TERMINATE);
        @(posedge vif.reset)
          blogger.notify(ACTIVATE);
        forever begin
            @(negedge vif.reset)
              blogger.notify(SUSPEND);
            @(posedge vif.reset)
              blogger.notify(RESUME);
        end
     end
  endtask
endclass
```

(7) 建立代理封裝，用來對上述配置物件、驅動器、序列器和監測器進行宣告和實例化，程式如下：

```
//reset_agent.svh
class reset_agent extends uvm_agent;
    `uvm_component_utils(reset_agent)

    reset_sequencer  sequencer_h;
    reset_driver     driver_h;
    reset_monitor    monitor_h;
    reset_config     config_h;

    function new (string name, uvm_component parent);
        super.new(name,parent);
    endfunction : new

    function void build_phase(uvm_phase phase);
       config_h = reset_config::type_id::create("config_h",this);
       if (is_active == UVM_ACTIVE) begin
         sequencer_h= reset_sequencer::type_id::create("sequencer_h",this);
         driver_h = reset_driver::type_id::create("driver_h",this);
       end
       monitor_h = reset_monitor::type_id::create("monitor_h",this);
       uvm_config_db #(reset_config)::set(this, "*monitor_h","reset_config", config_h);
    endfunction : build_phase
```

```
    function void connect_phase(uvm_phase phase);
       if (is_active == UVM_ACTIVE) begin
            driver_h.seq_item_port.connect(sequencer_h.seq_item_export);
       end
    endfunction : connect_phase
endclass : reset_agent
```

第 2 步，在和重置訊號相關的驗證元件中透過 UVM 的配置資料庫獲取重置通知者 reset_blogger，並且宣告實體化重置訂閱者 reset_subscriber，並將當前元件作為參數進行傳遞，然後呼叫重置通知者的 subscribe 方法來完成當前驗證元件對重置通知者通知訊息的訂閱，使當前訂閱元件與重置通知者建立連接關係，從而能夠即時地對重置訊號進行動作回應。最後建立 run_phase_new 方法以取代 run_phase 方法來完成對激勵請求資料的驅動，並且建立 clean_up 方法來清除當重置訊號有效時的內部邏輯，從而完成對當前訂閱元件的重置，例如對於序列器來講，其主要功能在於對請求序列的仲裁並傳送，因此需要停止將請求序列傳送給驅動器，可以呼叫 UVM 的 stop_sequences 方法實現，而對於記分板來講，其主要功能在於對運算的結果進行比較，從而判斷 DUT 功能的正確性，因此需要根據重置模式來選擇性地清除部分快取資料，從而能夠正確地對 DUT 運算結果進行檢查比較，程式如下：

```
//driver.svh
class driver extends uvm_driver #(sequence_item);
   `uvm_component_utils(driver)
    virtual tinyalu_bfm bfm;
    reset_blogger blogger;
    local reset_subscriber#(driver) reset_export;

    function new (string name, uvm_component parent);
       super.new(name, parent);
       reset_export = new("reset_export", this);
    endfunction : new

    function void build_phase(uvm_phase phase);
       if(!uvm_config_db #(virtual tinyalu_bfm)::get(null, "*","bfm", bfm))
          `uvm_fatal("DRIVER", "Failed to get BFM")
    endfunction : build_phase

    function void connect_phase(uvm_phase phase);
```

26.3 提供的技術方案 | 26-17

```
      if (blogger == null) begin
         if (!uvm_config_db#(reset_blogger)::get(this, "", "blogger", blogger)) begin
            `uvm_fatal("NORESET", "blogger must be specified")
         end
      end
   blogger.subscribe(reset_export);
   endfunction

   task run_phase_new(uvm_phase phase);
      `uvm_info(get_type_name(),"Starting run_phase_new...",UVM_NONE)
      get_and_drive();
   endtask

   function void clean_up();
      `uvm_info("DRIVER","CLEANING",UVM_LOW)
   endfunction

   task get_and_drive();
      forever begin : cmd_loop
         shortint unsigned result;
         `uvm_info(this.get_name(),$sformatf("here driver before get req !"),UVM_LOW)
         seq_item_port.get_next_item(req);
         `uvm_info(this.get_name(),$sformatf("here driver get req !"),UVM_LOW)
         bfm.send_op(req.A, req.B, req.op, result);
         req.result = result;
         seq_item_port.item_done();
      end : cmd_loop
   endtask
endclass : driver

//sequencer.svh
class sequencer extends uvm_sequencer #(sequence_item);
   `uvm_component_utils(sequencer)
    reset_blogger blogger;
    virtual tinyalu_bfm bfm;
    local reset_subscriber#(sequencer) reset_export;

    function new(string name,uvm_component parent);
      super.new(name,parent);
      reset_export = new("reset_export", this);
    endfunction

    function void build_phase(uvm_phase phase);
      if(!uvm_config_db #(virtual tinyalu_bfm)::get(null, "*","bfm", bfm))
         `uvm_fatal("DRIVER", "Failed to get BFM")
      if (!uvm_config_db#(reset_blogger)::get(this, "", "blogger", blogger)) begin
```

```
        `uvm_fatal("NORESET", "blogger must be specified")
      end
       blogger.subscribe(reset_export);
  endfunction : build_phase

  task run_phase_new(uvm_phase phase);
     `uvm_info(get_type_name(),"Starting run_phase_new...",UVM_NONE)
  endtask

  function void clean_up();
     `uvm_info(get_type_name(), "cleanup(): stopping the current sequence", UVM_MEDIUM)
      stop_sequences();
  endfunction
endclass
```

第 3 步,在驗證環境裡宣告實體化並配置重置訊號介面的代理封裝,程式如下:

```
//env.svh
class env extends uvm_env;
   ...
   reset_agent reset_agent_h;

   function void build_phase(uvm_phase phase);
      reset_agent_h = reset_agent::type_id::create ("reset_agent_h",this);
      reset_agent_h.is_active = UVM_ACTIVE;


   endfunction : build_phase
endclass
```

第 4 步,建構模擬重置場景的請求序列 reset_sequence_for_continue 和 reset_sequence_for_restart,分別用於前面提到過的兩種重置模式場景的測試。還需要建構 DUT 運算功能的請求序列,由於該範例 DUT 是一個簡化的運算器,提供加、與、或、乘和空操作,因此這裡用作範例的請求序列為連續發十次加運算、十次與運算、十次或運算、十次乘運算和十次空操作運算,程式如下:

```
//reset_sequence_for_continue.svh
class reset_sequence_for_continue extends uvm_sequence #(reset_item);
   `uvm_object_utils(reset_sequence_for_continue)
   reset_item t;

   function new(string name = "reset");
```

```
      super.new(name);
   endfunction : new

   task body();
      reset_for_continue_seq_test;
   endtask : body

   task reset_for_continue_seq_test;
      repeat(2)begin
         t = reset_item::type_id::create("t");
         start_item(t);
         t.reset = 0;
         t.duration = 100;
         finish_item(t);
         `uvm_info("RESET SEQ","Reset is 0 ! ",UVM_MEDIUM);

         t = reset_item::type_id::create("t");
         start_item(t);
         t.reset = 1;
         t.duration = 40;
         finish_item(t);
         `uvm_info("RESET SEQ","Reset is 1 ! ",UVM_MEDIUM);
      end
      endtask
endclass : reset_sequence_for_continue

//reset_sequence_for_restart.svh
class reset_sequence_for_restart extends uvm_sequence #(reset_item);
   `uvm_object_utils(reset_sequence_for_restart)
   reset_item t;

   function new(string name = "reset");
      super.new(name);
   endfunction : new

   task body();
      reset_for_restart_seq_test;
   endtask : body

   task reset_for_restart_seq_test;
      repeat(2)begin
         t = reset_item::type_id::create("t");
         start_item(t);
         t.reset = 0;
         t.duration = 100;
         finish_item(t);
```

```
            `uvm_info("RESET SEQ","Reset is 0 ! ",UVM_MEDIUM);

            t = reset_item::type_id::create("t");
            start_item(t);
            t.reset = 1;
            t.duration = 500;
            finish_item(t);
            `uvm_info("RESET SEQ","Reset is 1 ! ",UVM_MEDIUM);
        end
    endtask
endclass : reset_sequence_for_restart

//random_sequence.svh
class random_sequence extends base_sequence;
    `uvm_object_utils(random_sequence)

    sequence_item command;

    function new(string name = "random_sequence");
        super.new(name);
    endfunction : new

    task body();
        for(int i=0;i<10;i++)begin
            command = sequence_item::type_id::create("command");
            start_item(command);
            command.A = i;
            command.B = i;
            command.op = add_op;
            finish_item(command);
            `uvm_info("RANDOM SEQ", $sformatf("random command: %s, command.convert2string), UVM_HIGH)
        end
        for(int i=0;i<10;i++)begin
            command = sequence_item::type_id::create("command");
            start_item(command);
            command.A = i;
            command.B = i;
            command.op = and_op;
            finish_item(command);
            `uvm_info("RANDOM SEQ", $sformatf("random command: %s, command.convert2string), UVM_HIGH)
        end
        for(int i=0;i<10;i++)begin
            command = sequence_item::type_id::create("command");
            start_item(command);
```

```
            command.A = i;
            command.B = i;
            command.op = xor_op;
            finish_item(command);
            `uvm_info("RANDOM SEQ", $sformatf("random command: %s", command.convert2string),
UVM_HIGH)
        end
        for(int i=0;i<10;i++)begin
            command = sequence_item::type_id::create("command");
            start_item(command);
            command.A = i;
            command.B = i;
            command.op = mul_op;
            finish_item(command);
            `uvm_info("RANDOM SEQ", $sformatf("random command: %s", command.convert2string),
UVM_HIGH)
        end
        for(int i=0;i<10;i++)begin
            command = sequence_item::type_id::create("command");
            start_item(command);
            command.A = i;
            command.B = i;
            command.op = no_op;
            finish_item(command);
            `uvm_info("RANDOM SEQ", $sformatf("random command: %s", command.convert2string),
UVM_HIGH)
        end
    endtask : body
endclass : random_sequence
```

第 5 步，建立測試用例，主要完成以下幾件事情：

(1) 宣告實體化驗證環境。

(2) 宣告實體化並啟動請求序列，包括建構模擬重置場景的請求序列和 DUT 運算功能的請求序列。

(3) 配置重置模式，以使重置監測器根據監測到的重置訊號變化來透過重置通知者進行相應的訊息通知。

(4) 宣告實體化重置通知者並透過 UVM 配置資料庫向底層元件進行傳遞。

(5) 宣告實體化重置訂閱者，並將測試用例作為參數進行傳遞，然後訂閱到重置通知者。

(6) 實現訂閱元件的 run_phase_new 方法，並在其中啟動 DUT 功能測試請求序列，從而實現在重置訊號被釋放後且重置模式為 RESTART_SEQ_MODE 下，可以再次啟動該請求序列以進行測試。

注意：需要在 UVM 的消耗模擬時間的 phase 裡啟動重置請求序列，該請求序列將與 DUT 功能測試請求序列並存執行。

　　(7) 實現訂閱元件的 clean_up 方法，並可根據重置模式來選擇性地清除相關邏輯，程式如下：

```
//reset_test.svh
class reset_test extends uvm_test;
   `uvm_component_utils(reset_test)

   env           env_h;
   random_sequence random_sequence_h;
   //reset_sequence_for_restart reset_sequence_h;
   reset_sequence_for_continue reset_sequence_h;
   virtual tinyalu_bfm bfm;
   reset_blogger blogger;
   reset_subscriber#(virtual_sequence_test) reset_export;

   function new(string name, uvm_component parent);
      super.new(name,parent);
      reset_export = new("reset_export", this);
   endfunction : new

   function void build_phase(uvm_phase phase);
      if(!uvm_config_db #(virtual tinyalu_bfm)::get(null, "*","bfm", bfm))
         `uvm_fatal("DRIVER", "Failed to get BFM")
      env_h = env::type_id::create("env_h",this);
      blogger = reset_blogger::type_id::create("blogger", this);
      uvm_config_db#(reset_blogger)::set(this, "*", "blogger", blogger);
   endfunction : build_phase

   function void connect_phase(uvm_phase phase);
      env_h.bus_agent_h.sequencer_h.reg_model_h = env_h.reg_model_h;
      blogger.subscribe(reset_export);
      //env_h.reset_agent_h.config_h.mode = RESTART_SEQ_MODE;
      env_h.reset_agent_h.config_h.mode = CONTINUE_SEQ_MODE;
   endfunction

   task main_phase(uvm_phase phase);
      phase.phase_done.set_drain_time(this,30000ns);
      //reset_sequence_h = reset_sequence_for_restart::type_id::create("reset_
```

```
sequence_h");
      reset_sequence_h = reset_sequence_for_continue::type_id::create("reset_
sequence_h");
      phase.raise_objection(this);
      reset_sequence_h.start(env_h.reset_agent_h.sequencer_h);
      phase.drop_objection(this);
  endtask

  task run_phase_new(uvm_phase phase);
    `uvm_info(get_type_name(), "Starting test in run_phase_new...", UVM_MEDIUM)
    random_sequence_h = random_sequence::type_id::create("random_sequence_h");
    random_sequence_h.start(env_h.agent_h.sequencer_h);
    `uvm_info(get_type_name(), "run_phase_new: TEST DONE", UVM_MEDIUM)
  endtask
  function void clean_up();
    `uvm_info("TEST","CLEANING",UVM_NONE)
  endfunction
endclass
```

最後執行模擬工具以查看模擬結果。

對於重置模式為 RESTART_SEQ_MODE 的模擬波形如圖 26-4 所示。

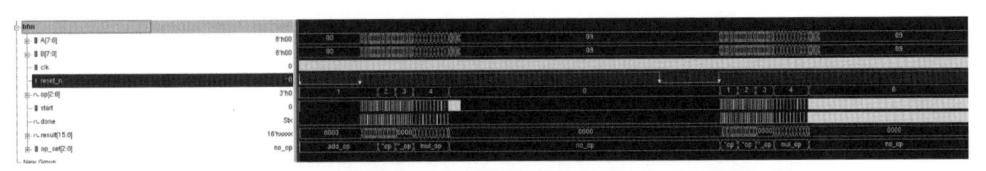

▲ 圖 26-4 重置模式為 RESTART_SEQ_MODE 的模擬波形

可以看到，最終實現重置訊號無效時對模擬序列的重新啟動，以及重置訊號有效時對模擬序列的停止並終止模擬處理程序。

對於重置模式為 CONTINUE_SEQ_MODE 的模擬波形如圖 26-5 所示。

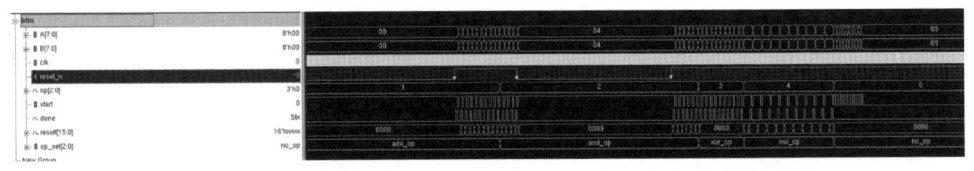

▲ 圖 26-5 重置模式為 CONTINUE_SEQ_MODE 的模擬波形

可以看到，最終實現重置訊號無效時對模擬處理程序的恢復，以實現對重置訊號有效前的激勵序列的繼續模擬執行，以及重置訊號有效時對模擬處理程序的暫停。

第 27 章

採用事件觸發的晶片重置測試方法

27.1 背景技術方案及缺陷

27.1.1 現有方案

本章是對第 26 章的部分改進，現有方案可以參考第 26 章的內容，這裡不再贅述。

27.1.2 主要缺陷

採用上述方案可行，但是主要存在以下兩個缺陷。

缺陷一： 上述方案要求在絕大多數和重置相關的元件中增加一個 run_phase_new 的新的 phase，並且使用該 phase 來取代原本 UVM 驗證方法學裡提供的 run_phase，這破壞了原本驗證工程師的使用習慣，因此會帶來使用上的不便。

缺陷二： 上述方案使用起來較為複雜，增加了專案程式的可重用的難度，而且對於新入職的驗證工程師來講，存在一定的學習成本，變相地帶來了在一定程度上工作效率的降低。

因此，本章將採用另外一種非常簡便的基於事件驅動的方法來解決這個問題，並且保持了驗證工程師對 UVM 驗證方法學原有的使用習慣。

注意：本章提供的方案不支援對模擬激勵序列的中斷點續傳功能，即不支援現有方案中的 CONTINUE_SEQ_MODE 配置模式，如果在激勵序列發送執行的過程中產生了重置有效訊號，則此時未發送完的激勵序列將被丟棄，因此在對待測設計進行重置後，需要重新發送完整的激勵序列以進行重置場景的測試。

27.2 解決的技術問題

解決上述缺陷，並提供一種更為簡單可行且程式易於重用的解決方案。

27.3 提供的技術方案

27.3.1 結構

本章舉出的針對重置場景下的驗證平臺結構示意圖如圖 27-1 所示。

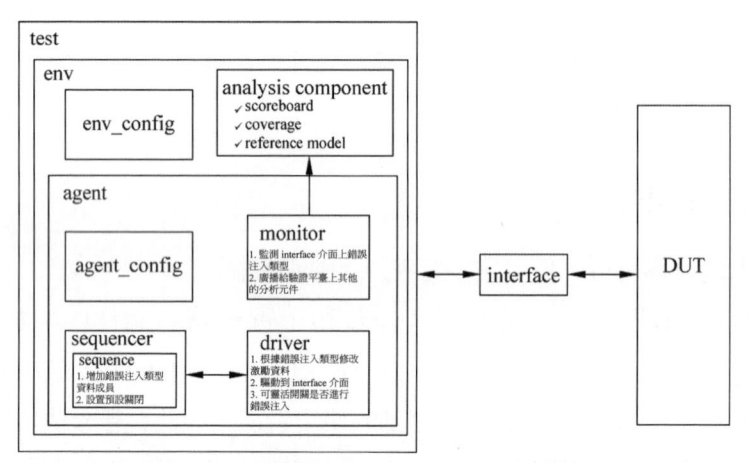

▲圖 27-1 針對重置場景下的驗證平臺結構示意圖

27.3.2 原理

如圖 27-1 所示，將介面匯流排模型 (圖中的 interface) 透過配置資料庫傳遞給驗證平臺中會受到重置訊號影響的驗證元件 (主要是輸入 / 輸出通訊埠封裝的 UVC，即圖中的 input&output UVC)，然後這些驗證元件利用介面匯流排模型中提供的監測同步硬體重置訊號的介面方法 (圖中的 reset monitor api) 來對重置訊號的狀態進行監測，並採取相應的同步處理動作，同時這些元件保持原本正常狀態下執行的功能。

最後建構重置測試場景，即在模擬執行期間控制重置封裝 UVC(圖中的 reset UVC) 在隨機時間點驅動重置訊號給待測設計的重置輸入通訊埠介面訊號上，從而對待測設計進行重置，不斷重複重置幾次並控制輸入通訊埠封裝的 UVC(圖中的 input UVC) 將隨機輸入測試序列驅動到輸入介面匯流排上，將預測的期望結果與待測設計的實際輸出結果進行比較，從而完成對待測設計的功能驗證。

27.3.3　優點

優點如下：

(1) 可以很容易地嵌入封裝到驗證元件中，以提高程式的再使用性。

(2) 可以在模擬過程中的任意時間點插入重置訊號並且驗證元件可以根據監測到的重置訊號狀態做相應的處理動作。

(3) 可以做到當重置訊號被釋放之後，自動重新發送輸入激勵序列進行模擬驗證。

(4) 簡單易行，不會影響到現有驗證工程師的程式開發習慣，即使對於新入職的驗證工程師來講，也可以很快上手應用。

27.3.4　具體步驟

第 1 步，對重置訊號封裝一個獨立的可重用的通用驗證元件。用於產生重置訊號並施加給待測設計的重置訊號輸入通訊埠。

具體內容包括以下幾個小步驟。

(1) 建立重置介面模型 (reset_interface)，用於連接驗證平臺和待測設計的重置訊號，程式如下：

```
//reset_interface.sv
interface reset_interface();
  parameter tsu = 1ps;
  parameter tco = 0ps;

  logic clk;
  logic rst;
```

```
  clocking drv@(posedge clk);
    output #tco rst;
  endclocking

  clocking mon@(posedge clk);
    input #tsu rst;
  endclocking

  task init();
    rst <= 1;
  endtask

  initial begin
    clk = 0;
    forever begin
      #10;
      clk = ~clk;
    end
  end
endinterface
```

(2) 建立與重置訊號相關的交易資料類型 (程式中的 reset_item)，在其中包含兩個資料變數成員，分別用於表示重置前的延遲時間和重置訊號有效的持續時間，並將上述兩者的時間約束到合理的期望範圍，程式如下：

```
//reset_item.svh
class reset_item extends uvm_sequence_item;
   `uvm_object_utils(reset_item)

   rand int unsigned pre_rst_duration;
   rand int unsigned rst_duration;

   constraint duration_c {pre_rst_duration < 100;rst_duration < 100;}

   function new(string name="");
      super.new(name);
   endfunction : new
endclass : reset_item
```

(3) 建立用於產生重置訊號的激勵序列 (程式中的 reset_sequence)，程式如下：

```
//reset_sequence.svh
class reset_sequence extends uvm_sequence #(sequence_item);
   `uvm_object_utils(reset_sequence)
   reset_item t;
```

```
    function new(string name = "reset");
        super.new(name);
    endfunction : new

    task body();
     t = reset_item::type_id::create("t");
     start_item(t);
     assert(t.randomize());
     finish_item(t);
    endtask : body
endclass : reset_sequence
```

(4) 建立用於驅動重置訊號序列的驅動器 (程式中的 reset_driver)，根據與重置訊號相關的交易資料類型中的重置延遲和持續時間資訊進行驅動並施加給待測設計的重置訊號輸入通訊埠，程式如下：

```
//reset_driver.svh
class reset_driver extends uvm_driver #(reset_item);
   `uvm_component_utils(reset_driver)
   virtual reset_interface bfm;

   function new (string name, uvm_component parent);
       super.new(name, parent);
   endfunction : new

   function void build_phase(uvm_phase phase);
       if(!uvm_config_db #(virtual reset_interface)::get(null, "*","reset_bfm", bfm))
         `uvm_fatal("DRIVER", "Failed to get BFM")
```

```
    endfunction : build_phase

    task run_phase(uvm_phase phase);
       forever begin
          seq_item_port.try_next_item(req);
          if(req!=null)begin
           this.drive_bfm(req);
           seq_item_port.item_done();
          end
          else begin
           @(bfm.drv)
           bfm.init();
          end
       end
    endtask : run_phase

  task drive_bfm(REQ req);
    repeat(req.pre_rst_duration)begin
      @(bfm.drv);
    end
    @(bfm.drv);
    bfm.drv.rst <= 0;
    repeat(req.rst_duration)begin
      @(bfm.drv);
    end
    @(bfm.drv);
    bfm.drv.rst <= 1;
  endtask
endclass : reset_driver
```

(5) 建立重置監測器 (程式中的 reset_monitor)，用於監測重置訊號並封裝成相應的交易資料類型，程式如下：

```
//reset_monitor.svh
class reset_monitor extends uvm_monitor;
   `uvm_component_utils(reset_monitor)

   virtual reset_interface vif;

   uvm_analysis_port #(reset_item) ap;

   function new (string name, uvm_component parent);
      super.new(name, parent);
   endfunction
```

```
    function void build_phase(uvm_phase phase);
        if(!uvm_config_db #(virtual reset_interface)::get(null, "*","reset_bfm", vif))
            `uvm_fatal("RESET MONITOR", "Failed to get VIF")
        ap= new("ap",this);
    endfunction

    task run_phase(uvm_phase phase);
      reset_item item;
      int unsigned pre_rst_duration = 0;
      int unsigned rst_duration = 0;
      bit rst_prv;

      @(vif.mon);
      rst_prv = vif.mon.rst;
      forever begin
       @(vif.mon);
       if(vif.mon.rst==0)begin
         rst_duration++;
         pre_rst_duration = 0;
       end
       else begin
         pre_rst_duration++;
         rst_duration = 0;
       end
       if(rst_prv != vif.mon.rst)begin
         item = new("item");
         item.pre_rst_duration = pre_rst_duration;
         item.rst_duration = rst_duration;
         ap.write(item);
       end
      end
    endtask

endclass
```

(6) 建立重置序列器 (程式中的 reset_sequencer)，用於對重置激勵序列 (程式中的 reset_sequence) 進行仲裁並傳送給重置驅動器 (程式中的 reset_driver)，程式如下：

```
//reset_sequencer.svh
class reset_sequencer extends uvm_sequencer #(reset_item);
    `uvm_component_utils(reset_sequencer)

    function new(string name,uvm_component parent);
      super.new(name,parent);
```

```
        endfunction
endclass
```

(7) 將上面提到的與重置訊號相關的元件封裝成代理 (程式中的 reset_agent)，程式如下：

```
//reset_agent.svh
class reset_agent extends uvm_agent;
    `uvm_component_utils(reset_agent)

    reset_sequencer sequencer_h;
    reset_driverdriver_h;
    reset_monitor monitor_h;
    function new (string name, uvm_component parent);
        super.new(name,parent);
    endfunction : new

    function void build_phase(uvm_phase phase);
       if (is_active == UVM_ACTIVE) begin
          sequencer_h= reset_sequencer::type_id::create("sequencer_h",this);
          driver_h = reset_driver::type_id::create("driver_h",this);
       end
       monitor_h = reset_monitor::type_id::create("monitor_h",this);
    endfunction : build_phase

    function void connect_phase(uvm_phase phase);
      if (is_active == UVM_ACTIVE) begin
          driver_h.seq_item_port.connect(sequencer_h.seq_item_export);
       end
    endfunction : connect_phase
endclass : reset_agent
```

第 2 步，在所有會受到重置訊號影響的驗證組件裡實現對重置訊號相關事件的監測感知，並進行相應處理。

具體內容包括以下幾個小步驟。

(1) 在介面模型中提供監測同步硬體重置訊號的介面方法，分別用於等待重置訊號被啟動及等待重置訊號被釋放，程式如下：

```
//tinyalu_bfm.sv
task automatic wait_rst_active();
    @(negedge rst_n);
endtask
```

```
task automatic wait_rst_release();
    wait(rst_n == 1);
endtask
```

(2) 在待測設計輸入 / 輸出通訊埠訊號的監測器 (程式中的 command_monitor 和 result_monitor) 中實現兩個平行線程，其中一個執行緒用於監測待測設計輸入 / 輸出通訊埠訊號上的資料並將其封裝成交易資料類型後向驗證平臺中的其他元件進行廣播，另一個執行緒用於監測等待重置訊號被啟動，在重置訊號有效時，停止對待測設計的通訊埠訊號進行監測、封裝和廣播。在此之後，等待重置訊號被釋放，待測設計進入正常執行狀態，然後不斷地重複上述過程，程式如下：

```
//command_monitor.svh
class command_monitor extends uvm_monitor;
   `uvm_component_utils(command_monitor)

   virtual tinyalu_bfm bfm;
   uvm_analysis_port #(sequence_item) ap;

   function new (string name, uvm_component parent);
      super.new(name,parent);
   endfunction

   function void build_phase(uvm_phase phase);
      if(!uvm_config_db #(virtual tinyalu_bfm)::get(null, "*","bfm", bfm))
`uvm_fatal("COMMAND MONITOR", "Failed to get BFM")
      ap= new("ap",this);
   endfunction : build_phase

   task run_phase(uvm_phase phase);
     forever begin
       fork
         begin
           mon_trans();
         end
         begin
           bfm.wait_rst_active();
         end
       join_any
       disable fork;
       bfm.wait_rst_release();
     end
   endtask
```

```systemverilog
    task mon_trans();
      sequence_item cmd;
       @(bfm.mon);
        if(bfm.mon.done)begin
          cmd = new("cmd");
          cmd.op = op2enum(bfm.mon.op);
          cmd.A = bfm.mon.A;
          cmd.B = bfm.mon.B;
          ap.write(cmd);
          `uvm_info("COMMAND MONITOR",cmd.convert2string(), UVM_MEDIUM);
        end
    endtask

    function operation_t op2enum(logic[2:0] op);
      case(op)
            3'b000 : return no_op;
            3'b001 : return add_op;
            3'b010 : return and_op;
            3'b011 : return xor_op;
            3'b100 : return mul_op;
      endcase
    endfunction
endclass : command_monitor

//result_monitor.svh
class result_monitor extends uvm_monitor;
   `uvm_component_utils(result_monitor)

   virtual tinyalu_bfm bfm;
   uvm_analysis_port #(result_transaction) ap;

   function new (string name, uvm_component parent);
      super.new(name, parent);
   endfunction : new

   function void build_phase(uvm_phase phase);
     if(!uvm_config_db #(virtual tinyalu_bfm)::get(null, "*","bfm", bfm))
        `uvm_fatal("RESULT MONITOR", "Failed to get BFM")
     ap= new("ap",this);
   endfunction : build_phase

   task run_phase(uvm_phase phase);
     forever begin
       fork
         begin
           mon_trans();
```

```
              end
              begin
                bfm.wait_rst_active();
              end
            join_any
            disable fork;
            bfm.wait_rst_release();
          end
      endtask

      task mon_trans();
        result_transaction result_t;

        @(bfm.mon);
        if(bfm.mon.done)begin
          result_t = new("result_t");
          result_t.result = bfm.mon.result;
          result_t.is_nop = 0;
          ap.write(result_t);
          `uvm_info("RESULT MONITOR",$sformatf("MONITOR: result: %h",result_t.result),UVM_HIGH);
        end
        if((bfm.mon.op=='d0) && (bfm.mon.start))begin
          result_t = new("result_t");
          result_t.result = 'd0;
          result_t.is_nop = 1;
          ap.write(result_t);
      end
    endtask

endclass : result_monitor
```

（3）在用於驅動輸入訊號序列的 driver 中也實現兩個平行線程，其中一個執行緒用於獲取待測設計輸入的 sequence_item 並將其驅動到待測設計的輸入通訊埠上，另一個執行緒用於監測等待重置訊號被啟動，在重置訊號有效時，停止進行驅動並對輸入介面匯流排上的訊號進行重置。在此之後，等待重置訊號被釋放，待測設計進入正常執行狀態，然後不斷地重複上述過程，程式如下：

```
//driver.svh
class driver extends uvm_driver #(sequence_item);
  `uvm_component_utils(driver)
  virtual tinyalu_bfm bfm;
```

```
function void build_phase(uvm_phase phase);
if(!uvm_config_db #(virtual tinyalu_bfm)::get(null, "*","bfm", bfm))
`uvm_fatal("DRIVER", "Failed to get BFM")
endfunction : build_phase
task run_phase(uvm_phase phase);
forever begin
fork
begin
get_and_drive();
end
begin
bfm.wait_rst_active();
end
join_any
disable fork;
bfm.init();
bfm.wait_rst_release();
end
endtask : run_phase
task get_and_drive();
bit[15:0] result;
seq_item_port.try_next_item(req);
if(req!=null)begin
bfm.send_op(req,result);
req.result = result;
seq_item_port.item_done();
end
else begin
@(bfm.drv)
bfm.init();
end
endtask
function new (string name, uvm_component parent);
super.new(name, parent);
endfunction : new
endclass : driver
```

（4）在用於對輸入激勵序列進行仲裁並傳送的序列器中，不斷地監測等待重置訊號被啟動，一旦重置訊號有效，則停止所有在序列器上正在仲裁執行的序列，將序列器重置到一個空閒狀態。

在此之後，等待重置訊號被釋放，待測設計進入正常執行狀態，然後將再次監測重置訊號是否被啟動（有效）並重複上述過程，程式如下：

```
//sequencer.svh
class sequencer extends uvm_sequencer #(sequence_item);
   `uvm_component_utils(sequencer)
   virtual tinyalu_bfm bfm;

   function void build_phase(uvm_phase phase);
      if(!uvm_config_db #(virtual tinyalu_bfm)::get(null, "*","bfm", bfm))
         `uvm_fatal("DRIVER", "Failed to get BFM")
   endfunction : build_phase

  task run_phase(uvm_phase phase);
    forever begin
      bfm.wait_rst_active();
      stop_sequences();
      bfm.wait_rst_release();
    end
  endtask : run_phase

    function new(string name,uvm_component parent);
        super.new(name,parent);
    endfunction
endclass
```

（5）在用於比較待測設計和參考模型輸出結果的記分板元件中也實現兩個平行線程，其中一個執行緒用於預測期望結果並與實際的待測設計輸出的結果進行比較，另一個執行緒用於監測等待重置訊號被啟動，在重置訊號有效時，對內部邏輯進行清除。在此之後，等待重置訊號被釋放，待測設計進入正常執行狀態，然後不斷地重複上述過程。

參考模型做類似的清除內部邏輯的處理操作，這裡不再贅述，程式如下：

```
//scoreboard.svh
class scoreboard extends uvm_scoreboard;
   `uvm_component_utils(scoreboard)
   virtual tinyalu_bfm bfm;
   uvm_blocking_get_port #(sequence_item) cmd_port;
   uvm_blocking_get_port #(result_transaction) result_port;

   reg_model reg_model_h;
   int item_num;

   function new (string name, uvm_component parent);
      super.new(name, parent);
      clean_up();
```

```
    endfunction : new

  function void build_phase(uvm_phase phase);
      super.build_phase(phase);
      cmd_port = new("cmd_port",this);
      result_port = new("result_port",this);
      if(!uvm_config_db #(virtual tinyalu_bfm)::get(null, "*","bfm", bfm))
         `uvm_fatal("DRIVER", "Failed to get BFM")
    endfunction : build_phase

    function result_transaction predict_result(sequence_item cmd);
       result_transaction predicted;
       shortint result;
       predicted = new("predicted");

       case (cmd.op)
         add_op: result = cmd.A + cmd.B;
         and_op: result = cmd.A & cmd.B;
         xor_op: result = cmd.A ^ cmd.B;
         mul_op: result = cmd.A * cmd.B;
       endcase

       predicted.result = result;
       `uvm_info("SCOREBOARD",$sformatf(" op is %s, A is %h, B is %h, exp_result is
%h",cmd.op.name(),cmd.A,cmd.B,predicted.result),UVM_HIGH);
       return predicted;
    endfunction : predict_result
  task run_phase(uvm_phase phase);
    forever begin
      fork
        begin
          predict_and_check();
        end
        begin
          bfm.wait_rst_active();
          clean_up();
        end
      join_any
      disable fork;
      bfm.wait_rst_release();
    end
  endtask : run_phase

  function void clean_up();
    `uvm_info(this.get_name(),$sformatf("clean scoreboard logic here"),UVM_LOW)
    item_num = 0;
```

```
    endfunction

    task predict_and_check();
        string data_str;
        sequence_item cmd;
        result_transaction exp_result;
        result_transaction act_result;
        result_transaction exp_queue[$];
        result_transaction act_queue[$];
        result_transaction exp_result_tmp;
        result_transaction act_result_tmp;
        uvm_status_e status;

        fork
          forever begin
              cmd_port.get(cmd);
                `uvm_info(this.get_name(),$sformatf("scoreboard get cmd is %s",cmd.convert2string()),UVM_LOW)

                exp_result = predict_result(cmd);
                if((cmd.op!=no_op))
                    exp_queue.push_back(exp_result);
          end
          forever begin
              if((exp_queue.size()>0) &&(act_queue.size()>0))begin
                  exp_result_tmp = exp_queue.pop_front();
                  act_result_tmp = act_queue.pop_front();
                  data_str = {                cmd.convert2string(),
                              " ==> Actual ",act_result_tmp.convert2string(),
                              "/Predicted ",exp_result_tmp.convert2string()};
                  if (!exp_result_tmp.compare(act_result_tmp))
                      `uvm_error("SELF CHECKER", {"FAIL: ",data_str})
                  else
                      `uvm_info ("SELF CHECKER", {"PASS: ", data_str}, UVM_HIGH)
              end
              else begin
                  result_port.get(act_result);
                  item_num++;
                  if(act_result.is_nop==0)begin
                    act_queue.push_back(act_result);
                  end
              end
          end
        join
    endtask
endclass : scoreboard
```

第 3 步，建立頂層測試用例。

具體內容包括以下幾個小步驟。

(1) 宣告實體化重置訊號激勵序列，並在模擬過程中的任意隨機時間點隨機啟動多次。當完成隨機設定的重置啟動次數之後，進入等待休眠狀態。

(2) 宣告實體化待測設計的隨機輸入激勵序列，監測等待待測設計以完成對輸入激勵的運算。每次監測到重置訊號有效時重新發送執行輸入激勵序列。

(3) 上面兩個執行緒並存執行，一個用於產生重置場景，另一個用來發送正常運算測試序列，直到最終模擬結束，程式如下：

```
//demo_test.svh
class demo_test extends base_test;
   `uvm_component_utils(demo_test)
   int reset_item_num;
   int traffic_item_num;
   bit traffic_complete = 0;
   int reset_cnt = 0;

   function new(string name, uvm_component parent);
      super.new(name,parent);
      uvm_top.set_timeout(30000ns,0);
   endfunction : new

   function void connect_phase(uvm_phase phase);
      env_h.bus_agent_h.sequencer_h.reg_model_h = env_h.reg_model_h;
      env_h.scoreboard_h.reg_model_h = env_h.reg_model_h;
   endfunction

   task main_phase(uvm_phase phase);
      phase.raise_objection(this);
      initiate_reset();
      std::randomize(reset_item_num) with {reset_item_num >= 3;reset_item_num <= 5;};
      std::randomize(traffic_item_num) with {traffic_item_num >= 100;traffic_item_num <= 300;};
      do begin
        fork
          begin
            if(reset_cnt < reset_item_num)begin
              initiate_reset();
            end
            else begin
              wait(0);
```

```
                end
              end
            begin
              send_traffic_and_wait_complete();
            end
          join_any
          disable fork;
        end while(traffic_complete == 0);
        phase.drop_objection(this);
    endtask

    task initiate_reset();
      reset_sequence reset_seq = reset_sequence::type_id::create("reset_seq");
      reset_seq.start(env_h.reset_agent_h.sequencer_h);
      reset_cnt++;
    endtask

    task send_traffic_and_wait_complete();
      // 發送激勵
      random_sequence random_seq = random_sequence::type_id::create("random_seq");
      random_seq.item_num = traffic_item_num;
      random_seq.start(env_h.agent_h.sequencer_h);
      // 等待計算完成
      wait(env_h.scoreboard_h.item_num == traffic_item_num);
      traffic_complete = 1;
    endtask

endclass
```

第 28 章

支援多空間域的晶片重置測試方法

28.1 背景技術方案及缺陷

28.1.1 現有方案

對 DUT 進行驗證時，往往需要考慮重置場景下的驗證，即在待測設計正常模擬執行期間，將重置訊號置為有效狀態，以此來對待測設計進行重置，經過一段時鐘週期的延遲之後，再釋放重置訊號，以此來重新啟動 DUT，並且驗證重新啟動後的 DUT 是否可以正常執行。

會在模擬過程中的任意時間點對待測設計進行重置，這很可能會打亂測試平臺的執行狀態，導致其出現意想不到的問題。

同時 DUT 中可能存在多個時鐘及其相應的重置空間域，因此，在同一個測試平臺中對這種多空間域的晶片進行重置場景的測試是一個複雜棘手的問題，目前還沒有一套可以遵循的方案來完美地解決這個問題。

28.1.2 主要缺陷

解決在 DUT 中可能存在的多個時鐘及其相應的重置空間域的重置場景測試問題。

28.2 解決的技術問題

提供一種採用 UVM 的 phase 跳躍、factory 多載機制和 domain 機制的晶片重置測試方法來解決上述問題。

28.3 提供的技術方案

28.3.1 結構

本章舉出的支援多空間域的晶片重置測試平臺結構示意圖如圖 28-1 所示。

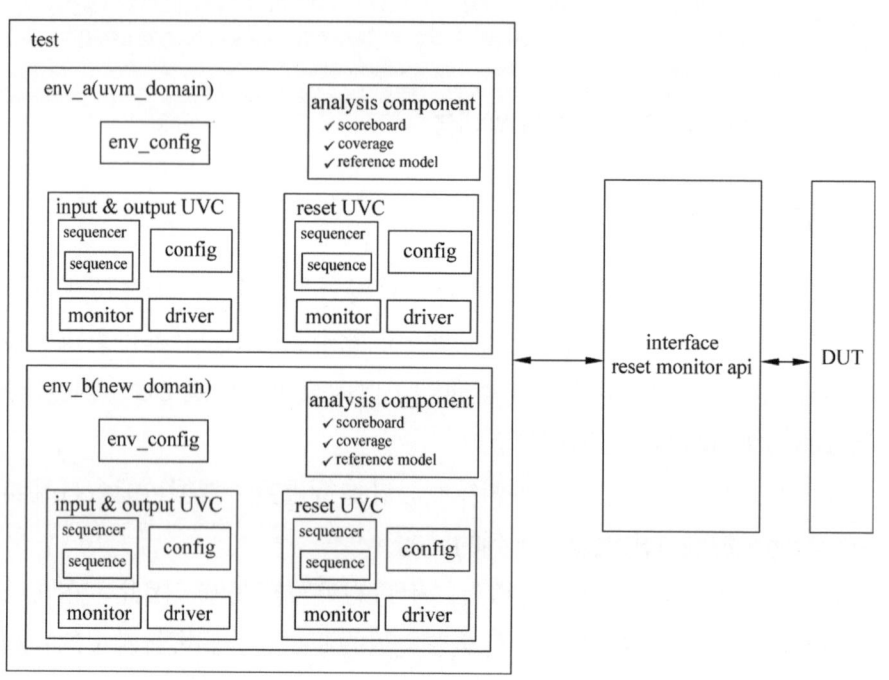

▲圖 28-1 支援多空間域的晶片重置測試平臺結構示意圖

28.3.2 原理

綜合應用 UVM 的 phase 機制、factory 多載機制和 domain 機制，因此需要了解這三者的原理，建議讀者閱讀相關 UVM 書籍，這裡不贅述。

28.3.3 優點

優點如下：

(1) 提供了一種採用 phase 跳躍的晶片重置測試方法，以此來作為對待測設計在重置場景下進行測試方法的補充。

(2) 結合 UVM 的 factory 多載機制和 domain 機制，實現了對多空間域的晶片重置測試場景的支援。

28.3.4 具體步驟

第 1 步，對重置訊號封裝一個獨立的可重用的通用驗證元件，用於產生重置訊號並施加給待測設計的重置訊號輸入通訊埠。

注意：這裡的 (1)~(6) 和第 27 章的內容一樣，但需要重點注意第 (7) 步的區別。

具體內容包括以下幾個小步驟。

(1) 建立重置介面模型，用於連接驗證平臺和待測設計的重置訊號，程式如下：

```
//reset_interface.sv
interface reset_interface();
  parameter tsu = 1ps;
  parameter tco = 0ps;

  logic clk;
  logic rst;

  clocking drv@(posedge clk);
   output #tco rst;
  endclocking

  clocking mon@(posedge clk);
   input #tsu rst;
  endclocking

  task init();
    rst <= 1;
  endtask

  initial begin
    clk = 0;
    forever begin
      #10;
```

```
        clk = ~clk;
      end
    end
endinterface
```

　　(2) 建立與重置訊號相關的交易資料類型，在其中包含兩個資料變數成員，分別用於表示重置前的延遲時間和重置訊號有效的持續時間，並將上述兩者的時間約束到合理的期望範圍，程式如下：

```
//reset_item.svh
class reset_item extends uvm_sequence_item;
    `uvm_object_utils(reset_item)

    rand int unsigned pre_rst_duration;
    rand int unsigned rst_duration;

    constraint duration_c {pre_rst_duration < 100;rst_duration < 100;}

    function new(string name="");
        super.new(name);
    endfunction : new
endclass : reset_item
```

　　(3) 建立用於產生重置訊號的激勵序列，程式如下：

```
//reset_sequence.svh
class reset_sequence extends uvm_sequence #(sequence_item);
    `uvm_object_utils(reset_sequence)
    reset_item t;

    function new(string name = "reset");
        super.new(name);
    endfunction : new

    task body();
      t = reset_item::type_id::create("t");
      start_item(t);
      assert(t.randomize());
      finish_item(t);
    endtask : body
endclass : reset_sequence
```

　　(4) 建立用於驅動重置訊號序列的驅動器，根據與重置訊號相關的交易資料類型中的重置延遲和持續時間資訊進行驅動並施加給待測設計的重置訊號輸入通訊埠，程式如下：

```
//reset_driver.svh
class reset_driver extends uvm_driver #(reset_item);
   `uvm_component_utils(reset_driver)
   virtual reset_interface bfm;

   function new (string name, uvm_component parent);
      super.new(name, parent);
   endfunction : new

   function void build_phase(uvm_phase phase);
      if(!uvm_config_db #(virtual reset_interface)::get(null, "*","reset_bfm", bfm))
        `uvm_fatal("DRIVER", "Failed to get BFM")
   endfunction : build_phase

   task run_phase(uvm_phase phase);
      forever begin
         seq_item_port.try_next_item(req);
         if(req!=null)begin
           this.drive_bfm(req);
           seq_item_port.item_done();
         end
         else begin
           @(bfm.drv);
           bfm.init();
         end
      end
   endtask : run_phase

   task drive_bfm(REQ req);
     repeat(req.pre_rst_duration)begin
        @(bfm.drv);
     end
     @(bfm.drv);
     bfm.drv.rst <= 0;
     repeat(req.rst_duration)begin
        @(bfm.drv);
     end
     @(bfm.drv);
     bfm.drv.rst <= 1;
   endtask
endclass : reset_driver
```

(5) 建立重置監測器，用於監測重置訊號並封裝成相應的交易資料類型，程式如下：

```
//reset_monitor.svh
class reset_monitor extends uvm_monitor;
   `uvm_component_utils(reset_monitor)

  virtual reset_interface vif;

  uvm_analysis_port #(reset_item) ap;

  function new (string name, uvm_component parent);
    super.new(name, parent);
  endfunction

  function void build_phase(uvm_phase phase);
     if(!uvm_config_db #(virtual reset_interface)::get(null, "*","reset_bfm", vif))
`uvm_fatal("RESET MONITOR", "Failed to get VIF")
     ap= new("ap",this);
  endfunction

  task run_phase(uvm_phase phase);
     reset_item item;
     int unsigned pre_rst_duration = 0;
     int unsigned rst_duration = 0;
     bit rst_prv;

     @(vif.mon);
     rst_prv = vif.mon.rst;
     forever begin
      @(vif.mon);
      if(vif.mon.rst==0)begin
        rst_duration++;
        pre_rst_duration = 0;
      end
      else begin
        pre_rst_duration++;
        rst_duration = 0;
      end
        if(rst_prv != vif.mon.rst)begin
        item = new("item");
        item.pre_rst_duration = pre_rst_duration;
        item.rst_duration = rst_duration;
        ap.write(item);
      end
     end
  endtask
```

```
endclass
```

（6）建立重置序列器，用於對重置激勵序列進行仲裁並傳送給重置驅動器，程式如下：

```
//reset_sequencer.svh
class reset_sequencer extends uvm_sequencer #(reset_item);
    `uvm_component_utils(reset_sequencer)

    function new(string name,uvm_component parent);
        super.new(name,parent);
    endfunction
endclass
```

（7）將上面提到的與重置訊號相關的元件封裝成代理。

這裡主要完成以下幾件事情：

宣告實體化代理封裝包含的驅動器、序列器、監測器和配置物件，其中配置物件主要用來配置整個模擬過程中對 DUT 重置訊號進行有效重置的次數。

在 UVM 的 reset_phase 裡，判斷如果代理為 UVM_ACTIVE 模式，則呼叫執行重置訊號的激勵序列，從而完成對 DUT 相應的重置訊號進行有效重置。

在 phase 回呼函式 phase_ready_to_end 中判斷當執行到快要結束模擬的 uvm_shutdown_phase 時，判斷有效重置的次數是否小於先前配置的次數，如果是，則呼叫 phase 的 jump 跳躍方法跳躍回 reset_phase 裡再次進行重置，那麼在重置後，又會重新執行到 Run-time phases 裡發送測試序列以進行重置功能測試，程式如下：

```
//reset_agent.svh
class reset_agent extends uvm_agent;
    `uvm_component_utils(reset_agent)

    reset_sequencer   sequencer_h;
    reset_driver      driver_h;
    reset_monitor     monitor_h;
    reset_config      config_h;
    int reset_cnt = 0;

    function new (string name, uvm_component parent);
        super.new(name,parent);
```

```
   endfunction : new

   function void build_phase(uvm_phase phase);
      config_h = reset_config::type_id::create("config_h",this);
      if (is_active == UVM_ACTIVE) begin
         sequencer_h= reset_sequencer::type_id::create("sequencer_h",this);
         driver_h = reset_driver::type_id::create("driver_h",this);
      end
      monitor_h = reset_monitor::type_id::create("monitor_h",this);
   endfunction : build_phase

   function void connect_phase(uvm_phase phase);
      if (is_active == UVM_ACTIVE) begin
          driver_h.seq_item_port.connect(sequencer_h.seq_item_export);
      end
   endfunction : connect_phase

   task reset_phase(uvm_phase phase);
     phase.raise_objection(this);
      if (is_active == UVM_ACTIVE) begin
         initiate_reset();
      end
     phase.drop_objection(this);
   endtask

   task initiate_reset();
     reset_sequence reset_seq = reset_sequence::type_id::create("reset_seq");
     reset_seq.start(sequencer_h);
     reset_cnt++;
   endtask

  function void phase_ready_to_end(uvm_phase phase);
    super.phase_ready_to_end(phase);
    if(phase.get_imp() == uvm_shutdown_phase::get()) begin
      if (reset_cnt < config_h.reset_num)
         phase.jump(uvm_reset_phase::get());
    end
  endfunction

endclass : reset_agent
```

第 2 步，在所有會受到重置訊號影響的驗證組件裡實現對重置訊號相關事件的監測感知，並進行相應處理。

注意：這裡的 (1)~(3) 和 (5) 和第 27 章內容一樣，但需要重點注意第 (4) 步的區別。

具體內容包括以下幾個小步驟。

(1) 在介面模型中提供監測同步硬體重置訊號的介面方法，分別用於等待重置訊號被啟動及等待重置訊號被釋放，程式如下：

```
//tinyalu_bfm.sv
task automatic wait_rst_active();
    @(negedge rst_n);
endtask

task automatic wait_rst_release();
    wait(rst_n == 1);
endtask
```

(2) 在待測設計輸入/輸出通訊埠訊號的監測器中實現兩個平行線程，其中一個執行緒用於監測待測設計輸入/輸出通訊埠訊號上的資料並將其封裝成交易資料類型後向驗證平臺中的其他元件進行廣播，另一個執行緒用於監測等待重置訊號被啟動，在重置訊號有效時，停止對待測設計的通訊埠訊號進行監測、封裝和廣播。在此之後，等待重置訊號被釋放，待測設計進入正常執行狀態，然後不斷地重複上述過程，程式如下：

```
//command_monitor.svh
class command_monitor extends uvm_monitor;
   `uvm_component_utils(command_monitor)

   virtual tinyalu_bfm bfm;

   uvm_analysis_port #(sequence_item) ap;

   function new (string name, uvm_component parent);
      super.new(name,parent);
   endfunction

   function void build_phase(uvm_phase phase);
      if(!uvm_config_db #(virtual tinyalu_bfm)::get(null, "*","bfm", bfm))
        `uvm_fatal("COMMAND MONITOR", "Failed to get BFM")
      ap= new("ap",this);
   endfunction : build_phase

   task run_phase(uvm_phase phase);
     forever begin
       fork
```

```systemverilog
          begin
            mon_trans();
          end
          begin
            bfm.wait_rst_active();
          end
        join_any
        disable fork;
        bfm.wait_rst_release();
      end
    endtask

    task mon_trans();
      sequence_item cmd;

      @(bfm.mon);
      if(bfm.mon.done)begin
        cmd = new("cmd");
        cmd.op = op2enum(bfm.mon.op);
        cmd.A = bfm.mon.A;
        cmd.B = bfm.mon.B;
        ap.write(cmd);
        `uvm_info("COMMAND MONITOR",cmd.convert2string(), UVM_MEDIUM);
      end
    endtask

    function operation_t op2enum(logic[2:0] op);
      case(op)
             3'b000 : return no_op;
             3'b001 : return add_op;
             3'b010 : return and_op;
             3'b011 : return xor_op;
             3'b100 : return mul_op;
      endcase
    endfunction

endclass : command_monitor

//result_monitor.svh
class result_monitor extends uvm_monitor;
   `uvm_component_utils(result_monitor)

   virtual tinyalu_bfm bfm;
   uvm_analysis_port #(result_transaction) ap;

   function new (string name, uvm_component parent);
```

```
    super.new(name, parent);
  endfunction : new

  function void build_phase(uvm_phase phase);
    if(!uvm_config_db #(virtual tinyalu_bfm)::get(null, "*","bfm", bfm))
      `uvm_fatal("RESULT MONITOR", "Failed to get BFM")
    ap= new("ap",this);
  endfunction : build_phase

  task run_phase(uvm_phase phase);
    forever begin
      fork
        begin
          mon_trans();
        end
        begin
          bfm.wait_rst_active();
        end
      join_any
      disable fork;
      bfm.wait_rst_release();
    end
  endtask

  task mon_trans();
    result_transaction result_t;

    @(bfm.mon);
    if(bfm.mon.done)begin
      result_t = new("result_t");
      result_t.result = bfm.mon.result;
      result_t.is_nop = 0;
      ap.write(result_t);
      `uvm_info("RESULT MONITOR",$sformatf("MONITOR: result: %h",result_t.result),UVM_HIGH);
    end
    if((bfm.mon.op=='d0) && (bfm.mon.start))begin
      result_t = new("result_t");
      result_t.result = 'd0;
      result_t.is_nop = 1;
      ap.write(result_t);
    end
  endtask

endclass : result_monitor
```

(3) 在用於驅動輸入訊號序列的驅動器中也實現兩個平行線程，其中一個執行緒用於獲取待測設計輸入激勵序列元素並將其驅動到待測設計的輸入通訊埠上，另一個執行緒用於監測等待重置訊號被啟動，在重置訊號有效時，停止進行驅動並對輸入介面匯流排上的訊號進行重置。在此之後，等待重置訊號被釋放，待測設計進入正常執行狀態，然後不斷地重複上述過程，程式如下：

```
//driver.svh
class driver extends uvm_driver #(sequence_item);
    `uvm_component_utils(driver)
    virtual tinyalu_bfm bfm;

    function void build_phase(uvm_phase phase);
       if(!uvm_config_db #(virtual tinyalu_bfm)::get(null, "*","bfm", bfm))
          `uvm_fatal("DRIVER", "Failed to get BFM")
    endfunction : build_phase

  task run_phase(uvm_phase phase);
    forever begin
      fork
        begin
          get_and_drive();
        end
        begin
          bfm.wait_rst_active();
        end
      join_any
      disable fork;
      bfm.init();
      bfm.wait_rst_release();
    end
  endtask : run_phase

  task get_and_drive();
    bit[15:0] result;

    seq_item_port.try_next_item(req);
    if(req!=null)begin
      bfm.send_op(req,result);
      req.result = result;
      seq_item_port.item_done();
    end
    else begin
      @(bfm.drv)
```

```
      bfm.init();
    end
  endtask

  function new (string name, uvm_component parent);
      super.new(name, parent);
  endfunction : new
endclass : driver
```

(4) 在用於對輸入激勵序列進行仲裁並傳送的序列器中，不需要對重置有效訊號進行監測，當進行 phase 跳躍之後，UVM 會自動停止所有序列器上正在仲裁執行的序列，並將序列器重置到一個空閒狀態，程式如下：

```
//sequencer.svh
class sequencer extends uvm_sequencer #(sequence_item);
    `uvm_component_utils(sequencer)

    function new(string name,uvm_component parent);
        super.new(name,parent);
    endfunction
endclass
```

(5) 對用於比較待測設計和參考模型輸出結果的記分板元件中也實現兩個平行線程，其中一個執行緒用於預測期望結果並與實際的待測設計輸出的結果進行比較，另一個執行緒用於監測等待重置訊號被啟動，在重置訊號有效時，對內部邏輯進行清除。在此之後，等待重置訊號被釋放，待測設計進入正常執行狀態，然後不斷地重複上述過程。

參考模型做類似的清除內部邏輯的處理操作，這裡不再贅述，程式如下：

```
//scoreboard.svh
class scoreboard extends uvm_scoreboard;
    `uvm_component_utils(scoreboard)
    virtual tinyalu_bfm bfm;

    uvm_blocking_get_port #(sequence_item) cmd_port;
    uvm_blocking_get_port #(result_transaction) result_port;

    reg_model reg_model_h;
    int item_num;

    function new (string name, uvm_component parent);
       super.new(name, parent);
```

```
        clean_up();
    endfunction : new

    function void build_phase(uvm_phase phase);
        super.build_phase(phase);
        cmd_port = new("cmd_port",this);
        result_port = new("result_port",this);
        if(!uvm_config_db #(virtual tinyalu_bfm)::get(null, "*","bfm", bfm))
            `uvm_fatal("DRIVER", "Failed to get BFM")
    endfunction : build_phase

    function result_transaction predict_result(sequence_item cmd);
        result_transaction predicted;
        shortint result;
        predicted = new("predicted");

        case (cmd.op)
          add_op: result = cmd.A + cmd.B;
          and_op: result = cmd.A & cmd.B;
          xor_op: result = cmd.A ^ cmd.B;
          mul_op: result = cmd.A * cmd.B;
        endcase

        predicted.result = result;
        `uvm_info("SCOREBOARD",$sformatf(" op is %s, A is %h, B is %h, exp_result is %h",cmd.op.name(),cmd.A,cmd.B,predicted.result),UVM_HIGH);
        return predicted;
    endfunction : predict_result

  task run_phase(uvm_phase phase);
    forever begin
      fork
        begin
          predict_and_check();
        end
        begin
          bfm.wait_rst_active();
          clean_up();
        end
      join_any
      disable fork;
      bfm.wait_rst_release();
    end
  endtask : run_phase

  function void clean_up();
```

```
      `uvm_info(this.get_name(),$sformatf("clean scoreboard logic here"),UVM_LOW)
      item_num = 0;
   endfunction

   task predict_and_check();
      string data_str;
      sequence_item cmd;
      result_transaction exp_result;
      result_transaction act_result;
      result_transaction exp_queue[$];
      result_transaction act_queue[$];
      result_transaction exp_result_tmp;
      result_transaction act_result_tmp;
      uvm_status_e status;

      fork
         forever begin
            cmd_port.get(cmd);
               `uvm_info(this.get_name(),$sformatf("scoreboard get cmd is %s",cmd.convert2string()),UVM_LOW)

            exp_result = predict_result(cmd);
            if((cmd.op!=no_op))
               exp_queue.push_back(exp_result);
         end
         forever begin
            if((exp_queue.size()>0) &&(act_queue.size()>0))begin
               exp_result_tmp = exp_queue.pop_front();
               act_result_tmp = act_queue.pop_front();
               data_str = {              cmd.convert2string(),
                            " ==>  Actual ",act_result_tmp.convert2string(),
                            "/Predicted ", exp_result_tmp.convert2string()};

               if (!exp_result_tmp.compare(act_result_tmp))
                   `uvm_error("SELF CHECKER", {"FAIL: ",data_str})
               else
                   `uvm_info ("SELF CHECKER", {"PASS: ", data_str}, UVM_HIGH)
            end
            else begin
               result_port.get(act_result);
               item_num++;
               if(act_result.is_nop==0)begin
                 act_queue.push_back(act_result);
               end
            end
         end
      end
```

```
      join
   endtask
endclass : scoreboard
```

第 3 步,建立驗證環境。

具體內容包括以下幾個小步驟。

(1) 宣告實體化驗證環境所包含的相關驗證元件,並連接 TLM 通訊連接埠,程式如下:

```
//env.svh
class env extends uvm_env;
    `uvm_component_utils(env)

    agent          agent_h;
    reset_agent    reset_agent_h;
    scoreboard     scoreboard_h;
    bus_agent      bus_agent_h;

    uvm_tlm_analysis_fifo #(sequence_item) command_mon_cov_fifo;
    uvm_tlm_analysis_fifo #(sequence_item) command_mon_scb_fifo;
    uvm_tlm_analysis_fifo #(result_transaction) result_mon_scb_fifo;

    function void build_phase(uvm_phase phase);
       agent_h = agent::type_id::create ("agent_h",this);
       agent_h.is_active = UVM_ACTIVE;
       reset_agent_h = reset_agent::type_id::create ("reset_agent_h",this);
       reset_agent_h.is_active = UVM_ACTIVE;
       bus_agent_h = bus_agent::type_id::create ("bus_agent_h",this);
       bus_agent_h.is_active = UVM_ACTIVE;

       scoreboard_h = scoreboard::type_id::create("scoreboard_h",this);
       command_mon_cov_fifo = new("command_mon_cov_fifo",this);
       command_mon_scb_fifo = new("command_mon_scb_fifo",this);
       result_mon_scb_fifo = new("result_mon_scb_fifo",this);
    endfunction : build_phase

    function void connect_phase(uvm_phase phase);
        agent_h.cmd_ap.connect(command_mon_cov_fifo.analysis_export);

        agent_h.cmd_ap.connect(command_mon_scb_fifo.analysis_export);

        scoreboard_h.cmd_port.connect(command_mon_scb_fifo.blocking_get_export);

        agent_h.result_ap.connect(result_mon_scb_fifo.analysis_export);
```

```
            scoreboard_h.result_port.connect(result_mon_scb_fifo.blocking_get_export);
        endfunction : connect_phase

        function new (string name, uvm_component parent);
            super.new(name,parent);
        endfunction : new

endclass
```

(2) 建立用於重置場景測試的驗證環境的子類別。在該子類別的 main_phase 中用於啟動執行隨機測試序列,從而將輸入激勵施加給待測設計,主要是為了方便在測試用例裡對 factory 多載進行替換,程式如下:

```
//env_for_reset.svh
class env_for_reset extends env;
    `uvm_component_utils(env_for_reset)

    task main_phase(uvm_phase phase);
        super.main_phase(phase);
        phase.raise_objection(this);
        send_traffic_and_wait_complete();
        #1000ns;
        phase.drop_objection(this);
    endtask

    task send_traffic_and_wait_complete();
        int traffic_item_num;

        // 發送激勵
        random_sequence random_seq = random_sequence::type_id::create("random_seq");
        std::randomize(traffic_item_num) with {traffic_item_num >= 100;traffic_item_num <= 300;};
        `uvm_info(this.get_name(),$sformatf("send_traffic_and_wait_complete_a -> traffic item num is %0d",traffic_item_num),UVM_LOW)
        random_seq.item_num = traffic_item_num;
        random_seq.start(agent_h.sequencer_h);
        // 等待計算完成
        wait(scoreboard_h.item_num == traffic_item_num);
    endtask

    function new (string name, uvm_component parent);
        super.new(name,parent);
    endfunction : new

endclass
```

(3) 封裝頂層驗證環境，這裡主要完成以下幾件事項：

宣告實體化底層驗證環境，並根據待測設計的具體情況使用 UVM 的 domain 機制在測試平臺中對驗證元件做空間域的劃分。

宣告實體化其他相關元件，如暫存器模型，程式如下：

```
//top_env.svh
class top_env extends uvm_env;
    `uvm_component_utils(top_env)
    env         env_h_a;
    env         env_h_b;
    uvm_domain new_domain;
    reg_model reg_model_h_a;
    adapter adapter_h_a;
    predictor predictor_h_a;

    reg_model reg_model_h_b;
    adapter adapter_h_b;
    predictor predictor_h_b;

    function void build_phase(uvm_phase phase);
        env_h_a = env::type_id::create("env_h_a",this);
        env_h_b = env::type_id::create("env_h_b",this);
        new_domain = new("new_domain");
        env_h_b.set_domain(new_domain,1);

        reg_model_h_a= reg_model::type_id::create ("reg_model_h_a");
        reg_model_h_a.configure();
        reg_model_h_a.build();
        reg_model_h_a.lock_model();
        reg_model_h_a.reset();
        adapter_h_a = adapter::type_id::create ("adapter_h_a");
        predictor_h_a = predictor::type_id::create ("predictor_h_a",this);

        reg_model_h_b= reg_model::type_id::create ("reg_model_h_b");
        reg_model_h_b.configure();
        reg_model_h_b.build();
        reg_model_h_b.lock_model();
        reg_model_h_b.reset();
        adapter_h_b = adapter::type_id::create ("adapter_h_b");
        predictor_h_b = predictor::type_id::create ("predictor_h_b",this);
    endfunction : build_phase

    function void connect_phase(uvm_phase phase);
        reg_model_h_a.default_map.set_sequencer(env_h_a.bus_agent_h.sequencer_h,
```

```
        adapter_h_a);
            predictor_h_a.map = reg_model_h_a.default_map;
            predictor_h_a.adapter = adapter_h_a;
            env_h_a.bus_agent_h.bus_trans_ap.connect(predictor_h_a.bus_in);

            reg_model_h_b.default_map.set_sequencer(env_h_b.bus_agent_h.sequencer_h,
adapter_h_b);
            predictor_h_b.map = reg_model_h_b.default_map;
            predictor_h_b.adapter = adapter_h_b;
            env_h_b.bus_agent_h.bus_trans_ap.connect(predictor_h_b.bus_in);
        endfunction : connect_phase

        function new (string name, uvm_component parent);
            super.new(name,parent);
        endfunction : new
endclass
```

第4步,建立頂層測試用例。

具體內容包括以下幾個小步驟。

(1) 在 build_phase 裡對驗證環境元件使用 factory 機制進行多載替換,從而使在獨立的空間域所對應的時鐘重置訊號被有效重置之後,重新發送相應的隨機測試序列,以將輸入激勵施加給待測設計,然後等待待測設計運算完成,並對結果進行分析和比較驗證。

(2) 在 configure_phase 裡對獨立的空間域所對應的重置配置物件中的有效重置次數進行隨機約束配置,從而將產生的隨機數量的重置有效激勵施加到待測設計對應的重置訊號通訊埠上,以完成多次的重置場景下的隨機功能測試,程式如下:

```
//demo_test.svh
class demo_test extends base_test;
   `uvm_component_utils(demo_test)

    function new(string name, uvm_component parent);
      super.new(name,parent);
      uvm_top.set_timeout(50000ns,0);
    endfunction : new

    function void build_phase(uvm_phase phase);
      super.build_phase(phase);
      set_inst_override_by_type("top_env_h.env_h_a", env::get_type(), env_for_
```

```
reset::get_type());
      set_inst_override_by_type("top_env_h.env_h_b", env::get_type(), env_for_
reset::get_type());
   endfunction

   task configure_phase(uvm_phase phase);
      int reset_num_a;
      int reset_num_b;

      std::randomize(reset_num_a) with {reset_num_a >= 1;reset_num_a <= 3;};
      std::randomize(reset_num_b) with {reset_num_b >= 1;reset_num_b <= 3;};
      top_env_h.env_h_a.reset_agent_h.config_h.reset_num = reset_num_a;
      top_env_h.env_h_b.reset_agent_h.config_h.reset_num = reset_num_b;
   endtask
   ...
endclass
```

第 29 章

對參數化類別的壓縮處理技術

29.1 背景技術方案及缺陷

29.1.1 現有方案

　　通常驗證開發人員會基於 UVM 驗證方法學來架設驗證平臺以對 DUT 進行驗證，如圖 1-1 所示。

　　可以看到，通常在驗證平臺中，使用訊號介面 (圖中的 interface) 來對待測設計 (DUT) 的輸入 / 輸出通訊埠進行建模，然後透過該 interface 來將 DUT 連接到驗證平臺。接著透過驗證平臺中的監測器來對 interface 上的訊號進行監測並封裝成交易資料類型，然後向驗證環境中進行傳遞，從而對 DUT 通訊埠上的訊號進行分析，從而判斷 DUT 功能的正確性。

　　但是對於 DUT 為設計 IP 的驗證，由於 IP 是參數可配置的，因此驗證開發人員往往需要在架設驗證平臺時撰寫參數化的 interface 及對應的參數化的 UVC 元件來對設計 IP 進行驗證，而這往往會透過參數化的類別實現。

　　在驗證平臺中實現參數化的類別通常需要注意以下幾點：

　　(1) 使用巨集 `uvm_object_param_utils 和 `uvm_component_param_utils 來註冊 UVM 物件或元件。

　　(2) 宣告和實體化參數化類別時需要指定參數。

　　(3) 參數化的類別的參數從頂層元件向底層元件層層傳遞。

　　下面舉個例子。

例如對於以下範例 DUT，其介面上有 4 個參數需要在頂層模組對其實體化時進行指定，程式如下：

```systemverilog
//demo_rtl.sv
module demo_rtl #(
  parameter ADDR_I_WIDTH = 8,
  parameter DATA_I_WIDTH = 16,
  parameter ADDR_O_WIDTH = 8,
  parameter DATA_O_WIDTH = 16
)(
clk,
rst_n,
vld_i,
vld_o,
result,
addr_i,
data_i,
addr_o,
data_o
);
    input              clk;
    input              rst_n;
    input              vld_i;
    output reg         vld_o;
    output reg [3:0]   result;

    input[ADDR_I_WIDTH-1:0] addr_i;
    input[DATA_I_WIDTH-1:0] data_i;
    output reg[ADDR_O_WIDTH-1:0] addr_o;
    output reg[DATA_O_WIDTH-1:0] data_o;

    bit[3:0] result_q[$];

    initial begin
     for(bit[3:0] i=1;i<='d10;i++)begin
      result_q.push_back(i);
     end
     forever begin
       @(posedge clk);
       if(!rst_n)begin
          vld_o<= 0;
          result <= 0;
          addr_o <= 0;
          data_o <= 0;
       end
```

```
        else if(vld_i)begin
          if(result_q.size())begin
            result_q.shuffle();
            result <= result_q.pop_front();
            vld_o<= 1;
          end
          else begin
            vld_o<= 0;
            result <= 0;
          end
          addr_o <= addr_i;
          data_o <= data_i;
        end
        else begin
          vld_o<= 0;
          result <= 0;
          addr_o <= 0;
          data_o <= 0;
        end
    end
  end
 end
endmodule
```

然後撰寫以下的參數化的 interface 來對其輸入 / 輸出通訊埠進行建模，並透過該 interface 來將上述 DUT 連接到驗證平臺。

可以看到，這裡的 interface 同樣有 4 個對應的參數，用來對 DUT 的輸入 / 輸出通訊埠進行建模，程式如下：

```
//demo_interface.sv
interface demo_interface #(parameter addr_i_width = 8,data_i_width = 16,addr_o_width 
= 8,data_o_width = 16);
  parameter tsu = 1ps;
  parameter tco = 0ps;
  
  logicclk;
  logicvld_i;
  logicvld_o;
  logic[3:0] result;
  logic[addr_i_width-1:0] addr_i;
  logic[data_i_width-1:0] data_i;
  logic[addr_o_width-1:0] addr_o;
  logic[data_o_width-1:0] data_o;
  
  logicrst_n;
```

```
    clocking drv@(posedge clk iff rst_n);
     output #tco vld_i;
     output #tco vld_o;
     output #tco result;
     output #tco addr_i;
     output #tco data_i;
     output #tco addr_o;
     output #tco data_o;
    endclocking

    clocking mon@(posedge clk iff rst_n);
     input #tsu vld_i;
     input #tsu vld_o;
     input #tsu result;
     input #tsu addr_i;
     input #tsu data_i;
     input #tsu addr_o;
     input #tsu data_o;
    endclocking
    task init();
        vld_i<= 0;
        addr_i <= 'dx;
        data_i <= 'dx;
    endtask

    initial begin
        rst_n = 0;
        #50;
        rst_n = 1;
        #1000;
    end

    initial begin
        clk = 0;
        forever begin
          #10;
          clk = ~clk;
        end
    end
endinterface
```

再來看同樣參數化的範例 UVC 組件，程式如下：

```
//agent.svh
class agent #(int addr_i_width = 8,data_i_width = 16,addr_o_width = 8,data_o_width
```

```
= 16)extends uvm_agent;

     `uvm_component_param_utils(agent#(addr_i_width,data_i_width,addr_o_width,data_
o_width))
    sequencer#(addr_i_width,data_i_width)sequencer_h;
    driver#(addr_i_width,data_i_width,addr_o_width,data_o_width)      driver_h;
    in_monitor#(addr_i_width,data_i_width,addr_o_width,data_o_width)  in_monitor_h;
    out_monitor#(addr_i_width,data_i_width,addr_o_width,data_o_width) out_monitor_h;

    uvm_analysis_port #(in_trans#(addr_i_width,data_i_width))in_ap;
    uvm_analysis_port #(out_trans#(addr_o_width,data_o_width)) out_ap;

    function new (string name, uvm_component parent);
       super.new(name,parent);
    endfunction : new

    function void build_phase(uvm_phase phase);
       if (is_active == UVM_ACTIVE) begin
           sequencer_h= sequencer#(addr_i_width,data_i_width)::type_
id::create("sequencer_h",this);
           driver_h = driver#(addr_i_width,data_i_width,addr_o_width,data_o_width)::
type_id::create("driver_h",this);
       end
       in_monitor_h = in_monitor#(addr_i_width,data_i_width)::type_id::create("in_
monitor_h",this);
       out_monitor_h= out_monitor#(addr_o_width,data_o_width)::type_id::create("out_
monitor_h",this);
    endfunction : build_phase

    function void connect_phase(uvm_phase phase);
       if (is_active == UVM_ACTIVE) begin
           driver_h.seq_item_port.connect(sequencer_h.seq_item_export);
       end

       in_ap= in_monitor_h.ap;
       out_ap = out_monitor_h.ap;
    endfunction : connect_phase
endclass : agent
```

29.1.2 主要缺陷

採用上述方案對於參數較少的情況可行，但是想像一下，假設上述 interface 參數從 4 個變成了 20 個，甚至更多，難道這裡的程式（例如 UVC 元件 agent）要寫成下面這樣嗎？程式如下：

```
//agent.svh
class agent #(
    int addr1_i_width = 8,addr2_i_width = 8,addr3_i_width = 8,addr4_i_width = 8,
addr5_i_width = 8,data1_i_width = 16,data2_i_width = 16,data3_i_width = 16,data4_
i_width = 16,data5_i_width = 16,addr1_o_width = 8,addr2_o_width = 8,addr3_o_width = 8,
addr4_o_width = 8,addr5_o_width = 8,data1_o_width = 16,data2_o_width = 16,data3_o_
width = 16,data4_o_width = 16,data5_o_width = 16)extends uvm_agent;

    `uvm_component_param_utils(agent#(addr1_i_width,addr2_i_width,addr3_i_width,
addr4_i_width,addr5_i_width,data1_i_width,data2_i_width,data3_i_width,data4_i_width,
data5_i_width,addr1_o_width,addr2_o_width,addr3_o_width,addr4_o_width,addr5_o_
width, data1_o_width,data2_o_width,data3_o_width,data4_o_width,data5_o_width))

    sequencer# (addr1_i_width,addr2_i_width,addr3_i_width,addr4_i_width,addr5_i_width,
data1_i_width,data2_i_width,data3_i_width,data4_i_width,data5_i_width)sequencer_h;

    driver#(addr1_i_width,addr2_i_width,addr3_i_width,addr4_i_width,addr5_i_width,
data1_i_width,data2_i_width,data3_i_width,data4_i_width,data5_i_width,addr1_o_width,
addr2_o_width,addr3_o_width,addr4_o_width,addr5_o_width,data1_o_width,data2_o_width,
data3_o_width,data4_o_width,data5_o_width) driver_h;

    in_monitor#(addr1_i_width,addr2_i_width,addr3_i_width,addr4_i_width,addr5_i_width,
data1_i_width,data2_i_width,data3_i_width,data4_i_width,data5_i_width,addr1_o_width,
addr2_o_width,addr3_o_width,addr4_o_width,addr5_o_width,data1_o_width,data2_o_width,
data3_o_width,data4_o_width,data5_o_width) in_monitor_h;

    out_monitor#(addr1_i_width,addr2_i_width,addr3_i_width,addr4_i_width,addr5_i_width,
data1_i_width,data2_i_width,data3_i_width,data4_i_width,data5_i_width,addr1_o_width,
addr2_o_width,addr3_o_width,addr4_o_width,addr5_o_width,data1_o_width,data2_o_width,
data3_o_width,data4_o_width,data5_o_width)out_monitor_h;

    uvm_analysis_port #(in_trans#(addr1_i_width,addr2_i_width,addr3_i_width,addr4_
i_width,addr5_i_width,data1_i_width,data2_i_width,data3_i_width,data4_i_width,data5_
i_width))in_ap;

    uvm_analysis_port #(out_trans#(addr1_o_width,addr2_o_width,addr3_o_width,addr4_
o_width,addr5_o_width,data1_o_width,data2_o_width,data3_o_width,data4_o_width,data5_
o_width)) out_ap;

    function new (string name, uvm_component parent);
       super.new(name,parent);
    endfunction : new

    function void build_phase(uvm_phase phase);
       if (is_active == UVM_ACTIVE) begin
          sequencer_h= sequencer#(addr1_i_width,addr2_i_width,addr3_i_width,addr4_i_
```

```
        width,addr5_i_width,data1_i_width,data2_i_width,data3_i_width,data4_i_width,data5_i_
        width)::type_id::create("sequencer_h",this);
             driver_h = driver#(addr1_i_width,addr2_i_width,addr3_i_width,addr4_i_width,
        addr5_i_width,data1_i_width,data2_i_width,data3_i_width,data4_i_width,data5_i_width,
        addr1_o_width,addr2_o_width,addr3_o_width,addr4_o_width,addr5_o_width,data1_o_width,
        data2_o_width,data3_o_width,data4_o_width,data5_o_width)::type_id::create("driver_
        h",this);
          end
          in_monitor_h = in_monitor#(addr1_i_width,addr2_i_width,addr3_i_width,addr4_i_
        width,addr5_i_width,data1_i_width,data2_i_width,data3_i_width,data4_i_width,data5_i_
        width,addr1_o_width,addr2_o_width,addr3_o_width,addr4_o_width,addr5_o_width,data1_o_
        width,data2_o_width,data3_o_width,data4_o_width,data5_o_width)::type_id::create("in_
        monitor_h",this);
          out_monitor_h= out_monitor#(addr1_i_width,addr2_i_width,addr3_i_width,addr4_i_
        width,addr5_i_width,data1_i_width,data2_i_width,data3_i_width,data4_i_width,data5_i_
        width,addr1_o_width,addr2_o_width,addr3_o_width,addr4_o_width,addr5_o_width,data1_o_
        width,data2_o_width,data3_o_width,data4_o_width,data5_o_width)::type_id::create("out_
        monitor_h",this);
       endfunction : build_phase

       function void connect_phase(uvm_phase phase);
          if (is_active == UVM_ACTIVE) begin
             driver_h.seq_item_port.connect(sequencer_h.seq_item_export);
          end

          in_ap= in_monitor_h.ap;
          out_ap = out_monitor_h.ap;
       endfunction : connect_phase
    endclass : agent
```

可以看到，程式中的絕大部分內容被大量的傳遞參數所佔據，顯得非常雜亂。驗證平臺中其他部分元件同樣有類似的問題，這裡沒有一一列出。

所以上述方案對於需要傳遞參數比較多的情況，至少會存在以下一些缺陷。

缺陷一：因為需要傳遞的參數比較多，所以撰寫驗證環境中的參數化類別程式將非常煩瑣，而且很容易出現參數遺漏的錯誤。

缺陷二：程式將變得難以閱讀，如果將來出現問題，則定位起來將變得更加困難。

缺陷三：如果將來待測 IP 設計傳遞參數的數量有增減，則驗證環境的程式中所有相關參數傳遞宣告的地方都需要被修改，將會難以進行維護，而且很容易出現人為錯誤，這會給專案帶來一定的風險。

29.2 解決的技術問題

使用參數化類別的壓縮處理技術，旨在完成對設計 IP 架設參數化類別的驗證平臺元件的同時避免出現上述提到的缺陷。

29.3 提供的技術方案

29.3.1 結構

本章提供的對參數的分級壓縮處理結構示意圖如圖 29-1 所示。

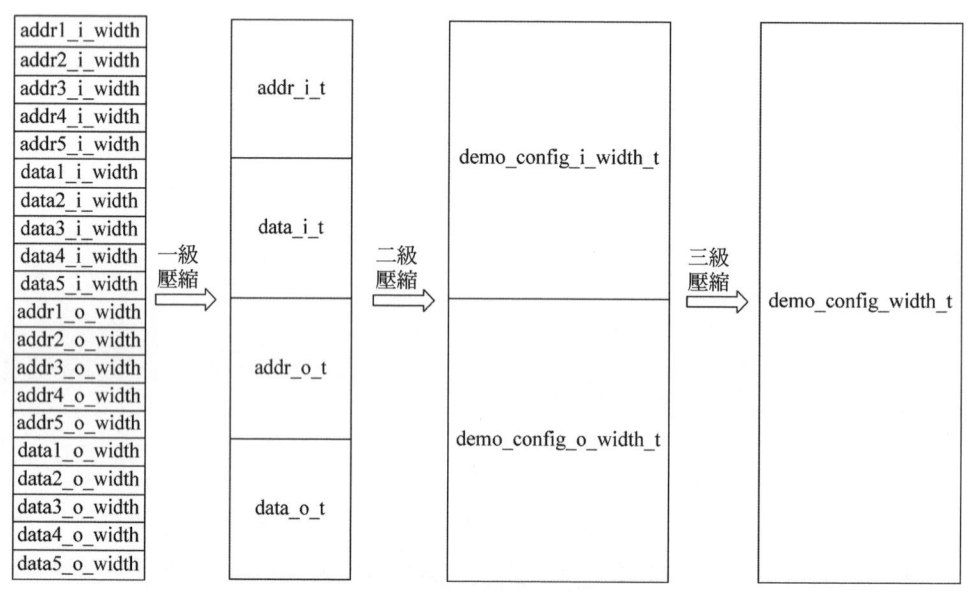

▲圖 29-1 對參數的分級壓縮處理結構示意圖

可以看到，這裡將大量的參數進行了分級分類壓縮。

29.3.2 原理

原理如下：

(1) 結構 (struct) 資料型態可以實現對多種不同資料型態進行打包。

(2) 壓縮 (packed) 資料結構可以實現對多種不同的資料型態逐位元進行拼接

壓縮。

（3）結合上述兩種資料結構類型的特點，最終使用壓縮結構 (struct packed) 來對大量不同資料型態的參數進行壓縮。這有點類似使用的檔案壓縮檔，可以將多個檔案進行打包，這樣整個驗證環境中的參數將得到銳減，之前提到的缺陷問題也將迎刃而解。

29.3.3 優點

優點如下：

（1）巧妙地將結構和壓縮資料結構類型相結合，即 struct packed 實現對不同資料型態參數的壓縮。

（2）對驗證平臺元件中參數的應用場景和功能進行分類，從而可以實現對較多的參數的二次分級分類壓縮，方便在複雜的驗證平臺元件中傳遞大量的參數，而且便於驗證開發人員閱讀理解。

（3）透過這種壓縮參數的方法可以做到無須對參數化的驗證元件程式做任何修改，因此將來驗證平臺的程式維護工作將變得更加容易。

29.3.4 具體步驟

第 1 步，在 package 類別檔案裡使用壓縮結構自訂資料型態來對上述驗證元件中大量的參數按功能進行分類分級壓縮。

具體分為兩個小步驟：

（1）將之前的輸入 / 輸出位址和資料位元寬度參數分別做一級壓縮，壓縮成自訂資料型態 addr_i_t、data_i_t、addr_o_t 和 data_o_t。

一般會根據參數的作用分類壓縮，例如這裡的 addr_i_t 作為壓縮後的輸入位址的位元寬度參數，其中包含了被壓縮的輸入位址的位元寬度參數 addr1_i_width~addr5_i_width，其餘參數 data_i_t、addr_o_t 和 data_o_t 同理。

（2）對一級壓縮資料結構做進一步的二級和三級壓縮，以實現在驗證平臺中傳遞盡可能少的參數，從而大大簡化驗證平臺組件的程式。

一般會根據輸入 / 輸出通訊埠的配對分組做進一步的多級壓縮，例如這裡的二級壓縮 demo_config_i_width_t，其中包含一級壓縮參數類型 addr_i_t 和 data_i_t，分別代表待測設計的輸入位址和輸入資料的位元寬度壓縮參數。由於一般位址和資料是成對出現的，因此這樣來進行多級壓縮，從而進一步縮減需要傳遞的參數量，程式如下：

```systemverilog
//demo_pkg.sv
typedef struct packed{
    int addr1_i_width;
    int addr2_i_width;
    int addr3_i_width;
    int addr4_i_width;
    int addr5_i_width;
} addr_i_t;

typedef struct packed{
    int data1_i_width;
    int data2_i_width;
    int data3_i_width;
    int data4_i_width;
    int data5_i_width;
} data_i_t;

typedef struct packed{
    int addr1_o_width;
    int addr2_o_width;
    int addr3_o_width;
    int addr4_o_width;
    int addr5_o_width;
} addr_o_t;

typedef struct packed{
    int data1_o_width;
    int data2_o_width;
    int data3_o_width;
    int data4_o_width;
    int data5_o_width;
} data_o_t;

typedef struct packed{
    addr_i_t addr_i;
    data_i_t data_i;
} demo_config_i_width_t;

typedef struct packed{
```

```
   addr_o_t addr_o;
   data_o_t data_o;
} demo_config_o_width_t;

typedef struct packed{
   addr_i_t addr_i;
   data_i_t data_i;
   addr_o_t addr_o;
   data_o_t data_o;
} demo_config_width_t;
```

如果後續需要增減參數的個數，則只需在 package 類別檔案裡修改上述壓縮參數的資料型態，而不需要對驗證平臺中的元件程式做任何修改，因此後續的程式維護將變得更容易。

第 2 步，在 package 類別檔案裡定義預設參數值，程式如下：

```
//demo_pkg.sv
parameter demo_config_i_width_t addr_data_i_width_v = '{'{addr1_i_width:8,addr2_i_
width:8,addr3_i_width:8,addr4_i_width:8,addr5_i_width:8},'{data1_i_width:16,data2_i_
width:16,data3_i_width:16,data4_i_width:16,data5_i_width:16}};

parameter demo_config_o_width_t addr_data_o_width_v = '{'{addr1_o_width:8,addr2_o_
width:8,addr3_o_width:8,addr4_o_width:8,addr5_o_width:8},'{data1_o_width:16,data2_
o_width:16,data3_o_width:16,data4_o_width:16,data5_o_width:16}};
```

第 3 步，使用分類分級壓縮後的自訂資料型態作為參數來撰寫參數化的驗證平臺元件並在其中進行傳遞。

之前 UVC 組件 agent 雜亂的程式將被重寫，程式如下：

```
//agent.svh
class agent #(
   demo_config_i_width_t addr_data_i_width = addr_data_i_width_v,
   demo_config_o_width_t addr_data_o_width = addr_data_o_width_v)extends uvm_agent;

   `uvm_component_param_utils(agent#(addr_data_i_width,addr_data_o_width))

   sequencer#(addr_data_i_width)sequencer_h;
   driver#(addr_data_i_width,addr_data_o_width)           driver_h;
   in_monitor#(addr_data_i_width,addr_data_o_width)       in_monitor_h;
   out_monitor#(addr_data_i_width,addr_data_o_width)      out_monitor_h;

   uvm_analysis_port #(in_trans#(addr_data_i_width))   in_ap;
   uvm_analysis_port #(out_trans#(addr_data_o_width))  out_ap;
```

```
    function new (string name, uvm_component parent);
        super.new(name,parent);
    endfunction : new

    function void build_phase(uvm_phase phase);
        if (is_active == UVM_ACTIVE) begin
            sequencer_h= sequencer#(addr_data_i_width)::type_id::create("sequencer_h",this);
            driver_h = driver#(addr_data_i_width,addr_data_o_width)::type_id::create("driver_h",this);
        end
        in_monitor_h = in_monitor#(addr_data_i_width,addr_data_o_width)::type_id::create("in_monitor_h",this);
        out_monitor_h= out_monitor#(addr_data_i_width,addr_data_o_width)::type_id::create("out_monitor_h",this);
    endfunction : build_phase

    function void connect_phase(uvm_phase phase);
        if (is_active == UVM_ACTIVE) begin
            driver_h.seq_item_port.connect(sequencer_h.seq_item_export);
        end

        in_ap  = in_monitor_h.ap;
        out_ap = out_monitor_h.ap;
    endfunction : connect_phase
endclass : agent
```

可以看到，這裡已經將原先需要在上述元件中傳遞的 20 個參數削減為兩個，之前提到的缺陷難題迎刃而解。

至於如何傳遞，這裡和之前的參數傳遞做個簡單的比較。例如將這裡的程式和之前在現有方案中的程式做個簡單對比就明白了，程式如下：

```
// 使用壓縮後的參數進行傳遞範例
sequencer#(addr_data_i_width)sequencer_h;
// 使用未壓縮的參數進行傳遞範例
sequencer#(addr_i_width,data_i_width)sequencer_h;
```

注意：本節使用的方案和之前現有方案的參數化類別的使用方式都是一樣的：

(1) 當對參數化的類別進行宣告和實體化時，需要透過 # 的方式指明其所攜帶的參數。

(2) 如果要使用 UVM 的 factory 機制，則對於參數化的類別需要使用巨集 `uvm_object_param_utils 或 `uvm_component_param_utils 來註冊 object 或 component。

但是可以看到使用本章節的參數壓縮技術之後，需要傳遞的參數量大大減少了，達到了簡化程式的目的。

第 30 章

基於 UVM 的中斷處理技術

30.1 背景技術方案及缺陷

30.1.1 現有方案

中斷系統是晶片上的重要組成部分，尤其是對於系統單晶片 (System on Chip, SoC) 來講，幾乎是必不可少的，它的出現大大提高了電腦的執行效率。

中斷是指在主程式執行的過程中，接收到系統單晶片內部或外部的插斷要求，此時 CPU 將停止主程式的執行，轉而對中斷進行回應，即執行一段中斷服務程式，執行完畢後傳回之前中斷的主程式對應的位置，然後繼續執行剩下的主程式。

中斷執行過程示意圖，如圖 30-1 所示。

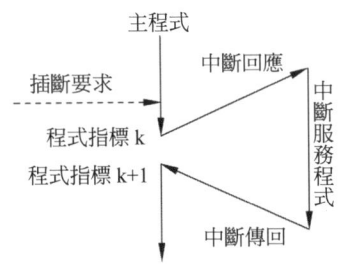

▲ 圖 30-1 中斷執行過程示意圖

通常中斷發生在系統級環境中，對於系統內部中斷來講，當發生即時控制或異常故障時，系統中的設計模組會產生插斷要求標識訊號，然後該標識訊號會被傳遞給中斷系統控制器，該控制器可以啟用或遮罩中斷，也可以同時接收多個中

30-1

斷並根據中斷的優先順序對這些中斷做仲裁回應，即根據插斷要求標識訊號開啟一段執行緒來執行中斷服務程式。

本質上來講，中斷服務程式不是阻塞式地取代當前正在執行的主程式來執行，就是非阻塞式地喚醒一段休眠的處理程序來與主程式並存執行。

中斷主要用於即時控制、故障處理及與週邊設備通訊。

1. 即時控制

監測系統單晶片上的功能控制模組的指令執行資訊，當功能控制模組需要執行一些控制操作時會即時地向中斷控制器發起插斷要求，從而使 CPU 能夠即時處理發生的請求。

2. 故障處理

監測系統單晶片上各個功能模組的狀態執行資訊，當某個功能模組在執行的過程中產生異常或故障時會及時地向中斷控制器發起插斷要求，進行故障現場記錄和隔離，從而使 CPU 能夠及時處理產生的異常或故障。

3. 與週邊設備通訊

由於 CPU 的執行效率遠高於週邊設備 (簡稱外接裝置)，如果採用不斷查詢外接裝置狀態的方法來等待與外接裝置進行通訊，則 CPU 就只能等待，不能執行其他程式，這樣就浪費了 CPU 的時間，降低了執行效率，而如果使用中斷，當外接裝置需要與 CPU 進行通訊時，由外接裝置向 CPU 發起插斷要求，則此時 CPU 會及時做出回應並及時進行相應處理。當外接裝置不需要與 CPU 進行通訊時，CPU 和外接裝置處於各自獨立的並行工作狀態，因此 CPU 的執行效率不會受到影響。

30.1.2 主要缺陷

本節只是提供了一種對系統級中斷回應功能的建模方法，並不存在與以往方案的優劣的對比。

30.2 解決的技術問題

中斷回應功能是系統單晶片的一項重要的功能，因此該功能必須被驗證通過，本章提供了一種基於 UVM 的中斷處理技術，從而完成對系統級的中斷回應功能的建模。

30.3 提供的技術方案

30.3.1 結構

見 30.3.2 節原理部分，這裡不再贅述。

30.3.2 原理

本節需要用到 sequence 的執行機制，主要包括三部分。

1. sequence 的執行機制

首先需要了解什麼是 sequence 機制，其原理圖如圖 7-4 所示。

sequence 機制是 UVM 用來產生激勵的一種方式，即用來產生激勵並對激勵進行仲裁選擇排序。

UVM 的 sequence 激勵產生和驅動的簡單架構，整個過程大致如下：

(1) sequence 產生一定數量的 sequence_item，然後對這些 sequence_item 做隨機約束以產生不同的輸入激勵。

(2) sequencer 對這些 sequence 進行仲裁選擇並傳送給 driver，即 sequence 產生的 sequence_item 會經過 sequencer 再流向 driver。

(3) driver 依次收到 sequence 發送來的每個 sequence_item 並會將其轉換成訊號級資料，然後驅動到 interface 上，從而給 DUT 施加有效的輸入激勵。

(4) 如果有必要，driver 則會將收到的 sequence_item 在發送給 DUT 之後給 sequencer 傳回一個回饋訊號，這個回饋訊號最終會發送給對應的 sequence。因為有時 sequence 需要獲取 driver 和 DUT 互動的狀態，從而決定接下來要發送的

sequence_item。

注意：(1) sequence_item 是每次 driver 與 DUT 互動的最小粒度的資料內容。
(2) sequence 並不是 UVM 元件，它不能作為 UVM 的層次結構，它必須掛載到一個 sequencer 上，透過 sequencer 作為媒介來發送，這樣一來，sequence 就可以依賴 sequencer 的結構關係，間接地透過 sequencer 獲取驗證平臺的配置等資訊。
(3) sequence 可以產生多個 sequence item，也可以產生多個 sequence，即 sequence 也可以進一步組織和實現層次化，最終由更上層的 sequence 進行排程，即 sequence 包含了一些有序組織起來的 sequence_item，是產生 DUT 輸入激勵的資料載體。

2. sequence 的仲裁機制

之前提到了「sequencer 對這些 sequence 進行仲裁選擇並傳送給 driver」，因此還需要了解關於 sequencer 對 sequence 的仲裁選擇機制，其原理如圖 30-2 所示。

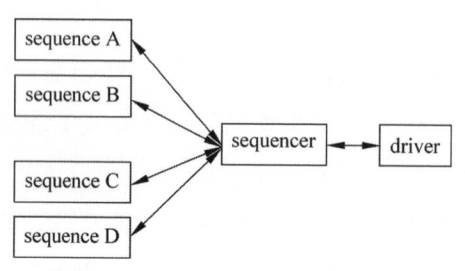

▲圖 30-2　UVM 的 sequencer 仲裁機制

sequencer 可以用來對 sequence 進行仲裁排序和控制，從而保證當有多個 sequence 同時掛載到 sequencer 上時，即多個 sequence 在同一個 sequencer 上併發執行時，可以按照設定的模式規則將特定的 sequence 中的 sequence_item 優先發送給 driver。

在實際專案中，可以透過 uvm_sequencer 的 set_arbitration() 方法設置仲裁模式，但有一種特殊的仲裁方式，即 sequencer 的獨佔機制，可以應用該獨佔機制來完成對中斷操作的處理，下面來了解這種機制的原理。

3. sequence 的獨佔機制

UVM 的 sequencer 提供了 lock() 和 grab() 介面方法以實現對上述這種特殊的 sequence 進行仲裁。

lock 和 grab 操作都可以使 sequence 暫時擁有對 sequencer 的獨佔許可權，只是 grab 操作比 lock 操作的優先順序更高。

上述兩種介面方法使用完之後，還需要呼叫 unlock() 和 ungrab() 介面方法來釋放對 sequencer 的獨佔許可權，否則 sequencer 將產生鎖死。

為了說明 lock 和 grab 兩種操作的獨佔機制的區別，下面來看個範例。

首先來看 lock 實現獨佔操作的過程，如圖 30-3 所示。

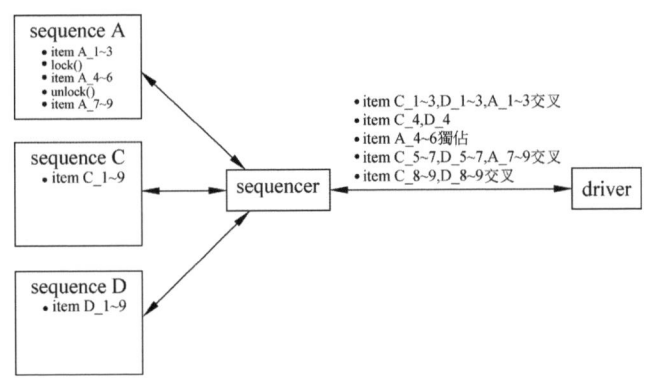

▲圖 30-3 lock 實現獨佔操作的過程

圖 30-3 中有 3 個 sequence，分別是 A、C 和 D，它們都在等待 sequencer 進行仲裁，即將其內部包含的 sequence_item(簡稱 item) 按照一定順序傳送給 driver 進行驅動。

可以看到這裡 sequence A、sequence C 和 sequence D 的內部都有 9 個 item，只是 sequence A 的 item 4~6 透過呼叫 lock() 介面方法實現了對 sequencer 的獨佔，最終 sequencer 會按照以下順序將 item 依次傳送給 driver。

- item C_1~3, D_1~3, A_1~3 交叉
- item C_4, D_4
- item A_4~6 獨佔
- item C_5~7, D_5~7, A_7~9 交叉

- item C_8~9, D_8~9 交叉

同理，來看 grab 實現獨佔操作的過程，如圖 30-4 所示。

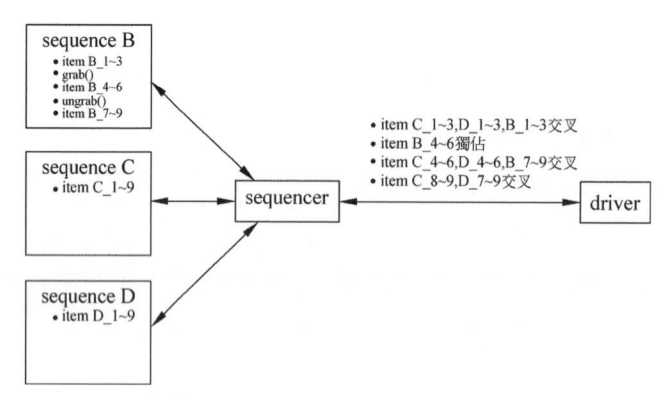

▲ 圖 30-4 grab 實現獨佔操作的過程

圖 30-4 中同樣有 3 個 sequence，分別是 B、C 和 D，它們都在等待 sequencer 進行仲裁，即將其內部包含的 sequence_item(同樣簡稱 item) 按照一定順序傳送給 driver 進行驅動。

可以看到這裡 sequence B、sequence C 和 sequence D 的內部和樣都有 9 個 item，觀察 sequence B 和之前 sequence A 的差別，可以發現只是將之前 sequence A 的 item 4~6 呼叫的 lock() 和 unlock() 換成了 grab() 和 ungrab()，但同樣實現了對 sequencer 的獨佔，最終 sequencer 會按照以下順序將 item 傳送給 driver。

- item C_1~3, D_1~3, B_1~3 交叉
- item B_4~6 獨佔
- item C_4~6, D_4~6, B_7~9 交叉
- item C_7~9, D_7~9 交叉

仔細觀察，可以發現最終 sequencer 仲裁的順序稍有不同，使用 grab 操作後會立刻獲得對 sequencer 的獨佔許可權，而 lock 操作則需要等到被回應執行時才會獲得對 sequencer 的獨佔許可權。

因此可以利用上述特點，使用 lock 操作來對優先順序中斷類型進行建模，使用 grab 操作來對不可遮罩中斷類型進行建模。

30.3.3 優點

優點如下：

(1) 透過綜合應用 sequence 的執行機制，使用 sequencer 的仲裁機制和獨佔機制來完成對系統級中斷功能的建模和驗證。

(2) 應用本章舉出的方法可以很容易地實現對常見的優先順序中斷類型和不可遮罩中斷類型的監測和回應。

30.3.4 具體步驟

第 1 步，建立主程式，對於基於 UVM 的驗證平臺來講，即撰寫對應的 main_seq 輸入激勵 sequence，在其中撰寫需要施加給待測設計的輸入激勵。

第 2 步，建立優先順序中斷回應服務程式，即撰寫對應的 lock_isr 中斷回應 sequence。

其中主要完成以下幾件事情：

(1) 執行 lock 操作獲取對 sequencer 的獨佔許可權。

(2) 獲取優先順序中斷狀態暫存器的值。

(3) 根據優先順序中斷的狀態執行相應的中斷服務程式。

(4) 清除對應的優先順序中斷標識位元。

(5) 執行 unlock 操作以釋放對 sequencer 的獨佔許可權。

程式如下：

```
class lock_isr extends uvm_sequence #(transaction);
 `uvm_object_utils(lock_isr)

function new (string name);
 super.new(name);
endfunction: new
    task body;
        // 獲取對 sequencer 的獨佔許可權
        m_sequencer.lock(this);
        // 讀取中斷狀態暫存器
        ...
        // 根據中斷狀態執行相應的中斷服務程式
        ...
```

```
        // 清除中斷標識位元
        ...
        // 釋放獨佔許可權
        m_sequencer.unlock(this);
    endtask: body
endclass
```

第 3 步，同理，建立非遮罩式插斷回應服務程式，即撰寫對應的 grab_isr 中斷回應 sequence。

其中主要完成以下幾件事情：

(1) 執行 grab 操作以獲取對 sequencer 的獨佔許可權。

(2) 獲取不可遮罩中斷狀態暫存器的值。

(3) 根據不可遮罩中斷狀態執行相應的中斷服務程式。

(4) 清除對應的不可遮罩中斷標識位元。

(5) 執行 ungrab 操作釋放對 sequencer 的獨佔許可權。

程式如下：

```
class grab_isr extends uvm_sequence #(transaction);
 `uvm_object_utils(grab_isr)

function new (string name);
super.new(name);
endfunction: new

    task body;
        // 獲取對 sequencer 的獨佔許可權
        m_sequencer.grab(this);
        // 讀取中斷狀態暫存器
        ...
        // 根據中斷狀態執行相應的中斷服務程式
        ...
        // 清除中斷標識位元
        ...
        // 釋放獨佔許可權
        m_sequencer.ungrab(this);
    endtask: body
endclass
```

第 4 步，建立頂層 sequence，用於排程協調主程式和中斷回應服務程式。

其中主要完成以下幾件事情：

(1) 宣告實體化之前建立的主程式和中斷回應服務程式所對應的 sequence。

(2) 獲取 interface 控制碼，從而可以完成對硬體的中斷標識訊號的監測。

(3) 透過 fork...join_any 和 disable fork 的方式，建構並啟動 3 個平行線程，第 1 個執行緒用於執行主程式，第 2 個執行緒用於監測和回應優先順序中斷並執行相應的服務程式，第 3 個執行緒用於監測和回應不可遮罩中斷並執行相應的服務程式，因此在主程式執行的過程中，如果遇到相應的插斷要求，則中斷回應 sequence 將獲得對 sequencer 的獨佔許可權，從而模擬 CPU，轉而對中斷進行回應，即執行一段中斷服務程式 (執行中斷回應 sequence)，執行完畢後傳回之前中斷的主程式對應的位置，然後繼續執行剩下的主程式。

(4) 主程式執行完畢後結束模擬執行。

程式如下：

```
class top_seq extends uvm_sequence #(transaction);
    `uvm_object_utils(top_level_seq)

    virtual demo_interface vif;
    main_seq main_seq_h;
    lock_isr lock_isr_h;
    grab_isr grab_isr_h;

  function new (string name);
    super.new(name);
    main_seq_h = main_seq::type_id::create("main_seq_h");
    lock_isr_h = lock_isr::type_id::create("lock_isr_h");
    grab_isr_h = grab_isr::type_id::create("grab_isr_h");
  endfunction: new

  task body;
        if (!uvm_config_db #(virtual demo_interface)::get(null, get_full_name(),
"vif", vif))
            `uvm_fatal("TOP SEQ BODY", "Failed to get vifig");
        fork
            // 主程式執行
            main_seq_h.start(m_sequencer);
            // 優先順序中斷服務程式回應
            begin
                forever begin
                    fork
                        vif.wait_for_priority_irq0();
```

```
                    vif.wait_for_priority_irq1();
                    vif.wait_for_priority_irq2();
                    vif.wait_for_priority_irq3();
                join_any
                disable fork;
                lock_isr_h.start(m_sequencer)
            end
            // 不可遮罩中斷服務程式回應
            begin
                forever begin
                    fork
                        vif.wait_for_non_maskable_irq0();
                        vif.wait_for_non_maskable_irq1();
                        vif.wait_for_non_maskable_irq2();
                        vif.wait_for_non_maskable_irq3();
                    join_any
                    disable fork;
                    grab_isr_h.start(m_sequencer)
                end
            join_any
            disable fork;
    endtask: body
endclass
```

注意：幾種特殊的中斷情況如下。

(1) 如果兩個 sequence 都試圖使用 lock() 方法獲取 sequencer 的獨佔權，則先獲得獨佔存取的 sequence 在執行完畢後才會將所有權交還給另外一個試圖進行 lock 操作的 sequence。

(2) 如果兩個 sequence 同時試圖使用 grab() 方法獲取 sequencer 的獨佔權，則和上面類似，即先獲得獨佔權的 sequence 執行完畢後才會將獨佔權交還給另外一個試圖進行 grab 操作的 sequence。

(3) 如果一個 sequence 在使用 grab() 方法獲取 sequencer 的獨佔權之前，另外一個 sequence 已經使用 lock() 方法獲得了 sequencer 的獨佔權，則進行 grab 操作的 sequence 會一直等待 lock 操作的釋放，不會打斷當前的 lock 獨佔執行的 sequence 中斷服務程式，但當其釋放了對 sequencer 的獨佔許可權之後，進行 grab 操作的 sequence 將立刻獲得對 sequencer 的獨佔許可權。

第 31 章

實現覆蓋率收集程式重用的方法

31.1 背景技術方案及缺陷

31.1.1 現有方案

假設現在要做一款晶片,對其功能邏輯進行抽象後如圖 31-1 所示。

▲ 圖 31-1 對晶片功能邏輯進行

抽象後的範例圖

各個通訊埠訊號如下。

(1) op:運算指令,包括加法 ADD、減法 SUB、乘法 MUL 和除法 DIV 運算。

(2) A:運算運算元,使用暫存器組來運算和暫存運算元。

(3) B:運算運算元,使用暫存器組來運算和暫存運算元。

(4) rslt:運算結果,使用暫存器組來運算和暫存結果。

通常為了不同導向的市場需要,公司會制定不同的產品策略,並進行相應的產品規劃,規劃出多種不同性能的同類型系列晶片,那麼對該晶片支援的性能參數可以做以下抽象。

(1) support_mode: 支援的工作模式,包括 HIGH_MODE、MEDIUM_MODE、 LOW_MODE,性能越高,其支援的模式就越多。

(2) support_op：支援的運算指令，包括 ADD、SUB、MUL、DIV，性能越高，其支援的運算指令種類就越多，而這取決於其支援的工作模式 support_mode。

(3) support_reg：支援的暫存器組，包括暫存器 R0~R7，性能越高，其對運算指令進行運算時，運算的運算元和運算後的結果使用的暫存器就越多，運算速度就越快，而這同樣取決於其支援的工作模式 support_mode。

簡單地對其運算指令進行抽象，並在驗證平臺中用列舉型態變數來表示。

(1) mode：工作模式。

(2) op：運算指令。

(3) A_reg：運算運算元 A 所使用的暫存器組。

(4) B_reg：運算運算元 B 所使用的暫存器組。

(5) rslt_reg：運算結果 rslt 所使用的暫存器組。

程式如下：

```
typedef enum {HIGH_MODE, MEDIUM_MODE, LOW_MODE} mode_t;
typedef enum {ADD, SUB, MUL, DIV} op_t;
typedef enum {R0,R1,R2,R3,R4,R5,R6,R7} reg_t;

class instruction;
    rand mode_t mode;
    rand op_t op;
    rand reg_t A_reg;
    rand reg_t B_reg;
    rand reg_t rslt_reg;
endclass
```

通常驗證開發人員需要撰寫覆蓋率元件 coverage 來對該晶片的一些重要覆蓋點做覆蓋率收集統計，該元件獲取來自 monitor 監測到的交易資料，可以透過訂閱者模式實現，也可以透過 TLM 通訊連接埠連接實現。

該覆蓋率元件包含的覆蓋點一般至少包括以下幾種。

(1) mode： 收集覆蓋到所支援的工作模式。

(2) op： 收集覆蓋到所支援的運算指令。

(3) A_reg： 收集覆蓋到的運算運算元 A 所使用的暫存器組。

(4) B_reg： 收集覆蓋到的運算運算元 B 所使用的暫存器組。

(5) rslt_reg：收集覆蓋到的運算結果 rslt 所使用的暫存器組。

(6) 一些交叉覆蓋點，例如運算指令和運算運算元 A 所使用的暫存器組等。

(7) 其他一些 corner 覆蓋點。

程式如下：

```
class coverage extends uvm_subscriber#(instruction);
    ...
    covergroup cg;
        coverpoint mode;
        coverpoint op;
        coverpoint A_reg;
        coverpoint B_reg;
        coverpoint rslt_reg;

        op_A_cross: cross op, A_reg;
        op_B_cross: cross op, B_reg;
        op_rslt_cross: cross op, rslt_reg;
        ...
    endgroup
endclass
```

　　為了不同導向的市場需要，公司會制定不同的產品策略，並進行相應的產品規劃，規劃出多種不同性能的同類型系列晶片，因此為了對公司多款不同性能的同類型晶片進行驗證，可能就需要維護多套覆蓋率收集程式。舉例來說，公司規劃中低端市場導向的同類型晶片不再支援 HIGH_MODE 工作模式，此時該晶片也就不再支援乘法 MUL 和除法 DIV 運算指令，同時該晶片的運算速度也會降低，即此時其運算運算元和運算結果不再能使用全部的暫存器組 R0~R7，而只能使用暫存器組 R0~R3，那麼需要重寫上述覆蓋率收集程式 coverage 並增加一些 ignore_bins 來忽略當前不再支援的一些性能特性的覆蓋率收集。

程式如下：

```
class coverage extends uvm_subscriber#(instruction);
    ...
    covergroup cg;
        coverpoint mode{
            ignore_bins ignores = {HIGH_MODE};
        }
        coverpoint op{
            ignore_bins ignores = {MUL, DIV};
```

```
        }
        coverpoint A_reg{
            ignore_bins ignores = {R4,R5,R6,R7};
        }
        coverpoint B_reg{
            ignore_bins ignores = {R4,R5,R6,R7};
        }
        coverpoint rslt_reg{
            ignore_bins ignores = {R4,R5,R6,R7};
        }

        op_A_cross: cross op, A_reg;
        op_B_cross: cross op, B_reg;
        op_rslt_cross: cross op, rslt_reg;
        ...
    endgroup
endclass
```

可以看到，只做了一點修改，即增加了一些 ignore_bins，但是對之前的 coverage 覆蓋率收集程式進行了完整複製，同樣如果還有其他性能的同類型晶片，則會存在大量的重複程式，此時需要同時維護多套幾乎一樣的覆蓋率收集程式。另外如果後面需要修改，則可能需要同步修改多個地方，麻煩且容易遺漏出錯。

31.1.2 主要缺陷

見 31.1.1 節的結尾部分，這裡不再贅述。

31.2 解決的技術問題

實現對覆蓋率收集程式的重用。

31.3 提供的技術方案

31.3.1 結構

本節舉出的實現覆蓋率程式重用的方法的示意圖如圖 31-2 所示。

```
                                    ┌─────────────────────────────────────┐
                                    │ cg_ignore_bins_default              │
                                    │ static func ignore_array get_ignore_bins │
                                    │   return '{};                       │
                                    │ endfunc                             │
                                    └─────────────────────────────────────┘
                                                     ⇑
                            傳入參數並
                              多載
┌──────────────────────────────────────────────┐  ⇐  ┌─────────────────────────────────────┐
│ coverage#(type POLICY=cg_ignore_bins_default)│     │ subclass_cg_ignore_bins_default     │
│ covergroup cg;                                │     │ static func ignore_array get_ignore_bins │
│    coverpoint xxx{                            │     │   return '{ignore_bins…};           │
│      ignore_bins ignores=POLICY::get_xxx_ignore_bins(); │ │ endfunc                    │
│ }                                             │     └─────────────────────────────────────┘
│ …                                             │
│ endgroup                                      │
└──────────────────────────────────────────────┘
```

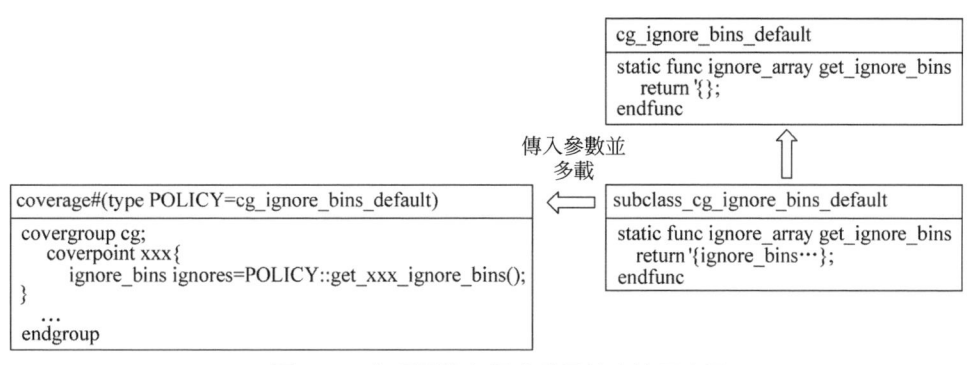

▲圖 31-2　實現覆蓋率程式重用的方法示意圖

31.3.2　原理

原理如下：

（1）利用參數化的類別，將需要忽略的不再支援的一些性能特性的覆蓋率收集打包成類別物件進行傳遞，從而實現對原先的覆蓋率的程式重用。

（2）傳遞的類別物件裡需要提供靜態方法來方便進行後面的靜態呼叫，因為該類別不會被實例化，只會呼叫其中的靜態方法來獲得目標需要忽略的覆蓋倉(ignore_bins)。

31.3.3　優點

透過參數化的類別傳入需要忽略的不再支援的一些性能特性的覆蓋率收集。

31.3.4　具體步驟

第 1 步，撰寫 cg_ignore_bins_default 基礎類別供後面進行衍生。

該類別裡面的函式需要加上 static 關鍵字，以方便後面透過 :: 符號進行靜態呼叫。在預設情況下，是沒有 ignore_bins 的，即不存在需要忽略的不再支援的一些性能特性的覆蓋率收集。

程式如下：

```
typedef mode_t mode_array[$];
typedef op_t op_array[$];
```

```
typedef reg_t reg_array[$];

class cg_ignore_bins_default extends uvm_object;
    static function mode_array get_mode_ignore_bins();
        return '{};
    endfunction

    static function op_array get_op_ignore_bins();
        return '{};
    endfunction

    static function reg_array get_A_reg_ignore_bins();
        return '{};
    endfunction

    static function reg_array get_B_reg_ignore_bins();
        return '{};
    endfunction

    static function reg_array get_rslt_reg_ignore_bins();
        return '{};
    endfunction
endclass
```

第 2 步，根據實際專案的需要對 cg_ignore_bins_default 類別進行衍生並多載相應的函式方法。同樣該類別裡面的函式需要加上 static 關鍵字，以方便後面透過 :: 符號進行靜態呼叫，程式如下：

```
class no_high_mode_cg_ignore_bins extends cg_ignore_bins_default;
    static function mode_array get_mode_ignore_bins();
        return '{HIGH_MODE};
    endfunction

    static function op_array get_op_ignore_bins();
        return '{MUL, DIV};
    endfunction

    static function reg_array get_A_reg_ignore_bins();
        return '{R4,R5,R6,R7};
    endfunction

    static function reg_array get_B_reg_ignore_bins();
        return '{R4,R5,R6,R7};
    endfunction
```

```
    static function reg_array get_rslt_reg_ignore_bins();
        return '{R4,R5,R6,R7};
    endfunction
endclass
```

第 3 步，建立 coverage_base 以方便使用 factory 機制的多載功能，程式如下：

```
class coverage_base extendsuvm_subscriber#(instruction);
    ...
endclass
```

第 4 步，修改之前的覆蓋率收集程式 coverage 作為參數化的類別，預設參數為 cg_ignore_bins_default，並且衍生於上面的基礎類別，程式如下：

```
class coverage #(type POLICY = cg_ignore_bins_default) extends coverage_base;
    ...
    covergroup cg;
        coverpoint mode{
            ignore_bins ignores = POLICY::get_mode_ignore_bins();
        }
        coverpoint op{
            ignore_bins ignores = POLICY::get_op_ignore_bins();
        }
        coverpoint A_reg{
            ignore_bins ignores = POLICY::get_A_reg_ignore_bins();
        }
        coverpoint B_reg{
            ignore_bins ignores = POLICY::get_B_reg_ignore_bins();
        }
        coverpoint rslt_reg{
            ignore_bins ignores = POLICY::get_rslt_reg_ignore_bins();
        }

        op_A_cross: cross op, A_reg;
        op_B_cross: cross op, B_reg;
        op_rslt_cross: cross op, rslt_reg;
        ...
    endgroup
endclass
```

第 5 步，將第 2 步衍生出的子類別作為參數傳入第 4 步的參數化的類別，即傳入覆蓋率收集物件 coverage 裡來忽略當前不再支援的一些性能特性的覆蓋率收集，然後對第 3 步的 coverage_base 基礎類別進行宣告和實例化，接著在測試用例裡使用 factory 機制的多載功能替換該基礎類別作為參數化的類別，從而最

終實現對覆蓋率收集程式的重用,程式如下:

```
coverage_base cov;

virtual function void build_phase(uvm_phase phase);
    coverage_base::type_id::set_type_override(coverage#(no_high_mode_cg_ignore_bins)::get_type());
    cov = coverage_base::type_id::create("cov",this);
endfunction
```

第 32 章

對實現覆蓋率收集程式重用方法的改進

32.1 背景技術方案及缺陷

32.1.1 現有方案

本章是對第 31 章方案的改進，現有方案可以參考第 31 章的內容，這裡不再贅述。

32.1.2 主要缺陷

採用第 31 章的方案是可行的，但是為了使用 factory 機制的多載功能，需要額外增加一個層次 coverage_base 基礎類別，然後每次多載時對該基礎類別進行多載，而非根據專案需要多載相應的 subclass_cg_ignore_bins_default 來有選擇地忽略不再支援的一些性能特性的覆蓋率收集。那麼這樣就存在以下兩個缺陷：

(1) 額外增加了一個層次 coverage_base，從而增加了驗證平臺的複雜度，使整體程式不夠簡潔。

(2) 每次多載時是對基礎類別 coverage_base 進行多載，而非直接多載相應的 subclass_cg_ignore_bins_default 來有選擇地忽略不再支援的一些性能特性的覆蓋率收集，從而使多載過程不夠直觀，不便於理解。

因此，現有方案可行，但是還不夠完美，本章舉出一種改進的方案，以此來避免出現上述兩個缺陷問題。

32.2 解決的技術問題

對現有方案進行改進以避免出現上面的主要缺陷問題。

32.3 提供的技術方案

32.3.1 結構

本章舉出的實現覆蓋率程式重用的改進方法的示意圖如圖 32-1 所示。

```
cg_ignore_bins_default
virtual func ignore_array get_ignore_bins
    return '{};
endfunc
```

```
coverage
static xxx_enum_t ignore_xxx[];
protected cg_ignore_bins_default ignore_default;

covergroup cg;
    coverpoint xxx{
        ignore_bins ignores = ignore_xxx;
}
    …
endgroup

func new;
    step1:inst cg_ignore_bins_default
    step2:get ignore bins from cg_ignore_bins_default methods
endfunc
```

重載

```
subclass_cg_ignore_bins_default
virtual func ignore_array get_ignore_bins
    return '{ignore_bins…};
endfunc
```

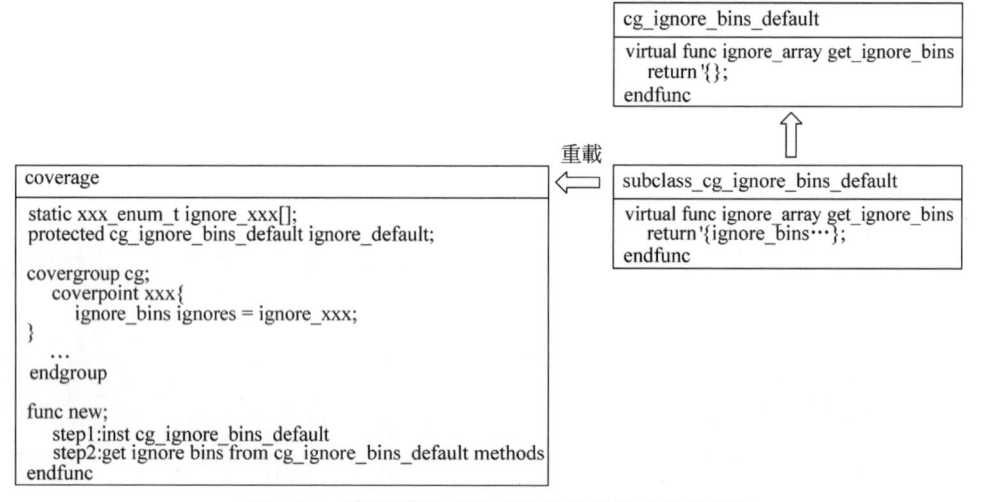

▲圖 32-1 實現覆蓋率程式重用的改進方法示意圖

32.3.2 原理

在覆蓋率收集元件 coverage 的 new 建構函式中對預設的 cg_ignore_bins_default 類別進行實例化並呼叫其中的方法以獲取需要忽略的覆蓋倉，接著賦值給宣告的 static 靜態變數，最後使用 factory 機制的多載功能將預設的需要忽略的覆蓋率收集點所對應的類別物件 cg_ignore_bins_default 類別替換為在實際專案中需要使用的類別，這樣即可實現對之前方案進行改進。

32.3.3 優點

避免了 32.1.2 節中出現的缺陷問題。

32.3.4 具體步驟

第 1 步，撰寫 cg_ignore_bins_default 基礎類別以供後面進行衍生。該類別裡面的函式需要加上 virtual 關鍵字，以方便其子類別對其函式方法進行多載。在預設情況下，是沒有 ignore_bins 的，即不存在需要忽略的不再支援的一些性能特性的覆蓋率收集，程式如下：

```
typedef mode_t mode_array[$];
typedef op_t op_array[$];
typedef reg_t reg_array[$];

class cg_ignore_bins_default extends uvm_object;
    virtual function mode_array get_mode_ignore_bins();
        return '{};
    endfunction

    virtual function op_array get_op_ignore_bins();
        return '{};
    endfunction

    virtual function reg_array get_A_reg_ignore_bins();
        return '{};
    endfunction

    virtual function reg_array get_B_reg_ignore_bins();
        return '{};
    endfunction

    virtual function reg_array get_rslt_reg_ignore_bins();
        return '{};
    endfunction
endclass
```

第 2 步，根據實際專案的需要對 cg_ignore_bins_default 類別進行衍生並多載相應的函式方法。該類別裡面的函式需要加上 virtual 關鍵字，如果有需要，則後面還可以在此基礎上對其函式方法進行多載，程式如下：

```
class no_high_mode_cg_ignore_bins extends cg_ignore_bins_default;
    virtual function mode_array get_mode_ignore_bins();
        return '{HIGH_MODE};
    endfunction

    virtual function op_array get_op_ignore_bins();
        return '{MUL, DIV};
    endfunction

    virtual function reg_array get_A_reg_ignore_bins();
        return '{R4,R5,R6,R7};
    endfunction

    virtual function reg_array get_B_reg_ignore_bins();
        return '{R4,R5,R6,R7};
    endfunction

    virtual function reg_array get_rslt_reg_ignore_bins();
        return '{R4,R5,R6,R7};
    endfunction
endclass
```

第 3 步，重新撰寫覆蓋率收集程式 coverage。這裡宣告 static 的靜態陣列變數，用於獲取需要忽略的一些性能特性的覆蓋率收集，而以上是透過呼叫 cg_ignore_bins_default 類別中相應的方法來得到的。另外宣告實體化 cg_ignore_bins_default 時傳遞了 this 參數，但其實它是衍生於 uvm_object 的，是一個 UVM 物件，但卻要使用 UVM 元件的方式進行實例化，這主要是為了產生一個屬於 cg_ignore_bins_default 自己的層次，即一個範圍域，從而方便後面使用 set_inst_override 的方式進行 factory 的多載替換，程式如下：

```
class coverage extends uvm_subscriber#(instruction);
    ...
    static mode_t ignore_mode[];
    static op_t ignore_op[];
    static reg_t ignore_A_reg[];
    static reg_t ignore_B_reg[];
    static reg_t ignore_rslt_reg[];

    protected cg_ignore_bins_default ignore_default;

    covergroup cg with function sample(mode_t mode, op_t op, reg_t A_reg, reg_t B_reg, reg_t rslt_reg);
```

```
        coverpoint mode{
            ignore_bins ignores = ignore_mode;
        }
        coverpoint op{
            ignore_bins ignores = ignore_op;
        }
        coverpoint A_reg{
            ignore_bins ignores = ignore_A_reg;
        }
        coverpoint B_reg{
            ignore_bins ignores = ignore_B_reg;
        }
        coverpoint rslt_reg{
            ignore_bins ignores = ignore_rslt_reg;
        }

        op_A_cross: cross op, A_reg;
        op_B_cross: cross op, B_reg;
        op_rslt_cross: cross op, rslt_reg;
        ...
    endgroup

    function new(string name, uvm_component parent);
        super.new(name,parent);
        ignore_default = cg_ignore_bins_default::type_id::create("ignore_default",this);
        ignore_mode= ignore_default.get_mode_ignore_bins();
        ignore_op = ignore_default.get_op_ignore_bins();
        ignore_A_reg= ignore_default.get_A_reg_ignore_bins();
        ignore_B_reg= ignore_default.get_B_reg_ignore_bins();
        ignore_rslt_reg = ignore_default.get_rslt_reg_ignore_bins();
        cg = new();
    endfunction

    function void sample(instruction instr);
        cg.sample(instr.mode, instr.op, instr.A_reg, instr.B_reg, instr.rslt_reg);
    endfunction
endclass
```

第 4 步，對覆蓋率收集元件 coverage 進行宣告和實例化，接著在測試用例裡使用 factory 機制的多載功能替換其中預設使用的 cg_ignore_bins_default 作為實際專案需要的類別物件，從而最終實現對覆蓋率收集程式的重用，程式如下：

```
coverage cov;
```

```
virtual function void build_phase(uvm_phase phase);
    cg_ignore_bins_default::type_id::set_inst_override(
        no_high_mode_cg_ignore_bins::get_type(),"cov.*",this);
    cov = coverage_base::type_id::create("cov",this);
endfunction
```

第 33 章

針對相互依賴的成員變數的隨機約束方法

33.1 背景技術方案及缺陷

33.1.1 現有方案

在晶片驗證工作中，往往需要對 RTL 設計的配置物件或施加的輸入激勵進行隨機，然後執行相應的測試用例以期望隨機發現一些 RTL 設計中存在的潛在問題。

注意：(1) 這裡的隨機，並不是完全隨機，需要約束限制其隨機的值在合法的區間，以使 RTL 設計模組工作在正常的狀態或得到有效合法的輸入激勵，否則可能會得到無效的配置或激勵，那麼執行測試用例將失去測試驗證該 RTL 設計的意義。
(2) 這裡的有效合法值，指的是符合 RTL 設計規則的區間值，這裡的正常執行狀態，指的是符合 RTL 設計規則的工作模式狀態。

基於 UVM 的典型驗證平臺架構中的隨機約束範例，如圖 33-1 所示。

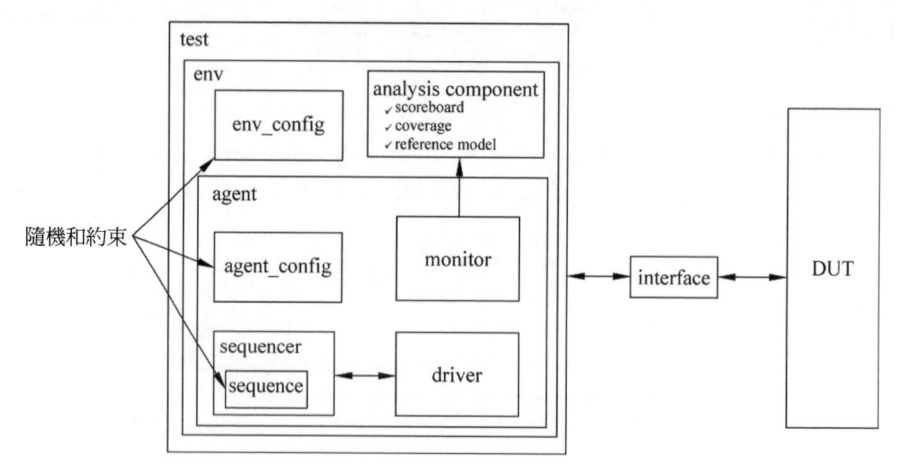

▲圖 33-1　基於 UVM 的典型驗證平臺架構中的隨機約束範例

可以看到，圖 33-1 中對配置物件 config 和輸入激勵 sequence 進行隨機，以配置 DUT 在隨機情況下的工作狀態，以及施加給 DUT 一個隨機的激勵來模擬測試。

實現對上述配置物件或輸入激勵進行隨機約束和求解控制的現有方案如下。

注意：這裡的求解控制，指的是對產生隨機值的約束過程進行控制，例如對隨機約束敘述的順序進行控制，從而求解得到一個合法的值。

通常隨機約束是透過以下兩種方式實現的：

（1）使用 SystemVerilog 隨機約束敘述實現，例如 randomize with {…}。

（2）使用 UVM 的隨機約束敘述巨集函式實現，例如 `uvm_do_with。

對於隨機約束的求解過程的控制，可以使用以下兩種方式實現：

（1）使用 solve A before B 實現對約束求解的先後順序的控制，對於一些 EDA 工具來講，還可以使用 $void() 方法。

（2）使用 soft 約束關鍵字實現對預設約束敘述的多載。

下面來看個簡單的例子，程式如下：

```
//dut_config.sv
typedef enum {DUT_MODE1, DUT_MODE2, DUT_MODE3} dut_mode_enum;
class dut_config extends uvm_object;
    rand dut_mode_enum dut_mode;
```

```
        rand bit [31:0] addr;
        rand int size;

     constraint dut_mode_c {
         dut_mode inside {DUT_MODE1, DUT_MODE2};
     }

     constraint addr_mode_c {
         (dut_mode == DUT_MODE1) -> addr inside {['h00000000 : 'h0000FFFF - size]};
         (dut_mode == DUT_MODE2) -> addr inside {['h10000000 : 'h1FFFFFFF - size]};
     }
     ...
endclass
```

上面這段程式是 DUT 的配置物件 dut_config，其中主要的成員有以下 3 個。

(1) dut_mode： DUT 的工作模式，可以看到是一個列舉資料型態。

(2) addr： DUT 的造訪網址，位元寬度為 32 位元。

(3) size： DUT 存取資料寬度，整數，配合 addr 進行使用。

可以看到，這裡有兩個隨機約束區塊。

(1) dut_mode_c： 用來對 DUT 的工作模式進行約束，指定其隨機後的 dut_mode 的合法值為 DUT_MODE1 或 DUT_MODE2。

(2) addr_mode_c： 用來對 DUT 的造訪網址和寬度進行約束，並且根據 DUT 的工作模式的不同，其造訪網址的合法區間會有所不同。

因此，兩者之間的隨機約束是相連結的，約束求解過程是雙向進行的。又由於在 addr_mode_c 中當 dut_mode 為 DUT_MODE2 時，addr 的合法區間要遠遠大於 dut_mode 為 DUT_MODE1 時的 addr 合法區間，因此 dut_mode 為 DUT_MODE2 的機率要遠大於為 DUT_MODE1 的機率，這就帶來了隨機約束最終求解值的分佈不均的問題。因為驗證開發人員可能希望隨機出來的 dut_mode 的值為 DUT_MODE1 或 DUT_MODE2 的分佈較為平均，這樣才能使模擬測試運行命中的情況更多，從而盡可能地發現 RTL 設計中存在的潛在問題。

那麼這裡可以透過上面講過的方式，即增加 solve dut_mode before addr 敘述來指定隨機約束的求解順序，以此來解決上述隨機值分佈不均的問題，但是，這樣會帶來一些下面將要描述的主要缺陷，因此並不推薦使用。

33.1.2 主要缺陷

雖然上述的現有方案可行，但存在以下一些缺陷：

(1) 往往一個測試用例中會包含成百上千個隨機變數，同時伴隨著成百上千個隨機約束區塊，因此當對上述彼此之間存在相互連結的成員變數或有先後的依賴關係的變數進行隨機時，使用現有方案的隨機約束方法，雖然 EDA 工具依然能夠產生相應的隨機約束結果，但是這會使驗證開發人員難以把握所有可能產生的約束空間，從而給驗證偵錯工作造成困難，或由於非法的隨機約束結果帶來沒有意義的輸出結果，從而白白浪費開發驗證人員的時間。

(2) 因為現有方案中無法按照實際專案的需求對隨機約束按順序進行指定，因此就不能對這些約束區塊的求解結果進行重用，或不能儲存隨機約束過程中已經產生的隨機結果，從而增加了隨機約束的控制和問題偵錯過程的難度。

(3) 如果彼此之間連結的成員變數較多，則很可能會引入過多的隨機約束的求解控制敘述 solve A before B，那麼很可能會導致求解過程的失敗，從而最終導致隨機過程的失敗，而且一旦失敗，由於隨機變數之間依賴關係複雜，定位問題非常困難。

因此，對於在面對比較複雜的激勵隨機約束的情況時，現有方案顯得力不從心，需要有一種新的技術方案來避免出現上述缺陷問題。

33.2 解決的技術問題

解決的技術問題如下：

(1) 實現對 RTL 設計中的配置物件或施加的輸入激勵中具有較為複雜的彼此依賴關係的成員變數進行隨機約束求解，並且盡可能地保證求解值平均分佈，以盡可能地發現 RTL 設計中存在的潛在問題。

(2) 在實現上述目標的同時，避免現有方案中的主要缺陷。

33.3 提供的技術方案

33.3.1 結構

本節舉出的隨機約束的分層結構範例圖,如圖 33-2 所示。

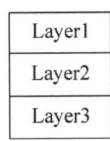

Layer1
Layer2
Layer3

▲ 圖 33-2 隨機約束的分層結構範例圖

將彼此之間相互連結的成員變數切分成多個層次 (Layer),迫使驗證開發人員將彼此之間有連結的成員變數透過 layer 隔離開來,然後控制隨機約束以按照 layer 的順序進行求解,直到將所有的 layer 所包含的成員變數求解完成,最終可以得到成員變數的合法有效的目標約束值,從而避免出現上述提到的缺陷問題。

33.3.2 原理

如圖 33-2 所示,這裡假設對隨機約束變數按類型分為 layer1~3 三層。

可以分為 3 個步驟來完成對相互依賴的成員變數的隨機約束。

第 1 步:

(1) 啟用 layer1 的隨機約束。

(2) 關閉 layer2 和 layer3 的隨機約束。

(3) 呼叫 layered_pre_randomize 方法以進行隨機前的回呼。

(4) 呼叫 randomize 方法對 layer1 層次的成員變數進行隨機。

第 2 步:

(1) 關閉 layer1 的隨機約束,因為在第 1 步調用 randomize 方法後,已經獲得了 layer1 層次的成員變數的合法隨機值。

(2) 啟用 layer2 的隨機約束。

(3) 關閉 layer3 的隨機約束。

(4) 呼叫 randomize 方法對 layer2 層次的成員變數進行隨機。

第 3 步：

(1) 關閉 layer1 和 layer2 的隨機約束，因為在第 2 步調用 randomize 方法後，已經獲得了 layer1 和 layer2 層次的成員變數的合法隨機值。

(2) 啟用 layer3 的隨機約束。

(3) 呼叫 randomize 方法對 layer3 層次的成員變數進行隨機。

(4) 呼叫 layered_post_randomize 方法以進行隨機後的回呼。

這裡的啟用或關閉 layer 層次的隨機約束是透過配置成員變數的 random_mode 和配置隨機約束區塊的 constraint_mode 實現的。

這裡對 random_mode 和 constraint_mode 說明：

(1) random_mode 用於控制成員變數的隨機開關，即其是否可被 randomize 方法進行隨機。如果 random_mode 為 0，則相當於去掉成員變數前面的隨機關鍵字 rand 或 randc。

(2) constraint_mode 用於控制約束區塊的開關，即其是否會在呼叫 randomize 方法時進行約束求解。如果 constraint_mode 為 0，則相當於該約束區塊不存在。

透過多個 layer 層次順序開關，逐層呼叫 randomize 方法，從而最終完成對彼此之間相互連結的成員變數進行隨機約束。

33.3.3 優點

優點如下：

(1) 對隨機約束求解過程進行了分層，使彼此之間相互連結的隨機變數的依賴關係變得更加清晰，從而幫助驗證開發人員對隨機約束過程的理解，從而降低對驗證過程中出現的問題進行偵錯的難度。

(2) 即使一個測試用例中可能會包含成百上千個隨機變數，同時伴隨著成百上千個隨機約束區塊，也不要緊。因為這些隨機約束求解過程已經被有效地進行了分層，因此不會出現使驗證開發人員難以把握所有可能產生的約束空間的問題。

(3) 可以很容易地按照實際專案的需求對隨機約束按順序進行指定，因此也就能做到對這些約束區塊的求解結果進行重用，即儲存隨機約束過程中已經產生的隨機結果，從而做到對隨機約束的控制，因而降低了問題偵錯過程的難度。

(4) 不再借助隨機約束的求解控制敘述 solve A before B，因此不存在隨機求解失敗帶來的定位難的問題。

33.3.4 具體步驟

下面應用上述原理來對之前的 DUT 配置物件 dut_config 進行隨機約束求解，程式如下：

```
//layered_dut_config.sv
class layered_dut_config extends dut_config;
    virtual function void layered_randomize_config(int layer);
        dut_mode.rand_mode( (layer == 1 ? 1 : 0) );
        dut_mode_c.constraint_mode( (layer == 1 ? 1 : 0) );

        addr.rand_mode( (layer == 2 ? 1 : 0) );
        addr_mode_c.constraint_mode( (layer == 2 ? 1 : 0) );
        ...
    endfunction
endclass
```

可以看到，layered_dut_config 衍生於 DUT 的配置物件 dut_config，在其中新增了介面方法 layered_randomize_config，根據 layer 的層次來對不同 layer 的隨機約束進行啟用或關閉。

然後來看如何在測試用例裡使用上述 layered_dut_config，程式如下：

```
//layered_test.sv
class layered_test extends uvm_test;
layered_dut_config layered_dut_config_h;

    virtual function void build_phase();
        layered_dut_config_h = layered_dut_config::type_id::create();

        for(int layer = 1; layer <= 3; layer++) begin
            layered_dut_config_h.layered_randomize_config(layer);
            if(layer == 1)
                layered_dut_config_h.layered_pre_randomize();
            if(!layered_dut_config_h.randomize())
                `uvm_fatal("TEST","failed randomize")
            if (layer == 3)
                layered_dut_config_h.layered_post_randomize();
```

```
        end
    endfunction
        ...
endclass
```

　　可以看到,在測試用例 layered_test 中宣告實體化了 layered_dut_config,然後透過 for 迴圈在最開始的 layer1 呼叫 layered_pre_randomize 方法進行 layer 隨機前的回呼,然後對相應的層次 layer1~3 依次進行隨機約束求解,最後在 layer3 呼叫 layered_post_randomize 方法進行 layer 隨機後的回呼,從而最終完成對彼此之間相互管理的成員變數 dut_mode 和 addr 的隨機約束求解,整個求解過程按照 layer 層次依次進行,易於控制且方便偵錯。

第 34 章

對隨機約束區塊的控制管理及重用的方法

34.1 背景技術方案及缺陷

34.1.1 現有方案

在晶片驗證工作中，往往需要對 RTL 設計的配置物件或施加的輸入激勵進行隨機，然後執行相應的測試用例以期望透過隨機發現一些 RTL 設計中存在的潛在問題。

注意：(1) 這裡的隨機並不是完全的隨機，需要約束限制其隨機的值在合法的區間，以使 RTL 設計模組工作在正常的狀態或得到有效合法的輸入激勵，否則可能會得到無效的配置或激勵，那麼執行測試用例將失去測試驗證該 RTL 設計的意義。
(2) 這裡的有效合法值指的是符合 RTL 設計規則的區間值，這裡的正常的工作狀態指的是符合 RTL 設計規則的工作模式狀態。

基於 UVM 的典型驗證平臺架構中的隨機約束範例，如圖 33-1 所示。可以看到，圖中對配置物件 config 和輸入激勵 sequence 進行隨機，以配置 DUT 在隨機情況下的工作狀態，以及施加給 DUT 一個隨機的激勵來模擬測試。

本章以實現對上述配置物件進行隨機約束為例說明。

下面來看個簡單的例子，程式如下：

```
typedef enum {DUT_MODE1, DUT_MODE2, DUT_MODE3} dut_mode_enum;
```

```
//dut_config.sv
class dut_config extends uvm_object;
    `uvm_object_utils(dut_config)
    rand dut_mode_enum dut_mode;
    rand bit [31:0] addr;
    rand int size;
    ...
endclass
```

可以看到，上面這段程式是 DUT 的配置物件 dut_config，其中主要的成員有以下 3 個。

(1) dut_mode： DUT 的工作模式，可以看到是一個列舉資料型態。

(2) addr： DUT 的造訪網址，位元寬度為 32 位元。

(3) size： DUT 存取資料寬度，整數，配合 addr 進行使用。

接下來，對上述 3 個成員變數增加隨機約束，程式如下：

```
//dut_config_constraint.sv
class dut_config_constraint extends dut_config;
    `uvm_object_utils(dut_config_constraint)

    constraint dut_mode_c {
        dut_mode inside {DUT_MODE_1, DUT_MODE_2};
    }

    constraint addr_permit_c {
        (dut_mode == DUT_MODE1) -> addr inside {['h00000000 : 'h0000FFFF - size]};
        (dut_mode == DUT_MODE2) -> addr inside {['h10000000 : 'h1FFFFFFF - size]};
    }

    constraint addr_prohibit_c {
        (dut_mode == DUT_MODE1) -> !(addr inside {['h00000000 : 'h000000FF - size]});
    }
    ...
endclass
```

可以看到，這裡有 3 個隨機約束區塊，分別如下。

(1) dut_mode_c： 用來對 DUT 的工作模式進行約束，將其隨機後的 dut_mode 合法值指定為 DUT_MODE1 或 DUT_MODE2。

(2) addr_permit_c： 用來對 DUT 的有效造訪網址進行約束，並且根據 DUT

的工作模式的不同,其造訪網址的合法區間會有所不同。

(3) addr_prohibit_c:用來對 DUT 的無效造訪網址進行約束,並且只有 DUT 在 DUT_MODE1 工作模式下,該約束才會生效。

通常驗證開發人員對 DUT 進行驗證時會配置多種不同的配置物件,以使該 DUT 工作在不同的場景下,從而更全面地對 DUT 進行驗證,因此一個很常見的開發需求是增刪或修改上述 3 個隨機約束區塊。

針對上述情況,通常現有的方案是對上述配置物件 dut_config_constraint 類別進行衍生,產生其子類別,例如下面的 dut_config_constraint2,然後在該子類別中重新撰寫隨機約束區塊,然後使用 UVM 的 factory 機制的多載功能,用子類別 dut_config_constraint2 來替換其父類別 dut_config_constraint,從而實現對原先的隨機約束的增刪或修改,程式如下:

```
//dut_config_constraint2.sv
class dut_config_constraint2 extends dut_config;
    `uvm_object_utils(dut_config_constraint2)
    constraint dut_mode_c {
        dut_mode inside {DUT_MODE_1, DUT_MODE_2};
    }

    constraint addr_permit_c {
        (dut_mode == DUT_MODE1) -> addr inside {['h00000000 : 'h0FFFFFFF - size]};
        (dut_mode == DUT_MODE2) -> addr inside {['h10000000 : 'h1FFFFFFF - size]};
    }

    constraint addr_prohibit_c {
        (dut_mode == DUT_MODE1) -> !(addr inside {['h00000000 : 'h000000FF - size]});
    }

    constraint addr_prohibit_c2 {
        (dut_mode == DUT_MODE2) -> !(addr inside {['h10000000 : 'h100000FF - size]});
    }
    ...
endclass
```

可以看到,這裡有兩處修改:

(1) 修改了隨機約束 addr_permit_c 中當 DUT 工作在 DUT_MODE1 模式下的有效位址區間,由原先的 ['h00000000 : 'h0000FFFF-size] 修改為 ['h00000000 : 'h0FFFFFFF-size]。

(2) 新增了一筆隨機約束 addr_prohibit_c2，用來對 DUT 工作在 DUT_MODE2 模式下的無效造訪網址進行約束，無效位址範圍為 ['h10000000 : 'h100000FF-size]。

然後在測試用例的 build_phase 中使用 UVM 的 factory 機制的多載功能，實現對其父類別 dut_config_constraint 的替換，從而最終實現對原先的隨機約束的增刪或修改，程式如下：

```
//testcase_example.sv
class testcase_example extends uvm_test;
`uvm_component_utils(testcase_example)
    ...
    function void build_phase(uvm_phase phase);
set_type_override_by_type(
dut_config_constraint::get_type(),
dut_config_constraint2::get_type()
);
        ...
    endfunction : build_phase
...
endclass
```

可以看到，透過呼叫 set_type_override_by_type 方法實現對其父類別 dut_config_constraint 的替換。

34.1.2 主要缺陷

主要缺陷如下：

(1) 不能實現對隨機約束區塊的控制管理和重用。

可以看到，現有方案中的配置物件 dut_config_constraint2 的程式，即使改動很小，依然不得不將 dut_config_constraint 的隨機約束區塊的程式幾乎重新寫一遍，麻煩且容易出錯，因此這並不是想要的解決方案。

因為往往一個測試用例中會包含成百上千個隨機變數，同時伴隨著成百上千個隨機約束區塊，因此如果還採用類似上面衍生子類別並使用 UVM 的 factory 機制的多載功能實現對隨機約束物件的替換，則需要將絕大多數的隨機約束區塊重新寫一遍，這是非常耗時費力的事情。對於複雜的晶片驗證專案來講，這大大降低了驗證開發人員的工作效率，從而影響到專案推進的進度。

(2) 不能實現對隨機約束區塊的控制和管理。

現有方案中配置物件 dut_config_constraint2 的隨機約束區塊僅有 4 個，如果有很多，則撰寫及理解起來將非常困難，毫無疑問會給之後的問題偵錯增加難度，因此應該儘量避免以這種方式來撰寫隨機約束區塊。

因為如果將過多的隨機約束區塊都寫到一個類別檔案裡，則理解起來將非常困難，給以後的問題偵錯過程無疑也增加了難度。

所以需要有一種能夠將隨機約束區塊打包並重用的方法，從而提升專案開發效率，同時加強對隨機約束區塊的控制和管理，即應該根據實際專案的需要，由驗證開發人員透過方便地呼叫隨機約束的開關介面方法，即可輕鬆地得到目標隨機約束的合法區間值，從而實現對隨機約束區塊的管理控制和程式重用。

34.2 解決的技術問題

避免 34.1.2 節中出現的缺陷問題。

34.3 提供的技術方案

34.3.1 結構

本節舉出的隨機約束區塊的控制管理及重用方法的實現結構示意圖如圖 34-1 所示。

```
┌─────────────────────────────────────────────────────────────┐
│ top class extends top_base                                  │
│  ┌────────────────────────────────────────────────────────┐ │
│  │ policy_class1 extends policy_base#(type ITEM=nvm_object)│ │
│  │ constraint blocks                                      │ │
│  └────────────────────────────────────────────────────────┘ │
│  ┌────────────────────────────────────────────────────────┐ │
│  │ policy_class2 extends policy_base#(type ITEM=nvm_object)│ │
│  │ constraint blocks                                      │ │
│  └────────────────────────────────────────────────────────┘ │
│        …                                                    │
│  ┌────────────────────────────────────────────────────────┐ │
│  │ policy_classN extends policy_base#(type ITEM=uvm_object)│ │
│  │ constraint blocks                                      │ │
│  └────────────────────────────────────────────────────────┘ │
│  ┌────────────────────────────────────────────────────────┐ │
│  │ add policy_class 1~N to policy_list queue              │ │
│  └────────────────────────────────────────────────────────┘ │
│  ┌────────────────────────────────────────────────────────┐ │
│  │ synchronize policy_list with base_class's policy_list  │ │
│  └────────────────────────────────────────────────────────┘ │
│  ┌────────────────────────────────────────────────────────┐ │
│  │ synchronize data member with policy_class & top in pre_randomize │ │
│  └────────────────────────────────────────────────────────┘ │
└─────────────────────────────────────────────────────────────┘
```

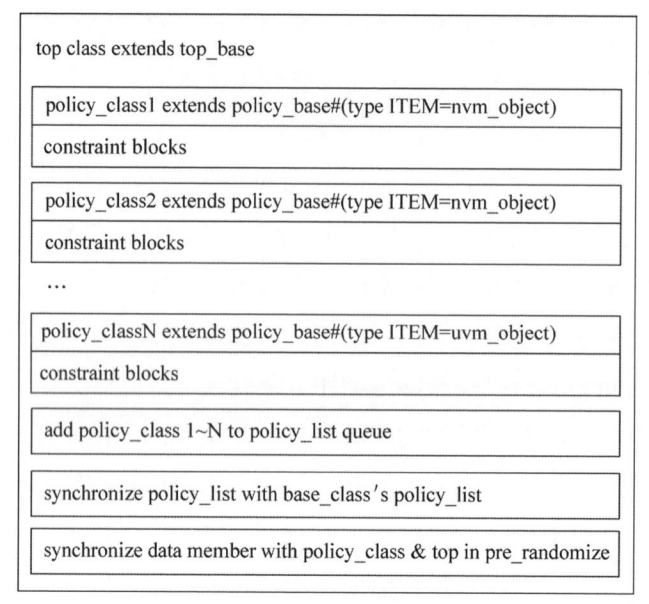

▲ 圖 34-1 隨機約束區塊的控制管理及重用方法的實現結構示意圖

可以看到：

（1）隨機約束區塊被封裝成了一個個獨立的類別，即其中的 policy_class 1~N，這些封裝類別都衍生自同一個參數化的父類別 policy_base#(type ITEM=uvm_object)。

（2）在頂層 top class 中實體化包含了上面的隨機約束區塊所對應的封裝類別。

（3）呼叫頂層的基礎類別 top_base 中的 add 方法，增加上面實體化包含的封裝類別，將其都寫入 policy_list 佇列中，從而完成對隨機約束的增加。

（4）利用在基礎類別中定義好的 pre_randomize 的隨機回呼方法，在呼叫 randomize 方法進行隨機求解之前，自動遞迴地完成對 policy_list 佇列中所有的隨機約束封裝類別的資料成員與頂層 top class 的資料成員的設置同步。

（5）呼叫 randomize 方法對頂層 top class 進行隨機，即自動完成對所有底層 policy_class 的隨機，自動應用執行其中隨機約束區塊進行隨機值的計算求解，從而實現對隨機約束區塊的控制管理及程式重用的目標。

34.3.2 原理

原理如下:

(1) 利用 SystemVerilog 的分層自動化 randomize 呼叫方法,將每個 constraint 隨機約束區塊單獨封裝到一個個獨立的類別裡。

(2) 在頂層呼叫 randomize 方法對其實體化包含的所有 constraint 所對應的類別進行隨機化,從而實現對底層所有隨機約束區塊所對應的封裝類別的隨機化約束求解。

(3) 在頂層將底層的 constraint 所對應的類別中的資料成員變數約束為與頂層類別中本地成員變數的值保持同步,從而保證頂層和底層之間資料變數值的一致。

(4) 對所有的隨機約束區塊所對應的封裝類別進行統一控制和管理,即將上述所有的封裝類別統一衍生於同一個基礎類別,並且可以將上述封裝類別寫入該基礎類別作為資料型態的佇列裡,從而進一步簡化程式。

基於上述想法,得以將一個個的 constraint 隨機約束區塊切分成一個個單獨的封裝類別,從而方便進行管理和控制及程式的重用。

34.3.3 優點

實現了對隨機約束區塊的控制管理及程式重用的目標。

34.3.4 具體步驟

第 1 步,撰寫隨機約束區塊的基礎類別,這裡透過參數化的類別實現,從而將配置物件的資料成員傳遞到該基礎類別裡。

將目標配置物件作為基礎類別的參數傳遞進去,並且新增 set_item 方法,用於後面的隨機約束區塊所對應的類別中的成員變數與頂層的目標配置物件的成員變數的值保持同步,程式如下:

```
//policy_base.sv
class policy_base#(type ITEM=uvm_object);
    ITEM item;
```

```
    virtual function void set_item(ITEM item);
        this.item = item;
    endfunction
endclass
```

第 2 步，對上一步的 policy_base 進行衍生，從而將原先的隨機約束區塊封裝成一個一個單獨的類別。

可以看到，這些隨機約束區塊都被封裝成了參數化類別 policy_base#(dut_config) 的子類別，程式如下：

```
//dut_mode_policy.sv
class dut_mode_policy extends policy_base#(dut_config);
    constraint dut_mode_c {
        dut_mode inside {DUT_MODE_1, DUT_MODE_2};
    }
endclass

//addr_permit_policy.sv
class addr_permit_policy extends policy_base#(dut_config);
    constraint addr_permit_c {
        (item.dut_mode == DUT_MODE1) -> item.addr inside {['h00000000 : 'h0000FFFF - size]};
        (item.dut_mode == DUT_MODE2) -> item.addr inside {['h10000000 : 'h1FFFFFFF - size]};
    }
endclass

//addr_prohibit_policy.sv
class addr_prohibit_policy extends policy_base#(dut_config);
    constraint addr_prohibit_c {
        (item.dut_mode == DUT_MODE1) -> !(item.addr inside {['h00000000 : 'h000000FF - size]});
    }
endclass
```

第 3 步，撰寫參數化的類別 policy_list，這是用來建構之前隨機約束區塊的類別佇列，並且新增 add 介面方法，以此來供驗證開發人員方便地呼叫，從而輕鬆地實現對隨機約束區塊的增加管理，以便將隨機變數約束到合法區間。可以看到，在 policy_list 類別中宣告了 policy_base#(ITEM) 類型的 policy 佇列，然後在 add 方法中透過呼叫 push_back 方法將傳進來的隨機約束區塊 pcy 寫入該 policy

佇列，從而相當於完成對隨機約束區塊的應用增加，程式如下：

```
//policy_list.sv
class policy_list#(type ITEM=uvm_object) extends policy_base #(ITEM);
    rand policy_base#(ITEM) policy[$];

    function void add(policy_base#(ITEM) pcy);
      policy.push_back(pcy);
    endfunction
endclass
```

第 4 步，撰寫帶有隨機約束的 DUT 配置物件 dut_config_constraint 的基礎類別，即 dut_config_txn 類別，其主要用於宣告包含的資料成員變數，然後宣告 policy_base#(dut_config) 類型的 policy 佇列，並且在呼叫 randomize 進行隨機時，自動呼叫 randomize 的回呼介面方法 pre_randomize 實現對 policy 佇列中的隨機約束區塊中類別資料成員的遞迴同步，程式如下：

```
//dut_config_txn.sv
class dut_config_txn extends uvm_object;
    rand dut_mode_enum dut_mode;
    rand bit [31:0] addr;
    rand int size;

    rand policy_base#(dut_config) policy[$];

    function void pre_randomize;
        foreach(policy[idx]) policy[idx].set_item(this);
    endfunction
    ...
endclass
```

第 5 步，撰寫帶有隨機約束的 DUT 配置物件 dut_config_constraint，其衍生於上一步完成的基礎類別 dut_config_txn。在其中分別宣告實體化之前在第 2 步中撰寫完成的隨機約束區塊所對應的封裝類別及之前在第 3 步中撰寫完成的用來建構之前隨機約束區塊的類別佇列 policy_list，然後呼叫該佇列中的 add 方法，從而將隨機約束區塊所對應的封裝類別寫入佇列。最後，將佇列 policy_list 中的資料成員 policy 佇列與基礎類別 dut_config_txn 中的佇列進行同步，以使基礎類別 dut_config_txn 中的回呼方法 pre_randomize 可以正常執行，程式如下：

```
//dut_config_constraint.sv
class dut_config_constraint extends dut_config_txn;
    function new(string name="dut_config_constraint");
        super.new(name);
        dut_mode_policy dut_mode_pcy =new;
        addr_permit_policy addr_permit_pcy = new;
        addr_prohibit_policy addr_prohibit_pcy = new;

        policy_list#(dut_config) pcy = new;

        pcy.add(dut_mode_pcy);
        pcy.add(addr_permit_pcy);
        pcy.add(addr_prohibit_pcy);
        policy = pcy.policy;
    endfunction
endclass
```

此時，已經實現了對原先方案中的下述程式的替代，程式如下：

```
//dut_config_constraint.sv
class dut_config_constraint extends dut_config;
    `uvm_object_utils(dut_config_constraint)

    constraint dut_mode_c {
        dut_mode inside {DUT_MODE_1, DUT_MODE_2};
    }

    constraint addr_permit_c {
        (dut_mode == DUT_MODE1) -> addr inside {['h00000000 : 'h0000FFFF - size]};
        (dut_mode == DUT_MODE2) -> addr inside {['h10000000 : 'h1FFFFFFF - size]};
    }

    constraint addr_prohibit_c {
        (dut_mode == DUT_MODE1) -> !(addr inside {['h00000000 : 'h000000FF - size]});
    }
    ...
endclass
```

原先是直接撰寫相應的 constraint 隨機約束區塊，而現在是透過對一個個單獨的隨機約束區塊所對應的封裝類別的宣告實體化並寫入佇列實現的，最終的目的都是對配置物件中的成員變數進行隨機約束求解，區別在於實現的方式。

接著往下看，和之前現有方案中舉的例子一樣，依然實現對原先 dut_config_constraint 中的隨機約束的增刪或修改，同樣還是做以下兩處修改：

(1) 修改隨機約束 addr_permit_c 中當 DUT 工作在 DUT_MODE1 模式下的有效位址區間，由原先的 ['h00000000 : 'h0000FFFF-size] 修改為 ['h00000000 : 'h0FFFFFFF-size]。

(2) 新增一筆隨機約束 addr_prohibit_c2，用來對 DUT 工作在 DUT_MODE2 模式下的無效造訪網址進行約束，無效位址範圍為 ['h10000000 : 'h100000FF-size]。

第 6 步，要使用本章中這種新的隨機約束區塊的撰寫方式，首先需要依照第 2 步，新增相應的隨機約束區塊所對應的封裝類別，程式如下：

```
//addr_permit_policy2.sv
class addr_permit_policy2 extends policy_base#(dut_config);
    constraint addr_permit_c {
        (item.dut_mode == DUT_MODE1) -> item.addr inside {['h00000000 : 'h0FFFFFFF - size]};
        (item.dut_mode == DUT_MODE2) -> item.addr inside {['h10000000 : 'h1FFFFFFF - size]};
    }
endclass

//addr_prohibit_policy2.sv 檔案
class addr_prohibit_policy2 extends policy_base#(dut_config);
    constraint addr_prohibit_c {
        (dut_mode == DUT_MODE2) -> !(addr inside {['h10000000 : 'h100000FF - size]});
    }
endclass
```

可以看到，這裡新增的兩個封裝類別用來對應上面提到的兩處隨機約束區塊的修改。

第 7 步，類似第 5 步，只要根據需要，在其中修改宣告實體化和寫入佇列的隨機約束區塊所對應的封裝類別即可。不再需要重新撰寫所有的隨機約束區塊，既加強了對隨機約束區塊的管理控制，又透過對隨機約束區塊的程式重用提高了驗證開發人員的工作效率。

具體可參考以下程式，這裡不再贅述。

```
//dut_config_constraint2.sv
class dut_config_constraint2 extends dut_config_txn;
    function new(string name="dut_config_constraint2");
```

```
        super.new(name);
        dut_mode_policy dut_mode_pcy =new;
        addr_permit_policy2 addr_permit_pcy = new;
        addr_prohibit_policy addr_prohibit_pcy = new;
        addr_prohibit_policy2 addr_prohibit_pcy2 = new;

        policy_list#(dut_config) pcy = new;

        pcy.add(dut_mode_pcy);
        pcy.add(addr_permit_pcy);
        pcy.add(addr_prohibit_pcy);
        pcy.add(addr_prohibit_pcy2);
        policy = pcy.policy;
    endfunction
endclass
```

第 35 章

隨機約束和覆蓋組同步技術

35.1 背景技術方案及缺陷

35.1.1 現有方案

在晶片驗證工作中，往往需要對 RTL 設計的配置物件或施加的輸入激勵進行隨機，然後執行相應的測試用例以期望透過隨機發現一些 RTL 設計中存在的潛在問題。

注意:(1) 這裡的隨機並不是完全的隨機，需要約束限制其隨機的值在合法的區間，以使 RTL 設計模組工作在正常的狀態或得到有效合法的輸入激勵，否則可能會得到無效的配置或激勵，那麼執行測試用例將失去測試驗證該 RTL 設計的意義。
(2) 這裡的有效合法值指的是符合 RTL 設計規則的區間值，這裡的正常的工作狀態指的是符合 RTL 設計規則的工作模式狀態。

基於 UVM 的典型驗證平臺架構中的隨機約束範例，如圖 33-1 所示。

可以看到，圖中對配置物件 config 和輸入激勵 sequence 進行隨機，以配置 DUT 在隨機情況下的工作狀態，以及施加給 DUT 一個隨機的激勵來模擬測試。

雖然在對複雜晶片的驗證過程中，透過隨機約束的方法能夠避免手動撰寫測試用例，從而提高驗證效率，但是如果不執行模擬來查看模擬記錄檔，則很難清楚地知道該隨機出來的配置物件或輸入激勵裡的資料成員最終是什麼值，因此通常驗證開發人員需要撰寫覆蓋率收集元件中的覆蓋組(Covergroup)來確保隨機出來的物件的資料成員的值落在想要觀測的區間，從而幫助追蹤對 DUT 驗證的完整性或說驗證的進度。

而隨機約束和覆蓋率收集組件兩者都代表著對目標物件隨機求解後的合法區間值進行的建模，主要區別如下：

（1）隨機約束：從正面進行建模，即透過隨機約束區塊 (Constraint) 指明隨機求解過程需要滿足的一些約束條件，以使最終的隨機值處在目標區間，這最終決定了模擬的配置物件或輸入激勵。

（2）覆蓋率收集組件：從反面進行建模，即透過指明需要忽略的覆蓋倉來排除需要覆蓋收集的數值，相當於從反面指明了最終關心的隨機區間值，這最終決定了要觀測的配置物件或輸入激勵。

因此，兩者需要進行連結同步，否則很可能由於錯誤的隨機約束或覆蓋率收集元件的觀測不夠，而引發對 DUT 的驗證不夠充分，最終導致對目標晶片的驗證不充分而流片失敗。

現有的用來實現上面兩者的連結同步的方案如圖 35-1 所示。

```
item
rand data1~N;
constraint blocks{
    expressions;
}
```

```
coverage
covergroup
    coverpoint data1;
    ...
    coverpoint dataN;
    cross datas{
        func CrossQueueType gen_blocks_ignore_bins();
            return reverse constraint blocks's expressions;
        endfunc

        ignore_bins blocks_name=gen_blocks_ignore_bins();
    }
endgroup
```

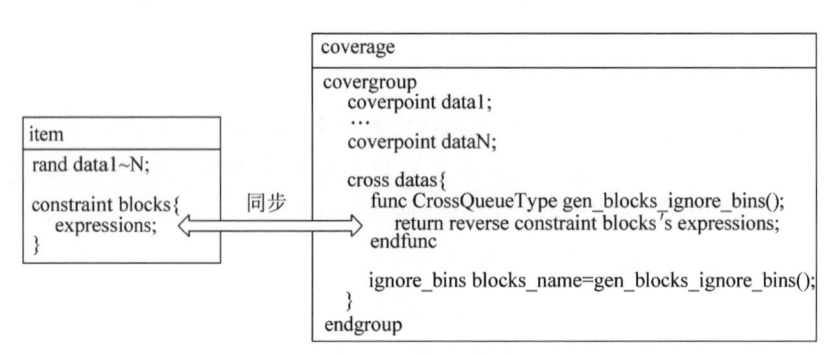

同步

▲ 圖 35-1　隨機約束和覆蓋組連結同步的現有方案

下面看個具體的例子，程式如下：

```
class item extends uvm_sequence_item;
    ...
    rand bit [3:0] A,B;

    constraint A_larger_than_B{
        A > B;
    }

    constraint sum_of_A_B_is_odd{
```

```
        (A + B) % 2 == 1;
    }
    constraint if_A_is_3_then_B_is_2{
        A == 3 -> B == 2;
    }
endclass
```

上述程式衍生於 uvm_sequence_item，通常作為類比輸入激勵，裡面的資料成員 A 和 B 都是 bit 類型，位元寬度為 4。另外包含以下 3 個隨機約束。

(1) A_larger_than_B：成員 A 的隨機值需要大於成員 B 的隨機值。

(2) sum_of_A_B_is_odd：成員 A 和 B 的隨機值之和必須是奇數。

(3) if_A_is_3_then_B_is_2：如果成員 A 的隨機值為 3，則成員 B 的隨機值應該為 2。

然後來看覆蓋率收集元件部分，程式如下：

```
class coverage extends uvm_subscriber#(instruction);
    ...
    covergroup cg with function sample(bit[3:0] A, bit[3:0] B);
        coverpoint A;
        coverpoint B;

        cross A, B{
            function CrossQueueType gen_A_larger_than_B_ignore_bins();
                for(int i = 0; i < 16; i++)
                    for(int j = 0; j < 16; j++)
                        if(i <= j)
                            gen_A_larger_than_B_ignore_bins.push_back('{i,j});
            endfunction
            function CrossQueueType gen_sum_of_A_B_is_odd_ignore_bins();
                for(int i = 0; i < 16; i++)
                    for(int j = 0; j < 16; j++)
                        if((i+j) % 2 == 0)
                            gen_sum_of_A_B_is_odd_ignore_bins.push_back('{i,j});
            endfunction
            function CrossQueueType gen_if_A_is_3_then_B_is_2_ignore_bins();
                for(int i = 0; i < 16; i++)
                    for(int j = 0; j < 16; j++)
                        if((i == 3) && (j != 2))
                            gen_if_A_is_3_then_B_is_2_ignore_bins.push_back('{i,j});
            endfunction
```

```
            ignore_bins A_larger_than_B = gen_A_larger_than_B_ignore_bins();
            ignore_bins sum_of_A_B_is_odd = gen_sum_of_A_B_is_odd_ignore_bins();
            ignore_bins if_A_is_3_then_B_is_2 = gen_if_A_is_3_then_B_is_2_ignore_bins();
        }
    endgroup
endclass
```

該覆蓋率收集元件可以透過訂閱者模式衍生於 uvm_subscriber 元件實現，也可以透過 TLM 通訊連接埠連接實現，這裡為了方便，使用訂閱者模式實現。

覆蓋組中包含兩個覆蓋點 A 和 B，以及一個交叉覆蓋點，在交叉覆蓋點中定義了 3 種方法，用於產生需要在交叉覆蓋點中忽略的覆蓋倉，以此來排除需要覆蓋收集的數值，然後在下方的 ignore_bins 中呼叫相應的方法即可完成之前提到的從反面指明最終想要關心的隨機區間值。

其中需要用到 SystemVerilog 為交叉覆蓋組提供的 CrossQueueType 資料型態。這裡進行簡單說明，程式如下：

```
typedef struct {bit[3:0] A; bit[3:0] B;} CrossValType;
typedef CrossValType CrossQueueType[$];
```

可以看到，主要有以下兩種類型。

(1) CrossValType：一種將交叉覆蓋點涉及的成員變數組合成結構的新的資料型態。

(2) CrossQueueType：利用上述型態宣告的佇列。這裡使用相關方法時使用的傳回值即該佇列資料型態，用來寫入在交叉覆蓋點中忽略的覆蓋倉。

35.1.2 主要缺陷

主要缺陷如下：

(1) 現有方案中的隨機約束和覆蓋率收集元件中存在大量重複描述的運算運算式部分，即存在較多重複程式，對於隨機約束部分程式來講，這是從正面進行建模，對於覆蓋率收集元件部分程式來講，這是從反面進行建模，但是基本上對原先的等式重新進行了撰寫，程式容錯，開發效率低。

(2) 如果要對隨機約束或覆蓋率收集元件進行修改，就需要同時修改兩個地方，很容易遺漏，從而導致出錯，因此很難保證兩者之間同步的及時性和一致性，即程式的可維護性比較差。

35.2　解決的技術問題

在實現隨機約束和覆蓋組程式同步的同時避免出現上述提到的主要缺陷問題。

35.3　提供的技術方案

35.3.1　結構

有以下實現想法：

(1) 只在隨機約束區塊中撰寫約束運算式，而不再在覆蓋組中重新對其進行反面描述來重新撰寫相關的運算式。

(2) 隨機化不只可以用來產生需要的隨機值，還可以用來做檢測器 (checker)，因此可以利用該 checker 的特性來生成 ignore_bins。

本章舉出的隨機約束和覆蓋組同步技術的流程圖，如圖 35-2 所示。

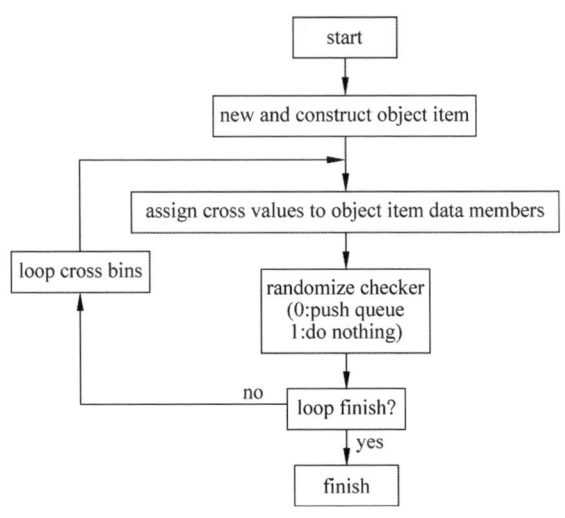

▲ 圖 35-2　隨機約束和覆蓋組同步技術的流程圖

第 1 步，在 gen_ignore_bins 方法中宣告並建構目標隨機物件。

第 2 步，將遍歷出來的值賦給待檢查隨機物件中的資料成員。

第 3 步，透過將參數 null 傳遞到隨機方法 randomize() 中來使用 checker，用來檢查該物件中的資料成員值是否符合物件中的隨機約束所約束的合法區間值。如果在隨機約束的合法區間值之內，則該 checker 將傳回 1，此時不進行任何操作，否則傳回 0，此時將該物件的資料成員寫入相應的交叉佇列 CrossQueueType 中。

第 4 步，重複執行第 2 步到第 3 步以進行迴圈，直到遍歷完所有的交叉覆蓋點的組合。

35.3.2 原理

如果將參數 null 傳遞到隨機方法 randomize() 中，則表示該隨機操作不會產生隨機值，並且此時會被作為 checker 來檢查該物件中的資料成員值是否符合物件中的隨機約束所約束的合法區間值。如果在隨機約束的合法區間值之內，則該 checker 將傳回 1，否則傳回 0。

因此，可以利用上述原理來簡化隨機約束和覆蓋組之間的同步，最主要的是簡化覆蓋組中介面方法部分程式的撰寫。

35.3.3 優點

優點如下：

(1) 將參數 null 傳遞到隨機方法 randomize()，以此來將原先的隨機生成器當作檢測器使用，從而創新性地實現了隨機約束和覆蓋組之間的連結同步。

(2) 簡化後的覆蓋組中獲取 ignore_bins 的介面方法被縮減為一個，並且不再需要撰寫此前類似隨機約束的約束運算式，從而大大地簡化了程式，提升了驗證開發效率。

35.3.4 具體步驟

具體步驟見 35.3.1 節結構的說明部分，程式如下：

```
class coverage extends uvm_subscriber#(instruction);
    ...
    covergroup cg with function sample(bit[3:0] A, bit[3:0] B);
        coverpoint A;
        coverpoint B;
        cross A, B{
            function CrossQueueType gen_ignore_bins();
                item item_h = new();
                for(int i = 0; i < 16; i++)
                    for(int j = 0; j < 16; j++) begin
                        item_h.A = i;
                        item_h.B = j;
                        if(!item_h.randomize(null))
                            gen_ignore_bins.push_back('{i,j});
                    end
            endfunction

            ignore_bins ignores = gen_ignore_bins();
        }
    endgroup
endclass
```

第 36 章

在隨機約束物件中實現多重繼承的方法

36.1 背景技術方案及缺陷

36.1.1 現有方案

在晶片驗證工作中,往往需要對 RTL 設計的配置物件或施加的輸入激勵進行隨機,然後執行相應的測試用例以期望透過隨機發現一些 RTL 設計中存在的潛在問題。

注意:(1) 這裡的隨機並不是完全的隨機,需要約束限制其隨機的值在合法的區間,以使 RTL 設計模組工作在正常的狀態或得到有效合法的輸入激勵,否則可能會得到無效的配置或激勵,那麼執行測試用例將失去測試驗證該 RTL 設計的意義。
(2) 這裡的有效合法值指的是符合 RTL 設計規則的區間值,這裡的正常的工作狀態指的是符合 RTL 設計規則的工作模式狀態。

基於 UVM 的典型驗證平臺架構中的隨機約束範例,如圖 33-1 所示。

可以看到,圖 33-1 中對配置物件 config 和輸入激勵 sequence 進行隨機,以配置 DUT 在隨機的工作狀態,以及施加給 DUT 一個隨機的激勵來模擬測試。

下面舉個例子,首先來看現有方案的結構圖,如圖 36-1 所示。

第 36 章 在隨機約束物件中實現多重繼承的方法

```
                    ┌─────────────────────┐
                    │  uvm_sequence_item  │
                    └─────────────────────┘
                               ⇧
                    ┌─────────────────────┐
                    │    default_item     │
                    │   member 1~N        │
                    │   constraint default_c │
                    └─────────────────────┘
                       ⇧              ⇧
        ┌──────────────────┐   ┌──────────────────┐
        │   corner1_item   │   │   corner2_item   │
        │ constraint corner1_c │ │ constraint corner2_c │
        └──────────────────┘   └──────────────────┘
                ⇧                       ⇧
        ┌──────────────────┐   ┌──────────────────┐
        │  corner_mix_item │   │  corner_mix_item │
        │ constraint corner2_c │ │ constraint corner1_c │
        └──────────────────┘   └──────────────────┘
```

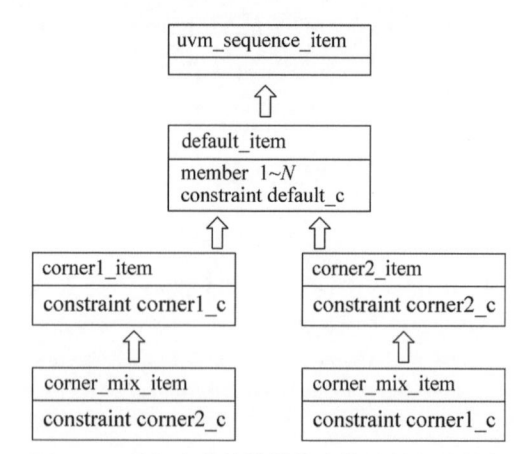

▲圖 36-1 現有方案的隨機約束物件的衍生結構圖

程式如下：

```
class default_item extends uvm_sequence_item;
    rand member1;
    rand member2;
    ...
    rand memberN;

    constraint default_c{...}
endclass
```

可以看到上面的範例 default_item 作為 DUT 的輸入激勵，衍生於 uvm_sequence_item，其中包含隨機資料成員 member1~N，並且預設的隨機約束為 default_c。

通常驗證開發人員對 DUT 進行驗證時會考慮一些極端的情況，因此會建構一些相應的針對該極端情況下的測試用例，那麼首先就需要對輸入激勵 default_item 進行隨機約束，將其內的資料成員約束為極端情況的區間值範圍。那麼只要對上述 default_item 進行繼承，並增加相應的隨機約束區塊 corner1_c 即可，程式如下：

```
class corner1_item extends default_item;
    constraint corner1_c{...}
endclass
```

在 corner1_c 中增加一些極端情況的隨機約束，使部分資料成員 member 處在一個極端情況下的區間值範圍，然後在測試用例中使用 UVM 的 factory 機制的多載功能，將原先預設的 default_item 替換為 corner1_item，從而將該極端輸入激勵 corner1_item 驅動給 DUT 的輸入通訊埠上，然後測試 DUT 在極端情況下的功能和性能表現，以驗證在極端情況下 DUT 是否能夠符合設計要求。

當然還可能存在其他極端的情況，那麼採用上面同樣的方法來建構 corner2_item 輸入激勵，在 corner2_c 中增加一些極端情況的隨機約束，使其他部分資料成員 member 處在一個極端情況下的區間值範圍，程式如下：

```
class corner2_item extends default_item;
    constraint corner2_c{...}
endclass
```

但是往往需要在上述兩種極端情況同時出現的情況下來測試 DUT 的功能和性能，以驗證在該情況下 DUT 是否能夠符合設計要求。那麼，需要再建構 corner_mix_item 來作為該極端情況下的輸入激勵，此時 corner_mix_item 可以對第 1 種極端情況對應的輸入激勵 corner1_item 進行繼承，程式如下：

```
class corner_mix_item extends corner1_item;
    constraint corner2_c{...}
endclass
```

也可以對第 2 種極端情況對應的輸入激勵 corner2_item 進行繼承，程式如下：

```
class corner_mix_item extends corner2_item;
    constraint corner1_c{...}
endclass
```

不管是哪種情況都需要重新寫一遍原先的隨機約束區塊的程式 corner1_c 或 corner2_c。更糟糕的是，如果有第 3 種極端情況所對應的輸入激勵 corner3_item，則需要重新撰寫的重複隨機約束程式將更多。

36.1.2 主要缺陷

主要缺陷如下：

(1) 對於複雜的專案來講，由於存在大量重複撰寫的程式，效率低且難以管理，所以要盡可能地避免這種方式。

(2) 由於存在大量重複的程式，如果某個地方出現了錯誤需要被修改，則將要修改很多個同樣的地方，非常麻煩且很容易遺漏而導致出錯。

36.2 解決的技術問題

實現一種多重繼承的方法來對不同情況下的隨機約束物件進行繼承，從而避免撰寫重複的程式。

36.3 提供的技術方案

36.3.1 結構

本章舉出的隨機約束物件中實現多重繼承的衍生結構圖，如圖 36-2 所示。

```
                    corner1_item#(type T) extends T         corner2_item#(type T) extends T
                    constraint corner1_c                    constraint corner2_c

將 default_item 作為參數 T 傳入 ↑                          ↑ 將 default_item 作為參數 T 傳入

corner1_item#(default_item) extends default_item           corner2_item#(default_item) extends default_item
constraint corner1_c         將 corner1_item#(default_item) constraint corner2_c
                             作為參數 T 傳入 ↑

        將 corner2_item#(default_item)   correr_mix_item extends corner2_item#(corner1_item#(default_item))
        作為參數 T 傳入 ↑                null

corner_mix_item extends corner1_item#(corner2_item#(default_item))
null
```

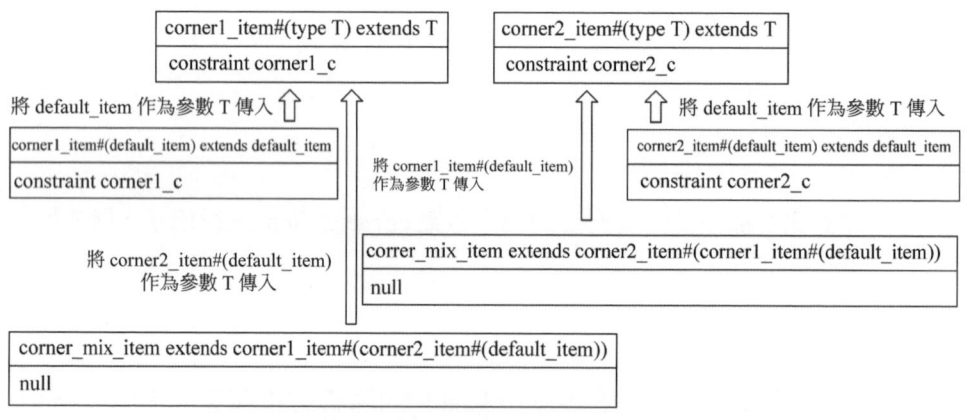

▲圖 36-2 隨機約束物件中實現多重繼承的衍生結構圖

36.3.2 原理

使用參數化的類別，對父類別進行繼承並且將需要繼承的父類別作為參數進行傳入，然後對該參數化的類別再進行衍生，即可實現類似多重繼承的效果。

36.3.3 優點

優點如下：

(1) 透過參數化的類別實現了類似多重繼承的效果，可以應用於對極端情況下輸入激勵物件的隨機約束，避免了重複程式，增加了程式的再使用性和可管理性。

(2) 該技術不僅可以應用於對輸入激勵物件的隨機約束，還可以應用在配置物件等任意類別物件中，從而提高工作效率。

36.3.4 具體步驟

第 1 步，使用 #(type T) extends T 的參數化類別的方式重新撰寫之前的 corner_item，程式如下：

```
class corner1_item #(type T) extends T;
    constraint corner1_c{...}
endclass

class corner2_item #(type T) extends T;
    constraint corner2_c{...}
endclass
```

然後將預設的 default_item 作為參數 T 傳入即可，程式如下：

```
corner1_item#(default_item)
corner2_item#(default_item)
```

第 2 步，實現對 corner1_item 和 corner2_item 的多重繼承，以此來建構在兩種極端情況同時出現的情況下的輸入激勵 corner_mix_item，可以透過將 corner2_item#(default_item) 作為參數 T 傳入 corner1_item 並繼承實現，或透過將 corner1_item#(default_item) 作為參數 T 傳入 corner2_item 並繼承實現，這裡對順序沒有要求，最終的效果是一樣的，程式如下：

```
class corner_mix_item extends corner1_item#(corner2_item#(default_item));
endclass
class corner_mix_item extends corner2_item#(corner1_item#(default_item));
endclass
```

可以看到，在這一步中實際上已經實現了對兩種極端情況下的輸入激勵 corner1_item 和 corner2_item 的多重繼承，此時不用再像之前方案中那樣撰寫重複的隨機約束區塊程式了。

這兩個輸入激勵中的隨機約束區塊 corner1_c 和 corner2_c 都會生效，從而將 default_item 中的資料成員約束到一個雙重極端情況下的區間值範圍，以測試在對 DUT 施加該極端情況下輸入激勵時的功能和性能表現。

第 3 步，使用 UVM 的 factory 機制的多載功能對預設的 default_item 進行多載替換，替換為極端情況下的輸入激勵即可。

第 37 章

支援動態位址映射的暫存器建模方法

37.1 背景技術方案及缺陷

37.1.1 現有方案

UVM 提供了 RAL(Register Abstraction Layer) 來對暫存器進行建模，可以很方便地存取待測設計中的暫存器和儲存，並且在 RAL 裡還對暫存器的值做了鏡像，以便對待測設計中的暫存器的相關功能進行比較驗證。

一個典型的基於 UVM 並包含暫存器模型的驗證平臺架構，如圖 37-1 所示。

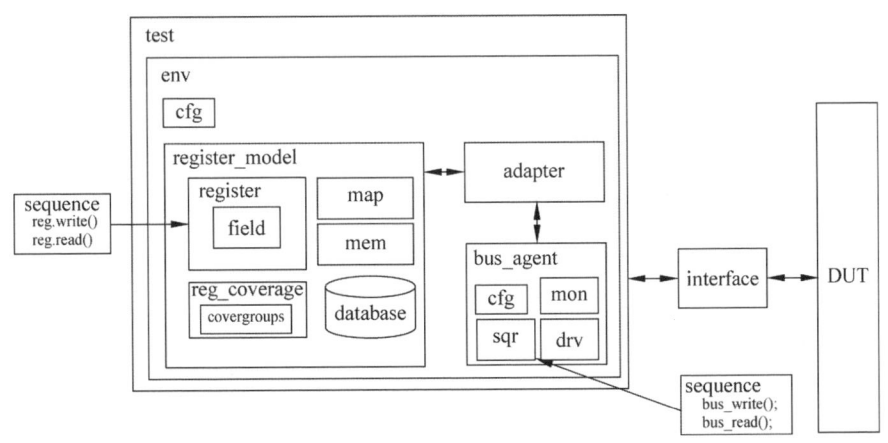

▲圖 37-1 典型的基於 UVM 並包含暫存器模型的驗證平臺架構

使用 UVM 暫存器模型 (圖 37-1 中的 register_model) 可以方便地對 DUT(Design Under Test，待測設計) 內部的暫存器及儲存進行建模。建立暫存器模型後，可以在 sequence 和 component 裡透過獲取暫存器模型的控制碼，從而呼叫暫存器模型裡的介面方法來完成對暫存器的讀寫存取，如圖 37-1 上左邊的 sequence 裡透過呼叫暫存器模型裡的介面方法實現對暫存器的讀寫存取，也可以像右下角那樣直接啟動暫存器匯流排的 sequence，即透過操作匯流排實現對暫存器的讀寫存取。

通常情況下，按照以下步驟對待測設計中的暫存器進行建模：

第 1 步，對 uvm_reg 基礎類別進行衍生，從而建立暫存器，具體包括以下幾個小步驟。

(1) 宣告實體化所包含的暫存器域段。

(2) 配置暫存器域段屬性資訊。

(3) 在 new 建構函式中傳遞暫存器寬度和所支援的覆蓋率收集類型。

第 2 步，對 uvm_reg_block 基礎類別進行衍生，從而建立暫存器區塊，具體包括以下幾個小步驟。

(1) 宣告實體化所包含的暫存器。

(2) 配置並建構暫存器屬性資訊。

(3) 宣告實體化位址映射表，並傳遞位址映射表屬性資訊。

(4) 將包含的暫存器增加到位址映射表中，指明暫存器在映射表中的偏移位址。

(5) 呼叫 lock_model() 方法，鎖定暫存器區塊及相應的位址映射表。

第 3 步，對 uvm_reg_adapter 進行衍生，從而建立轉接器 (圖 37-1 中的 adapter)，具體包括以下兩種方法。

(1) 建立 reg2bus() 方法。

用於將暫存器模型發起的暫存器讀寫存取資料型態轉為暫存器匯流排界面上能夠接受的格式類型。

(2) 建立 bus2reg() 方法。

用於當監測到暫存器匯流排界面上有對暫存器的存取操作時，將監測收集到的匯流排事務類型轉為暫存器模型能夠接受的格式類型。

第 4 步，在驗證環境中整合暫存器模型 (頂層的暫存器區塊)，具體包括以下幾個小步驟。

(1) 宣告實體化暫存器模型。

(2) 對暫存器模型所包含的所有暫存器進行遞迴實例化。

(3) 將暫存器的初始值設置為配置的重置值。

(4) 將位址映射表連接給轉接器和序列器。因為暫存器模型的前門存取操作最終都將由位址映射表完成，因此需要將轉接器和序列器透過 set_sequencer() 方法告知暫存器模型所對應的位址映射表。

(5) 設置暫存器模型鏡像值的預測方式，從而完成對待測設計中的暫存器值的預測並更新相應的鏡像值。

37.1.2 主要缺陷

通常情況下，上述方案可行，但是對於下面 4 種情況，現有方案變得不再可行。

第 1 種情況： 如果晶片上存在多個 CPU 或主機，則很可能發生多個主機對同一個暫存器區塊 (或暫存器匯流排) 存取的情況，存取的位址可能各不相同。

第 2 種情況： 在不同使用者模式下，對同一個暫存器的造訪網址可能有所不同的情況。

第 3 種情況： 出於安全角度的考慮，在晶片的執行過程中，可能存在對暫存器造訪網址的重新配置，即動態改變的情況。

第 4 種情況： 出於特殊應用場景的需要，在晶片執行的過程中，需要動態地增加主機，以此來對已有的暫存器進行存取的情況。

通常一個暫存器區塊 (uvm_reg_block) 可以對應於多個位址映射表 (uvm_reg_map)，該位址映射表用於定義暫存器區塊的基底位址及其內部所包含暫存器和儲存的偏移位址，即每個位址映射表都定義了一個暫存器存取空間，而正是因為現有方案中呼叫了 lock_model() 方法，暫存器區塊及相應的位址映射表都被鎖定。在此之後，便不能再對位址映射表進行改動，也就做不到出現上述 4 種情況時的暫存器地址的重映射。

因此，需要一種對暫存器地址進行動態映射的方法，即使呼叫了 lock_model() 方法對暫存器區塊及相應的位址映射表進行鎖定後，其依然可以被解鎖並重新配置相應的位址映射表，而這可以透過對暫存器模型的動態配置技術實現。

37.2 解決的技術問題

解決出現上述 4 種情況時現有方案不可用的問題。

37.3 提供的技術方案

37.3.1 結構

驗證平臺的結構沒有變化，如圖 37-1 所示。

37.3.2 原理

現有方案中主要的問題是由於呼叫 lock_model() 方法之後，暫存器區塊及相應的位址映射表都被鎖定，即在此之後，便不能再對位址映射表進行改動了，也就做不到出現上述 4 種情況時的暫存器地址的重映射。

因此，首先需要對與暫存器模型相關的暫存器區塊及相應的位址映射表進行解除鎖定，然後重新配置暫存器地址映射表，在此之後重新進行鎖定，並將位址映射表連接給轉接器和序列器。

37.3.3 優點

透過對暫存器區塊及相應的位址映射表進行解鎖，重映射位址映射表後，再重新進行鎖定並連接位址映射表，轉接器和序列器實現在模擬過程中動態地改變暫存器造訪網址空間，從而解決了之前提到的 4 種缺陷問題。

37.3.4 具體步驟

第 1 步，對 uvm_reg 基礎類別進行衍生，從而建立暫存器，具體包括以下幾個小步驟。

(1) 宣告實體化所包含的暫存器域段。

(2) 配置暫存器域段屬性資訊。

(3) 在 new 建構函式中傳遞暫存器寬度和所支援的覆蓋率收集類型。

這裡的範例中包含暫存器 reg_state，用於標識暫存器地址映射狀態，除此之外還有 3 個讀取寫入的範例暫存器 A~C，即 reg_A、reg_B 和 reg_C，程式如下：

```
//reg_model.sv
class reg_state extends uvm_reg;
    `uvm_object_utils(reg_state)

    rand uvm_reg_field demo_field1;
    rand uvm_reg_field demo_field2;
    rand uvm_reg_field demo_field3;

    function new(string name="reg_state");
        super.new(name, 16, UVM_NO_COVERAGE);
    endfunction

    function void build();
        demo_field1 = uvm_reg_field::type_id::create("demo_field1");
        demo_field1.configure(this, 1, 0, "RW", 0, 1'b0, 1, 1, 0);
        demo_field2 = uvm_reg_field::type_id::create("demo_field2");
        demo_field2.configure(this, 1, 1, "RW", 0, 1'b0, 1, 1, 0);
        demo_field3 = uvm_reg_field::type_id::create("demo_field3");
        demo_field3.configure(this, 14, 2, "RW", 0, 14'h0, 1, 0, 0);
    endfunction
endclass

class reg_A extends uvm_reg;
    `uvm_object_utils(reg_A)

    rand uvm_reg_field demo_field1;
    rand uvm_reg_field demo_field2;
    rand uvm_reg_field demo_field3;

    function new(string name="reg_A");
        super.new(name, 16, UVM_NO_COVERAGE);
```

```
        endfunction

        function void build();
            demo_field1 = uvm_reg_field::type_id::create("demo_field1");
            demo_field1.configure(this, 1, 0, "RW", 0, 1'b0, 1, 1, 0);
            demo_field2 = uvm_reg_field::type_id::create("demo_field2");
            demo_field2.configure(this, 1, 1, "RW", 0, 1'b0, 1, 1, 0);
            demo_field3 = uvm_reg_field::type_id::create("demo_field3");
            demo_field3.configure(this, 14, 2, "RW", 0, 14'h0, 1, 0, 0);
        endfunction
endclass

class reg_B extends uvm_reg;
    `uvm_object_utils(reg_B)
    rand uvm_reg_field demo_field1;
    rand uvm_reg_field demo_field2;
    rand uvm_reg_field demo_field3;

    function new(string name="reg_B");
        super.new(name, 16, UVM_NO_COVERAGE);
    endfunction

    function void build();
        demo_field1 = uvm_reg_field::type_id::create("demo_field1");
        demo_field1.configure(this, 1, 0, "RW", 0, 1'b0, 1, 1, 0);
        demo_field2 = uvm_reg_field::type_id::create("demo_field2");
        demo_field2.configure(this, 1, 1, "RW", 0, 1'b0, 1, 1, 0);
        demo_field3 = uvm_reg_field::type_id::create("demo_field3");
        demo_field3.configure(this, 14, 2, "RW", 0, 14'h0, 1, 0, 0);
    endfunction
endclass

class reg_C extends uvm_reg;
    `uvm_object_utils(reg_C)
    rand uvm_reg_field demo_field1;
    rand uvm_reg_field demo_field2;
    rand uvm_reg_field demo_field3;

    function new(string name="reg_C");
        super.new(name, 16, UVM_NO_COVERAGE);
    endfunction

    function void build();
        demo_field1 = uvm_reg_field::type_id::create("demo_field1");
        demo_field1.configure(this, 1, 0, "RW", 0, 1'b0, 1, 1, 0);
        demo_field2 = uvm_reg_field::type_id::create("demo_field2");
```

```
        demo_field2.configure(this, 1, 1, "RW", 0, 1'b0, 1, 1, 0);
        demo_field3 = uvm_reg_field::type_id::create("demo_field3");
        demo_field3.configure(this, 14, 2, "RW", 0, 14'h0, 1, 0, 0);
    endfunction
endclass
```

第 2 步，對 uvm_reg_block 基礎類別進行衍生，從而建立暫存器區塊，具體包括以下幾個小步驟。

(1) 宣告實體化所包含的暫存器。

(2) 配置並建構暫存器屬性資訊。

(3) 宣告實體化位址映射表，並傳遞位址映射表屬性資訊。

(4) 將包含的暫存器增加到位址映射表中，指明暫存器在映射表中的偏移位址。

(5) 提供 map_default_state() 和 map_other_state() 這兩個介面方法，用於位址映射表的重映射。可以看到這裡暫存器 A~C 在預設狀態下的偏移位址分別為 16'h1、16'h2 和 16'h3，在其他狀態下的偏移位址分別為 16'h8、16'h9 和 16'ha。

(6) 提供位址重映射介面方法 re_map()，可以看到在其中完成了以下幾件事情：

- 在模擬過程中呼叫 unlock_model() 方法來完成對暫存器區塊及其層次之下的暫存器區塊的解除鎖定。
- 在模擬過程中呼叫 unregister() 方法來完成對位址映射表中的暫存器和儲存的解除鎖定，這裡解除的是整個位址映射表，所以使用的是 this.unregister(map) 方法。如果只是解鎖映射表中部分暫存器或儲存，則可以呼叫 map.unregister(reg/mem) 方法來完成。
- 將位址映射表賦為 null，相當於清除此前實例化的物件。
- 根據位址映射狀態 (相關標識暫存器的值) 重新實體化位址映射表，並對位址映射表重新進行配置映射。
- 重新呼叫 lock_model() 方法對與暫存器模型相關的暫存器區塊及相應的位址映射表進行鎖定。
- 將位址映射表重新連接給轉接器和序列器。因為此前清除了位址映射表，因此在重新實例化位址映射表之後，還需要重新執行連結操作。程式如下：

```
//reg_model.svh
class reg_model extends uvm_reg_block;
    `uvm_object_utils(reg_model)

    rand reg_state reg_state_h;
    rand reg_A reg_A_h;
    rand reg_B reg_B_h;
    rand reg_C reg_C_h;

    bus_sequencer sequencer_h;

    function new(string name="reg_model");
        super.new(name, UVM_NO_COVERAGE);
    endfunction

    function void build();
        reg_state_h = reg_state::type_id::create("reg_state_h");
        reg_state_h.configure(this);
        reg_state_h.build();

        reg_A_h = reg_A::type_id::create("reg_A_h");
        reg_A_h.configure(this);
        reg_A_h.build();

        reg_B_h = reg_B::type_id::create("reg_B_h");
        reg_B_h.configure(this);
        reg_B_h.build();

        reg_C_h = reg_C::type_id::create("reg_C_h");
        reg_C_h.configure(this);
        reg_C_h.build();

        map_default_state();
        lock_model();
    endfunction

    function void re_map(bit is_default_state);
      unlock_model();
      unregister(default_map);
      default_map = null;
      if(is_default_state)
        map_default_state();
```

```
        else
            map_other_state();
        lock_model();
        default_map.set_sequencer(sequencer_h, sequencer_h.adapter_h);
    endfunction

    function void map_default_state();
        default_map = create_map("default_map", 'h0, 2, UVM_LITTLE_ENDIAN);
        default_map.add_reg(reg_state_h, 16'h0, "RW");
        default_map.add_reg(reg_A_h, 16'h1, "RW");
        default_map.add_reg(reg_B_h, 16'h2, "RW");
        default_map.add_reg(reg_C_h, 16'h3, "RW");
    endfunction

    function void map_other_state();
        default_map = create_map("default_map", 'h0, 2, UVM_LITTLE_ENDIAN);
        default_map.add_reg(reg_state_h, 16'h0, "RW");
        default_map.add_reg(reg_A_h, 16'h8, "RW");
        default_map.add_reg(reg_B_h, 16'h9, "RW");
        default_map.add_reg(reg_C_h, 16'ha, "RW");
    endfunction
endclass
```

後面的第 3 步和第 4 步，和之前方案一致。

第 3 步，對 uvm_reg_adapter 進行衍生，從而建立轉接器，具體包括以下兩種方法。

(1) 建立 reg2bus() 方法。用於將暫存器模型發起的暫存器讀寫存取資料型態轉為暫存器匯流排介面上能夠接受的格式類型。

(2) 建立 bus2reg() 方法。用於當監測到暫存器匯流排介面上有對暫存器的存取操作時，將監測收集到的匯流排事務類型轉為暫存器模型能夠接受的格式類型，程式如下：

```
//adapter.svh
class adapter extends uvm_reg_adapter;
    `uvm_object_utils(adapter)

    function new(string name = "bus_adapter");
        super.new(name);
        supports_byte_enable = 0;
        provides_responses = 0;
    endfunction
```

```
    function uvm_sequence_item reg2bus(const ref uvm_reg_bus_op rw);
        bus_transaction bus_trans;
        bus_trans = bus_transaction::type_id::create("bus_trans");
        bus_trans.addr = rw.addr;
        bus_trans.bus_op = (rw.kind == UVM_READ)? bus_rd: bus_wr;
        if (bus_trans.bus_op == bus_wr)
            bus_trans.wr_data = rw.data;
        return bus_trans;
    endfunction

    function void bus2reg(uvm_sequence_item bus_item,ref uvm_reg_bus_op rw);
        bus_transaction bus_trans;
        if (!$cast(bus_trans, bus_item)) begin
            `uvm_fatal("NOT_BUS_TYPE","Provided bus_item is not of the correct type")
            return;
        end
        rw.kind = (bus_trans.bus_op == bus_rd)? UVM_READ : UVM_WRITE;
        rw.addr = bus_trans.addr;
        rw.data = (bus_trans.bus_op == bus_rd)? bus_trans.rd_data : bus_trans.wr_data;
        rw.status = UVM_IS_OK;
    endfunction

endclass
```

第 4 步，在驗證環境中整合暫存器模型 (頂層的暫存器區塊)，具體包括以下幾個小步驟。

(1) 宣告實體化暫存器模型。

(2) 對暫存器模型所包含的所有暫存器進行遞迴實例化。

(3) 將暫存器的初始值設置為配置的重置值。

(4) 將位址映射表連接給轉接器和序列器。

(5) 設置暫存器模型鏡像值的預測方式，從而完成對待測設計中的暫存器值進行預測。

程式如下：

```
//env.svh
class env extends uvm_env;
    `uvm_component_utils(env)

    agent           agent_h;
    coverage        coverage_h;
```

```
   scoreboard      scoreboard_h;
   bus_agent       bus_agent_h;

   reg_model reg_model_h;
   adapter adapter_h;
   adapter reg_adapter_h;
   predictor predictor_h;

   uvm_tlm_analysis_fifo #(sequence_item) command_mon_cov_fifo;
   uvm_tlm_analysis_fifo #(sequence_item) command_mon_scb_fifo;
   uvm_tlm_analysis_fifo #(result_transaction) result_mon_scb_fifo;

   function void build_phase(uvm_phase phase);
      agent_h = agent::type_id::create ("agent_h",this);
      agent_h.is_active = UVM_ACTIVE;
      bus_agent_h = bus_agent::type_id::create ("bus_agent_h",this);
      bus_agent_h.is_active = UVM_ACTIVE;

      reg_model_h = reg_model::type_id::create ("reg_model_h");
      reg_model_h.configure();
      reg_model_h.build();
      reg_model_h.reset();
      adapter_h = adapter::type_id::create ("adapter_h");
      reg_adapter_h = adapter::type_id::create ("reg_adapter_h");
      predictor_h   = predictor::type_id::create ("predictor_h",this);

      coverage_h    = coverage::type_id::create ("coverage_h",this);
      scoreboard_h  = scoreboard::type_id::create("scoreboard_h",this);
      command_mon_cov_fifo = new("command_mon_cov_fifo",this);
      command_mon_scb_fifo = new("command_mon_scb_fifo",this);
      result_mon_scb_fifo  = new("result_mon_scb_fifo",this);
   endfunction : build_phase

   function void connect_phase(uvm_phase phase);
       agent_h.cmd_ap.connect(command_mon_cov_fifo.analysis_export);

       coverage_h.cmd_port.connect(command_mon_cov_fifo.blocking_get_export);

       agent_h.cmd_ap.connect(command_mon_scb_fifo.analysis_export);

       scoreboard_h.cmd_port.connect(command_mon_scb_fifo.blocking_get_export);

       agent_h.result_ap.connect(result_mon_scb_fifo.analysis_export);

       scoreboard_h.result_port.connect(result_mon_scb_fifo.blocking_get_export);
```

```
        reg_model_h.default_map.set_sequencer(bus_agent_h.sequencer_h, adapter_h);
        //reg_model_h.default_map.set_auto_predict(1);
        predictor_h.map = reg_model_h.default_map;
        predictor_h.adapter = reg_adapter_h;
        bus_agent_h.bus_trans_ap.connect(predictor_h.bus_in);
        reg_model_h.sequencer_h = bus_agent_h.sequencer_h;
        bus_agent_h.sequencer_h.reg_model_h = reg_model_h;
        bus_agent_h.sequencer_h.adapter_h = adapter_h;
    endfunction : connect_phase
    function new (string name, uvm_component parent);
        super.new(name,parent);
    endfunction : new
endclass
```

注意：(1) 本章提供的方法只適用於 UVM-1800.2-2017，並不適用於 UVM-1.2 及之前更老的版本。

(2) 這裡的範例僅用於說明，在實際專案中的暫存器模型要遠比這裡複雜。

第 38 章

對暫存器突發存取的建模方法

38.1 背景技術方案及缺陷

38.1.1 現有方案

通常情況下，UVM 提供的暫存器模型可以非常方便地對 DUT 中的暫存器進行建模，並且提供了一系列的暫存器存取介面方法，以此來方便地對 DUT 中暫存器的讀寫存取及其功能進行驗證。例如驗證開發人員可以透過呼叫暫存器的 read 和 write 方法輕鬆地完成對某個暫存器的一次讀寫存取，但是每呼叫一次暫存器讀寫存取方法，只會對某個暫存器發起一次讀取或寫入存取，這是因為暫存器模型中的轉接器一次只能處理對一個暫存器的存取，但是一些常見的 SoC 匯流排是支援突發 (Burst) 讀寫存取的，例如典型的 AHB 匯流排 (由 ARM 公司提出的匯流排標準，全稱為 Advanced High-performance Bus) 就支援突發存取傳輸特性。

UVM 提供的暫存器模型介面方法中不支援對暫存器的突發讀寫存取，只提供了對儲存的突發讀寫存取的支援，這給驗證開發人員的驗證工作帶來了麻煩，需要花費更多的精力來對設計中的這種暫存器突發讀寫存取功能進行驗證。

同時這也表示暫存器突發讀寫存取功能點永遠不會被測試覆蓋到，遺留了驗證漏洞，可能會導致晶片流片的失敗，而且由於不支援突發讀寫存取，讀寫存取及模擬的效率也會受到影響。除此之外，驗證開發人員還需要手動地更新維護暫存器模型中的鏡像值，而非使用 UVM 暫存器模型中提供的預測同步機制，這對於一個較為複雜的晶片來講，往往其中會有成千上萬個暫存器，這種手動更新維護的驗證方法效率非常低。

38.1.2 主要缺陷

主要缺陷如下：

(1) 現有基於 UVM 驗證方法學架設的暫存器模型不支援對暫存器的突發讀寫存取行為功能的建模，導致暫時沒有有效且可行的方案。

(2) 由於 UVM 缺乏對暫存器突發讀寫存取行為功能的支援，因此該功能點無法被測試覆蓋到，遺留了驗證漏洞，可能會導致晶片流片的失敗。

(3) 暫存器讀寫存取及模擬的效率也會受到不良影響。

(4) 驗證開發人員需要手動更新維護暫存器模型中的鏡像值，而非使用 UVM 暫存器模型中提供的預測同步機制，這對於一個較為複雜的晶片來講，往往其中會有成千上萬個暫存器，這種手動更新維護的驗證方法效率非常低。

因此需要有一種對暫存器突發存取的建模方法來解決上述缺陷問題。

38.2 解決的技術問題

透過一種對暫存器突發存取的建模方法來解決上述缺陷問題。

38.3 提供的技術方案

38.3.1 結構

可以透過在呼叫暫存器模型的讀寫存取介面方法時傳遞擴充物件 (Extension Object) 並對原先的暫存器存取相關元件進行改造。

本章提供的對暫存器突發存取建模的驗證平臺結構示意圖如圖 38-1 所示。

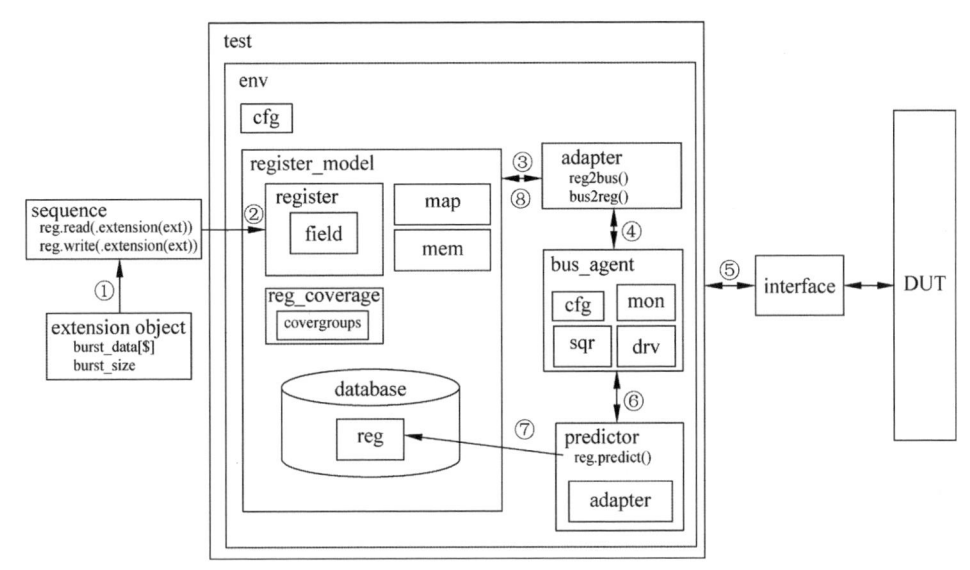

▲ 圖 38-1 對暫存器突發存取建模的驗證平臺結構示意圖

38.3.2 原理

1. 突發讀取暫存器存取流程及原理 (圖 38-1 中的標號①～⑧對應於下面的描述 (1)~(8))

(1) 建立暫存器突發讀取存取的擴充物件，使在呼叫暫存器讀取存取方法時作為輸入參數，用於指定本次突發讀取存取的相關資訊，主要包括突發存取的長度資訊。

(2) 呼叫暫存器模型中暫存器的讀取存取方法，將上述擴充物件作為輸入參數進行傳遞，並更新暫存器模型相應暫存器的值。

(3) 暫存器模型產生請求序列，並產生暫存器模型態資料請求類型的序列元素。

(4) 呼叫轉接器的 reg2bus 方法將上述類型的請求序列元素轉換成暫存器匯流排事務類型的請求序列元素，這裡需要將擴充物件的突發讀取存取的長度資訊封裝到暫存器匯流排事務類型中。

(5) 首先將暫存器匯流排事務類型請求序列元素傳送給暫存器匯流排序列器，接著由序列器傳送給暫存器匯流排驅動器，然後驅動器根據請求交易資料類型中的突發讀取存取的長度資訊將其驅動到暫存器匯流排上並依次傳回讀取的暫存器的值，並將傳回的數值放回事務請求資料中。

(6) 暫存器匯流排監測器監測到上述被驅動到暫存器匯流排上的事務請求資料，然後對該突發讀取存取進行拆分，以便轉為多次單一暫存器的讀取存取，並逐一廣播給預測器。

(7) 預測器根據接收的暫存器匯流排事務請求資料來完成對突發讀取存取暫存器的鏡像值與實際值的更新同步。

(8) 呼叫轉接器的 bus2reg 方法將匯流排事務請求資料中讀取的值傳遞給暫存器模型的事務類型中，相當於返給了暫存器模型，此時在暫存器讀取匯流排上可以依次看到突發存取暫存器的值。

2. 突發寫入暫存器存取流程及原理 (圖 38-1 中的標號① ~ ⑧對應於下面的描述 (1)~(8))

(1) 建立暫存器突發寫入存取的擴充物件，使在呼叫暫存器寫入存取方法時作為輸入參數，用於指定本次突發寫入存取的相關資訊，主要包括突發存取的資料佇列和突發長度資訊。

(2) 呼叫暫存器模型中暫存器的寫入存取方法，將上述擴充物件作為輸入參數進行傳遞，並更新暫存器模型相應暫存器的值。

(3) 暫存器模型產生請求序列，並產生暫存器模型態資料請求類型的序列元素。

(4) 呼叫轉接器 (adapter) 的 reg2bus 方法將上述類型的請求序列元素轉換成暫存器匯流排事務類型的請求序列元素，這裡需要將擴充物件的突發寫入存取的資料佇列和突發存取長度資訊封裝到暫存器匯流排事務類型中。

(5) 首先將暫存器匯流排事務類型請求序列元素傳送給暫存器匯流排序列器，接著由序列器傳送給暫存器匯流排驅動器，然後驅動器根據請求交易資料類型中的突發寫入存取的資料佇列和突發存取長度資訊將其驅動到暫存器匯流排上。

(6) 暫存器匯流排監測器監測到上述被驅動到暫存器匯流排上的事務請求資料，然後對該突發寫入存取進行拆分，以便轉為多次單一暫存器的寫入存取，並逐一廣播給預測器。

(7) 預測器根據接收的暫存器匯流排事務請求資料來完成對突發寫入存取暫存器的鏡像值與實際值的更新同步。

(8) 此時在暫存器寫入匯流排上可以依次看到擴充物件中配置的資料佇列被依次寫入了目標突發存取暫存器，也可以透過再發起讀取存取來驗證是否寫成功。

38.3.3 優點

優點如下：

(1) 相容現有的 UVM 方法學來架設驗證平臺架構。

(2) 實現了暫存器突發存取的建模，從而避免了 38.1.2 節中出現的缺陷問題。

38.3.4 具體步驟

先來了解這裡工作過程範例的暫存器匯流排，因為這裡僅作為方法的範例，因此該暫存器匯流排較為簡單，在實際專案中的暫存器匯流排複雜多變，需要根據具體專案的實際情況應用本章舉出的方法，但方法和原理都是一致的。

範例中暫存器匯流排上的訊號如下。

(1) bus_valid：為 1 時匯流排資料有效，為 0 時無效。該有效訊號只持續一個時鐘，DUT 應該在其為 1 的期間對匯流排上的資料進行採樣。如果是寫入操作，則 DUT 應該在下一個時鐘檢測到匯流排資料有效後，採樣匯流排上的資料並寫入其內部暫存器。如果是讀取操作，則 DUT 應該在下一個時鐘檢測到匯流排資料有效後，將暫存器資料讀到資料匯流排上。

(2) bus_op：匯流排讀寫入操作。為 2'b00 時向匯流排上寫入單一暫存器操作，為 2'b01 時從匯流排上讀取單一暫存器操作，為 2'b10 時向匯流排上發起突發讀取操作，為 2'b11 時向匯流排上發起突發寫入操作。

(3) bus_addr：表示位址匯流排上的位址，其位元寬度為 16 位元。

(4) bus_wr_data：表示寫入資料匯流排上的 16 位元寬的資料。

(5) bus_rd_data：表示從資料匯流排上讀取的 16 位元寬的資料。

這裡位址匯流排寬度為 16 位元，資料匯流排寬度也為 16 位元，這裡範例的突發存取讀寫暫存器 burst_reg 的位元寬度也為 16 位元，即與匯流排寬度一致，這裡為突發存取讀寫暫存器 burst_reg0~7 分配的匯流排位址為 16'h20~16'h27。

如果要對上述 burst_reg 進行突發存取，則只要發起對暫存器 burst_reg0 的讀寫存取即可，並且此時 bus_valid 訊號需要為高電位有效，具體分為以下突發寫入和突發讀取存取兩個過程：

(1) 當發起的是突發寫入存取操作時，在 bus_valid 訊號為高的同時，將寫入資料匯流排 bus_wr_data 上的資料順次寫入暫存器 burst_reg0~7，具體寫入暫存器的數量取決於突發存取的長度。

(2) 當發起的是突發讀取存取操作時，檢測 bus_valid 訊號為高，然後將暫存器 burst_reg0~7 的值依次傳輸到讀取資料匯流排 bus_rd_data 上，具體傳輸到讀取資料匯流排上的暫存器數量同樣取決於突發存取的長度。

DUT 範例，程式如下：

```
module demo_rtl(A, B, clk, op, reset_n, start, done, result, bus_valid, bus_op, bus_addr, bus_wr_data, bus_rd_data);
    input [7:0]          A;
    input [7:0]          B;
    input                clk;
    input [2:0]          op;
    input                reset_n;
    input                start;
    output               done;
    output [15:0]        result;

    input                bus_valid;
    input [1:0]          bus_op;
    input [15:0]         bus_addr;
    input [15:0]         bus_wr_data;
    output reg[15:0]     bus_rd_data;

    wire                 done_aax;
    wire                 done_mult;
    wire [15:0]          result_aax;
    wire [15:0]          result_mult;
    reg                  start_single;
    reg                  start_mult;
```

```verilog
reg                done_internal;
reg[15:0]          result_internal;

reg [15:0]         ctrl_reg;
reg [15:0]         status_reg;
reg [31:0]         counter_reg;
reg [15:0]         id_reg;
reg [15:0]         id_reg_pointer;
reg [10][15:0]     id_reg_value;
reg [10][15:0]     mem;

reg [15:0]         burst_reg0;
reg [15:0]         burst_reg1;
reg [15:0]         burst_reg2;
reg [15:0]         burst_reg3;
reg [15:0]         burst_reg4;
reg [15:0]         burst_reg5;
reg [15:0]         burst_reg6;
reg [15:0]         burst_reg7;
reg [7:0] wr_burst_num;
reg [7:0] rd_burst_num;

always @(op[2] or start) begin
   case (op[2])
      1'b0 :
         begin
            start_single <= start;
            start_mult <= 1'b0;
         end
      1'b1 :
         begin
            start_single <= 1'b0;
            start_mult <= start;
         end
      default :
         ;
   endcase
end

always @(result_aax or result_mult or op) begin
   case (op[2])
      1'b0 :
         result_internal <= result_aax;
      1'b1 :
         result_internal <= result_mult;
      default :
```

```verilog
            result_internal <= {16{1'bx}};
        endcase
    end

    always @(done_aax or done_mult or op) begin
        case (op[2])
            1'b0 :
                done_internal <= done_aax;
            1'b1 :
                done_internal <= done_mult;
            default :
                done_internal <= 1'bx;
        endcase
    end

    always @(posedge clk)begin
        if(!reset_n)begin
            ctrl_reg <= 16'h0;
            status_reg <= 16'h0;
            counter_reg <= 32'h0;
            id_reg <= 16'h0;
            id_reg_value[0] <= 16'h0;
            id_reg_value[1] <= 16'h1;
            id_reg_value[2] <= 16'h2;
            id_reg_value[3] <= 16'h3;
            id_reg_value[4] <= 16'h4;
            id_reg_value[5] <= 16'h5;
            id_reg_value[6] <= 16'h6;
            id_reg_value[7] <= 16'h7;
            id_reg_value[8] <= 16'h8;
            id_reg_value[9] <= 16'h9;
            mem[0] <= 16'h0;
            mem[1] <= 16'h0;
            mem[2] <= 16'h0;
            mem[3] <= 16'h0;
            mem[4] <= 16'h0;
            mem[5] <= 16'h0;
            mem[6] <= 16'h0;
            mem[7] <= 16'h0;
            mem[8] <= 16'h0;
            mem[9] <= 16'h0;
            burst_reg0 <= 16'h0;
            burst_reg1 <= 16'h0;
            burst_reg2 <= 16'h0;
            burst_reg3 <= 16'h0;
            burst_reg4 <= 16'h0;
```

```
            burst_reg5 <= 16'h0;
            burst_reg6 <= 16'h0;
            burst_reg7 <= 16'h0;
            wr_burst_num <= 8'h0;
        end
        else if(bus_valid && (bus_op == 2'b00))begin
            case(bus_addr)
                16'h8:begin
                    ctrl_reg <= bus_wr_data;
                end
                16'hc:begin
                    id_reg_value[id_reg_pointer] <= bus_wr_data;
                end
                16'h10:begin
                    mem[0] <= bus_wr_data;
                end
                16'h11:begin
                    mem[1] <= bus_wr_data;
                end
                16'h12:begin
                    mem[2] <= bus_wr_data;
                end
                16'h13:begin
                    mem[3] <= bus_wr_data;
                end
                16'h14:begin
                    mem[4] <= bus_wr_data;
                end
                16'h15:begin
                    mem[5] <= bus_wr_data;
                end
                16'h16:begin
                    mem[6] <= bus_wr_data;
                end
                16'h17:begin
                    mem[7] <= bus_wr_data;
                end
                16'h18:begin
                    mem[8] <= bus_wr_data;
                end
                16'h19:begin
                    mem[9] <= bus_wr_data;
                end
                16'h20:begin
                    burst_reg0 <= bus_wr_data;
                end
```

```verilog
                    16'h21:begin
                        burst_reg1 <= bus_wr_data;
                    end
                    16'h22:begin
                        burst_reg2 <= bus_wr_data;
                    end
                    16'h23:begin
                        burst_reg3 <= bus_wr_data;
                    end
                    16'h24:begin
                        burst_reg4 <= bus_wr_data;
                    end
                    16'h25:begin
                        burst_reg5 <= bus_wr_data;
                    end
                    16'h26:begin
                        burst_reg6 <= bus_wr_data;
                    end
                    16'h27:begin
                        burst_reg7 <= bus_wr_data;
                    end
                    default:;
                endcase
            end
            else if(bus_valid && (bus_op == 2'b11) && (bus_addr == 16'h20))begin
                case(wr_burst_num)
                    8'd0: burst_reg0 <= bus_wr_data;
                    8'd1: burst_reg1 <= bus_wr_data;
                    8'd2: burst_reg2 <= bus_wr_data;
                    8'd3: burst_reg3 <= bus_wr_data;
                    8'd4: burst_reg4 <= bus_wr_data;
                    8'd5: burst_reg5 <= bus_wr_data;
                    8'd6: burst_reg6 <= bus_wr_data;
                    8'd7: burst_reg7 <= bus_wr_data;
                endcase
                wr_burst_num <= wr_burst_num+1;
            end
            else
                wr_burst_num <= 0;

            if(ctrl_reg[1])begin
                if(A == 8'hff)
                    status_reg[0] <= 1'b1;
                else
                    status_reg[0] <= 1'b0;
                if(B == 8'hff)
```

```verilog
                status_reg[1] <= 1'b1;
            else
                status_reg[1] <= 1'b0;
            if(A == 8'h00)
                status_reg[2] <= 1'b1;
            else
                status_reg[2] <= 1'b0;
            if(B == 8'h00)
                status_reg[3] <= 1'b1;
            else
                status_reg[3] <= 1'b0;
        end

        if(done_internal)
            counter_reg <= counter_reg + 1'b1;
end

always @(posedge clk)begin
    if(!reset_n)begin
        bus_rd_data <= 16'h0;
        id_reg_pointer <= 16'h0;
    end
    else if(bus_valid && (bus_op == 2'b01))begin
        case(bus_addr)
            16'h8:begin
                bus_rd_data <= ctrl_reg;
            end
            16'h9:begin
                bus_rd_data <= status_reg;
            end
            16'ha:begin
                bus_rd_data <= counter_reg[15:0];
            end
            16'hb:begin
                bus_rd_data <= counter_reg[31:16];
            end
            16'hc:begin
                bus_rd_data <= id_reg_value[id_reg_pointer];
                if(id_reg_pointer == 16'd9)
                    id_reg_pointer <= 16'd0;
                else
                    id_reg_pointer <= id_reg_pointer + 1;
            end
            16'h10:begin
                bus_rd_data <= mem[0];
            end
```

```verilog
16'h11:begin
    bus_rd_data <= mem[1];
end
16'h12:begin
    bus_rd_data <= mem[2];
end
16'h13:begin
    bus_rd_data <= mem[3];
end
16'h14:begin
    bus_rd_data <= mem[4];
end
16'h15:begin
    bus_rd_data <= mem[5];
end
16'h16:begin
    bus_rd_data <= mem[6];
end
16'h17:begin
    bus_rd_data <= mem[7];
end
16'h18:begin
    bus_rd_data <= mem[8];
end
16'h19:begin
    bus_rd_data <= mem[9];
end
16'h20:begin
    bus_rd_data <= burst_reg0;
end
16'h21:begin
    bus_rd_data <= burst_reg1;
end
16'h22:begin
    bus_rd_data <= burst_reg2;
end
16'h23:begin
    bus_rd_data <= burst_reg3;
end
16'h24:begin
    bus_rd_data <= burst_reg4;
end
16'h25:begin
    bus_rd_data <= burst_reg5;
end
16'h26:begin
```

```
                    bus_rd_data <= burst_reg6;
                end
                16'h27:begin
                    bus_rd_data <= burst_reg7;
                end
                default:begin
                    bus_rd_data <= 16'h0;
                end
            endcase
        end
        else if(bus_valid && (bus_op == 2'b10) && (bus_addr == 16'h20))begin
            case(rd_burst_num)
                8'd0: bus_rd_data <= burst_reg0;
                8'd1: bus_rd_data <= burst_reg1;
                8'd2: bus_rd_data <= burst_reg2;
                8'd3: bus_rd_data <= burst_reg3;
                8'd4: bus_rd_data <= burst_reg4;
                8'd5: bus_rd_data <= burst_reg5;
                8'd6: bus_rd_data <= burst_reg6;
                8'd7: bus_rd_data <= burst_reg7;
            endcase
            rd_burst_num <= rd_burst_num+1;
        end
        else
            rd_burst_num <= 0;
    end

    single_cycle add_and_xor(.A(A), .B(B), .clk(clk), .op(op), .reset_n(reset_n), .start
(start_single), .done_aax(done_aax), .result_aax(result_aax));

    three_cycle mult(.A(A), .B(B), .clk(clk), .reset_n(reset_n), .start(start_mult),
.done_mult(done_mult), .result_mult(result_mult));

    assign result = (ctrl_reg[0])? ~result_internal : result_internal;
    assign done = done_internal;
endmodule
```

在清楚了暫存器匯流排的時序功能行為及暫存器的匯流排位址和資料寬度之後，來看如何在驗證平臺中對上述這種支援突發存取的暫存器行為進行建模。

第1步，建立暫存器突發讀寫存取的擴充物件，使在呼叫暫存器讀寫存取方法時作為輸入參數，用於指定本次突發存取的相關資訊，包括突發存取的資料和長度資訊。

大多數 UVM 提供的暫存器存取方法容許傳入一個擴充物件作為輸入參數，

從而傳遞此次暫存器匯流排操作的額外資訊，例如目標 id 編號、傳輸延遲等控制資訊，這些都可以在暫存器轉接器中完成解碼和轉為實際匯流排上的事務請求資料，因此可以把暫存器突發存取的相關資料資訊也存入該擴充物件內，即使用該擴充物件裡的資料成員物件來對突發存取的資料和長度進行建模。

本例中擴充物件 extension_object 衍生於 UVM 物件，程式如下：

```
class extension_object extends uvm_object;
  rand bit[15:0] burst_data[$];
  rand bit[7:0] burst_size;

  function new(string name="");
    super.new(name);
  endfunction
endclass
```

第 2 步，在暫存器轉接器中對暫存器突發存取事務類型進行解碼，從而完成對暫存器突發讀寫存取的匯流排交易資料類型和暫存器模型能夠接受的交易資料類型之間的相互轉換。

由於轉接器一次只能處理一個暫存器的存取，而要實現對突發讀寫存取，需要使用某種方式來告訴它，實際上需要對更多的暫存器進行讀寫存取，而 UVM 中的轉接器提供了兩種方法，分別是 reg2bus 和 bus2reg 方法，因此需要在上述兩種方法中完成對暫存器突發存取事務類型的解碼和轉換。

1. reg2bus() 方法

其作用是在驗證開發人員呼叫暫存器讀寫存取方法時使暫存器模型發出的事務請求類型轉換成暫存器匯流排能夠接受的交易資料類型。

首先需要在其中宣告擴充物件，然後呼叫轉接器的 get_item 方法以獲取本次發起的暫存器模型的存取交易資料，接著判斷該交易資料類型是否帶有暫存器突發存取所需的擴充物件資訊，並且判斷類型是否和之前定義的一致，以及突發存取的長度是否為 1，透過以上這些判斷的結果來最終確定本次是單一暫存器讀寫存取還是突發暫存器讀寫存取。

如果是一般的單一暫存器讀寫存取，則將暫存器模型的存取交易資料類型中的造訪網址、讀寫存取類型、存取資料資訊傳遞並封裝為暫存器匯流排上的交易資料類型。如果是突發暫存器讀寫存取，則將使用本次暫存器模型的存取交易資料類型中的造訪網址、存取類型和擴充物件中的突發存取資料和長度資訊進行傳遞並封裝為暫存器匯流排上的交易資料類型，從而建構在暫存器匯流排發起對應的突發讀寫存取請求資料。

2. bus2reg() 方法

與上面相反，其作用為當監測到匯流排上有對暫存器的讀寫存取操作時，它將收集到的匯流排上的事務請求類型轉換成暫存器模型能夠接受的交易資料類型，以便暫存器模型能夠讀到傳回的暫存器的值。

因為需要將突發讀寫存取轉為多次的單一暫存器的讀寫存取，因此，這裡判斷如果是突發讀寫存取類型，則需要將其轉為一般的單一暫存器的讀寫存取類型，其他方面沒什麼變化，和一般情況下一樣將暫存器匯流排上的交易資料類型資訊傳遞並封裝為暫存器模型的存取交易資料類型即可，程式如下：

```
class adapter extends uvm_reg_adapter;
    `uvm_object_utils(adapter)
...
    function uvm_sequence_item reg2bus(const ref uvm_reg_bus_op rw);
        bus_transaction bus_trans;
        uvm_reg_item item = get_item();
        extension_object ext;

        bus_trans = bus_transaction::type_id::create("bus_trans");
        if((item.extension == null) || (!$cast(ext,item.extension) || (ext.burst_size == 1))) begin
            bus_trans.addr = rw.addr;
            bus_trans.bus_op = (rw.kind == UVM_READ)? bus_rd: bus_wr;
            if (bus_trans.bus_op == bus_wr)begin
              bus_trans.wr_data = rw.data;
            end
            bus_trans.burst_size = 'd1;
            return bus_trans;
        end
        else begin
          bus_trans.addr = rw.addr;
          bus_trans.bus_op = (rw.kind == UVM_READ)? burst_rd: burst_wr;
          if (bus_trans.bus_op == burst_wr)begin
            bus_trans.wr_data = rw.data;
```

```
            foreach(ext.burst_data[idx])begin
              bus_trans.burst_data[idx] = ext.burst_data[idx];
            end
          end
          bus_trans.burst_size = ext.burst_size;
          return bus_trans;
        end
    endfunction

    function void bus2reg(uvm_sequence_item bus_item,ref uvm_reg_bus_op rw);
        bus_transaction bus_trans;
        if (!$cast(bus_trans, bus_item)) begin
            `uvm_fatal("NOT_BUS_TYPE","Provided bus_item is not of the correct type")
            return;
        end
        case(bus_trans.bus_op)
          bus_rd,burst_rd: rw.kind = UVM_READ;
          bus_wr,burst_wr: rw.kind = UVM_WRITE;
        endcase
        rw.addr = bus_trans.addr;
        rw.data = (bus_trans.bus_op == bus_rd)? bus_trans.rd_data : bus_trans.wr_data;
        rw.status = UVM_IS_OK;
    endfunction
endclass
```

第 3 步，將之前轉接器中的 reg2bus 方法轉換後的暫存器存取事務請求資料驅動到暫存器匯流排上。

如果是突發寫入操作，則將轉換後的突發資料佇列中的值逐一驅動到暫存器寫入資料匯流排上。如果是暫存器讀取請求 (包括單一的讀取操作和突發的讀取操作)，則將讀回來的暫存器值傳回匯流排事務類型中。此外，轉接器會接收來自序列器傳送過來的暫存器匯流排讀寫入請求，因此需要將暫存器讀寫資料等資訊封裝到暫存器模型的事務類型中，程式如下：

```
class bus_driver extends uvm_driver #(bus_transaction);
    `uvm_component_utils(bus_driver)
    virtual simple_bus_bfm bus_bfm;

    function void build_phase(uvm_phase phase);
        if(!uvm_config_db #(virtual simple_bus_bfm)::get(null, "*","bus_bfm", bus_bfm))
            `uvm_fatal("BUS DRIVER", "Failed to get BFM")
    endfunction : build_phase
```

```
   task run_phase(uvm_phase phase);
      forever begin
        bit[15:0] rd_data;
         seq_item_port.try_next_item(req);
         if(req!=null)begin
          bus_bfm.send_op(req,rd_data);
          req.rd_data = rd_data;
             `uvm_info(this.get_name(),$sformatf("drive bus item is %s",req.convert2string),UVM_LOW)
           seq_item_port.item_done();
         end
         else begin
          @(bus_bfm.drv)
          bus_bfm.init();
         end
      end
   endtask : run_phase

   function new (string name, uvm_component parent);
      super.new(name, parent);
   endfunction : new
endclass : bus_driver

interface simple_bus_bfm(input clk, input reset_n);
   import demo_pkg::*;
   parameter tsu = 1ps;
   parameter tco = 0ps;

   bus_monitor bus_monitor_h;
   logic         bus_valid;
   logic [1:0]   bus_op;
   logic [15:0] bus_wr_data;
   logic [15:0] bus_addr;
   wire [15:0] bus_rd_data;

   clocking drv@(posedge clk);
    output #tco bus_valid;
    output #tco bus_op;
    output #tco bus_wr_data;
    output #tco bus_addr;
    output #tco bus_rd_data;
   endclocking

   clocking mon@(posedge clk);
    input #tsu bus_valid;
    input #tsu bus_op;
```

```
      input #tsu bus_wr_data;
      input #tsu bus_addr;
      input #tsu bus_rd_data;
    endclocking

task send_op(input bus_transaction req, output bit[15:0] o_rd_data);
        @(drv);
        drv.bus_valid <= 1'b1;
        case(req.bus_op.name())
         "bus_wr":   drv.bus_op <= 2'b00;
         "bus_rd":   drv.bus_op <= 2'b01;
         "burst_rd": drv.bus_op <= 2'b10;
         "burst_wr": drv.bus_op <= 2'b11;
        endcase
        drv.bus_addr <= req.addr;
        case(req.bus_op.name())
         "bus_rd":   drv.bus_wr_data <= 16'h0;
         "bus_wr":   drv.bus_wr_data <= req.wr_data;
         "burst_rd": begin
            for(int i=0;i<req.burst_size;i++)begin
               drv.bus_wr_data <= 16'h0;
               if(i != req.burst_size-1)
                  @(drv);
            end
         end
         "burst_wr": begin
            foreach(req.burst_data[idx])begin
               drv.bus_wr_data <= req.burst_data[idx];
               if(idx != req.burst_data.size()-1)
                  @(drv);
            end
         end
        endcase

        @(drv);
        drv.bus_valid <= 1'b0;
        drv.bus_op <= 2'b00;
        drv.bus_addr <= 16'h0;
        drv.bus_wr_data <= 16'h0;

        @(mon);
        if(req.bus_op.name()=="bus_rd")begin
         o_rd_data = bus_rd_data;
        end
endtask : send_op
```

```
task init();
  bus_valid <= 0;
  bus_op <= 'dx;
  bus_wr_data <= 'dx;
  bus_addr <= 'dx;
endtask
function bus_op_t op2enum();
        case(bus_op)
                2'b00 : return bus_rd;
                2'b01 : return bus_wr;
                2'b10 : return burst_rd;
                2'b11 : return burst_wr;
                default : $fatal("Illegal operation on bus_op bus");
        endcase
    endfunction
endinterface : simple_bus_bfm
```

第 4 步，在暫存器匯流排監測器中對暫存器匯流排上的事務請求進行監測，如果監測到是突發讀寫存取類型，則將其拆分並轉為多次單一暫存器的讀寫存取，然後逐一廣播給預測器，從而使其可以正常地完成對突發存取暫存器的鏡像值與實際值的更新同步。

還需要考慮暫存器的預測同步方式，通常驗證平臺中使用的是暫存器顯示預測方式，這樣可以盡可能地保證暫存器模型中的鏡像值和 DUT 中實際暫存器值的同步，而該暫存器預測同步功能是由預測器來完成的，該預測器會透過 TLM 通訊連接埠獲取來自暫存器匯流排監測器廣播過來的資料，並且透過內部的邏輯發起對目標存取暫存器的預測同步，但是，預測器只能處理一般的單一暫存器的讀寫存取請求，即預測器並不知道什麼時候會發起突發存取，因此監測器需要將突發讀寫存取的事務請求類型轉為多個單一暫存器的讀寫存取，並廣播給預測器，這樣該突發讀寫存取操作才能被預測器進行逐一更新預測以實現暫存器模型鏡像值和 DUT 中實際暫存器值的同步。

這裡的預測器衍生於 UVM 的 uvm_reg_predictor 類別，它與暫存器匯流排監測器進行連接以獲取匯流排上監測到的資料，然後匹配與目標存取暫存器有關的位址，並自動呼叫暫存器模型的預測同步方法，從而完成與 DUT 中實際暫存器數值的同步，程式如下：

```
class predictor extends uvm_reg_predictor #(bus_transaction);
```

```systemverilog
    `uvm_component_utils(predictor)

  function new(string name,uvm_component parent);
    super.new(name,parent);
  endfunction
endclass

class bus_monitor extends uvm_monitor;
   `uvm_component_utils(bus_monitor)

   virtual simple_bus_bfm bus_bfm;
   uvm_analysis_port #(bus_transaction) ap;

   function new (string name, uvm_component parent);
      super.new(name,parent);
   endfunction

   function void build_phase(uvm_phase phase);
      if(!uvm_config_db #(virtual simple_bus_bfm)::get(null, "*","bus_bfm", bus_bfm))
`uvm_fatal("BUS MONITOR", "Failed to get BFM")
      bus_bfm.bus_monitor_h = this;
      ap= new("ap",this);
   endfunction : build_phase

   task run_phase(uvm_phase phase);
     bus_transaction bus_trans;
     int burst_num=0;
     bus_op_t bus_op_before;
     bit[16:0] bus_addr_before;
     bus_trans = new("bus_trans");

     forever begin
      @(bus_bfm.mon);
      case(op2enum(bus_bfm.mon.bus_op))
        burst_rd: begin
          bus_trans.bus_op = bus_rd;
          bus_trans.addr = bus_bfm.mon.bus_addr+burst_num;
          if(burst_num==0)begin
            bus_trans.burst_data.delete();
            @(bus_bfm.mon);
          end
          bus_trans.burst_data.push_back(bus_bfm.mon.bus_rd_data);
          bus_trans.wr_data = bus_bfm.mon.bus_wr_data;
          bus_trans.rd_data = bus_bfm.mon.bus_rd_data;
          burst_num++;
        end
```

```systemverilog
        burst_wr: begin
          bus_trans.bus_op = bus_wr;
          bus_trans.addr = bus_bfm.mon.bus_addr+burst_num;
          bus_trans.wr_data = bus_bfm.mon.bus_wr_data;
          bus_trans.rd_data = bus_bfm.mon.bus_rd_data;
          burst_num++;
        end
        bus_rd: begin
          bus_trans.bus_op = bus_bfm.mon.bus_op;
          bus_trans.addr = bus_bfm.mon.bus_addr;
          bus_trans.wr_data = bus_bfm.mon.bus_wr_data;
          @(bus_bfm.mon);
          bus_trans.rd_data = bus_bfm.mon.bus_rd_data;
        end
        bus_wr: begin
          bus_trans.bus_op = bus_bfm.mon.bus_op;
          bus_trans.addr = bus_bfm.mon.bus_addr;
          bus_trans.wr_data = bus_bfm.mon.bus_wr_data;
          bus_trans.rd_data = bus_bfm.mon.bus_rd_data;
        end
      endcase
      if((bus_op_before == burst_rd) && (bus_op_before != bus_bfm.mon.bus_op))begin
        @(bus_bfm.mon);
        bus_trans.bus_op = bus_rd;
        bus_trans.addr = bus_addr_before+burst_num;
        bus_trans.burst_data.push_back(bus_bfm.mon.bus_rd_data);
        bus_trans.wr_data = bus_bfm.mon.bus_wr_data;
        bus_trans.rd_data = bus_bfm.mon.bus_rd_data;
        burst_num = 0;
        bus_addr_before = 0;
        ap.write(bus_trans);
        `uvm_info("BUS MONITOR",bus_trans.convert2string(), UVM_MEDIUM);
      end
      if((bus_op_before == burst_wr) && (bus_op_before != bus_bfm.mon.bus_op))begin
        burst_num = 0;
        bus_addr_before = 0;
      end
      if((bus_bfm.mon.bus_op == burst_rd) || (bus_op_before == burst_rd))begin
        foreach(bus_trans.burst_data[idx])begin
          `uvm_info("BUS MONITOR",$sformatf("bus_op is burst_rd, burst_data[%0d] is %0h",idx,bus_trans.burst_data[idx]),UVM_LOW)
        end
      end
      bus_op_before = bus_bfm.mon.bus_op;
      bus_addr_before = bus_bfm.mon.bus_addr;
      if(bus_bfm.mon.bus_valid)begin
```

```
            ap.write(bus_trans);
            `uvm_info("BUS MONITOR",bus_trans.convert2string(), UVM_MEDIUM);
        end
      end
    endtask

    function bus_op_t op2enum(bit[1:0] bus_op);
        case(bus_op)
            2'b00 : return bus_rd;
            2'b01 : return bus_wr;
            2'b10 : return burst_rd;
            2'b11 : return burst_wr;
            default : $fatal("Illegal operation on bus_op bus");
        endcase
    endfunction
endclass : bus_monitor
```

第 5 步，在暫存器存取序列裡宣告實體化並配置暫存器突發存取所需要的擴充物件，然後呼叫暫存器的 write 和 read 方法即可完成對暫存器的突發讀寫存取。

如果是突發寫入存取，則配置要寫入的資料佇列及資料長度，如果是突發讀取存取，則配置讀取的資料長度。發起突發讀寫存取操作後，暫存器模型依然會和以往的暫存器顯示預測方式一樣，自動完成暫存器模型鏡像值與 DUT 實際暫存器值的更新同步。

綜上，最終可以透過簡單地呼叫暫存器的 write 和 read 讀寫存取方法來完成對暫存器的突發讀寫存取功能的支援，從而解決了之前提到的缺陷問題，程式如下：

```
class bus_sequence extends uvm_sequence #(bus_transaction);
    `uvm_object_utils(bus_sequence)
    `uvm_declare_p_sequencer(bus_sequencer)

    function new(string name = "bus_sequence");
        super.new(name);
    endfunction : new

    task body();
        uvm_status_e status;
        uvm_reg_data_t value;
        extension_object ext;

        ext = new();
```

```systemverilog
      // 突發寫入
      `uvm_info(this.get_name(),$sformatf("Let's start burst write, burst_size is 6"),UVM_LOW)
      ext.burst_size = 6;
      for(int i=0;i<ext.burst_size;i++)begin
        ext.burst_data.push_back(16'h6666+i);
      end
      p_sequencer.reg_model_h.burst_reg_h[0].write(status, 16'h7777,.extension(ext));
      for(int i=0;i<ext.burst_size;i++)begin
        value = p_sequencer.reg_model_h.burst_reg_h[i].get_mirrored_value();
        `uvm_info("BUS SEQ", $sformatf("burst_reg_h[%0d] mirrored value is %4h",i,value), UVM_MEDIUM)
        value = p_sequencer.reg_model_h.burst_reg_h[i].get();
        `uvm_info("BUS SEQ", $sformatf("burst_reg_h[%0d] desired value is %4h",i,value), UVM_MEDIUM)
        p_sequencer.reg_model_h.burst_reg_h[i].read(status, value,UVM_BACKDOOR);
        `uvm_info("BUS SEQ", $sformatf("burst_reg_h[%0d] read value is %4h",i,value), UVM_MEDIUM)
      end
      ext.burst_data.delete();

      // 突發讀取
      `uvm_info(this.get_name(),$sformatf("Let's start burst read, burst_size is 6, read data should be same with write before"),UVM_LOW)
      p_sequencer.reg_model_h.burst_reg_h[0].read(status, value,.extension(ext));
      `uvm_info("BUS SEQ", $sformatf("burst_reg_h[0] read value is %4h",value), UVM_MEDIUM)
   endtask : body
endclass : bus_sequence

class env extends uvm_env;
   ...
   bus_agent bus_agent_h;
   reg_model reg_model_h;
   adapter adapter_h;
   predictor predictor_h;
   function void build_phase(uvm_phase phase);
      bus_agent_h = bus_agent::type_id::create ("bus_agent_h",this);
      bus_agent_h.is_active = UVM_ACTIVE;

      reg_model_h = reg_model::type_id::create ("reg_model_h");
      reg_model_h.configure();
      reg_model_h.build();
      reg_model_h.lock_model();
      reg_model_h.reset();
      reg_model_h.add_hdl_path("top.DUT");
```

```
        adapter_h = adapter::type_id::create ("adapter_h");
        predictor_h = predictor::type_id::create("predictor_h",this);
        reg_model_h.add_hdl_path("top.DUT");
    endfunction : build_phase

    function void connect_phase(uvm_phase phase);
        ...
        reg_model_h.default_map.set_sequencer(bus_agent_h.sequencer_h, adapter_h);
        predictor_h.map = reg_model_h.default_map;
        predictor_h.adapter = adapter_h;
        bus_agent_h.bus_trans_ap.connect(predictor_h.bus_in);
    endfunction : connect_phase
endclass

class demo_test extends base_test;
    `uvm_component_utils(demo_test)
    reset_sequence reset_seq;
    bus_sequence bus_seq;

    function new(string name, uvm_component parent);
        super.new(name,parent);
        reset_seq = reset_sequence::type_id::create("reset_seq");
        bus_seq = bus_sequence::type_id::create("bus_seq");
    endfunction : new

    function void connect_phase(uvm_phase phase);
        env_h.bus_agent_h.sequencer_h.reg_model_h = env_h.reg_model_h;
        env_h.scoreboard_h.reg_model_h = env_h.reg_model_h;
    endfunction

    task main_phase(uvm_phase phase);
        phase.raise_objection(this);
        reset_seq.start(this.env_h.agent_h.sequencer_h);
        #100ns;
bus_seq.start(this.env_h.bus_agent_h.sequencer_h);
        #100ns;
        phase.drop_objection(this);
    endtask
endclass
```

第 39 章

基於 UVM 儲存模型的暫存器突發存取的建模方法

39.1 背景技術方案及缺陷

39.1.1 現有方案

本章的現有方案和第 38 章一樣,只是本章提供了另一種解決方法,因此,這裡不再贅述。

39.1.2 主要缺陷

和 38.1.2 節的缺陷一樣,這裡不再贅述。

39.2 解決的技術問題

透過基於 UVM 儲存模型的突發存取和轉接器的讀寫入操作類型轉換實現對暫存器突發存取的建模,從而最終解決上述缺陷問題。

注意:本章舉出的方法僅適用於 DUT 同時支援暫存器的單一存取和突發存取的情況,否則透過轉接器轉換後的單一暫存器讀寫存取不會被暫存器匯流排所接受,也就不能使用本章的方法。

39.3 提供的技術方案

39.3.1 結構

本章提供的基於 UVM 儲存模型的暫存器突發存取的驗證平臺結構示意圖如圖 39-1 所示。

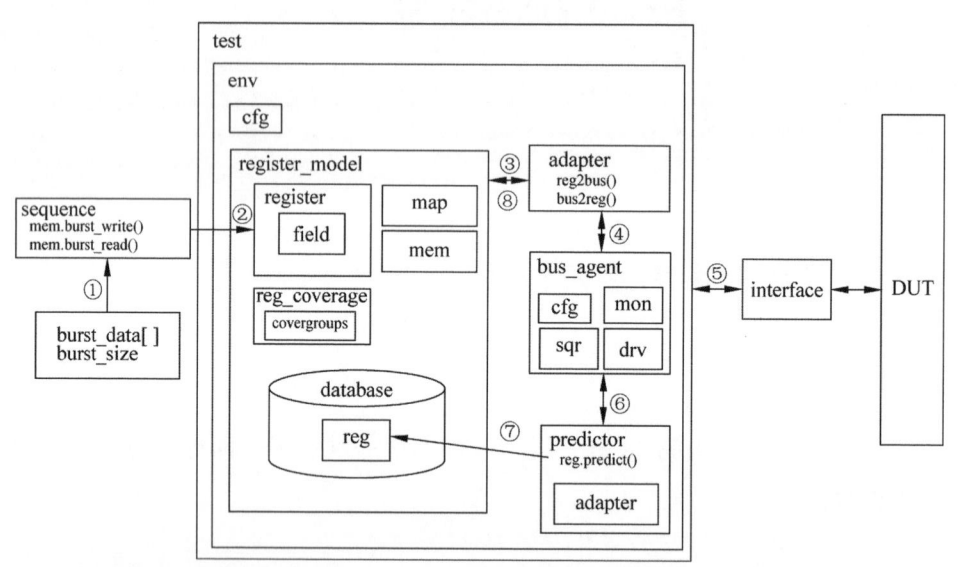

▲圖 39-1 基於 UVM 儲存模型的暫存器突發存取的驗證平臺結構示意圖

39.3.2 原理

1. 突發讀取暫存器存取流程及原理 (圖 39-1 中的標號①～⑧對應於下面的描述 (1)~(8))

(1) 設置突發讀取存取暫存器的長度和突發讀取存取資料的動態陣列。

(2) 呼叫 UVM 提供的儲存模型的儲存突發讀取存取方法來對目標突發存取暫存器的讀取存取。

(3) 儲存模型產生請求序列，並產生儲存模型態資料請求類型的序列元素。

(4) 呼叫轉接器的 reg2bus 方法將上述類型的請求序列元素轉換成暫存器匯流排事務類型的請求序列元素，這裡需要將呼叫儲存模型產生的突發讀取存取類型自動轉為單一的暫存器讀取存取類型。

(5) 首先將這些單一的暫存器匯流排事務類型請求序列元素傳送給暫存器匯流排序列器，接著由序列器傳送給暫存器匯流排驅動器，然後驅動器將其驅動到暫存器匯流排上並依次傳回讀取的暫存器的值，並將傳回的數值放回事務請求資料中。

　　(6) 暫存器匯流排監測器監測到上述被驅動到暫存器匯流排上的事務請求資料，然後逐一廣播給預測器。

　　(7) 預測器根據接收的暫存器匯流排事務請求資料來完成對突發讀取存取暫存器的鏡像值與實際值的更新同步。

　　(8) 呼叫轉接器的 bus2reg 方法將匯流排事務請求資料中讀取的值傳遞給暫存器模型的事務類型中，相當於返給了暫存器模型，此時在暫存器讀取匯流排上可以依次看到突發存取暫存器的值。

　　2. 突發寫入暫存器存取流程及原理 (圖 39-1 中的標號①～⑧對應於下面的描述 (1)~(8))

　　(1) 設置突發寫入存取暫存器的長度和突發寫入存取資料的動態陣列。

　　(2) 呼叫 UVM 提供的儲存模型的儲存突發寫入存取方法來對目標突發存取暫存器的寫入存取。

　　(3) 儲存模型產生請求序列，並產生儲存模型態資料請求類型的序列元素。

　　(4) 呼叫轉接器的 reg2bus 方法將上述類型的請求序列元素轉換成暫存器匯流排事務類型的請求序列元素，這裡需要將呼叫儲存模型產生的突發寫入存取類型自動轉為單一的暫存器寫入存取類型。

　　(5) 首先將這些單一的暫存器匯流排事務類型請求序列元素傳送給暫存器匯流排序列器，接著由序列器傳送給暫存器匯流排驅動器，然後驅動器根據之前設置的突發寫入存取的動態陣列和突發寫入存取暫存器的長度資訊將其驅動到暫存器匯流排上。

　　(6) 暫存器匯流排監測器監測到上述被驅動到暫存器匯流排上的事務請求資料，然後逐一廣播給預測器。

　　(7) 預測器根據接收的暫存器匯流排事務請求資料來完成對突發寫入存取暫存器的鏡像值與實際值的更新同步。

(8) 此時在暫存器寫入匯流排上可以依次看到之前設置的突發寫入存取陣列中的資料被依次寫入目標突發存取暫存器，也可以透過再發起讀取存取來驗證是否寫成功。

39.3.3 優點

優點如下：

(1) UVM 對於暫存器的建模並沒有提供突發讀寫存取的介面方法，但是對於儲存的建模卻提供了突發讀寫存取的介面方法，可以利用這一特點來解決暫存器突發讀寫存取的建模問題，該方法利用了 UVM 中儲存模型現有的介面方法，使本章舉出的方法更加簡便易行。

(2) 利用暫存器模型的轉接器來將突發暫存器存取轉為單一暫存器的讀寫存取，從而實現對暫存器的突發讀寫存取，這樣一來使本章舉出的方法可以和 UVM 為暫存器模型提供的顯示預測機制無縫銜接，從而可以很方便地實現對突發存取的目標暫存器的鏡像值和期望值的預測更新。

39.3.4 具體步驟

用於範例說明的 DUT 和暫存器匯流排和 38.3.4 節一樣，因此這裡不再贅述。

在清楚了暫存器匯流排的時序功能行為及暫存器的匯流排位址和資料寬度之後，來看如何在驗證平臺中對上述這種支援突發存取的暫存器行為進行建模。

第 1 步，對突發存取的目標暫存器進行建模，其衍生於 uvm_reg 暫存器類別，程式如下：

```
class burst_reg extends uvm_reg;
    `uvm_object_utils(burst_reg)

    rand uvm_reg_field field1;
    rand uvm_reg_field field2;

    function new(string name="burst_reg");
        super.new(name, 16, UVM_NO_COVERAGE);
    endfunction
    function void build();
```

```
        field1 = uvm_reg_field::type_id::create("field1");
        field1.configure(this, 8, 0, "RW", 0, 8'h0, 1, 1, 0);
        field2 = uvm_reg_field::type_id::create("field2");
        field2.configure(this, 8, 8, "RW", 0, 8'h0, 1, 1, 0);
    endfunction
endclass
```

第 2 步，建立用於突發存取目標暫存器的儲存模型，該儲存模型的深度為 DUT 所支援的突發存取暫存器的長度，儲存模型的位元寬與突發存取暫存器的位元寬度一致，程式如下：

```
class demo_mem extends uvm_mem;
    `uvm_object_utils(demo_mem)

    function new(string name = "demo_mem");
        super.new(name, 8, 16);
    endfunction
endclass
```

第 3 步，將突發存取的目標暫存器的模型和用於突發暫存器存取的儲存模型加入暫存器區塊，程式如下：

注意：這裡使用第 1 個突發存取目標暫存器的控制碼呼叫 get_offset 方法以獲取該暫存器的物理位址作為儲存模型的啟始位址，即相當於把突發存取的目標暫存器當作儲存模型中建模的目標儲存單元存取，這樣就可以利用 UVM 提供的 burst_write 和 burst_read 突發讀寫存取方法來對暫存器進行突發存取了。

```
class reg_model extends uvm_reg_block;
...
    demo_mem demo_mem_h;
    rand burst_reg   burst_reg_h[];
    function new(string name="reg_model");
        super.new(name, UVM_NO_COVERAGE);
    endfunction

    function void build();
        ...
        default_map = create_map("default_map", 'h0, 2, UVM_LITTLE_ENDIAN, 0);
        burst_reg_h = new[8];
        foreach(burst_reg_h[idx])begin
            burst_reg_h[idx] = burst_reg::type_id::create($sformatf("burst_reg[%0d]_h",idx));
```

```
            burst_reg_h[idx].configure(this, null, $sformatf("burst_reg%0d",idx));
            burst_reg_h[idx].build();
            default_map.add_reg(burst_reg_h[idx], 16'h20+idx, "RW");
         end
        demo_mem_h = demo_mem::type_id::create("demo_mem_h");
        demo_mem_h.configure(this, "demo_mem");

        default_map.add_mem(demo_mem_h,burst_reg_h[0].get_offset(default_map));
    endfunction
endclass
```

第 4 步，為了使用原先的預測器的暫存器顯示預測機制，需要將呼叫儲存模型產生的突發存取類型自動轉為單一的暫存器存取類型，此時利用預測器的暫存器顯示預測機制自動地更新暫存器模型的期望值和鏡像值，從而完成與 DUT 中實際暫存器值的同步，因此這裡需要在轉接器中的 reg2bus 方法完成上述暫存器匯流排存取類型的轉換並使原先的暫存器顯示預測機制可以正常執行，可參考以下程式。

本步驟對應於原理部分「突發讀取流程」的 (4) 和 (8)，以及「突發寫入流程」的 (4)。

```
class adapter extends uvm_reg_adapter;
...
    function uvm_sequence_item reg2bus(const ref uvm_reg_bus_op rw);
        bus_transaction bus_trans;
        bus_trans = bus_transaction::type_id::create("bus_trans");
        bus_trans.addr = rw.addr;
        case(rw.kind)
          UVM_READ,UVM_BURST_READ: bus_trans.bus_op = bus_rd;
          UVM_WRITE,UVM_BURST_WRITE: bus_trans.bus_op = bus_wr;
        endcase
        if (bus_trans.bus_op == bus_wr)
            bus_trans.wr_data = rw.data;
        return bus_trans;
    endfunction
endclass

class predictor extends uvm_reg_predictor #(bus_transaction);
  `uvm_component_utils(predictor)

  function new(string name,uvm_component parent);
    super.new(name,parent);
```

```
    endfunction
endclass
```

第 5 步，在驗證環境裡為預測器設置對應的位址映射表和轉接器，同時將暫存器匯流排監測器監測到的暫存器匯流排交易資料廣播通訊埠連接到預測器的接收通訊埠 (程式中的 bus_in)，透過以上設置完成對暫存器顯示預測機制的設置，從而使暫存器模型可以自動地對期望值和鏡像值進行更新同步。

本步驟對應於原理部分的 (7)，程式如下：

```
class env extends uvm_env;
   ...
   bus_agent     bus_agent_h;
   reg_model reg_model_h;
   adapter adapter_h;
   predictor predictor_h;
   function void build_phase(uvm_phase phase);
      ...
      bus_agent_h = bus_agent::type_id::create ("bus_agent_h",this);
      bus_agent_h.is_active = UVM_ACTIVE;

      reg_model_h = reg_model::type_id::create ("reg_model_h");
      reg_model_h.configure();
      reg_model_h.build();
      reg_model_h.lock_model();
      reg_model_h.reset();
      adapter_h = adapter::type_id::create ("adapter_h");
      reg_model_h.add_hdl_path("top.DUT");
      reg_adapter_h = adapter::type_id::create ("reg_adapter_h");
      predictor_h = predictor::type_id::create("predictor_h",this);
   endfunction : build_phase

   function void connect_phase(uvm_phase phase);
      ...
      reg_model_h.default_map.set_sequencer(bus_agent_h.sequencer_h, adapter_h);
      predictor_h.map = reg_model_h.default_map;
      predictor_h.adapter = adapter_h;
      bus_agent_h.bus_trans_ap.connect(predictor_h.bus_in);
   endfunction : connect_phase
endclass
```

第 6 步，建構動態陣列，並設置突發存取的長度，然後呼叫儲存模型的 burst_write 和 burst_read 方法來最終完成對突發存取的目標暫存器進行讀寫，此時可以呼叫突發存取的目標暫存器的相關期望值和鏡像值獲取方法，驗證本章舉出的方法是簡便且易行的。

本步驟對應於原理部分的 (1)~(3)，程式如下：

```
class bus_sequence extends uvm_sequence #(bus_transaction);
   `uvm_object_utils(bus_sequence)
   `uvm_declare_p_sequencer(bus_sequencer)

   function new(string name = "bus_sequence");
      super.new(name);
   endfunction : new

   task body();
      uvm_status_e status;
      uvm_reg_data_t value;
      bit[63:0] burst_data[];
      int burst_size;

      burst_size = 6;
      burst_data = new[burst_size];
      `uvm_info(this.get_name(),$sformatf("Let's start burst write, burst_size is %0d",burst_size),UVM_LOW)
         for(int i=0;i<burst_size;i++)begin
           burst_data[i] = 16'h6666+i;
         end
         p_sequencer.reg_model_h.demo_mem_h.burst_write(status,0, burst_data);
         for(int i=0;i<burst_size;i++)begin
           value = p_sequencer.reg_model_h.burst_reg_h[i].get_mirrored_value();
            `uvm_info("BUS SEQ", $sformatf("burst_reg_h[%0d] mirrored value is %4h",i,value), UVM_MEDIUM)
           value = p_sequencer.reg_model_h.burst_reg_h[i].get();
            `uvm_info("BUS SEQ", $sformatf("burst_reg_h[%0d] desired value is %4h",i,value), UVM_MEDIUM)
             p_sequencer.reg_model_h.burst_reg_h[i].read(status, value,UVM_BACKDOOR);
            `uvm_info("BUS SEQ", $sformatf("burst_reg_h[%0d] read value is %4h",i,value), UVM_MEDIUM)
         end
         //突發讀取
         `uvm_info(this.get_name(),$sformatf("Let's start burst read, burst_size is 6, read data should be same with write before"),UVM_LOW)
         for(int i=0;i<burst_size;i++)begin
```

```
            burst_data[i] = 0;
         end
         p_sequencer.reg_model_h.demo_mem_h.burst_read(status, 0, burst_data);
         for(int i=0;i<burst_size;i++)begin
            `uvm_info(this.get_name(),$sformatf("read burst_data[%0d] is %0h",i,burst_data[i]),UVM_LOW)
         end
   endtask : body
endclass : bus_sequence
```

第 40 章

暫存器間接存取的驗證模型實現框架

40.1 背景技術方案及缺陷

40.1.1 現有方案

在數位晶片設計中常常需要實現暫存器間接存取 (Register Indirect Access) 的邏輯，對其工作原理及過程進行抽象，如圖 40-1 所示。

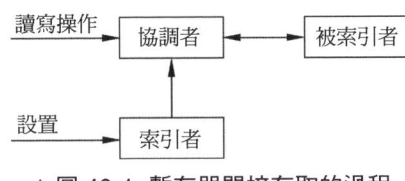

▲圖 40-1 暫存器間接存取的過程

結構示意圖

可以看到，這裡有索引者、被索引者和協調者，其含義如下。

(1) 索引者：用來提供索引位置。

(2) 被索引者：根據索引者提供的索引位置找到的被索引的儲存單元。

(3) 協調者：即通常所講的間接存取的暫存器，用來協調上面兩者進行工作，即對協調者進行讀寫，最終協調者會去對被索引的儲存單元進行讀寫入操作。

整個過程大致如下：

(1) 對索引者提供的索引位置進行設置，從而標識被索引者的位置。

(2) 發起對協調者的讀寫入操作，此時相當於透過之前設置的位置索引來間接地完成對最終的被索引者的讀寫存取操作。

通常協調者由暫存器實現，因此在數位晶片設計中這種特殊的存取方式叫作暫存器間接存取，相應的驗證平臺中的暫存器模型就需要對上述這種間接存取的行為進行建模。

通常驗證開發人員會基於 UVM 方法學來架設驗證平臺，其提供了暫存器模型的一些類別庫檔案以供驗證開發人員對 DUT 中的暫存器進行建模。對於這種暫存器間接存取的行為，UVM 針對性地提供了暫存器類別 uvm_reg_indirect_data 作為協調者以供驗證開發人員進行建模，但是索引者和被索引者必須都是暫存器類型，如圖 40-2 所示。

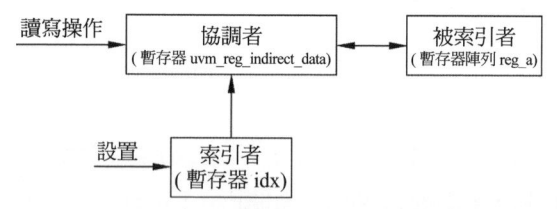

▲ 圖 40-2 基於 UVM 的暫存器間接存取的現有實現方案的結構示意圖

可以看到，這裡的索引者是一個暫存器 idx，被索引者是一個暫存器陣列 reg_a，而協調者是暫存器 uvm_reg_indirect_data。

現有方案大致實現過程如下：

第 1 步，對暫存器 uvm_reg_indirect_data 進行衍生，從而建立協調者，然後呼叫其 configure 配置方法，從而設置需要協調連結的索引者 (暫存器 idx) 和被索引者 (暫存器陣列 reg_a)。

第 2 步，對暫存器 idx 進行寫入操作以設置索引值。

第 3 步，對暫存器 uvm_reg_indirect_data 進行讀寫，從而最終實現使用暫存器 idx 的數值作為索引來對被索引的暫存器陣列 reg_a 中的某個目標單元暫存器進行讀寫存取操作。

40.1.2 主要缺陷

採用上述 UVM 提供的現有方案在一般情況下是可行的，但這會有一個限制，即索引者和被索引者必須都是暫存器的資料型態，即 UVM 並沒有向使用者提供一個靈活的暫存器間接存取實現方式，即由使用者去定義使用什麼來作為索引者及使用什麼來作為被索引者，而在實際的晶片專案中這種間接存取的場景千變萬化，索引者和被索引者往往不一定是某個暫存器，其可能是暫存器中的某個域段，也可能是多個暫存器域段的組合，還可能是儲存，甚至可能是直接的接線，這時現有方案就不再可行，也就導致了驗證開發人員需要重新對這種間接暫存器的存取行為進行建模，存在重複性的工作。

因此需要一個可以被重用的間接暫存器存取的實現框架來使上述開發過程變得更加簡單，從而提升驗證人員的開發效率。

40.2 解決的技術問題

在解決上述缺陷問題的同時提升驗證開發人員的開發效率。

40.3 提供的技術方案

40.3.1 結構

在 UVM 的基礎上進行升級改造，以完成對之前所述三者及其對應的連結者的建模，並且自訂前門存取序列，從而完成對暫存器間接存取過程的序列轉換。

本章舉出的暫存器間接存取的驗證模型結構示意圖，如圖 40-3 所示。

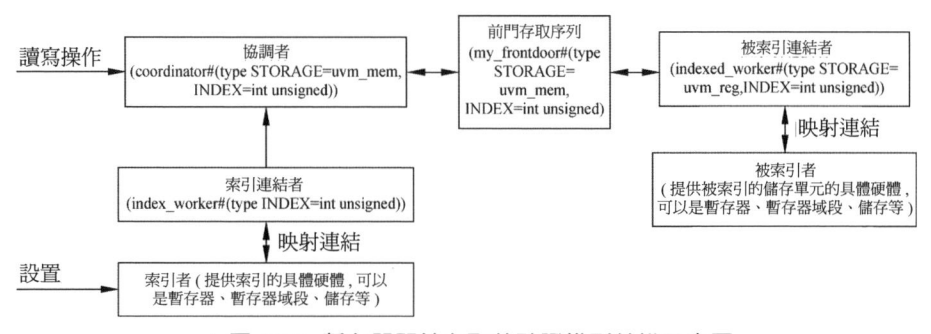

▲ 圖 40-3 暫存器間接存取的驗證模型結構示意圖

40.3.2 原理

原理如下：

(1) 對索引連結者進行建模，使其可以將提供索引的具體硬體映射到不侷限於暫存器類型的具體硬體。

(2) 對被索引連結者進行建模，使其可以將提供被索引的儲存單元的具體硬體映射到同樣不侷限於暫存器類型的具體硬體。

(3) 透過協調者來封裝協調上述兩者以實現暫存器的間接存取。

(4) 由於暫存器間接存取是一種特殊的暫存器存取方式，因此很自然地會想到來建立自訂的前門存取序列，從而來完成對間接暫存器存取的過程的轉換。

本章舉出的方法的原理圖，如圖 40-4 所示。

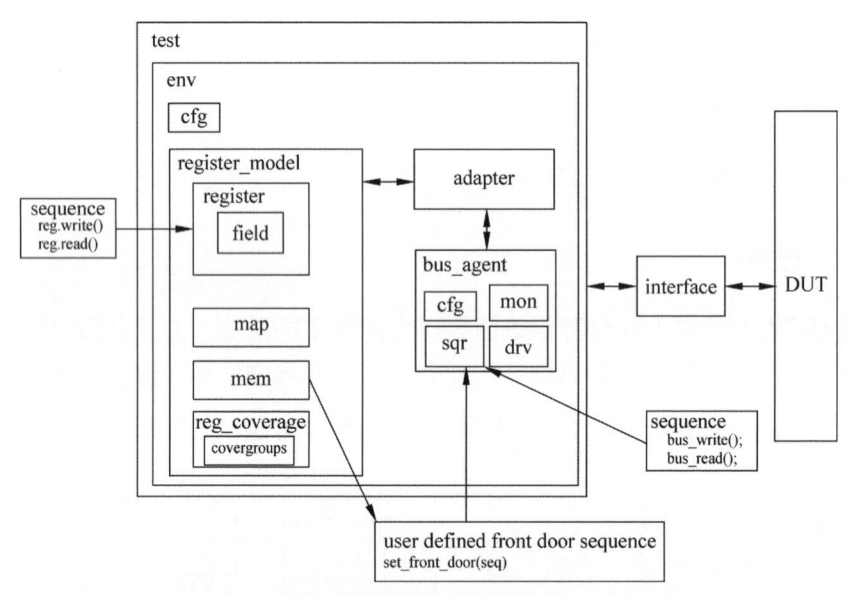

▲ 圖 40-4 暫存器間接存取的驗證模型結構示意圖

一般情況下，呼叫暫存器模型的介面方法來發起對目標暫存器或儲存的一次讀寫存取操作會被轉換成一個通用的暫存器事務請求類型，包括讀寫存取類型、造訪網址、存取資料及讀寫存取操作的狀態資訊，該通用的暫存器事務請求類型的資料資訊會被轉接器轉為暫存器匯流排上的事務類型的請求資料，然後該匯流排事務類型的請求資料會被相應的代理處理並驅動到 DUT 的介面上，從而完成對該目標暫存器或儲存的一次讀寫存取。

可以看到圖 40-4 上既可以透過呼叫暫存器模型的介面方法來直接發起對暫存器或儲存的讀寫存取操作，又可以直接在對應的暫存器匯流排代理上啟動暫存器或儲存的讀寫存取序列，從而完成對暫存器或儲存的讀寫存取操作。

但是在有些時候，上述方式變得不再可行，因為只對上述發起的暫存器事務請求資料做一次轉接器類型轉換不能滿足實際專案的需要，可能存在一些複雜的暫存器存取情況，例如這裡的暫存器間接存取，因此就需要採用自訂的暫存器存取序列，從而應對這種特殊的暫存器存取場景，即透過自訂的暫存器存取序列來建構任意複雜的暫存器存取行為。

(5) 最終實現直接對被索引的儲存單元的讀寫入操作，即在自訂的前門存取序列裡相當於實現了先對提供索引的具體硬體進行設置，即給定一個要存取的索引值，然後對協調者（間接存取暫存器）進行讀寫，從而最終完成對被索引的儲存單元目標的讀寫存取操作。

40.3.3 優點

優點如下：

(1) 突破了之前方案的暫存器間接存取的應用場景限制，即限制索引者和被索引者必須是暫存器類型。

(2) 提供了對於暫存器間接存取的驗證模型實現框架，方便驗證開發人員參照以進行開發，提升了其開發效率。

40.3.4 具體步驟

第 1 步，對索引連結者和索引者進行建模，索引連結者將索引映射到具體的硬體。具體包括以下兩個小步驟：

(1) 建立參數化的抽象類別 index_worker，參數即代表索引值的資料型態，預設為無號整數，並在其中建立純虛方法 get_index 和 set_index，分別用於獲取和設定索引值，該純虛方法將由其衍生子類別進行實現，即由驗證開發人員根據專案的實際情況進行撰寫，參考程式如下：

```
virtual class index_worker#(type INDEX=int unsigned);
    pure virtual function INDEX get_index();
    pure virtual task set_index(INDEX idx);
endclass
```

　　(2) 對上述參數化的抽象類別進行繼承，從而衍生出其子類別 my_index_worker，在本地定義該具體硬體的變數類型，然後新增 set 方法來將索引映射到具體的硬體，並且需要根據專案的實際情況撰寫實現 get_index 和 set_index 方法以分別獲取和設定索引值。該過程可以透過暫存器模型提供的介面方法實現，例如對於將索引映射為某個暫存器的域段的情況來講，可以呼叫暫存器模型的 get_mirrored_value() 方法獲取該域段的值，即獲取索引值，而對於設定索引值，即相當於寫入該暫存器域段的值，所以呼叫 write 方法即可完成對索引值的設置。

注意：這裡為了範例，將索引映射為某個暫存器的域段，當然還可以映射為其他類型的具體的硬體，如前所述，例如可以是某個暫存器，可以是暫存器中的某個域段，也可以是多個暫存器域段的組合，還可以是儲存，甚至可以是直接的接線，這裡只是為了範例，驗證開發人員需要根據專案的實際情況對索引與具體的硬體進行映射。

　　程式如下：

```
class my_index_worker extends index_worker#(int unsigned);
    local uvm_reg_field index_hdw;

    virtual function my_index_worker set(uvm_reg_field index_hdw_in);
        index_hdw = index_hdw_in;
        return this;
    endfunction

    virtual function INDEX get_index();
        return index_hdw.get_mirrored_value();
    endfunction

    virtual task set_index(INDEX index);
        uvm_status_e status;
        index_hdw.write(status,index);
    endtask
endclass
```

第 2 步，對被索引連結者和被索引者進行建模，被索引連結者將被索引者映射到具體的硬體。具體包括以下兩個小步驟：

(1) 建立參數化的抽象類別 indexed_worker，參數有兩個，其中一個參數代表索引值的資料型態，預設為無號整數；另一個參數代表被索引物件的資料型態，預設為暫存器類型，需要將該被索引物件宣告為佇列，並在其中建立純虛方法 get_object_entry 和 get_index_of_entry，分別用於獲取目標被索引的儲存單元和獲取目標被索引的儲存單元的索引佇列位置。該純虛方法將由其衍生子類別進行實現，即由驗證開發人員根據專案的實際情況進行實現，程式如下：

```
virtual class indexed_worker#(type STORAGE=uvm_reg,INDEX=int unsigned);
    typedef STORAGE storage[];
    pure virtual function storage get_object_entry(INDEX index);
    pure virtual function INDEX get_index_of_entry(storage storage_in);
endclass
```

(2) 對上述參數化的抽象類別進行繼承，從而衍生出其子類別 my_indexed_worker。同理，首先新增 set 方法來將被索引物件（被索引的儲存單元）映射到具體的硬體，並且需要根據專案的實際情況撰寫實現 get_object_entry 和 get_index_of_entry 方法以分別用於獲取目標被索引的儲存單元和獲取目標被索引的儲存單元的索引佇列位置。該過程可以透過陣列佇列方法實現，例如對於將被索引的儲存單元映射為某個儲存的情況來講，可以透過輸入的 index 數值作為索引，以此來索引陣列 storage 中的元素，然後將其賦值給宣告的空間大小為 1 的佇列，並傳回，這樣便可得到目標被索引的儲存單元，而對於獲取目標被索引的儲存單元的索引佇列位置，則可以透過呼叫陣列佇列方法 find_first_index，根據元素的 item 內容（輸入的儲存單元）來找到其對應到被索引儲存單元的索引位置，程式如下：

```
class my_indexed_worker extends indexed_worker#(uvm_mem,int unsigned);
    virtual function indexed_worker#(STORAGE,INDEX) set(storage storage_in);
        storage=storage_in;
        return this;
    endfunction

    virtual function storage get_object_entry(INDEX index);
        storage t=new[1];
```

```
        t[0]=storage[index];
        return t;
    endfunction

    virtual function INDEX get_index_of_entry(storage storage_in);
        int q[$]=storage.find_first_index(item) with (item==storage[0]);
        assert(q.size()>0);
        return q[0];
    endfunction
endclass
```

注意：這裡為了範例，將被索引者映射為儲存，當然還可以映射為其他類型的具體的硬體。如前所述，例如可以是某個暫存器，可以是暫存器中的某個域段，也可以是多個暫存器域段的組合，還可以是儲存，甚至可以是直接的接線，這裡只是為了範例，驗證開發人員需要根據專案的實際情況對索引與具體的硬體進行映射。

第 3 步，對協調者進行建模，用於封裝協調上述兩個連結者以實現暫存器的間接存取。前面講過協調者通常由暫存器實現，因此在數位晶片設計中這種特殊的存取方式被叫作暫存器間接存取，這裡透過對暫存器模型的暫存器類型進行繼承來建模，因此其衍生於暫存器類別 uvm_reg，並且在其中主要實現兩種方法，分別是 set_indexed_worker 和 set_index_worker，用於設置索引者和被索引者，程式如下：

```
class coordinator#(type STORAGE=uvm_mem,INDEX=int unsigned) extends uvm_reg;
    local indexed_worker#(STORAGE,INDEX) storage;
    local index_worker#(INDEX) index;
    virtual function coordinator#(STORAGE,INDEX) set_indexed_worker(
        indexed_worker#(STORAGE,INDEX) storage_in);
        storage=storage_in;
        return this;
    endfunction

    virtual function coordinator#(STORAGE,INDEX) set_index_worker(
        index_worker#(INDEX) index_in);
        index=index_in;
        return this;
    endfunction

    function new(string name="", int unsigned n_bits, int has_coverage);
```

```
            super.new(name,n_bits,has_coverage);
        endfunction
endclass
```

第 4 步，根據具體專案中暫存器的間接存取情況建立自訂的前門存取序列，從而完成對間接暫存器存取過程的轉換，其衍生於暫存器和儲存的前門存取序列的父類別 uvm_reg_frontdoor，然後在其中建立兩種方法，具體如下。

1. 配置方法 configure

用於將傳遞資料的暫存器，即之前的協調者，以及索引連結者、被索引連結者還有被索引的儲存單元設置傳遞給本地的成員變數。

2. 序列執行任務 body

主要用於完成暫存器間接存取的過程轉換，大致過程為先將最終要存取的被索引儲存單元寫入序列，然後呼叫被索引連結者的 get_index_of_entry 方法以獲取該被索引儲存單元的索引位置，接著呼叫索引連結者的 set_index 方法設置要暫存器間接存取的儲存佇列的索引位置。以上都設置完畢後，最後根據暫存器間接存取的讀寫入操作類型來呼叫協調者，即間接存取暫存器的暫存器讀寫存取方法來完成整個間接存取的過程轉換，相當於完成了對原本 DUT 中實現的暫存器間接存取過程的建模，程式如下：

```
class my_frontdoor#(type STORAGE=uvm_mem,INDEX=int unsigned) extends uvm_reg_frontdoor;
      local uvm_reg data;
      local index_worker#(INDEX) index;
      local indexed_worker#(STORAGE,INDEX) storage;
      local STORAGE this_reg;

      virtual function void configure(uvm_reg data_reg,
                                     index_worker#(INDEX) idx,
                                     indexed_worker#(STORAGE,INDEX) storage,
                                     STORAGE this_reg);
           this.data=data_reg;
      this.index=idx;
      this.storage=storage;
      this.this_reg=this_reg;
      endfunction
```

```
    virtual task body();
        uvm_status_e status;
        STORAGE x[$];
        INDEX i;
        x.push_back(this_reg);
        i = storage.get_index_of_entry(x);
        index.set_index(i);
        if(rw_info.kind==UVM_WRITE)
            data.write(status,rw_info.value[0]);
        else
            data.read(status,rw_info.value[0]);
    endtask

    function new(string name="IregFrontdoor");
        super.new(name);
    endfunction
endclass
```

第 5 步，在測試用例裡建立暫存器模型，並且對索引者和協調者進行讀寫以最終實現暫存器間接存取，具體有以下幾個小步驟：

(1) 宣告實體化之前撰寫的索引連結者、被索引連結者、索引者、被索引者和協調者，還有自訂的前門存取序列。

(2) 呼叫索引連結者的 set() 方法以設置索引。

(3) 呼叫被索引連結者的 set 方法以設置被索引的儲存單元。

(4) 呼叫協調者，即間接存取暫存器中的 set_index_worker 和 set_indexed_worker 方法以設置索引連結者和被索引連結者。

(5) 遍歷被索引的儲存單元，並透過呼叫 configure 和 set_frontdoor 方法配置其自訂的前門存取序列以完成暫存器間接存取過程的序列轉換。

(6) 最終即可實現直接對被索引的儲存單元進行讀寫，從而透過自訂的前門存取序列自動發起以下操作：先呼叫暫存器模型的暫存器讀寫存取方法，對索引暫存器中提供索引值的域段進行寫入操作，從而確定要對被索引的儲存陣列佇列中的哪個位置單元進行間接讀寫存取操作，然後呼叫協調者，即間接存取暫存器的讀寫存取方法，以此來完成對被索引的儲存單元的間接讀寫存取操作。當然也可以直接使用間接存取的這種方式來發起對目標的讀寫存取操作，程式如下：

```
class demo_test extends uvm_test;
    ...
    index_reg index_reg_h;
    storage_mem storage_h[100];
    reg_model reg_model_h;

    my_index_worker idxer;
    my_indexed_worker idxeder;
    coordinator#(uvm_mem,int unsigned) data_reg;
    my_frontdoor#(uvm_mem,int unsigned) fd;

    virtual function void build_phase(uvm_phase phase);
        ...
        idxer.set(index_reg_h.xxx_field);
        idxeder.set(storage_h);
        data_reg.set_index_worker(idxer).set_indexed_worker(idxeder);

        foreach(storage_h[idx]) begin
            fd = new($sformatf("fd-%0d",idx));
            fd.configure(data_reg,idxer,idxeder,storage_h[idx]);
            storage_h[idx].set_frontdoor(fd);
        end
    endfunction

    virtual task run_phase(uvm_phase phase);
        uvm_status_e status;
        uvm_reg_data_t data;

        phase.raise_objection(this);
        index_reg_h.xxx_field.write(status,4);
        data_reg.write(status,99);

        index_reg_h.xxx_field.write(status,4);
        data_reg.read(status,data);
        phase.drop_objection(this);

        storage_h[3].write(status, 77);
        storage_h[3].read(status, data);
    endtask
endclass
```

第 41 章

基於 UVM 的儲存建模最佳化方法

41.1 背景技術方案及缺陷

41.1.1 現有方案

對於數位晶片來講，其內部幾乎不可能沒有暫存器。暫存器的作用非常重要，它是實現數位時序邏輯電路的基礎，例如可以用來儲存資料，用於高速計算和快取，或用於指示工作模式和狀態。因此對於一個 DUT 來講，通常驗證開發人員需要配置其工作模式或需要透過暫存器中儲存的資料來獲知其內部的工作狀態。

UVM 提供了暫存器模型，用來對上述數位晶片內部的暫存器進行建模，如圖 37-1 所示。

圖 37-1 中暫存器模型中實體化了暫存器、位址映射表、儲存、覆蓋率收集元件及資料庫。這裡的資料庫包含驗證平臺中會用到的 3 種對 DUT 中暫存器值的模擬，包括暫存器的實際值、鏡像值和期望值。驗證開發人員可以根據實際專案的情況，綜合使用上述對暫存器建模的 3 種不同值的類型，以對 DUT 中的暫存器的值進行複雜讀寫入操作的建模和最終的比較，查詢出 DUT 中可能存在的問題，從而確認 DUT 暫存器功能設計的正確性。

首先來看暫存器模型對暫存器建模的 3 種不和數值型態的差別。

1. 實際值

這個很好理解，即實際 DUT 硬體中暫存器或儲存的值。

2. 鏡像值

(1) 介紹： 鏡像值即暫存器模型對於 DUT 暫存器已知值的鏡像複製，即暫存器模型的資料庫裡存有一個 DUT 中暫存器值的鏡像，只是透過位址映射的方式，將實際硬體 DUT 中暫存器的值以軟體的方式映射到暫存器模型的資料庫裡。

由於 DUT 中暫存器的值可能是即時變更的，暫存器模型並不能即時地知道這種變更，因此，暫存器模型中的暫存器的值有時與 DUT 中相關暫存器的值並不一致。對於任意一個暫存器，暫存器模型中都會有一個專門的變數，用於最大可能地與 DUT 保持同步，這個變數在暫存器模型中被稱為 DUT 的鏡像值。該鏡像值不能即時地保證和 DUT 中暫存器的值一致，因為只有透過每次對暫存器進行讀寫存取時才會被更新，而有可能 DUT 內部的一些操作已經對暫存器進行了修改，而暫存器模型並不能即時地知道，因此此時鏡像值就不是當前 DUT 暫存器最新的值了。

(2) 作用： 驗證開發人員可以發起對鏡像值的存取，從而直接獲取暫存器模型態資料庫中的值來替代對 DUT 中實際值的存取，這樣一來可以最佳化存取過程，減少匯流排上的存取操作，方便建模時使用，從而提升模擬執行效率，但前提是鏡像值需要和 DUT 中的實際值保持即時同步。另外在模擬結束時，還可以比較鏡像值和 DUT 中的實際值來驗證對 DUT 暫存器讀寫及相關功能的正確性。

3. 期望值

(1) 介紹： 顧名思義，即驗證開發人員期望的目標暫存器或儲存的值，暫存器模型的資料庫裡還存有一個與 DUT 暫存器相對應的期望值變數，用於修改 DUT 中實際暫存器的值。

(2) 作用： 準備用來修改 DUT 中暫存器的值，只是還沒有發出寫入操作進行修改。通常驗證開發人員會先設置(set) 期望值，然後發起更新(update) 操作，以此來檢查鏡像值和期望值是否一致，如果不一致，則將 DUT 中的實際值更新為期望值。

綜上，這裡 UVM 提供了對暫存器建模的 3 種不同數值型態，其功能非常強大。三者不同值的類型相互配合，再結合 UVM 提供的多種暫存器模型的介面方法，可以對暫存器進行複雜的讀寫入操作的建模並作最終的比較，從而查詢出 DUT 中可能存在的問題，從而確認 DUT 暫存器功能設計的正確性。

但由於考慮記憶體損耗較大帶來的模擬效率低的問題，UVM 沒有對儲存建立相應的儲存實體，即 UVM 並沒有將類似於暫存器的鏡像值和期望值提供給儲存，因此如果 DUT 中含有儲存，則需要對儲存進行讀寫存取操作。現有的方案通常會由驗證開發人員在參考模型中自行維護一個儲存實體作為期望值，這裡鏡像值的概念就不存在了，因為這裡將由使用者自行對鏡像值進行維護，即鏡像值和期望值合一了。在每次呼叫儲存模型的讀寫存取方法時，更新 DUT 中實際儲存的值，同時還需要手動更新參考模型中的期望值。這裡由驗證開發人員在參考模型中自行維護的儲存實體，通常由陣列佇列實現，需要保證儲存值、造訪網址及偏移具有一一對應關係。另外在模擬結束階段，還需要驗證開發人員對 DUT 中實際儲存的值和參考模型中儲存的值進行比較。

41.1.2 主要缺陷

採用上述現有方案，給驗證開發人員的開發工作增加了程式工作量，使用起來較為麻煩，因為需要驗證開發人員自行完成以下操作：

(1) UVM 沒有對儲存建立相應的儲存實體，即 UVM 並沒有將類似於暫存器的鏡像值和期望值提供給儲存，因此需要自行建立並維護儲存實體。

(2) 模擬結束階段，自行對儲存實體和 DUT 中實際儲存的值進行比較。

除此之外，驗證開發人員不能像 UVM 中暫存器那樣使用 3 種不同值的類型的介面方法，從而方便地對儲存進行複雜讀寫入操作的建模並作最終的比較，查詢出 DUT 中可能存在的問題，從而確認 DUT 儲存功能設計的正確性。

由於存在以上缺陷，所以需要有一種類似於 UVM 的為暫存器提供的建模方式，從而在提升驗證開發人員對儲存建模的開發效率的同時盡可能地避免建立儲存實體所帶來的記憶體損耗較大的模擬性能問題。

41.2 解決的技術問題

在保證模擬性能的情況下，解決現有方案的缺陷問題，提升驗證開發人員的開發效率。

41.3 提供的技術方案

41.3.1 結構

本節舉出的基於 UVM 的儲存建模最佳化後的驗證平臺結構示意圖如圖 41-1 所示。

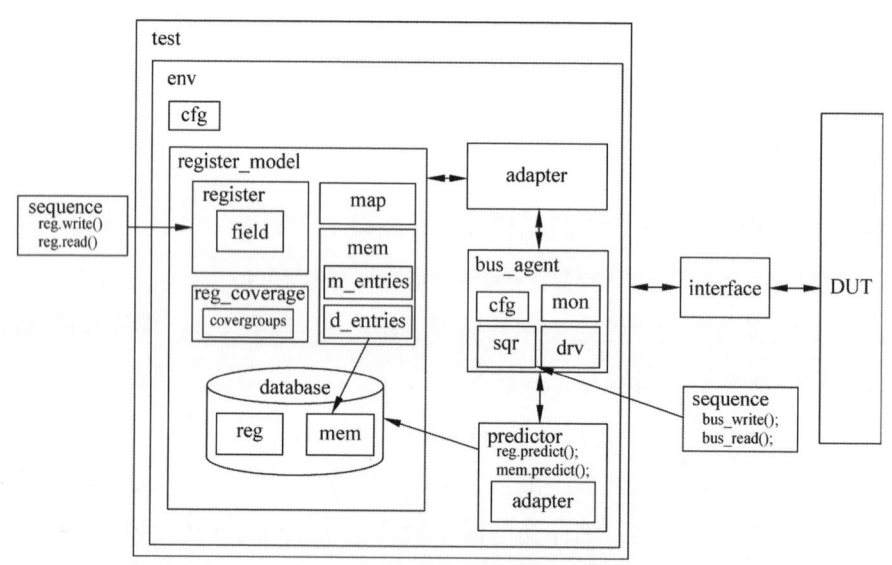

▲圖 41-1 基於 UVM 的儲存建模最佳化後的驗證平臺結構示意圖

41.3.2 原理

原理如下：

(1) 盡可能地避免建立儲存實體所帶來的記憶體損耗較大的模擬性能問題，可以使用連結陣列類型來減少對模擬記憶體的佔用，即可對儲存的鏡像值和期望值使用連結陣列類型來建模，只對測試用例中實際讀寫存取的儲存單元進行建模，即使用稀疏矩陣，做到在可以支援很大的儲存空間的同時按使用進行記憶體空間的佔用分配，從而提升模擬性能。

(2) 對具體的儲存單元進行建模，使用動態陣列，根據實際儲存的儲存資料位元寬切分成位元組陣列，從而避免使用統一的較大的位元寬作為儲存單元來儲存資料，相當於隨選使用以避免記憶體空間的無效佔用，從而進一步提升模擬性能。

(3) 採用類似 UVM 暫存器顯示預測的方式自動完成儲存的鏡像值與 DUT 實際儲存值的更新同步，避免驗證開發人員手動去更新同步儲存的鏡像值，同時也避免了由於內部暫存器儲存匯流排的操作所導致的遺漏，降低了驗證開發人員的程式撰寫工作量，提升了工作效率。

(4) 提供在模擬結束階段使用的儲存鏡像值與 DUT 實際儲存值的遞迴檢查方法，從而進一步簡化驗證開發人員的程式工作量，使其不再需要自行撰寫相關檢查程式來逐一對儲存值進行檢查，進一步提升了其工作效率。

(5) 不改變原先基於 UVM 的使用語法方式和使用習慣，使驗證開發人員可以輕鬆地使用，以此來對 DUT 中的儲存進行建模，降低學習成本，提升工作效率。

41.3.3 優點

避免了 41.1.2 節出現的主要缺陷問題，並且做到了以下幾點：

(1) 在可以支援很大的儲存空間的同時按使用進行記憶體空間的佔用分配，從而提升模擬性能。

(2) 做到了對記憶體的隨選使用，以此來避免記憶體空間的無效佔用，從而進一步提升模擬性能。

(3) 做到了儲存鏡像值與 DUT 實際儲存值的遞迴檢查。

(4) 相容驗證開發人員現有的程式開發規則和工作習慣，更加好用。

41.3.4 具體步驟

第 1 步，對儲存實體的儲存單元進行建模，將其建模為 mem_entry_shadow 類別，具體包括以下幾個小步驟：

(1) 在該類別被建構實例化時根據傳遞的儲存位元寬計算得到佔用的位元組單元數。

(2) 使用動態陣列，根據實際儲存的儲存資料位元寬切分成位元組陣列，並對該陣列大小空間進行宣告，從而避免使用統一的較大的位元寬作為儲存單元來儲存資料，相當於隨選使用以避免記憶體空間的無效佔用，從而進一步提升模擬性能。

(3) 在該儲存單元類別中撰寫讀寫方法介面，用來完成對該儲存單元值的寫入和讀取，其中包括位元組類型動態陣列和 uvm_reg_data_t 位元類型輸出的類型轉換，程式如下：

```
class mem_entry_shadow;
  int unsigned bytes_num;
  logic[7:0] entry_data[];

  function new(string name = "mem_entry_shadow", int unsigned n_bits);
    this.configure(n_bits);
  endfunction

  virtual function void configure(int unsigned n_bits);
    if(n_bits % 8 == 0)
      bytes_num = n_bits/8;
    else
      bytes_num = n_bits/8+1;

    entry_data = new[bytes_num];
  endfunction

  virtual task write(input uvm_reg_data_t value);
    foreach(entry_data[idx])begin
      entry_data[idx] = (value >> 8*idx);
    end
  endtask

  virtual task read(output uvm_reg_data_t value);
    foreach(entry_data[idx])begin
```

```
      value = {entry_data[idx],value}>>8;
    end
    value = value >> (`UVM_REG_DATA_WIDTH-n_bits);
  endtask
endclass
```

第 2 步，對原先 UVM 提供的儲存模型類別 uvm_mem 進行擴充升級，具體包括以下兩步。

(1) 將上述的儲存單元類別 mem_entry_shadow 宣告為連結陣列，從而建立儲存的鏡像值和期望值實體。這裡使用連結陣列類型來減少對記憶體的佔用，從而盡可能地避免建立儲存實體所帶來的記憶體損耗較大的模擬性能問題。

(2) 類似 UVM 為暫存器提供的對鏡像值、期望值和 DUT 實際值的讀寫存取方法，這裡需要建立或修改和儲存模型相關的讀寫方法，包括以下幾種。

write： 對儲存單元的實際 DUT 值進行寫入操作，並且如果寫成功，則對其相應的鏡像值和期望值進行更新同步。

注意：因為這裡對儲存單元採用的是連結陣列類型進行建模，因此在對鏡像值和期望值進行更新前會先判斷其儲存單元元素在連結陣列中是否存在，如果不存在，則呼叫 new 建構函式宣告建構後再進行同步，在對該儲存單元的第 1 次讀寫存取操作時建立儲存實體。

read： 對儲存單元的實際 DUT 值進行讀取操作，並且如果讀取成功，則對其相應的鏡像值和期望值進行更新同步。

注意：同樣地，因為這裡對儲存單元採用的是連結陣列類型進行建模，因此在對鏡像值和期望值進行更新前會先判斷其儲存單元元素在連結陣列中是否存在，如果不存在，則呼叫 new 建構函式宣告建構後再進行同步，即在對該儲存單元的第 1 次讀寫存取操作時建立儲存實體。

get_mirrored_value： 用於獲取儲存單元的鏡像值。

predict_mirrored_value： 用來對儲存單元的鏡像值與 DUT 中實際儲存的單元值進行更新同步。

check_mem_value： 用來在模擬結束階段，對當前儲存中所有存在的儲存單元的鏡像值和相應的 DUT 中實際儲存的單元值進行檢查比較，其中會先遍歷當前儲存模型的鏡像值以連結陣列中已經被宣告建構的儲存單元，然後對其鏡像值進行讀取，接著發起對相應儲存單元的後門讀取操作，最後對兩者的值進行比較並輸出結果。

除此之外，還有很多類似 UVM 為暫存器提供的對鏡像值、期望值和 DUT 實際值的讀寫存取方法，這些方法都可以很容易地透過類似想法對儲存進行建模實現。

get 和 set：用來設置和獲取期望值。

update：該方法會先檢查期望值和鏡像值是否一致，如果不一致，則會將鏡像值和實際硬體 DUT 中的實際值更新為期望值。這裡的期望值可以由之前的 set() 或 randomize() 方法進行設置。

predict：用於更新暫存器模型的期望值和鏡像值，而不影響 DUT 中的實際值。

mirror：將期望值和鏡像值更新為 DUT 中的實際值。

程式如下：

```
class uvm_mem extends uvm_object;
  mem_entry_shadow d_entries[uvm_reg_addr_t];
  mem_entry_shadow m_entries[uvm_reg_addr_t];
  ...

  extern virtual task write(output uvm_status_e      status,
                            inputuvm_reg_addr_t      offset,
                            inputuvm_reg_data_t      value,
                            inputuvm_path_e          path = UVM_DEFAULT_PATH,
                            inputuvm_reg_map         map = null,
                            inputuvm_sequence_base   parent = null,
                            inputint                 prior = -1,
                            inputuvm_object          extension = null,
                            inputstring              fname = "",
                            inputint                 lineno = 0);
  extern virtual task read(output uvm_status_e       status,
                           inputuvm_reg_addr_t       offset,
                           output uvm_reg_data_t     value,
                           inputuvm_path_e           path = UVM_DEFAULT_PATH,
                           inputuvm_reg_map          map = null,
                           inputuvm_sequence_base    parent = null,
```

```
                        input int                    prior = -1,
                        input uvm_object             extension = null,
                        input string                 fname = "",
                        input int                    lineno = 0);
   extern function void get_mirrored_value(input uvm_reg_addr_t offset,
                                           output uvm_reg_data_t value);
   extern function void predict_mirrored_value(input uvm_reg_addr_t offset,input uvm_
reg_data_t value);
   extern task check_mem_value();
endclass
     task uvm_mem::write(output uvm_status_e          status,
                        input uvm_reg_addr_t         offset,
                        input uvm_reg_data_t         value,
                        input uvm_path_e             path = UVM_DEFAULT_PATH,
                        input uvm_reg_map            map = null,
                        input uvm_sequence_base      parent = null,
                        input int                    prior = -1,
                        input uvm_object             extension = null,
                        input string                 fname = "",
                        input int                    lineno = 0);
           ...
           if(status == UVM_IS_OK)begin
             if(m_entries[offset]==null)begin
               string entries_name = $sformatf("m_entries[%0d]",offset);
               m_entries[offset] = new(entries_name,m_n_bits);
             end
             m_entries[offset].write(value);
             if(d_entries[offset]==null)begin
               string entries_name = $sformatf("d_entries[%0d]",offset);
               d_entries[offset] = new(entries_name,m_n_bits);
             end
             d_entries[offset].write(value);
           end
     endtask

task uvm_mem::read(output uvm_status_e           status,
                  input uvm_reg_addr_t          offset,
                  output uvm_reg_data_t         value,
                  input uvm_path_e              path = UVM_DEFAULT_PATH,
                  input uvm_reg_ma              pmap = null,
                  input uvm_sequence_base       parent = null,
                  input int                     prior = -1,
                  input uvm_object              extension = null,
                  input string                  name = "",
                  input int                     lineno = 0);
   ...
```

```
    if(status == UVM_IS_OK)begin
      if(m_entries[offset]==null)begin
        string entries_name = $sformatf("m_entries[%0d]",offset);
        m_entries[offset] = new(entries_name,m_n_bits);
      end
       m_entries[offset].read(value);
      if(d_entries[offset]==null)begin
        string entries_name = $sformatf("d_entries[%0d]",offset);
        d_entries[offset] = new(entries_name,m_n_bits);
      end
       d_entries[offset].read(value);
    end
    endtask

    function void uvm_mem::get_mirrored_value(input uvm_reg_addr_t offset, output uvm_reg_data_t value);
        m_entries[offset].read(value);
    endfunction

    function void uvm_mem::predict_mirrored_value(input uvm_reg_addr_t offset, input uvm_reg_data_t value);
        if(m_entries[offset] == null)begin
            string entries_name = $sformatf("m_entries[%0d]",offset);
            m_entries[offset] = new(entries_name,m_n_bits);
        end
        m_entries[offset].write(value);
    endfunction

    task uvm_mem::check_mem_value();
        uvm_status_e status;
        uvm_reg_data_t m_value;
        uvm_reg_data_t a_value;

        foreach(m_entries[idx])begin
            m_entries[idx].read(m_value);
            this.read(status, idx, a_value, UVM_BACKDOOR);
            if(m_value != a_value)
                `uvm_fatal(this.get_name(),$sformatf("Mem value mismatch -> mirrored value is %0h, actual dut value is %0h",m_value,a_value))
            else
                `uvm_info(this.get_name(),$sformatf("memory check pass"),UVM_LOW)
        end
    endtask
```

第 3 步，為了實現對鏡像值與實際值的更新同步，對原先 UVM 提供的預測器 (uvm_reg_predictor) 進行擴充升級，主要在其接收廣播通訊埠過來的 write 方法裡增加對儲存存取顯示預測的支援功能，因為一般來講更推薦採用顯示預測的方式來對鏡像值進行更新，因此這裡為了範例，設定增加的預設預測方式為顯示預測。

這裡的預測器衍生於 uvm_reg_predictor 類別，它與暫存器儲存匯流排上的監測器進行連接以獲取來自匯流排上的資料，然後匹配與暫存器有關的位址，並自動呼叫暫存器模型的預測方法，從而完成與 DUT 中暫存器及儲存的同步。透過外部的預測器來對匯流排進行監聽，該預測器裡的轉接器將匯流排事務轉為暫存器事務類型，然後使用對應的位址透過位址映射表存取目標暫存器或儲存，最後呼叫暫存器或儲存的自動預測方法來更新暫存器模型中暫存器和儲存的鏡像值，使與 DUT 中的實際值進行同步。該預測器由於獲取的事務請求資訊是直接監測匯流排上對 DUT 暫存器及儲存的操作，因此不會出現 UVM 提供的暫存器自動預測機制中的遺漏問題，以確保鏡像值與實際值的更新同步。

要實現上面對儲存自動預測更新的過程，具體包括以下幾個小步驟：

(1) 將從匯流排監測器那裡透過 TLM 通訊連接埠獲取的暫存器儲存匯流排操作的交易資料資訊透過轉接器的 bus2reg 方法轉為通用的暫存器儲存，以便存取 uvm_reg_bus_op 的交易資料類型變數。此類型變數中儲存著一般暫存器儲存取所需要的存取類型 (讀或寫)、存取的位址和資料等資訊，即匯流排對暫存器儲存的讀寫需要透過目標匯流排協定的交易資料類型來完成，因此需要轉接器來將這些暫存器儲存讀寫存取操作轉為符合目標匯流排協定的交易資料類型。

(2) 呼叫位址映射表的 get_mem_by_offset 方法，透過存取的儲存單元位址來查詢獲取其所屬的儲存模型的控制碼。

(3) 判斷如果查詢獲取了該被存取的儲存單元所屬的儲存模型的控制碼，即不為空，則判斷如果當前對儲存單元的存取操作是寫入操作，則呼叫儲存模型中建立好的 predict_mirrored_value 方法來對目標儲存單元的鏡像值進行同步更新。

這裡需要呼叫儲存模型的 get_offset 方法來獲取其基底位址，然後用實際被存取的儲存單元的真真實位址減去基底位址得到被存取儲存單元的偏移位址，需要使用偏移位址來對其鏡像值進行更新同步，程式如下：

```
class uvm_reg_predictor #(type BUSTYPE=int) extends uvm_component;
    ...
    virtual function void write(BUSTYPE tr);
        ...
        uvm_mem m;
        uvm_reg_bus_op rw;
        rw.byte_en = -1;
        adapter.bus2reg(tr,rw);
        m = map.get_mem_by_offset(rw.addr);
        if(m!=null)begin
            if(rw.kind == UVM_WRITE)begin
                m.predict_mirrored_value(rw.addr - m.get_offset(),rw.data);
            end
        end
        ...
    endfunction
endclass
```

第 4 步，在暫存器模型類別 uvm_reg_block 中新增 check_mem_value 方法，在其中首先呼叫 get_memories 以獲取所有的儲存模型，然後遞迴呼叫其層次之下的儲存模型的 check_mem_value 方法，從而實現在模擬結束階段對儲存鏡像值和 DUT 實際儲存值進行檢查，最終簡化了驗證開發人員的程式工作量，使其不再需要自行撰寫相關檢查的程式來逐一對儲存值進行檢查，進一步提升了其工作效率，程式如下：

```
virtual class uvm_reg_block extends uvm_object;
    ...
    extern task check_mem_value();
endclass: uvm_reg_block

task uvm_reg_block::check_mem_value();
    uvm_mem mem[$];
    this.get_memories(mem);
    foreach(mem[idx])begin
        mem[idx].check_mem_value();
    end
endtask
```

```
class demo_test extends base_test;
   `uvm_component_utils(virtual_sequence_test)

   reset_sequence reset_seq;
   bus_sequence bus_seq;

   function new(string name, uvm_component parent);
      super.new(name,parent);
      reset_seq = reset_sequence::type_id::create("reset_seq");
      bus_seq = bus_sequence::type_id::create("bus_seq");
   endfunction : new

   task main_phase(uvm_phase phase);
      phase.raise_objection(this);

      reset_seq.start(this.env_h.agent_h.sequencer_h);
bus_seq.start(this.env_h.bus_agent_h.sequencer_h);

      // 檢查儲存值
      this.env_h.reg_model_h.check_mem_value();

      phase.drop_objection(this);
   endtask

   task check_phase(uvm_phase phase);
      phase.raise_objection(this);
      // 檢查儲存值
      this.env_h.reg_model_h.check_mem_value();
      phase.drop_objection(this);
   endtask
endclass
```

第 42 章

對片上儲存空間動態管理的方法

42.1 背景技術方案及缺陷

42.1.1 現有方案

對於 SoC 來講,往往其上有多個應用在同時執行,就好比現在的筆記型電腦,在下載電影並且聽著音樂的同時,還可以開啟 Office 辦公軟體來撰寫文件,這背後自然少不了儲存,其用儲存系統級晶片的內部應用資料來完成與使用者之間的通訊,而多個應用同時執行時期會共用一區塊儲存,因此為了避免應用資料佔用儲存空間的重疊衝突問題,往往這些同時執行的多個應用需要一個儲存管理器來對儲存空間進行動態分配和釋放,而儲存管理器是作業系統核心所使用的核心元件。

儲存空間管理示意圖,如圖 42-1 所示。

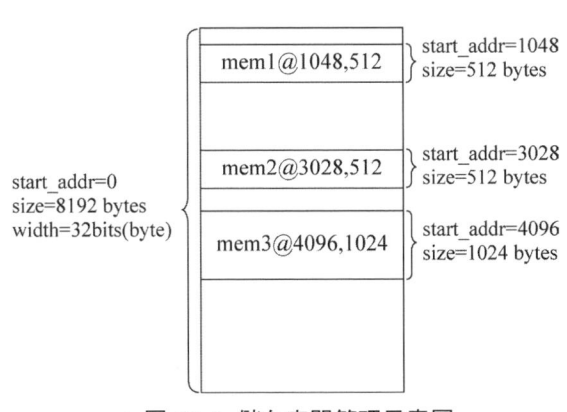

```
start_addr=0            mem1@1048,512    start_addr=1048
size=8192 bytes                          size=512 bytes
width=32bits(byte)
                        mem2@3028,512    start_addr=3028
                                         size=512 bytes

                        mem3@4096,1024   start_addr=4096
                                         size=1024 bytes
```

▲ 圖 42-1 儲存空間管理示意圖

42-1

一個總空間為 8192 位元組的儲存空間，位元寬為 32 位元，可以看到其中分配了 3 區塊儲存 mem1~mem3，分別佔據 512 位元組、512 位元組和 1024 位元組空間大小，在被使用完畢進行釋放之前這 3 區塊儲存可以被看作彼此之間相互獨立的內部儲存。

由於業界常用的 UVM 通用驗證方法學提供了對這種儲存管理過程的建模，因此通常驗證開發人員會採用 UVM 實現對儲存空間的動態分配和釋放，其原理圖如圖 42-2 所示。

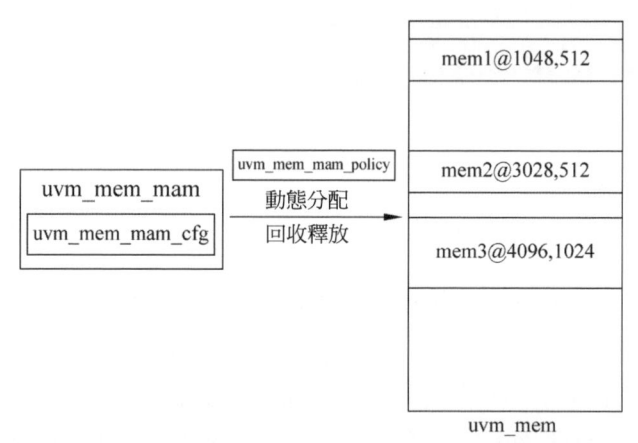

▲圖 42-2　基於 UVM 的儲存管理過程的原理圖

主要包括以下一些類別。

(1) uvm_mem_mam：儲存管理器，用於儲存空間的動態分配和釋放。主要會使用其中的 request_region 方法來請求分配一定大小的儲存空間，以及使用其中的 release_region 方法來對之前分配並使用完畢的儲存空間進行釋放以回收儲存空間。

(2) uvm_mem_region：分配儲存空間的描述器，用於描述分配的儲存空間，並提供獲取其儲存空間資訊的介面方法，包括起始和結束位址、儲存空間大小等資訊。

(3) uvm_mem_mam_policy：分配儲存空間的自訂參數，用於決定分配的儲存空間的起始位址，即有效分配空間範圍，如果沒有在呼叫 request_region 方法時指定，則預設會從空閒儲存空間中隨機分配一段空間。

（4）uvm_mem_mam_cfg：儲存管理器的配置物件，用於設定儲存管理器所管理的儲存空間的記錄的資料位元寬度、起始位址和結束位址、分配模式和位置模式。

現有方案的具體實施步驟主要包括以下幾步。

第 1 步，宣告和實體化需要管理的儲存 uvm_mem，以便設定其空間大小和資料寬度。

第 2 步，宣告和實體化對 uvm_mem 進行管理的儲存管理器 uvm_mem_mam 的配置物件 uvm_mem_mam_cfg，並中的資料成員進行配置，以便指定資料寬度、起始和結束位址。

第 3 步，宣告和實體化對儲存 uvm_mem 進行管理的儲存管理器 uvm_mem_mam，並將其配置物件 uvm_mem_mam_cfg 和要管理的儲存 uvm_mem 作為參數在實體化時進行傳遞。

第 4 步，這一步可選，宣告和實體化設定分配儲存空間的自訂參數 uvm_mem_mam_policy，並指定有效儲存分配空間的範圍，如果不指定，則會預設從 uvm_mem_mam_cfg 中指定的整個儲存空間的範圍中隨機分配一個有效的位址作為待分配的儲存空間的起始位址。

第 5 步，透過儲存管理器呼叫 request_region 方法來請求分配設定大小的儲存空間，使用完畢後呼叫 release_region 方法來對之前分配的儲存空間進行釋放回收，程式如下：

```
class demo_test extends base_test;
   ...
   task main_phase(uvm_phase phase);
     longint memory_size=1024*1024*1024;
     uvm_mem_region alloc_region;
     uvm_mem_mam_cfg my_cfg= new();
     uvm_mem my_mem = new("my_mem", memory_size, 32);
     uvm_mem_mam my_mam = new("my_mam", my_cfg, my_mem);
     uvm_mem_mam_policy alloc =new();
     my_cfg.n_bytes = 1;
     my_cfg.start_offset = 0;
     my_cfg.end_offset = memory_size;
     alloc.min_offset = 'ha;
     alloc.max_offset = 'he;
```

```
        phase.raise_objection(this);
        alloc_region = my_mam.request_region('d100);
        alloc_region = my_mam.request_region('d100,alloc);
        my_mam.request_region(alloc_region);
        phase.drop_objection(this);
    endtask
endclass
```

42.1.2 主要缺陷

缺陷一：UVM 的儲存管理演算法存在 Bug。

在 UVM 的函式庫檔案儲存管理器 uvm_mem_mam 中請求分配儲存空間的 request_region 方法存在 Bug。

正確的邏輯應該是，當呼叫該方法來請求分配儲存空間時，如果沒有傳入自訂的參數 uvm_mem_mam_policy，則預設從 uvm_mem_mam_cfg 中指定的整個儲存空間的範圍中隨機分配一個有效的位址作為待分配的儲存空間的起始位址，如果傳入自訂的參數 uvm_mem_mam_policy，則應該使用傳入參數中指定的位址範圍中的隨機值作為待分配的儲存空間的起始位址，而原先的 UVM 函式庫檔案中不管是否傳入自訂的參數 uvm_mem_mam_policy 都會將 uvm_mem_mam_cfg 中指定的整個儲存空間的範圍中隨機分配一個有效的位址作為待分配的儲存空間的起始位址，這會使傳入的自訂參數失去意義。

在下面的程式中註釋起來的部分是原先存在 Bug 的部分，沒有被註釋的部分是經過修正的部分。

```
//uvm_mem_mam.svh
754 function uvm_mem_region uvm_mem_mam::request_region(
            int unsigned       n_bytes,
755         uvm_mem_mam_policy    alloc = null,
756         string             fname = "",
757         int lineno = 0);
758     this.fname = fname;
759     this.lineno = lineno;
760
761     if (alloc == null) begin
762       alloc = this.default_alloc;
763       alloc.min_offset = this.cfg.start_offset;
```

```
764       alloc.max_offset = this.cfg.end_offset;
765       alloc.len        = (n_bytes-1) / this.cfg.n_bytes + 1;
766       alloc.in_use     = this.in_use;
767    end
768    if (!alloc.randomize()) begin
769       `uvm_error("RegModel", "Unable to randomize policy");
770        return null;
771    end
772
773    //if (alloc == null) alloc = this.default_alloc;
774
775    //alloc.len= (n_bytes-1) / this.cfg.n_bytes + 1;
776    //alloc.min_offset = this.cfg.start_offset;
777    //alloc.max_offset = this.cfg.end_offset;
778    //alloc.in_use     = this.in_use;
779
780    //if (!alloc.randomize()) begin
781    //`uvm_error("RegModel", "Unable to randomize policy");
782    //return null;
783    //end
784
785    return reserve_region(alloc.start_offset, n_bytes);
786 endfunction: request_region
```

缺陷二：UVM 的儲存管理演算法不夠完善。

UVM 儲存管理建模提供了兩種儲存空間的請求分配模式，透過列舉型態變數 alloc_mode_e 來表示。

(1) GREEDY：對使用前未被佔用的空閒儲存空間進行分配，這是預設的分配模式。

(2) THRIFTY：盡可能地使用被釋放回收的空閒儲存空間進行分配。

並且提供了兩種分配儲存空間時決定其分配所在位置的模式，透過列舉型態變數 locality_e 來表示。

(1) BROAD：在空閒的儲存空間中隨機分配一段空間，這是預設的位置模式。

(2) NEARBY：在空閒的儲存空間中分配與之前已經被分配佔用的儲存空間相鄰的一段空間。

但是，除了預設的配置模式被實現了以外，並沒有去實現其他的配置模式對應的演算法,即 UVM 僅提供了以上這幾種配置模式的列舉型態變數的定義,因此說其儲存管理演算法不夠完善。

缺陷三: UVM 的儲存管理演算法效率較低。

現有方案中請求分配儲存空間的演算法原理圖,如圖 42-3 所示。

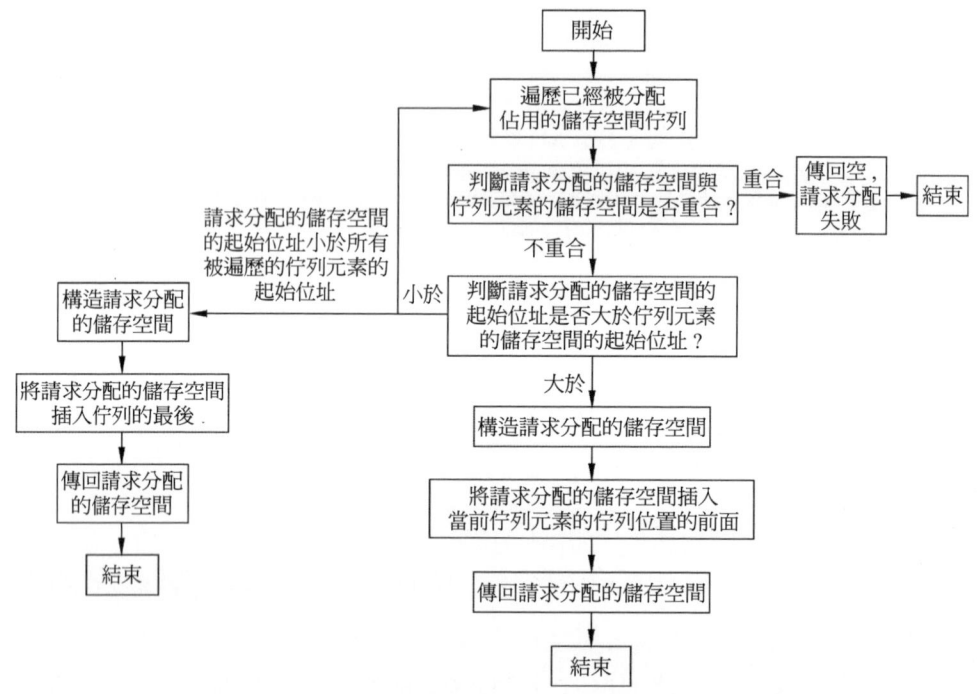

▲圖 42-3 現有方案中請求分配儲存空間的演算法原理圖

UVM 中會按照位址從大到小的順序維護一個已經被分配佔用的儲存空間佇列,然後在呼叫 request_region 方法請求分配儲存空間時會對該佇列進行遍歷,透過比較兩者的起始位址和結束位址來將本次分配的儲存空間分配到整個儲存空間中合適的目標位置。

此種方法簡單易行,但是遍歷的時間會隨著已經被分配佔用的儲存空間的數量的增加而指數級增加,並且存在很多無用的遍歷和比較操作,這對於需要頻繁地請求分配和釋放儲存空間的晶片驗證場景來講,模擬效率較低。

42.2 解決的技術問題

舉出一種儲存空間動態管理的演算法，解決上述提到的缺陷問題，並且該方法提供的函式庫檔案可以被專案進行程式重用。

針對缺陷一：

針對缺陷一中的儲存管理演算法 Bug 的問題，本章已經進行了修正，具體修復內容見缺陷一中的描述和程式範例。

針對缺陷二：

針對缺陷二中的儲存管理演算法不夠完整的問題，本章將提供全新的儲存管理演算法並且提供 3 種儲存管理分配模式，分別是 FIRST_FIT 和 BEST_FIT 模式，以及 MANUAL_FIT 的手工指定分配儲存空間位置的模式，用列舉型態變數 new_alloc_mode_e 來表示。

針對缺陷三：

針對缺陷三中的儲存管理演算法效率低的問題，將二分搜索演算法應用到 3 種儲存管理分配模式的演算法實現，從而加速請求分配和釋放回收儲存空間的匹配過程，提升了演算法的執行效率。

42.3 提供的技術方案

42.3.1 結構

本節舉出的基於 UVM 的儲存管理過程的原理示意圖，如圖 42-4 所示。

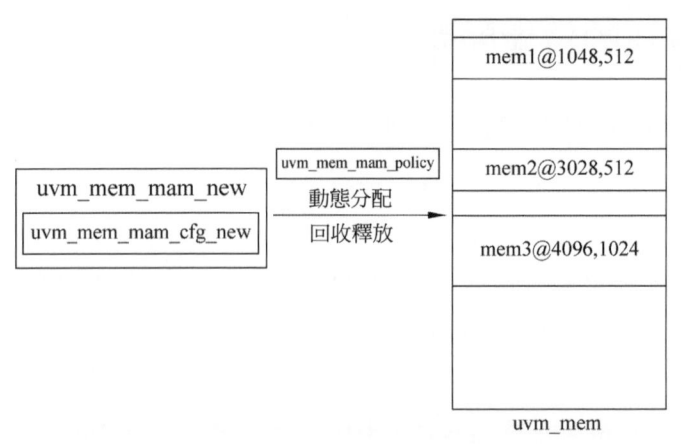

▲圖 42-4　基於 UVM 的儲存管理過程的原理示意圖

42.3.2 原理

本章舉出的演算法的重點在於維護和使用兩個按照一定順序排列的佇列並應用二分搜索演算法進行加速。

這兩個佇列分別如下。

（1）in_free 佇列：按照儲存空間的大小，從小到大排列的空閒儲存空間的佇列。

（2）in_use 佇列：按照起始位址的大小，從小到大排列的已經被佔用的儲存空間佇列。

儲存空間的動態管理分為儲存空間的請求分配和儲存空間的釋放回收這兩個過程，因此本章將對這兩個過程的實現原理分別進行描述。

1. 儲存空間的請求分配

對於儲存空間的請求分配過程，本章透過提供 3 種分配模式實現，分別是 FIRST_FIT、BEST_FIT 和 MANUAL_FIT 模式，具體如下。

1）第 1 種儲存管理分配模式：FIRST_FIT

只要找到有滿足本次請求分配的空閒儲存空間，即其空間大小大於本次請求的空間大小，則取該空閒儲存空間的起始位址作為本次請求分配的儲存空間的起始位址。理論上來講，由於只要找到一個空閒的儲存空間即可傳回結果，因此該演算法速度更快，並且由於取空閒儲存空間的起始位址作為請求分配的儲存空間的起始位址，因此更為節約儲存資源。

演算法實現過程：

第 1 步，獲取目標空閒儲存空間。

因為 in_free 佇列是按照儲存空間的大小進行排列的，從佇列的最後取到的空閒儲存空間一定是最大的，也一定是最快能滿足分配要求的空閒儲存空間，因此這裡取 in_free 佇列的最後元素作為目標空閒儲存空間。

第 2 步，比較該空閒儲存空間和本次請求分配的儲存空間的大小，並按照以下 3 種情形進行判斷：

(1) 空閒儲存空間大於本次請求分配的儲存空間。

建構本次請求分配的儲存空間，然後重新建構一個空閒儲存空間作為去掉請求分配的儲存空間之後的剩餘空間，接著在 in_free 佇列中剔除之前的空閒儲存空間，然後呼叫 add_region_to_in_free 方法將剩餘空間根據其大小插入 in_free 佇列合適的位置，最後呼叫 add_region_to_in_use 方法將請求分配的儲存空間按照起始位址的大小順序插入 in_use 佇列合適的位置，並傳回該請求分配的儲存空間。這裡兩次插入佇列的操作都會用到二分搜索演算法進行加速。

(2) 空閒儲存空間小於本次請求分配的儲存空間。

因為 in_free 佇列是按照儲存空間的大小進行排列的，從佇列的最後取到的空閒儲存空間一定是最大的，如果最大的空閒儲存空間還不能滿足要求，則其他的空閒儲存空間更加不會滿足，因此此時傳回空，並提示分配儲存空間失敗。

(3) 空閒儲存空間等於本次請求分配的儲存空間。

建構本次請求分配的儲存空間，然後在 in_free 佇列中剔除該空閒儲存空間，最後按照起始位址將請求分配的儲存空間插入 in_use 佇列合適的位置，並傳回該請求分配的儲存空間。同樣，這裡的插入佇列操作會用到二分搜索演算法進行加速。

2）第 2 種儲存管理分配模式：BEST_FIT

找到滿足本次請求分配的最小的空閒儲存空間，然後取該空閒儲存空間的起始位址作為本次請求分配的儲存空間的起始位址。理論上來講，由於需要找到一個最小的空閒儲存空間才可傳回結果,因此該演算法的速度相對來講會比 FIRST_FIT 演算法稍微慢一些,但恰恰由於取到的是最小的空閒儲存空間,並且取空閒儲存空間的起始位址作為請求分配的儲存空間的起始位址,因此會比 FIRST_FIT 更節約儲存資源或說更能滿足需要分配數量較少但儲存空間較大的應用場景。

演算法實現過程:

第 1 步,獲取目標空閒儲存空間。

使用類似的二分搜索演算法從 in_free 佇列中取到滿足要求的最小的空閒儲存空間。

第 2 步,比較該空閒儲存空間和本次請求分配的儲存空間的大小,並按照以下 3 種情形進行判斷:

(1) 空閒儲存空間大於本次請求分配的儲存空間。

建構本次請求分配的儲存空間,然後重新建構一個空閒儲存空間作為去掉請求分配的儲存空間之後的剩餘空間,接著在 in_free 佇列中剔除之前的空閒儲存空間,然後呼叫 add_region_to_in_free 方法將剩餘空間根據其大小插入 in_free 佇列合適的位置,最後呼叫 add_region_to_in_use 方法將請求分配的儲存空間按照起始位址的大小順序插入 in_use 佇列合適的位置,並傳回該請求分配的儲存空間。這裡兩次插入佇列的操作都會用到二分搜索演算法進行加速。

(2) 空閒儲存空間小於本次請求分配的儲存空間。

因為之前從 in_free 佇列中取到的最小的空閒儲存空間是滿足分配要求的,因此如果這裡出現空閒儲存空間小於本次請求分配的儲存空間是不容許發生的,因此此時傳回空,並提示分配儲存空間失敗。

(3) 空閒儲存空間等於本次請求分配的儲存空間。

建構本次請求分配的儲存空間,然後在 in_free 佇列中剔除該空閒儲存空間,最後按照起始位址將請求分配的儲存空間插入 in_use 佇列合適的位置,並傳回該請求分配的儲存空間。同樣這裡的插入佇列操作會用到二分搜索演算法進行加速。

3)第 3 種儲存管理分配模式: MANUAL_FIT

原先方案可以實現在自訂參數 uvm_mem_mam_policy 中透過指定分配儲存區域的起始位址的方式來手動確定要插入的目標空閒儲存空間的位置，但是在大部分應用場景下，這種指定起始位址的使用頻次比較低，一般用於分配一些靜態儲存空間，用於存放一些較為固定的資料，另外已經有儲存管理器來根據分配模式最佳地避免出現儲存區域的重疊現象，因此無須再由人工進行管理，因為人工管理效率低且容易導致儲存空間的浪費。

雖然如此，但這裡保留了對原先這種手工指定分配區域方式的支援，即透過第 3 種儲存管理分配模式 MANUAL_FIT 實現與本章舉出的演算法之間的相容。

演算法實現過程：

第 1 步，獲取目標空閒儲存空間。

使用類似的二分搜索演算法找到一個滿足能夠分配指定的起始位址及指定儲存空間大小的空閒儲存空間，即該空閒儲存空間的大小要大於指定的大小，其起始位址要小於或等於指定的起始位址。

現有的已經被佔用的儲存空間佇列 in_use 是按照起始位址的大小從小到大進行排列的，那麼其在整個儲存空間的剩餘空間即是按照起始位址的大小從小到大進行排列的空閒儲存佇列，如圖 42-5 所示。

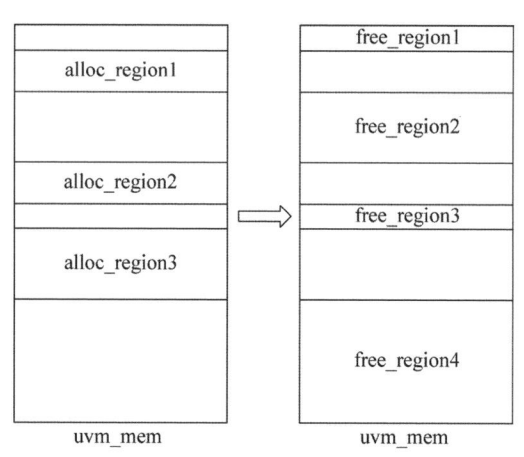

▲ 圖 42-5 被佔用儲存空間佇列和空閒儲存空間佇列的映射關係圖

結合二分搜索演算法呼叫 search_free_region_handle_for_manual 方法快速地找到所指定的起始位址在 in_use 佇列中的位置，即兩個佇列元素的起始位址之間，並且利用上面被佔用儲存空間佇列和空閒儲存空間佇列之間的映射關係可以獲取該目標空閒儲存空間的起始位址和空間大小，然後透過該資訊在 in_free 佇列中再次結合二分搜索演算法進行查詢定位，最終獲取目標空閒儲存空間及其所在 in_free 佇列的索引位置。

在此過程中獲取的目標儲存空間佇列需要滿足 3 個條件：

(1) 空閒儲存空間的大小大於或等於指定待分配的儲存空間大小。

(2) 空閒儲存空間的起始位址小於或等於待分配的起始位址。

(3) 空閒儲存空間的結束位址大於或等於待分配儲存空間的結束位址。

第 2 步，比較該空閒儲存空間和本次請求分配的儲存空間的大小，並按照以下 3 種情形進行判斷：

(1) 空閒儲存空間大於本次請求分配的儲存空間。

建構本次請求分配的儲存空間，然後重新建構一個空閒儲存空間作為去掉請求分配的儲存空間之後的剩餘空間，接著在 in_free 佇列中剔除之前的空閒儲存空間，然後呼叫 add_region_to_in_free 方法將剩餘空間根據其大小插入 in_free 佇列合適的位置，最後呼叫 add_region_to_in_use 方法將請求分配的儲存空間按照起始位址的大小按順序插入 in_use 佇列合適的位置，並傳回該請求分配的儲存空間。這裡兩次插入佇列的操作都會用到二分搜索演算法進行加速。

注意：如果本次請求分配的儲存空間的起始位址大於空閒儲存空間的起始位址，則有可能出現請求分配的儲存空間將一個空閒儲存空間一切為二的情況，因此需要考慮到這種情況，並微調實現的演算法。

(2) 空閒儲存空間小於本次請求分配的儲存空間。

因為之前從 in_free 佇列中取到的最小的空閒儲存空間是滿足分配要求的，因此如果這裡出現空閒儲存空間小於本次請求分配的儲存空間是不容許發生的，因此此時傳回空，並提示分配儲存空間失敗。

(3) 空閒儲存空間等於本次請求分配的儲存空間。

建構本次請求分配的儲存空間，然後在 in_free 佇列中剔除該空閒儲存空間，最後按照起始位址將請求分配的儲存空間插入 in_use 佇列合適的位置，並傳回該請求分配的儲存空間。同樣這裡的插入佇列操作會用到二分搜索演算法進行加速。

4）二分搜索演算法的應用原理

這裡以 add_region_to_in_free 方法為例抽象地描述一下這裡的二分搜索演算法的應用原理，其餘類似，不再贅述。

該方法用於將空閒儲存空間按照空間的大小以從小到大的順序插入空閒儲存空間佇列 in_free 中合適的位置。如果採用原先遍歷佇列中所有元素進行逐一比較的方式，則演算法效率低，模擬時間長，因此對於類似這種需要按照一定順序插入或取出佇列元素的應用場景，可以應用二分搜索演算法進行加速。

在儲存管理中應用二分搜索演算法的原理範例圖，如圖 42-6 所示。

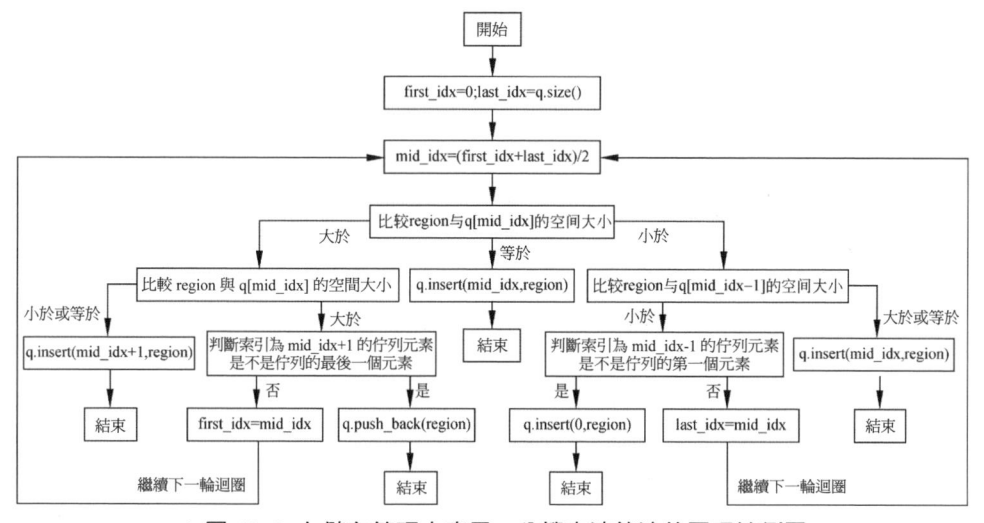

▲ 圖 42-6 在儲存管理中應用二分搜索演算法的原理範例圖

由於 in_free 佇列中的元素是按照儲存空間以從小到大的順序進行排列的，因此可以先取佇列中間的元素進行空間大小的比較及對應的處理，然後透過指定中間元素的索引變數來進一步縮小搜索的佇列範圍，以此來指數級地提升演算法的執行效率。

2. 儲存空間的釋放回收

首先將待釋放的儲存空間從被佔用的儲存空間佇列 in_use 佇列中剔除，然後由於該待釋放的儲存空間被釋放後會產生同等空間大小的空閒儲存空間，因此需要被寫入空閒儲存佇列 in_free，此外還要考慮是否需要和相鄰位址的空閒儲存空間進行合併。

演算法實現過程如下：

第 1 步，將待釋放的儲存空間從已經被佔用的儲存空間佇列中剔除，並且傳回該操作需要合併的相鄰的空閒儲存空間的大小和起始位址。

在被佔用的儲存空間佇列 in_use 裡利用二分搜索演算法根據起始位址的排列順序快速地查詢定位並剔除待釋放的儲存空間，同時判斷是否存在與之相鄰的空閒儲存空間，如果存在，則還需要記錄相鄰的空閒儲存空間的空間大小和起始位址，因為這裡需要考慮由於釋放儲存空間帶來的相鄰空閒儲存空間的合併情況。

第 2 步，在空閒儲存空間佇列中根據以下兩種情形合併空閒儲存空間並重新寫入空閒儲存空間佇列。

(1) 與需要寫入的被釋放的儲存空間相鄰的空閒儲存空間都為空。

在空閒儲存空間佇列 in_free 裡利用二分搜索演算法根據空間大小的排序快速地插入被釋放的儲存空間。

(2) 與需要寫入的被釋放的儲存空間相鄰的空閒儲存空間不為空。

首先合併不為空的相鄰的空閒儲存空間，然後在空閒儲存空間佇列裡 in_free 根據空間大小和起始位址參數利用二分搜索演算法快速地查詢定位並剔除，接著重新建構合併後的儲存空間，最後利用二分搜索演算法根據空間大小的排序快速地插入空閒儲存空間佇列 in_free 中合適的位置。

42.3.3 優點

優點如下：

(1) 針對現有方案中演算法不完整的問題，本節舉出了全新的儲存管理演算法並且提供了 3 種儲存管理分配模式，分別是 FIRST_FIT、BEST_FIT 和 MANUAL_FIT 模式，可以根據實際專案需求選擇適合的分配模式。

(2) 針對現有方案中演算法效率低的問題，本節將二分搜索演算法應用到上述儲存管理分配模式的演算法實現中，從而加速請求分配和釋放回收儲存空間的匹配過程，提升了演算法的效率。

(3) 在解決了演算法不完善和效率低的問題的基礎上，對可以透過指定自訂參數 uvm_mem_mam_policy 來設定待分配的儲存空間位置的方式予以相容支援。

(4) 本節舉出的儲存空間動態管理演算法被封裝在 package 類別檔案中，與 UVM 驗證方法學完全相容且可實現程式重用。

42.3.4 具體步驟

第 1 步，對原先的儲存管理器的配置物件 uvm_mem_mam_cfg 進行繼承，在其子類別中增加本章中舉出的配置分配模式，分別是 FIRST_FIT、BEST_FIT 和 MANUAL_FIT 模式，用於不同場景下使用的儲存空間請求分配和釋放回收，程式如下：

```
//uvm_mem_cfg_new.svh
class uvm_mem_mam_cfg_new extends uvm_mem_mam_cfg;
  rand uvm_mem_manager_pkg::new_alloc_mode_e new_mode;
endclass
```

第 2 步，對原先的儲存管理器 uvm_mem_mam 進行繼承，並在其子類別中增加儲存管理的相關方法介面，演算法實現過程見原理部分，用於實現上述不同分配模式下的儲存管理。

第 3 步，將上述兩個類別物件封裝到 package 類別檔案中，從而實現程式的重用，程式如下：

```
//uvm_mem_manager_pkg.sv
package uvm_mem_manager_pkg;

    `include "uvm_macros.svh"
    import uvm_pkg::*;

    typedef enum {FIRST_FIT=0, BEST_FIT=1, MANUAL_FIT=3} new_alloc_mode_e;
    `include "uvm_mem_mam_cfg_new.svh"
    `include "uvm_mem_mam_new.svh"
endpackage
```

第 4 步，在具體的專案檔案中匯入上面封裝好的 package 類別檔案。

第 5 步，宣告和實體化需要管理的儲存 uvm_mem，設定其空間大小和資料寬度。

第 6 步，宣告和實體化對 uvm_mem 進行管理的並且本章舉出的配置物件 uvm_mem_mam_cfg_new，並中的資料成員進行配置，指定分配模式、資料寬度、起始位址和結束位址。

第 7 步，宣告和實體化對儲存 uvm_mem 進行管理的本章舉出的儲存管理器 uvm_mem_mam_new，並將其配置物件 uvm_mem_mam_cfg_new 和要管理的儲存 uvm_mem 作為參數在實體化時進行傳遞。

第 8 步，這一步可選，宣告和實體化設定分配儲存空間的自訂參數 uvm_mem_mam_policy，並指定有效儲存分配空間範圍，這裡對應的分配模式為本章舉出的 MANUAL_FIT，用於手工指定要分配的儲存空間的所在位置。

第 9 步，透過儲存管理器呼叫本章舉出的儲存空間請求分配方法 request_region_new 來請求分配設定大小的儲存空間，在請求的同時可選擇傳入自訂參數 uvm_mem_mam_policy 來手工指定要分配的儲存空間的所在位置。使用完畢後呼叫本章舉出的儲存空間釋放回收方法 release_region_new 來對之前分配的儲存空間進行釋放回收。

42.3.5 演算法性能測試

為了比較本章舉出的儲存管理演算法和原先基於 UVM 提供的儲存管理演算法的性能差異需要做以下測試。

儲存管理器管理的整個儲存空間為 1GB，請求分配儲存空間 5000 次，然後對已分配的空間進行逐一釋放回收，其中，當採用本章舉出的儲存管理演算法執行測試時，分別使用所提供的 3 種分配模式，即以 FIRST_FIT、BEST_FIT 和 MANUAL_FIT 模式進行儲存空間的請求分配。

執行模擬後的結果表明，使用本章舉出的儲存管理演算法的執行效率獲得了較大的提升，執行上述測試內容，模擬所消耗的時間只有 1s，而使用原先基於 UVM 提供的儲存管理演算法，執行同樣的測試內容，模擬所消耗的時間達到了 1005s，遠遠超過了舉出的演算法執行時間。

42.3.6 備註

備註事項如下：

(1) 本章描述中的「位址」指的都是儲存空間的「偏移位址」。

(2) 由於儲存管理過程包含很多底層細節，所以原理部分省略了不少細節，但用於說明原理足夠了，具體的細節需要結合程式才能被真正理解。

(3) 部分程式所佔篇幅過長，不方便直接貼上，如第 2 步的 uvm_mem_mam_new.svh，感興趣的讀者可以聯繫作者進行獲取，從而進一步閱讀理解或以一個實際的專案進行參考實踐。

第 43 章

簡便且靈活的暫存器覆蓋率統計收集方法

43.1 背景技術方案及缺陷

43.1.1 現有方案

通常 RTL 設計的內部會使用暫存器來參與完成一些邏輯功能的運算，因此對該 RTL 設計進行驗證時需要對其內部的暫存器進行建模，以盡可能地模擬 RTL 內部的功能邏輯，從而達到幫助驗證開發人員來判斷 RTL 設計功能的正確性的目的。

一個典型的基於 UVM 驗證方法學的包含暫存器覆蓋率統計收集的驗證平臺結構示意圖如圖 37-1 所示。

使用 UVM 暫存器模型可以方便地對 DUT 內部的暫存器及儲存進行建模。建立暫存器模型後，可以在序列和元件裡透過獲取暫存器模型的控制碼，從而呼叫暫存器模型裡的介面方法來完成對暫存器的讀寫存取，如圖 37-1 左邊的 sequence 裡透過呼叫暫存器模型裡的介面方法實現對暫存器的讀寫存取。也可以像右下角那裡直接啟動暫存器匯流排的 sequence，即透過操作匯流排實現對暫存器的讀寫存取。

由於存在各種各樣不同的暫存器匯流排，而 UVM 身為通用的驗證方法學，因此需要能夠處理各種類型的事務請求 sequence_item。恰好這些要處理的 sequence_item 都非常相似，在綜合了它們的特徵後，UVM 預先定義了一種 sequence_item，叫作 uvm_reg_item，然後透過轉接器 adapter 的 bus2reg() 及 reg2bus() 方法實現 uvm_reg_item 與目標匯流排協定的 bus_item 的轉換。最後由 sequencer 和 driver 驅動給 DUT，從而最終完成對目標暫存器的讀寫。在暫存器讀寫的過程中，進行暫存器模型和實際 DUT 中暫存器值的同步和覆蓋率統計收集。

衡量對晶片驗證進度的重要的指標就是追蹤其驗證覆蓋率，該覆蓋率自然也會包括暫存器的部分，上述基於 UVM 架設的驗證平臺同時提供了對暫存器覆蓋率收集功能的支援。可以看到，在暫存器模型裡會包含覆蓋組封裝物件，然後在每次呼叫暫存器模型的存取介面方法時，除了會同步更新暫存器模型和 DUT 暫存器的數值狀態以外，還會對此次存取的資訊進行監測，以對目標暫存器的存取進行覆蓋率統計收集。

下面可以看個具體的例子。

第 1 步，在測試用例裡宣告要支援的覆蓋率統計參數，程式如下：

```
class demo_test extends uvm_test;
    `uvm_component_utils(demo_test)
    envenv_h;
    ...

    function void build_phase(uvm_phase phase);
        env_h = env::type_id::create("env_h",this);
        uvm_reg::include_coverage("*", UVM_CVR_ALL);
    endfunction : build_phase
endclass
```

這裡在其中設置為整個驗證平臺上的暫存器模型對所有的覆蓋率類型都支援，其實不止這些參數，UVM 提供的功能覆蓋率配置參數是一個資料型態為 uvm_coverage_model_e 的列舉類型值，具體包括以下幾種。

(1) UVM_NO_COVERAGE：不進行覆蓋率統計。

(2) UVM_CVR_REG_BITS：對暫存器的每個位元進行讀寫的覆蓋率統計。

(3) UVM_CVR_ADDR_MAP：對於暫存器地址映射表中所有的位址進行讀寫的覆蓋率統計。

(4) UVM_CVR_FIELD_VALS：對於暫存器 field 中的值進行覆蓋率統計。

(5) UVM_CVR_ALL：包括對 UVM_CVR_REG_BITS、UVM_CVR_ADDR_MAP 和 UVM_CVR_FIELD_VALS 全部進行統計。

這些覆蓋率統計支援的參數只是為了方便在驗證平臺中進行相應配置，相當於一些開關參數，其本身並不具備特殊的意義，但是需要驗證開發人員根據實際專案的需要進行配置使用。

第 2 步，建立暫存器模型的覆蓋組，這裡被封裝為一個物件，其中用來對存取的暫存器偏移位址和讀寫入操作及兩者的交叉覆蓋率進行統計收集，程式如下：

```
class reg_coverage extends uvm_object;
   `uvm_object_utils(reg_coverage)
   covergroup reg_access_cov(string name) with function sample(uvm_reg_addr_t addr, bit is_read);
      coverpoint addr {
         bins ctrl_reg = {'h8};
         bins status_reg = {'h9};
         bins counter_reg = {'ha};
         bins id_reg = {'hc};
      }

      coverpoint is_read {
         bins rd = {0};
         bins wr = {1};
      }
      cross addr, is_read;
   endgroup

   function new (string name="reg_coverage");
      super.new(name);
      reg_access_cov = new(name);
   endfunction : new

   function void sample(uvm_reg_addr_t offset, bit is_read);
      reg_access_cov.sample(offset, is_read);
   endfunction: sample
endclass
```

第 3 步，在暫存器模型中主要完成以下 5 件事情：

(1) 宣告實體化上一步的覆蓋組封裝物件。

(2) 呼叫 set_coverage() 方法以容許對該覆蓋率類型進行採樣。

(3) 呼叫 add_coverage() 方法以增加對覆蓋率類型的採樣支援。

(4) 透過位址映射表 map 的 get_name() 方法根據不同的 map 來開啟對應的覆蓋率資訊的採樣。

(5) 呼叫 reg_coverage 中的 sample() 方法及 sample_value() 方法，從而完成最終的暫存器模型的覆蓋率採樣，程式如下：

```
class reg_model extends uvm_reg_block;
    ...
    reg_coverage reg_coverage_h;

    function new(string name="reg_model");
        super.new(name, build_coverage(UVM_CVR_ALL));
    endfunction

    function void build();
        if(has_coverage(UVM_CVR_ADDR_MAP)) begin
            reg_coverage_h = reg_coverage::type_id::create("reg_coverage_h");
            set_coverage(UVM_CVR_ADDR_MAP);
        end
        add_coverage(UVM_CVR_FIELD_VALS);
        ...
    endfunction

    function void sample(uvm_reg_addr_t offset, bit is_read, uvm_reg_map map);
        if(get_coverage(UVM_CVR_ADDR_MAP)) begin
            if(map.get_name() == "default_map") begin
                reg_coverage_h.sample(offset, is_read);
                sample_values();
            end
        end
    endfunction: sample
endclass
```

也可以直接將覆蓋組寫在暫存器裡，然後撰寫 sample_values 方法以實現對某個目標暫存器的覆蓋率統計收集，程式如下：

```
class ctrl_reg extends uvm_reg;
    ...
    covergroup ctrl_reg_vals;
        coverpoint invert_field.value[0];
        coverpoint border_field.value[0];
        coverpoint reserved_field.value[13:0];
    endgroup
```

```
    function new(string name="ctrl_reg");
        super.new(name, 16, build_coverage(UVM_CVR_FIELD_VALS));
        if(has_coverage(UVM_CVR_FIELD_VALS))
            ctrl_reg_vals = new();
    endfunction

    function void sample_values();
        if (has_coverage(UVM_CVR_FIELD_VALS))
            ctrl_reg_vals.sample();
    endfunction
    ...
endclass
```

43.1.2 主要缺陷

上述方案在通常專案應用中會被採用，但是存在以下兩個主要缺陷：

(1) 撰寫起來較為複雜，需要配置的參數較多，在實際專案應用中，往往容易出錯，尤其對於專案中的新人來講不夠友善。

(2) 使用起來不夠靈活，因為必須按照 UVM 提供的語法規則來完成對目標暫存器覆蓋率的統計收集，這會損失一部分程式開發的靈活度，不能做到直接監測到暫存器匯流排上所有的行為功能。

所以需要有一種更為簡便且更靈活的方法對暫存器覆蓋率進行統計收集。

43.2 解決的技術問題

解決 43.1.2 節中提到的缺陷問題。

43.3 提供的技術方案

43.3.1 結構

本節舉出的一種簡便的暫存器覆蓋率統計收集的驗證平臺結構示意圖如圖 43-1 所示。

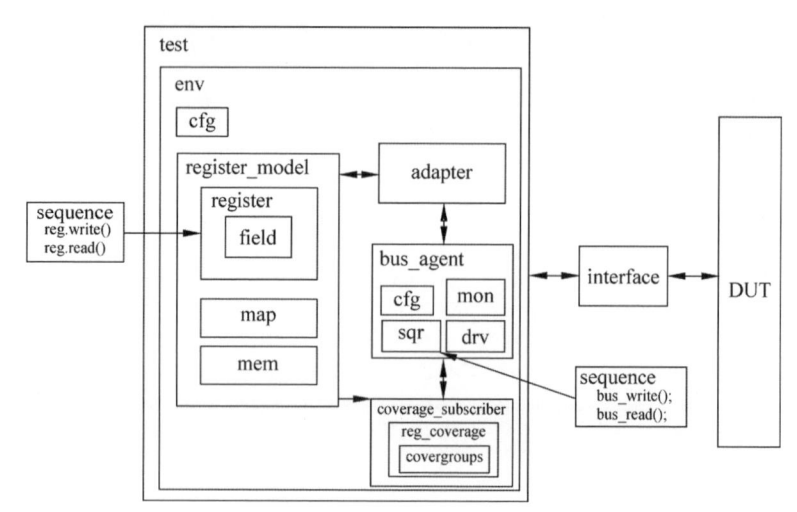

▲ 圖 43-1　一種簡便的暫存器覆蓋率統計收集的驗證平臺結構示意圖

43.3.2 原理

　　UVM 提供了強大的暫存器模型，用來對 DUT 中的暫存器進行建模，並提供了一系列支援暫存器覆蓋率統計收集和相關控制方法，但同時也增加了一定的程式開發實現的複雜度，尤其對於專案中的新人來講不夠友善。而且使用 UVM 封裝好的暫存器覆蓋率的相關介面方法會損失一部分程式開發的靈活度，因為必須按照 UVM 提供的語法規則來完成對目標暫存器覆蓋率的統計收集。

　　因此，思考是否可以不使用 UVM 封裝好的暫存器覆蓋率的相關介面方法，而使用最直接簡單的方式來完成對暫存器覆蓋率的統計收集。很自然地會想到有以下實現想法：

　　(1) DUT 中暫存器的存取同樣會透過相應的匯流排界面實現，而該暫存器匯流排界面會被驗證開發人員封裝成可重用 UVC，該元件的 agent 元件層次下的 monitor 負責監測該暫存器匯流排上暫存器存取的資料並且封裝成事務，其中包含所有匯流排上關於暫存器存取操作的資料資訊，那麼對該事務資訊進行統計分析即可實現對暫存器覆蓋率的統計收集。

　　(2) 考慮建立覆蓋組訂閱器，用來對上述監測器廣播過來的事務進行接收，然後將該事務資訊作為覆蓋率採樣的輸入資訊，呼叫提前建立好的暫存器覆蓋組物件的採樣方法來完成對目標暫存器覆蓋率資訊的統計收集。

綜上，最終完成對暫存器覆蓋率的統計收集。

43.3.3 優點

優點如下：

(1) 不使用 UVM 提供的暫存器覆蓋率相關介面方法，也就避免了較為複雜的使用參數設置和程式開發靈活度的限制。

(2) 透過直接監測暫存器匯流排界面來對監測到的暫存器相關資料進行覆蓋率統計收集，增加了程式開發的靈活度，對於複雜的暫存器覆蓋率統計收集來講會更加方便，實現起來更加容易。

43.3.4 具體步驟

第 1 步，建立暫存器模型的覆蓋組，這裡被封裝為一個物件，其中用來對存取的暫存器偏移位址和讀寫入操作及兩者的交叉覆蓋率進行統計收集，還可以透過暫存器模型控制碼呼叫相關介面方法，直接存取目標暫存器來統計收集相應的覆蓋率，程式如下：

```
class reg_coverage extends uvm_object;
   `uvm_object_utils(reg_coverage)
    reg_model reg_model_h;
   covergroup reg_access_cov(string name) with function sample(uvm_reg_addr_t addr,
bit is_read);
      coverpoint addr {
         bins ctrl_reg = {'h8};
         bins status_reg = {'h9};
         bins counter_reg = {'ha};
         bins id_reg = {'hc};
      }

      coverpoint is_read {
         bins rd = {0};
         bins wr = {1};
      }

      cross addr, is_read;
   endgroup

   covergroup ctrl_reg_cov;
```

```
        coverpoint reg_model_h.ctrl_reg.get_mirrored_value();
     endgroup

     function new (string name="reg_coverage");
        super.new(name);
        reg_access_cov = new(name);
         ctrl_reg_cov = new();
     endfunction : new

     function void sample(uvm_reg_addr_t offset, bit is_read);
        reg_access_cov.sample(offset, is_read);
         ctrl_reg_cov.sample();
     endfunction: sample
endclass
```

第 2 步，建立覆蓋組訂閱器，然後用來完成以下兩件事情：

(1) 宣告實體化暫存器模型的覆蓋組物件並且將暫存器模型傳遞給它，使它可以使用暫存器模型的介面方法以獲取內部暫存器的相關數值或位址等狀態資訊，以方便統計收集對應的覆蓋率資料。

(2) 撰寫 write 方法，用於訂閱接收來自暫存器匯流排的監測器廣播過來的暫存器匯流排交易資料，並在其中呼叫暫存器模型的覆蓋組物件的覆蓋率採樣方法 sample 來完成對目標暫存器的覆蓋率的統計收集。

可以看到，此時不再需要設置 UVM 設定的覆蓋率統計支援的參數，而且也不用使用過多的暫存器覆蓋率的控制方法，整個暫存器覆蓋率統計收集的過程變得更加簡便和靈活。

程式如下：

```
class coverage_subscriber extends uvm_subscriber#(bus_item);
    reg_coverage reg_coverage_h;
    reg_model reg_model_h;

    function void build_phase(uvm_phase phase);
        reg_coverage_h = reg_coverage::type_id::create("reg_coverage_h");
reg_coverage_h.reg_model_h = reg_model_h;
    endfunction : build_phase

    function void write(bus_item t);
        reg_coverage_h.sample(t.offset, t.is_read);
    endfunction
endclass
```

第 44 章

模擬真實環境下的暫存器重配置的方法

44.1 背景技術方案及缺陷

44.1.1 現有方案

一般情況下,架設驗證平臺來對 DUT 進行驗證的過程可以分為以下幾部分:

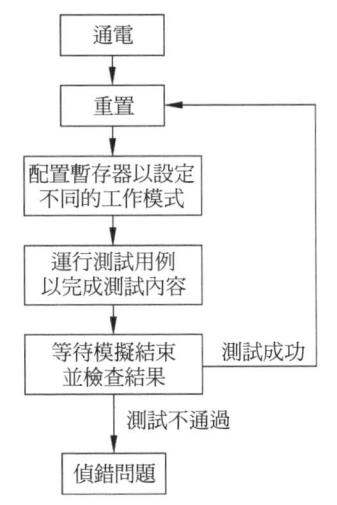

▲ 圖 44-1 對 DUT 驗證的一般過程

- 通電
- 重置

- 配置暫存器以設定不同的工作模式
- 執行測試用例以完成目標測試內容
- 等待模擬結束並檢查結果

在對 DUT 進行重置後，要對其中的暫存器進行配置，從而設定其工作模式，然而有些時候一種工作模式測試完畢後，需要重新配置其暫存器，使其工作在另一種工作模式下，然後在另一種模式下執行相應的測試用例來對 DUT 進行驗證測試。這時，一般的做法是先重置，然後重新配置其目標模式暫存器，並他暫存器進行隨機。

具體步驟如圖 44-1 所示。

簡單來說，就是不斷地重複上面的過程，配置 DUT 暫存器，使其工作在不同的模式下，以此來驗證不同模式下其功能是不是正確。如果正確，則繼續配置暫存器以驗證下一種工作模式； 如果不正確，則對問題進行偵錯，判斷是 DUT 的問題還是驗證平臺的問題，然後修復該問題。

44.1.2 主要缺陷

上述方案看起來可行，但是存在一個比較難以發現的問題。

因為晶片在實際使用環境中一般不會先自我重新重置，然後配置工作模式，而是在正常執行的過程中直接對工作模式進行修改，即驗證開發人員不能對 DUT 先進行重置，然後配置其工作模式。因為這使 DUT 總是以一種已知的狀態 (重置後的初始狀態) 來開啟另一種工作模式，而實際環境下晶片並不是這樣工作的，而應該是從一個未知的隨機狀態切換到另一種工作模式，因此先重置再重新配置工作模式的方法會導致驗證不夠準確，因為並沒有模擬最真實的使用環境，容易帶來意想不到的問題，從而最終導致晶片流片後不能正常執行。

因此，需要使用一種重配置暫存器的方法，以實現在 DUT 的過程中直接對其進行配置，從而模擬晶片真實的使用環境。

44.2 解決的技術問題

模擬晶片真實的使用環境來對 DUT 進行驗證，從而避免在前期驗證過程中由於驗證方法的不準確而導致的後期晶片流片失敗的問題。

44.3 提供的技術方案

44.3.1 結構

本章舉出的暫存器重配置方法後的 DUT 驗證過程如圖 44-2 所示。

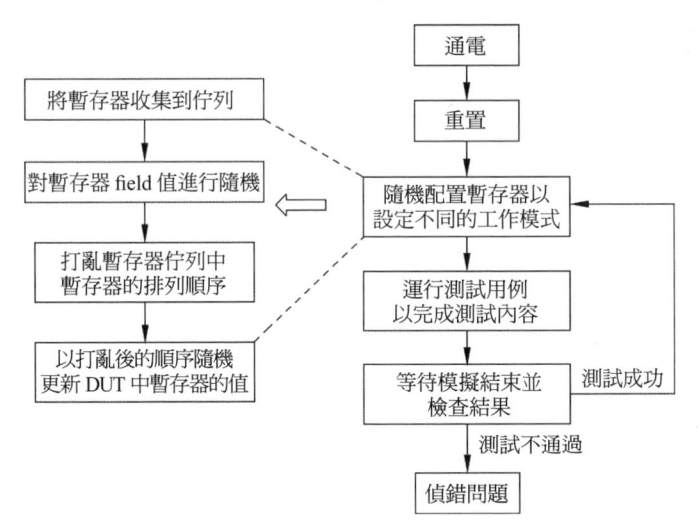

▲ 圖 44-2 暫存器重配置方法後的 DUT 驗證過程

44.3.2 原理

由於重置後 DUT 會恢復到一種已知的狀態，然後進行暫存器配置並施加激勵進行模擬驗證，因此並不能模擬最真實的環境，容易給最終晶片的流片埋下隱憂。

因此可以考慮不進行重置，而直接對其暫存器進行配置，使其工作在一種隨機的狀態，從而模擬真實的環境。要實現這一點，需要綜合利用 UVM 和

SystemVerilog 提供的介面方法實現。

(1) 將暫存器收集到佇列，可以透過暫存器模型控制碼呼叫 get_registers() 方法實現。

(2) 對暫存器 field 值進行隨機，可以呼叫 randomize() 方法並結合隨機約束實現。

(3) 打亂暫存器佇列中暫存器的排列順序，可以透過呼叫陣列的 shuffle() 方法實現。

(4) 以打亂後的順序來隨機更新 DUT 中暫存器的值，可以透過呼叫暫存器的 update() 方法實現。

最後重配置暫存器和施加隨機激勵來全面地對 DUT 進行模擬驗證。

44.3.3 優點

避免 44.1.2 節中出現的缺陷問題。

44.3.4 具體步驟

第 1 步，建構用於重配置暫存器的 sequence 激勵，主要包含以下 4 個小步驟：

(1) 利用暫存器模型控制碼呼叫 get_registers() 方法以將暫存器模型中所有的暫存器收集到一個佇列 model_regs 中。

(2) 呼叫 randomize() 方法對裡面所有的暫存器 field 值進行隨機，可以設置隨機約束以將某些暫存器的 field 值在隨機時進行固定。

(3) 呼叫陣列佇列的 shuffle() 方法以打亂暫存器的順序。

(4) 呼叫暫存器的 update() 方法，從而以打亂的順序隨機地更新 DUT 中的暫存器的值。

注意：只對 RTL 設計文件中有明確配置順序或數值要求或有其他特殊要求的暫存器進行手工配置，其餘暫存器的配置順序和數值都是隨機的。

程式如下：

```
class bus_sequence extends uvm_sequence #(bus_transaction);
   ...
   
   task body();
        uvm_status_e status;
        uvm_reg_data_t value;
        uvm_reg model_regs[$];
        p_sequencer.reg_model_h.get_registers(model_regs);
        if(!p_sequencer.reg_model_h.randomize() with {p_sequencer.reg_model_h.ctrl_
reg_h.reserved_field.value ==14'h3fff;}) begin
             `uvm_error("BUS SEQ", "reg_model randomization failed")
        end
        
        model_regs.shuffle();
        foreach(model_regs[i]) begin
            model_regs[i].update(status, UVM_FRONTDOOR);
        end
   endtask : body
endclass
```

第 2 步，在一個測試用例中多次對暫存器重新配置，每次配置的暫存器值都不一樣，配置完成後再發送執行 random_sequence，從而對隨機指令進行測試。透過重複多次上述過程以碰撞出可能導致 DUT 不能正常執行的情況，從而盡可能地對 DUT 進行全面驗證，程式如下：

```
class virtual_sequence extends uvm_sequence #(uvm_sequence_item);
   ...
   
   task body();
   // 先啟動重置
     reset_seq.start(sequencer_h);
   // 重複多次隨機配置暫存器，然後給 DUT 施加隨機激勵
      repeat(n)begin
         bus_seq.start(bus_sequencer_h);
         random_seq.start(sequencer_h);
      end
   endtask : body
endclass : virtual_sequence
```

第 45 章

使用 C 語言對 UVM 環境中暫存器的讀寫存取方法

45.1 背景技術方案及缺陷

45.1.1 現有方案

　　UVM 提供了 RAL 來對暫存器進行建模，可以很方便地存取待測設計中的暫存器和儲存，並且在 RAL 裡還對暫存器的值做了鏡像，以便對待測設計中的暫存器的相關功能進行比較驗證。

　　一個典型的基於 UVM 並包含暫存器模型的驗證平臺架構圖，如圖 37-1 所示。

　　使用 UVM 暫存器模型可以方便地對 DUT(Design Under Test，待測設計) 內部的暫存器及儲存進行建模。建立暫存器模型後，可以在序列和元件裡透過獲取暫存器模型的控制碼，從而呼叫暫存器模型裡的介面方法來完成對暫存器的讀寫存取，如圖 37-1 中左邊的 sequence 裡透過呼叫暫存器模型裡的介面方法實現對暫存器的讀寫存取，也可以像右下角那樣直接啟動暫存器匯流排的 sequence，即透過操作匯流排實現對暫存器的讀寫存取。

45.1.2 主要缺陷

　　上面是最常見或說基本上在使用的方案，但是在有些情況下並不能滿足對晶片驗證的要求。舉例來說，在對一塊 SoC 晶片進行系統級全片驗證時，通常驗證開發人員會寫 C 函式激勵，接著編譯成 CPU 能夠執行的指令，然後由該 CPU 透過一系列的匯流排界面，最終按照一定的存取時序來完成對目標暫存器的讀寫。

因為一塊晶片最終會給軟體開發人員使用，軟體人員可以用 C 語言撰寫一些程式，然後透過工具編譯成相應的指令，以此來使用這塊晶片提供的功能，因此為了更全面地對該晶片進行驗證，需要在全片級層面上透過模擬軟體人員使用的方式來對該晶片的使用場景進行驗證。

而現有方案並不支援直接使用 C 語言來對 DUT 的暫存器進行讀寫存取，因此並不能滿足對晶片驗證的要求，而這正是本章要解決的問題。

45.2 解決的技術問題

實現直接使用 C 語言來對 DUT 的暫存器進行讀寫存取。

45.3 提供的技術方案

45.3.1 結構

透過 DPI 介面來呼叫 UVM 驗證平臺中暫存器模型的暫存器存取方法並借助暫存器匯流排對應的 UVC 封裝組件來完成對暫存器的讀寫存取。

本節舉出的使用 C 語言對 UVM 環境中暫存器的讀寫存取方法的驗證平臺結構示意圖如圖 45-1 所示。

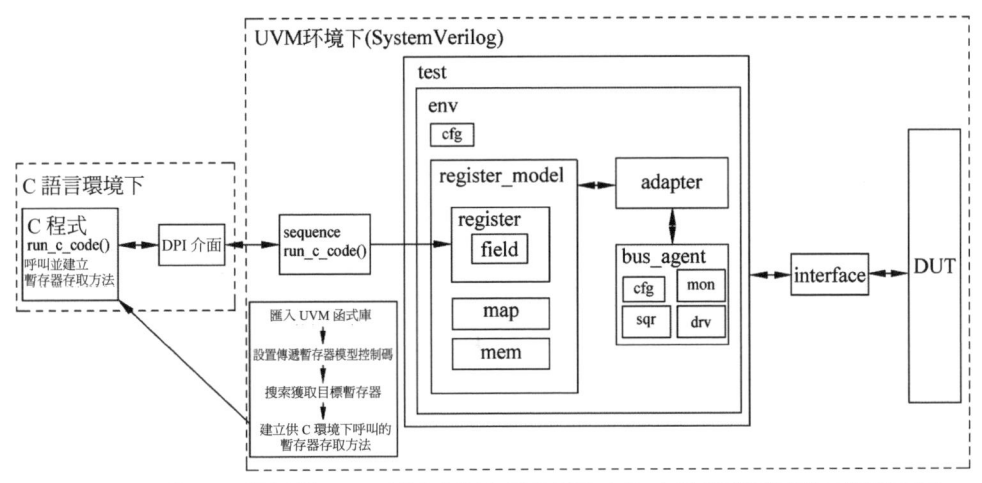

▲ 圖 45-1 使用 C 語言對 UVM 環境中暫存器的讀寫存取方法的驗證平臺結構示意圖

45.3.2 原理

原理如下：

（1）SystemVerilog 語言提供了與 C 語言互動的 DPI 介面，可以實現與 C 語言之間的聯合編譯開發。而 UVM 通用驗證方法學是基於 SystemVerilog 語言進行開發的，因此可以利用 DPI 介面實現用 C 語言對在 UVM 環境中的暫存器進行讀寫存取。

（2）UVM 通用驗證方法學中的暫存器模型提供了一系列的對暫存器讀寫存取方法，因此可以在 C 語言環境下使用 DPI 介面來提供類似的存取介面，從而達到直接在 UVM 驗證環境中呼叫暫存器讀寫存取方法一樣的效果。

（3）充分考慮本方法的通用性，將其封裝成通用驗證方法學的函式庫檔案，以方便在其他類似專案中使用，提升開發效率。

45.3.3 優點

優點如下：

（1）相容已有的 UVM 驗證平臺，簡單好用。

（2）具備一定的通用性，可以在其他專案中實現程式的重用。

45.3.4 具體步驟

第 1 步，在 UVM 環境下封裝好供 C 語言環境下呼叫的暫存器存取的介面方法，並包含封裝到 package 可重用元件中，具體包括以下幾個小部分：

(1) 在頂部匯入 UVM 提供的函式庫檔案，以便可以使用 UVM 中原生的暫存器存取方法，以此來封裝供 C 語言環境下呼叫的暫存器存取的介面方法。

(2) 將驗證環境中的暫存器模型控制碼傳遞到本步驟中封裝建立的供 C 語言環境下呼叫的暫存器存取的介面方法中，這裡透過建立 set_c_stimulus_register_block 方法實現。

(3) 根據要存取的目標暫存器在匯流排上的位址來在暫存器模型中搜索，然後傳回目標暫存器的控制碼，從而獲得目標存取暫存器，這裡透過建立 get_register_from_address 方法實現。

(4) 建立供 C 語言環境下呼叫的暫存器讀寫存取方法，在其中首先呼叫 get_register_from_address 方法以獲取目標暫存器控制碼，然後使用該控制碼來呼叫 UVM 原生的暫存器讀寫存取方法，從而實現對暫存器的存取。在這一步中，可以根據專案需要封裝實現所有類似 UVM 環境中對暫存器存取的介面方法，從而達到直接在 UVM 驗證環境中呼叫暫存器讀寫存取方法一樣的效果。這些建立的暫存器讀寫存取方法包括以下幾種。

c_reg_write：用於模擬對暫存器的寫入 (write) 存取，透過 access_type 參數來決定是前門還是後門存取。

c_reg_read：用於模擬對暫存器的讀取 (read) 存取，透過 access_type 參數來決定是前門還是後門存取。

c_reg_poke：用於模擬對暫存器的後門寫入 (poke) 存取。

c_reg_peek：用於模擬對暫存器的後門讀取 (peek) 存取。

c_reg_get：用於模擬對暫存器的期望值的獲取。

c_reg_set：用於模擬對暫存器的期望值的設置。

c_reg_update：用於模擬對暫存器模型中鏡像值和 DUT 中實際暫存器的值進行更新。

c_reg_get_mirrored_value：用於獲取暫存器模型中的鏡像值。

45.3 提供的技術方案

c_reg_randomize：用於對暫存器模型中的期望值進行隨機。

c_reg_predict：用於更新暫存器模型中的期望值和鏡像值。

c_reg_reset： 用於將暫存器模型中的期望值和鏡像值設置為配置時的重置值。

c_reg_get_reset：用於傳回暫存器模型配置時的重置值。

注意：這裡為了範例的方便，所有的資料型態都為整數 int，根據實際專案的需要及 DPI 介面的資料型態映射關係修改為需要的位址和資料位元寬的資料型態即可。另外參考程式僅包含上述部分的暫存器讀寫存取方法，僅作範例，因為原理相同。

程式如下：

```systemverilog
//c_stimulus.sv
import uvm_pkg::*;
`include "uvm_macros.svh"
uvm_reg_block register_model;

function void set_c_stimulus_register_block(uvm_reg_block rm);
  register_model = rm;
endfunction: set_c_stimulus_register_block

function uvm_reg get_register_from_address(int address);
  uvm_reg_map reg_maps[$];
  uvm_reg found_reg;

  if(register_model == null) begin
    `uvm_error("c_reg_read", "Register model not mapped for the c_stimulus package")
  end

  register_model.get_maps(reg_maps);
  foreach(reg_maps[i]) begin
    found_reg = reg_maps[i].get_reg_by_offset(address);
    if(found_reg != null) begin
      break;
    end
  end

  return found_reg;
endfunction: get_register_from_address

task automatic c_reg_read(input int address, input int access_type, output int data);
```

```
  uvm_reg_data_t reg_data;
  uvm_status_e status;
  uvm_reg read_reg;

  read_reg = get_register_from_address(address);
  if(read_reg == null) begin
    `uvm_error("c_reg_read", $sformatf("Register not found at address: %0h", address))
    data = 0;
    return;
  end

  if(access_type == 1)
      read_reg.read(status, reg_data, UVM_FRONTDOOR);
  else
      read_reg.read(status, reg_data, UVM_BACKDOOR);
  data = reg_data;
endtask: c_reg_read

task automatic c_reg_write(input int address, input int access_type, int data);
  uvm_reg_data_t reg_data;
  uvm_status_e status;
  uvm_reg write_reg;

  write_reg = get_register_from_address(address);
  if(write_reg == null) begin
    `uvm_error("c_reg_write", $sformatf("Register not found at address: %0h", address))
    return;
  end

  reg_data = data;
    if(access_type == 1)
        write_reg.write(status, reg_data, UVM_FRONTDOOR);
    else
        write_reg.write(status, reg_data, UVM_BACKDOOR);
endtask: c_reg_write

task automatic c_reg_peek(input int address, output int data);
  uvm_reg_data_t reg_data;
  uvm_status_e status;
  uvm_reg peek_reg;

  peek_reg = get_register_from_address(address);
    if(peek_reg == null) begin
      `uvm_error("c_reg_peek", $sformatf("Register not found at address: %0h", address))
    data = 0;
    return;
```

```
    end

    peek_reg.peek(status, reg_data);
    data = reg_data;
endtask: c_reg_peek

task automatic c_reg_poke(input int address, int data);
  uvm_reg_data_t reg_data;
  uvm_status_e status;
  uvm_reg poke_reg;

  poke_reg = get_register_from_address(address);
    if(poke_reg == null) begin
      `uvm_error("c_reg_poke", $sformatf("Register not found at address: %0h", address))
      return;
    end

  reg_data = data;
  poke_reg.poke(status, reg_data);
endtask: c_reg_poke

task automatic c_reg_get(input int address, output int data);
  uvm_reg_data_t reg_data;
  uvm_status_e status;
  uvm_reg get_reg;

  get_reg = get_register_from_address(address);
    if(get_reg == null) begin
      `uvm_error("c_reg_peek", $sformatf("Register not found at address: %0h", address))
      data = 0;
      return;
    end

  reg_data = get_reg.get();
  data = reg_data;
endtask: c_reg_get

task automatic c_reg_set(input int address, int data);
  uvm_reg_data_t reg_data;
  uvm_status_e status;
  uvm_reg set_reg;

  set_reg = get_register_from_address(address);
  if(set_reg == null) begin
      `uvm_error("c_reg_set", $sformatf("Register not found at address: %0h", address))
    return;
```

```
    end

    reg_data = data;
    set_reg.set(reg_data);
endtask: c_reg_set

export "DPI-C" task c_reg_write;
export "DPI-C" task c_reg_read;
export "DPI-C" task c_reg_poke;
export "DPI-C" task c_reg_peek;
export "DPI-C" task c_reg_get;
export "DPI-C" task c_reg_set;

import "DPI-C" context task run_c_code();
```

第 2 步，在 C 語言環境下建立相關的暫存器讀寫存取方法，以此來呼叫上一步在 UVM 環境下封裝好的介面方法。

在標頭檔 reg_api.h 中宣告 SystemVerilog 語言原生的 DPI 介面檔案及在 C 語言環境下建立的與暫存器相關的讀寫存取方法。可以從下面範例程式中看到，在 C 語言環境下基本會呼叫之前在 SV 環境下寫好的 c_stimulus.sv 檔案中的介面方法，程式如下：

```
//reg_api.c
#include "reg_api.h"

int reg_read(int address, int access_type) {
  int data;

  c_reg_read(address, access_type, &data);
  return data;
}

void reg_write(int address, int access_type, int data) {
    c_reg_write(address, access_type, data);
}

int reg_peek(int address) {
  int data;

  c_reg_peek(address, &data);
return data;
}

void reg_poke(int address, int data) {
```

45.3 提供的技術方案 | 45-9

```c
    c_reg_poke(address, data);
}

int reg_get(int address) {
  int data;

  c_reg_get(address);
  return data;
}

void reg_set(int address, int data) {
  c_reg_set(address, data);
}
```

其中標頭檔 reg_api.h 中的程式如下：

```c
//reg_api.h
#include "svdpi.h"

int reg_read(int address, int access_type);
void reg_write(int address, int access_type, int data);

int reg_peek(int address);

void reg_poke(int address, int data);

int reg_get(int address);

void reg_set(int address, int data);
```

第 3 步，可以在 C 語言環境下撰寫 C 程式，即呼叫上一步建立好的暫存器讀寫存取方法，以此來完成對暫存器的讀寫存取。

例如在下面參考範例程式的 c_test 裡，先對暫存器 REG1 進行後門寫入存取，然後對其進行前門讀取存取。對暫存器 REG2 進行後門寫入存取，然後進行前門讀取存取，程式如下：

```c
//c_test.c
#include "dut_regs.h"
#include "reg_api.h"

void c_test() {
  int data;

    reg_write(REG1, 0, 16);
```

```
    data = reg_read(REG1, 1);
    reg_poke(REG2, 16);
    data = reg_peek(REG2);

}

int run_c_code () {
  c_test();
  return 0;
}
```

這裡需要包含標頭檔 dut_regs.h，用於定義暫存器的偏移位址，程式如下：

```
//dut_regs.h
#define REG1 0x8
#define REG2 0x9
```

第 4 步，在 UVM 驗證平臺中啟動上述 C 程式，以此來完成對暫存器的讀寫存取，即在該測試用例裡的 connect_phase 中呼叫 set_c_stimulus_register_block() 方法以指明要存取的暫存器模型指標，然後在 main_phase 中呼叫 run_c_code() 方法啟動 C 程式 c_test()，從而執行 c_test() 中對暫存器 REG1 和 REG2 的範例讀寫存取。

至此，已經實現了用 C 程式在 UVM 環境中對暫存器進行讀寫存取，程式如下：

```
//demo_test.svh
class demo_test extends base_test;
   ...
   function void connect_phase(uvm_phase phase);
      set_c_stimulus_register_block(env_h.reg_model_h);
      ...
   endfunction

   task main_phase(uvm_phase phase);

     phase.raise_objection(this);
      `uvm_info("C TEST", "running c code", UVM_LOW)
     run_c_code();
      `uvm_info("C TEST", "c code finished", UVM_LOW)
     phase.drop_objection(this);
   endtask
endclass
```

第 46 章

提高對暫存器模型建模程式可讀性的方法

46.1 背景技術方案及缺陷

46.1.1 現有方案

通常驗證開發人員會基於 UVM 驗證方法來對 DUT 的暫存器進行建模，UVM 提供了以下暫存器模型類別來供驗證開發人員使用。

(1) register field：暫存器 field。暫存器裡具體每位元 (field) 的功能，其有對應的寬度 (width) 和偏移 (offset)，以及讀寫 (read/write)、唯讀 (read only)、寫入 (write only) 屬性。

(2) register：暫存器，包含一個或多個 registe field。

(3) register block：暫存器區塊。對應一個具體的硬體，可以視為一個容器，這個容器包含一個或多個 register 及一個或多個 register map。

注意：這裡暫存器模型實際上指的是一個 register block 的實例。

(4) memory：儲存。由 uvm_mem 建模，包括大小 (Size) 和位址範圍 (Range)，其是 register block 的一部分，其偏移 (offset) 取決於 register map。同樣也有讀寫 (read/write)、唯讀 (read only)、寫入 (write only) 屬性，但每次讀寫一個位址時，讀寫的是該位址的整個資料，而非針對某些位元操作，因此其不具有類似暫存器的 register field 的概念。

(5) register map： 暫存器地址映射表。用來定義對於在匯流排上的父模組來講內部所包含的暫存器和儲存位址空間的偏移。每個暫存器在加入暫存器模型時都有位址，uvm_reg_map 用於儲存這些位址並將其轉換成可以存取的物理位址。當暫存器模型使用前門存取方式實現讀取或寫入操作時，uvm_reg_map 就會將位址轉換成絕對位址，啟動一個讀或寫的 sequence，並將讀或寫的結果傳回。在每個 reg_block 內部，至少有一個 uvm_reg_map。

下面來看個例子。

例如有一個控制暫存器 ctrl_reg，其暫存器 field，如圖 46-1 所示。

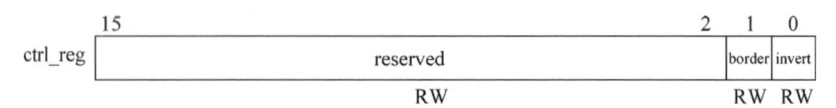

15		2	1	0
ctrl_reg	reserved		border	invert
	RW		RW	RW

▲圖 46-1　範例暫存器的屬性及組成結構

對該暫存器的建構，程式如下：

```
class ctrl_reg extends uvm_reg;
    `uvm_object_utils(ctrl_reg)

    rand uvm_reg_field invert_field;
    rand uvm_reg_field border_field;
    uvm_reg_field reserved_field;

    function new(string name="ctrl_reg");
        super.new(name, 16, UVM_NO_COVERAGE);
    endfunction

    function void build();
        invert_field = uvm_reg_field::type_id::create("invert_field");
        invert_field.configure(this, 1, 0, "RW", 0, 1'b0, 1, 1, 0);
        border_field = uvm_reg_field::type_id::create("border_field");
        border_field.configure(this, 1, 1, "RW", 0, 1'b0, 1, 1, 0);
        reserved_field = uvm_reg_field::type_id::create("reserved_field");
        reserved_field.configure(this, 14, 2, "RW", 0, 14'h0000, 1, 0, 0);
    endfunction
endclass
```

可以看到，首先宣告其中包含的 3 個 field，分別是 invert_field、border_field 和 reserved_field，三者都衍生於 uvm_reg_field 類別，它們都具有讀取寫入的 "RW" 屬性，並且分別位於範例暫存器 ctrl_reg 的第 0bit、第 1bit 和第 2~15bit 的位置。

然後來看如何在驗證環境中來讀寫上述暫存器，程式如下：

```
class bus_sequence extends uvm_sequence #(bus_transaction);
   `uvm_object_utils(bus_sequence)
   `uvm_declare_p_sequencer(bus_sequencer)

   function new(string name = "bus_sequence");
      super.new(name);
   endfunction : new

   task body();
       uvm_status_e status;
       uvm_reg_data_t value;
      p_sequencer.reg_model_h.ctrl_reg_h.invert_field.write(status, 1'b1, UVM_FRONTDOOR);
       p_sequencer.reg_model_h.ctrl_reg_h.invert_field.read(status, value, UVM_FRONTDOOR);
        `uvm_info("BUS SEQ", $sformatf("ctrl_reg value is %4h", value),UVM_MEDIUM)
   endtask : body
endclass : bus_sequence
```

可以看到，首先獲取暫存器模型的控制碼，然後呼叫該控制碼中實體化包含的範例暫存器 ctrl_reg 的讀寫方法 write 和 read，以此來完成對該暫存器中的目標 field 的讀寫，例如可以對其中的 invert_field 寫入 1'b1，然後將寫入的值讀出來。

46.1.2 主要缺陷

上述方案是基於 UVM 驗證方法學提供的，也是通常會被採用的方案，但是存在一個缺陷，即驗證開發人員並不知道暫存器中的 field 的值所代表的含義，只是一串 0 或 1bit 訊號，並不直觀，因此難以理解。這就導致了設計和驗證開發人員必須多次來回翻閱設計文件來查看對應 field 的值所代表的含義，而且常常會忘記，大大降低了晶片設計和驗證過程的工作效率。

所以需要有一種能夠提升暫存器 field 可讀性的程式開發方式，能夠避免反覆多次翻閱設計文件，從而節省設計和驗證開發人員的時間，提升其工作效率。

46.2 解決的技術問題

提升暫存器 field 可讀性的程式開發方式，避免反覆多次翻閱設計文件，節省設計和驗證開發人員的時間，提升其工作效率。

46.3 提供的技術方案

46.3.1 結構

在晶片的設計和驗證工作中，通常驗證開發人員會使用列舉類型變數來提升程式的可讀性，例如設計文件裡經常會使用該資料型態來對變數進行描述。因此，可以考慮一種將列舉型態變數應用到 UVM 提供的建模方法裡，對現有的暫存器模型類別進行改造升級，從而提升暫存器 field 的可讀性。

本章舉出的提高對暫存器模型建模程式可讀性的方法結構圖，如圖 46-2 所示。

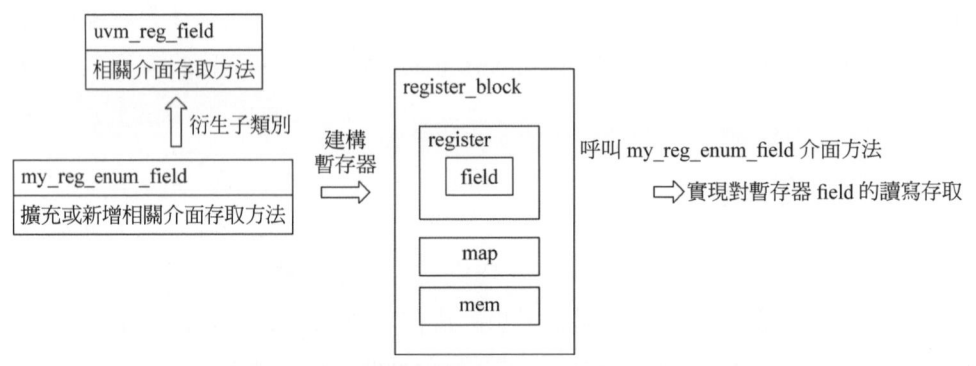

▲ 圖 46-2 提高對暫存器模型建模程式可讀性的方法結構圖

46.3.2 原理

原理如下：

(1) 對 uvm_reg_field 進行衍生並擴充和新增相關介面存取方法以支援列舉資料型態。

(2) 使用衍生修改後的子類別 my_reg_enum_field 來對暫存器 field 進行建模。

(3) 使用 my_reg_enum_field 的介面方法來對暫存器 field 進行讀寫存取。

46.3.3 優點

避免了 46.1.2 節中出現的缺陷問題，提升了程式的可讀性，提升了驗證開發人員的工作效率。

46.3.4 具體步驟

第 1 步，對 UVM 暫存器模型的 field 基礎類別 uvm_reg_field 進行衍生，生成需要的 my_reg_enum_field，程式如下：

```
class my_reg_enum_field #(type T) extends uvm_reg_field;
    ...
endclass
```

第 2 步，在 my_reg_enum_field 類別中擴充或新增系列介面方法以使其支援列舉類型值的方法呼叫。

(1) 在 field 配置方法 configure 及獲取 field 位元寬度的方法 get_n_bits 中增加對配置的寬度 size 和列舉類型 enum 的寬度的正確性檢查。

(2) 在其他各個介面方法中 (包括讀寫 write 和 read 方法) 增加對列舉資料型態的轉換，程式如下：

```
class my_reg_enum_field #(type T) extends uvm_reg_field;
    virtual task write (output uvm_status_e     status,
                        input  T       value,
                        input  uvm_path_e       path = UVM_DEFAULT_PATH,
                        input  uvm_reg_map      map = null,
                        input  uvm_sequence_base parent = null,
                        input  int              prior = -1,
                        input  uvm_object       extension = null,
                        input  string           fname = "",
                        input  int              lineno = 0);
        super.write(status,
                    uvm_reg_data_t'(value),
                    path,
                    map,
                    parent,
```

```
                            prior,
                            extension,
                            fname,
                            lineno);
        endtask

        virtual task read(output uvm_status_e     status,
                          output T value,
                          input   uvm_path_e       path = UVM_DEFAULT_PATH,
                          input   uvm_reg_map      map = null,
                          input   uvm_sequence_base parent = null,
                          input   int              prior = -1,
                          input   uvm_object       extension = null,
                          input   string           fname = "",
                          input   int              lineno = 0);
            uvm_reg_data_t super_value;
            super.read(status,
                       super_value,
                       path,
                       map,
                       parent,
                       prior,
                       extension,
                       fname,
                       lineno);
            value = T'(super_value);
        endtask
virtual function void uvm_reg_field::configure(uvm_reg       parent,
                                               int unsigned  size,
                                               int unsigned  lsb_pos,
                                               string        access,
                                               bit           volatile,
                                               T             reset,
                                               bit           has_reset,
                                               bit           is_rand,
                                               bit           individually_accessible);
        if(size != $bits(T))
            `uvm_fatal("ERROR","field size and enum width don't match")
        super.configure(parent,
                        size,
                        lsb_pos,
                        access,
                        volatile,
                        uvm_reg_data_t'(reset),
                        has_reset,
                        is_rand,
```

```
                         individually_accessible);
    endfunction

    virtual function int unsigned get_n_bits();
        int unsigned size = super.get_n_bits();
        if(size != $bits(T))
            `uvm_fatal("ERROR","field size and enum width don't match")
endfunction

    virtual function void set_reset(T value,string kind = "HARD");
        super.set_reset(uvm_reg_data_t'(value),kind);
endfunction

    virtual function T get_reset(string kind = "HARD");
        return T'(get_reset(kind));
endfunction

    virtual function void set(T value,string fname = "",int lineno = 0);
        super.set(uvm_reg_data_t'(value),fname,lineno);
    endfunction
    ...
endclass
```

下面來看怎樣對之前的範例暫存器 ctrl_reg 進行改寫以提升暫存器 field 的可讀性。

第 3 步，撰寫設定暫存器 field 所對應的列舉型態變數。

以 invert_field 為例，程式如下：

```
typedef enum bit{
    INVERT_NO = 1'b0,
    INVERT_YES = 1'b1} invert_field_e;
```

例如為其設定列舉型態變數 invert_field_e，分別是 INVERT_YES 和 INVERT_NO，分別代表值 1'b1 和 1'b0。

第 4 步，使用改造完成的 my_reg_enum_field 類別來取代 uvm_reg_field，並用來重新建構範例暫存器 ctrl_reg，程式如下：

```
class ctrl_reg extends uvm_reg;
    `uvm_object_utils(ctrl_reg)

    rand my_reg_enum_field invert_field;
    ...
```

```
    function new(string name="ctrl_reg");
        super.new(name, 16, UVM_NO_COVERAGE);
    endfunction

    function void build();
        invert_field = uvm_reg_field::type_id::create("invert_field");
        invert_field.configure(this, 1, 0, "RW", 0, INVERT_NO, 1, 1, 0);
...
    endfunction
endclass
```

可以看到，在呼叫暫存器 field 的配置方法 configure 時，傳遞的參數從原先的 1'b0 變成了 INVERT_NO，這樣便清楚地知道了配置的暫存器 field 的初始值，從而提高了其可讀性。

第 5 步，再來看如何在驗證環境中讀寫上述暫存器，程式如下：

```
class bus_sequence extends uvm_sequence #(bus_transaction);
    `uvm_object_utils(bus_sequence)
    `uvm_declare_p_sequencer(bus_sequencer)

    function new(string name = "bus_sequence");
        super.new(name);
    endfunction : new

    task body();
        uvm_status_e status;
        invert_field_e value;

        p_sequencer.reg_model_h.ctrl_reg_h.invert_field.write(status, INVERT_YES, UVM_FRONTDOOR);
        p_sequencer.reg_model_h.ctrl_reg_h.invert_field.read(status, value, UVM_FRONTDOOR);
        `uvm_info("BUS SEQ", $sformatf("ctrl_reg value is %4h", value.name()),UVM_MEDIUM)
    endtask : body
endclass : bus_sequence
```

可以看到，在呼叫該暫存器 field 的寫入方法 write 時，可以直接寫入列舉類型值 INVERT_YES，而非之前的 1'b1，在呼叫該暫存器 field 的讀取方法 read 時，可以直接讀取列舉類型的值，然後呼叫內建方法 name() 來將列舉類型數值轉換成字串並列印出來，再也不是之前的一串 0 或 1 數字那樣難以閱讀理解的數值了。

第 47 章

相容 UVM 的供應商儲存 IP 的後門存取方法

47.1 背景技術方案及缺陷

47.1.1 現有方案

一個典型的基於 UVM 驗證方法學的驗證平臺結構示意圖如圖 47-1 所示。

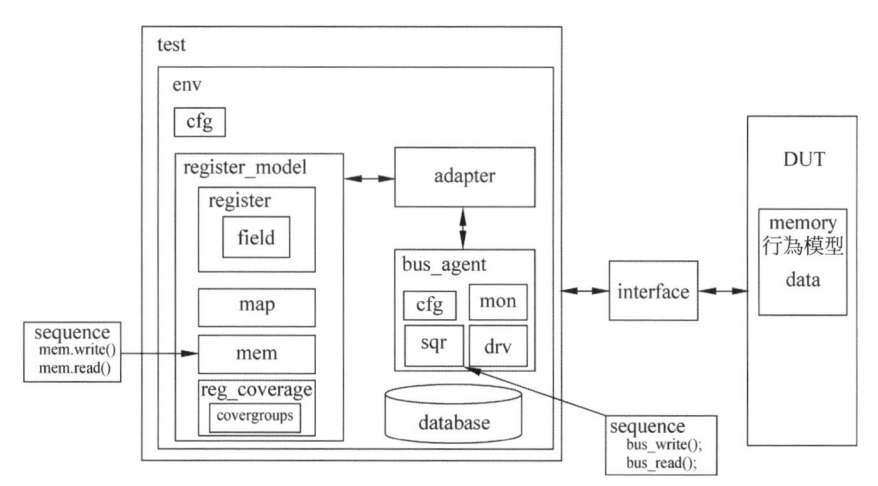

▲圖 47-1 基於 UVM 驗證方法學的驗證平臺結構示意圖

通常在專案前期，考慮到方便模擬偵錯、綜合評估、後端時序等因素會先使用儲存 IP 的行為模型 (Behavioral Model) 來替代真實的供應商儲存 IP 模組，以便進行模擬驗證，而為了加速模擬，提升模擬效率，通常驗證開發人員會將一些使用者發起的配置類別的儲存存取修改為後門存取的方法，但這些存取需要在此前經過前門存取做驗證，從而可以放心地修改為以後門存取的方法來縮短模擬時間。

為了說明現有方案及與後面本章要舉出的方案的區別，下面以一個具體的範例來做較為詳細的說明介紹。

首先來了解讀寫儲存要用到的匯流排，這裡僅作為說明本章舉出的方法的範例，因此該匯流排較為簡單，在實際專案中的匯流排複雜多變，需要根據具體專案的實際情況應用本章舉出的方法，但方法和原理都是相同的。這裡範例匯流排上的訊號有以下幾種。

(1) bus_valid：高電位時匯流排資料有效，低電位時無效。該有效訊號只持續一個時鐘，DUT 應該在其為高電位期間對匯流排上的資料進行採樣。如果是寫入操作，則 DUT 應該在下一個時鐘檢測到匯流排資料有效後，採樣匯流排上的資料並寫入其內部儲存。如果是讀取操作，則 DUT 應該在下一個時鐘檢測到匯流排資料有效後，將儲存單元中繼資料讀到資料匯流排上。

(2) bus_op：匯流排讀寫入操作。高電位時執行寫入操作，低電位時執行讀取操作。

(3) bus_addr：表示位址匯流排上的位址，其位元寬度為 16 位元。

(4) bus_wr_data：表示寫入資料匯流排上的 16 位元寬的資料。

(5) bus_rd_data：表示從資料匯流排上讀取的 16 位元寬的資料。

這裡位址匯流排的寬度為 16 位元，資料匯流排的寬度也為 16 位元，這裡範例的儲存的位元寬度也為 16 位元寬，深度為 10，即與匯流排寬度一致，為儲存分配的匯流排位址為 16'h10~16'h19。

如果要對該儲存進行存取，則只要呼叫暫存器模型的讀寫介面並發起相應的讀寫存取的請求序列即可，並且此時 bus_valid 訊號需要為高有效電位，然後根據匯流排讀寫入操作 bus_op 並根據指定的位址來完成對具體儲存單元的讀寫。

DUT 範例程式如下：

```
module tinyalu(...);
    ...
```

```
    input              clk;
    input              reset_n;

    input              bus_valid;
    input              bus_op;
    input [15:0]       bus_addr;
    input [15:0]       bus_wr_data;
    output[15:0]       bus_rd_data;

    ...

    memory mem(.clk(clk), .reset_n(reset_n), .bus_valid(bus_valid), .bus_op(bus_op),
.bus_addr(bus_addr), .bus_wr_data(bus_wr_data), .bus_rd_data(bus_rd_data));

endmodule

module memory(clk, reset_n, bus_valid, bus_op, bus_addr, bus_wr_data, bus_rd_data);
    input              clk;
    input              reset_n;
    input              bus_valid;
    input              bus_op;
    input [15:0]       bus_addr;
    input [15:0]       bus_wr_data;
    output reg[15:0]   bus_rd_data;

    reg [10][15:0]    data;
    always @(posedge clk)begin
        if(!reset_n)begin
            data[0] <= 16'h0;
            data[1] <= 16'h0;
            data[2] <= 16'h0;
            data[3] <= 16'h0;
            data[4] <= 16'h0;
            data[5] <= 16'h0;
            data[6] <= 16'h0;
            data[7] <= 16'h0;
            data[8] <= 16'h0;
            data[9] <= 16'h0;
        end
        else if(bus_valid && bus_op)begin
            case(bus_addr)
                16'h10:begin
                    data[0] <= bus_wr_data;
                end
                16'h11:begin
                    data[1] <= bus_wr_data;
```

```
                end
            16'h12:begin
                data[2] <= bus_wr_data;
            end
            16'h13:begin
                data[3] <= bus_wr_data;
            end
            16'h14:begin
                data[4] <= bus_wr_data;
            end
            16'h15:begin
                data[5] <= bus_wr_data;
            end
            16'h16:begin
                data[6] <= bus_wr_data;
            end
            16'h17:begin
                data[7] <= bus_wr_data;
            end
            16'h18:begin
                data[8] <= bus_wr_data;
            end
            16'h19:begin
                data[9] <= bus_wr_data;
            end
            default:;
        endcase
    end
end

always @(posedge clk)begin
    if(!reset_n)
        bus_rd_data <= 16'h0;
    else if(bus_valid && !bus_op)begin
        case(bus_addr)
            16'h10:begin
                bus_rd_data <= data[0];
            end
            16'h11:begin
                bus_rd_data <= data[1];
            end
            16'h12:begin
                bus_rd_data <= data[2];
            end
            16'h13:begin
                bus_rd_data <= data[3];
```

```
                    end
                    16'h14:begin
                        bus_rd_data <= data[4];
                    end
                    16'h15:begin
                        bus_rd_data <= data[5];
                    end
                    16'h16:begin
                        bus_rd_data <= data[6];
                    end
                    16'h17:begin
                        bus_rd_data <= data[7];
                    end
                    16'h18:begin
                        bus_rd_data <= data[8];
                    end
                    16'h19:begin
                        bus_rd_data <= data[9];
                    end
                    default:begin
                        bus_rd_data <= 16'h0;
                    end
                endcase
        end
    end
// 假設替換為真實的供應商儲存 IP 模組後，提供的後門讀寫介面以下
    task write_api(integer offset, reg[15:0] wdata);
        data[offset] = wdata;
        $display("mem write_api offset %0d, wdata %0h",offset,wdata);
    endtask

    task read_api(integer offset, output reg[15:0] rdata);
        rdata = data[offset];
        $display("mem read_api offset %0d, rdata %0h",offset,rdata);
    endtask

endmodule
```

在清楚了匯流排的時序功能行為及匯流排位址和資料寬度之後，來看如何在驗證平臺中使用暫存器模型發起對儲存的後門存取。

第 1 步，在暫存器模型中呼叫 uvm_mem 的 configure 函式時，設置好第 3 個硬體路徑參數，程式如下：

```
class reg_model extends uvm_reg_block;
    ...
    mem mem_h;

    function void build();
        default_map = create_map("default_map", 'h0, 2, UVM_LITTLE_ENDIAN);
        ...

        mem_h = mem::type_id::create("mem_h");
        mem_h.configure(this, "mem.data");
        default_map.add_mem(mem_h, 'h1x);
    endfunction
endclass
```

第 2 步，當將暫存器模型整合到驗證環境中時，設置好硬體的根路徑，程式如下：

```
class env extends uvm_env;
    ...
    reg_model reg_model_h;
    adapter adapter_h;
    adapter reg_adapter_h;
    predictor predictor_h;

    function void build_phase(uvm_phase phase);
        ...
        reg_model_h = reg_model::type_id::create ("reg_model_h");
        reg_model_h.configure();
        reg_model_h.build();
        reg_model_h.lock_model();
        reg_model_h.reset();
        adapter_h = adapter::type_id::create ("adapter_h");
        reg_adapter_h = adapter::type_id::create ("reg_adapter_h");
        reg_model_h.add_hdl_path("top.DUT");
        predictor_h = predictor::type_id::create ("predictor_h",this);
    endfunction : build_phase
endclass
```

第 3 步，呼叫暫存器模型提供的讀寫存取介面並指定後門存取方式，從而實現對儲存的讀寫以加速模擬，程式如下：

```
class bus_sequence extends uvm_sequence #(bus_transaction);
    ...
    task body();
        uvm_status_e status;
```

```
            uvm_reg_data_t value;
            for(int i=0;i<10;i++)begin
              p_sequencer.reg_model_h.mem_h.write(status, i, 16'h1111*i, UVM_BACKDOOR);
              `uvm_info("BUS SEQ",$sformatf("Write mem[%0d] -> %4h Completed!",i,
16'h1111*i), UVM_MEDIUM)
              p_sequencer.reg_model_h.mem_h.read(status, i, value, UVM_BACKDOOR);
              `uvm_info("BUS SEQ", $sformatf("Read mem[%0d] value is %4h",i,value),
UVM_MEDIUM)
            end

    endtask : body
endclass : bus_sequence
```

模擬結果如下：

```
UVM_INFO testbench/tb_classes/sequence/bus_sequence.svh(16) @ 910: uvm_test_top.
env_h.bus_agent_h.sequencer_h@@bus_seq [BUS SEQ] Write mem[0] -> 0000 Completed!
UVM_INFO testbench/tb_classes/sequence/bus_sequence.svh(18) @ 910: uvm_test_top.
env_h.bus_agent_h.sequencer_h@@bus_seq [BUS SEQ] Read mem[0] value is 0000
UVM_INFO testbench/tb_classes/sequence/bus_sequence.svh(16) @ 910: uvm_test_top.
env_h.bus_agent_h.sequencer_h@@bus_seq [BUS SEQ] Write mem[1] -> 1111 Completed!
UVM_INFO testbench/tb_classes/sequence/bus_sequence.svh(18) @ 910: uvm_test_top.
env_h.bus_agent_h.sequencer_h@@bus_seq [BUS SEQ] Read mem[1] value is 1111
UVM_INFO testbench/tb_classes/sequence/bus_sequence.svh(16) @ 910: uvm_test_top.
env_h.bus_agent_h.sequencer_h@@bus_seq [BUS SEQ] Write mem[2] -> 2222 Completed!
UVM_INFO testbench/tb_classes/sequence/bus_sequence.svh(18) @ 910: uvm_test_top.
env_h.bus_agent_h.sequencer_h@@bus_seq [BUS SEQ] Read mem[2] value is 2222

...

UVM_INFO testbench/tb_classes/sequence/bus_sequence.svh(16) @ 910: uvm_test_top.
env_h.bus_agent_h.sequencer_h@@bus_seq [BUS SEQ] Write mem[9] -> 9999 Completed!
UVM_INFO testbench/tb_classes/sequence/bus_sequence.svh(18) @ 910: uvm_test_top.
env_h.bus_agent_h.sequencer_h@@bus_seq [BUS SEQ] Read mem[9] value is 9999
```

可以看到，實現了對儲存行為模型正確地進行了後門讀寫存取。

47.1.2 主要缺陷

以上方案在專案前期是可行的，但是在專案後期，需要將 DUT 中的儲存 IP 的行為模型替換為真實的供應商儲存 IP 模組，然後需要把之前針對 DUT 的回歸測試用例重新模擬執行，以此來做功能性驗證。

但這存在以下問題需要解決：

對於儲存 IP 的行為模型，通常由一個簡單的二維陣列實現對儲存單元的模擬，然後在基於 UVM 的驗證環境中指定該二維陣列在 DUT 中的後門路徑，這樣就可以使用現有方案中的暫存器模型提供的後門存取方法實現對儲存的後門讀寫，從而加快模擬。

而對於供應商提供的儲存 IP 模組，通常是由儲存單元作為最小單元進行行和列的矩陣拼接而成的，其在該儲存 IP 模組中以 task 形式提供用於後門偵錯的讀寫資料介面。這就存在一個難題，即由於這裡是一個行列單元矩陣，而不再是此前的二維陣列，儲存的結構變得更複雜了，因此難以找到對應的儲存後門存取路徑，這樣之前的方案就變得不可行了。

因此需要想辦法相容已有的 UVM 驗證環境，以讓驗證團隊和之前一樣，無感知地呼叫暫存器模型的 read 和 write 方法並透過傳參指定前門或後門的存取方式，從而輕鬆地完成對儲存的後門讀寫存取，以此來加快模擬。

47.2 解決的技術問題

解決專案後期將 DUT 中的儲存 IP 的行為模型替換為真實的供應商儲存 IP 模組的後門存取的實現問題，從而實現對模擬加速，提升驗證效率，並且要求與現有的驗證環境相相容，即不改變驗證人員原有的工作習慣和使用方式。

47.3 提供的技術方案

47.3.1 結構

本節舉出的相容 UVM 的供應商儲存 IP 的後門存取的驗證平臺結構示意圖如圖 47-2 所示。

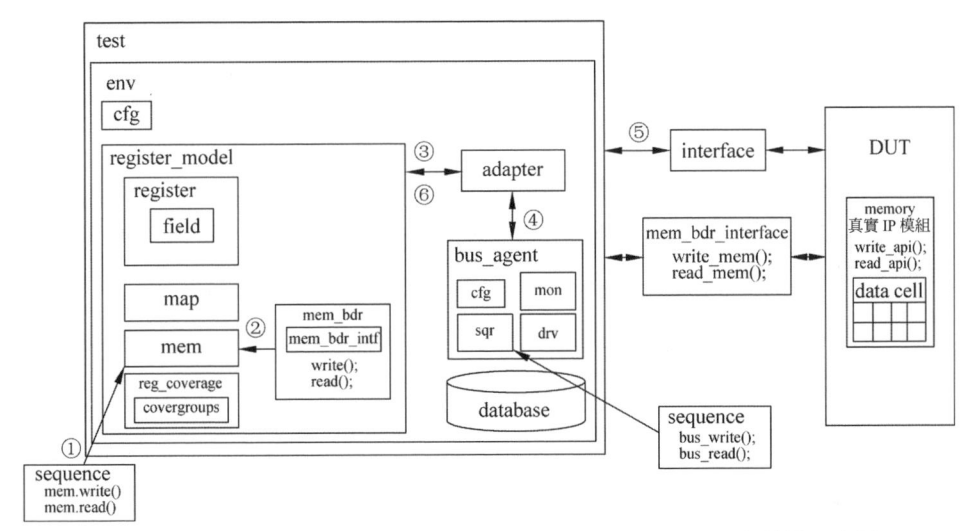

▲ 圖 47-2 相容 UVM 的供應商儲存 IP 的後門存取的驗證平臺結構示意圖

和圖 47-1 相比主要做了以下幾處改動：

（1）將 DUT 中的儲存行為模型替換為真實 IP 模組，並且其中提供了後門存取介面。

（2）在暫存器模型中宣告實體化了與目標儲存相對應的後門存取物件，用來多載後門存取方式。

（3）增加了與目標儲存相對應的後門存取 interface，用來解決直接在 package 裡使用 $root 全域根目錄空間不可見的問題，最終是為了在後門存取物件裡獲得儲存 IP 模組的後門存取介面。

47.3.2 原理

對儲存的後門讀寫存取流程及原理以下（圖 47-2 中的標號①～⑥對應於下面的描述 (1)~(6)）：

（1）呼叫 UVM 提供的暫存器模型以發起對目標儲存的後門讀寫存取。

（2）對目標儲存設置相對應的後門存取物件，以多載該儲存的後門存取方式。這裡的後門存取方式實現了自訂的後門存取方法，最終呼叫的是儲存 IP 模組內的後門存取介面。

(3) 暫存器模型產生請求序列，並產生請求序列元素。

(4) 呼叫轉接器的 reg2bus 方法以將上述類型的請求序列元素轉換成相應匯流排事務類型的請求序列元素。

(5) 首先將這些匯流排事務類型請求序列元素傳送給匯流排序列器，接著由序列器傳送給匯流排驅動器，然後驅動器將其驅動到匯流排上並依次傳回讀取的暫存器的值，並將傳回的數值放回事務請求資料中。

(6) 如果是讀取操作，則呼叫轉接器的 bus2reg 方法將匯流排事務請求資料中讀取的值傳遞給暫存器模型的事務類型中，相當於返給了暫存器模型，此時在讀匯流排上可以依次看到讀到的儲存的值。如果是寫入操作，則此時在寫入匯流排上可以看到資料被依次寫入了目標儲存，也可以透過再發起讀取存取來驗證是否寫成功。

47.3.3 優點

優點如下：

(1) 解決了專案後期將 DUT 中的儲存 IP 的行為模型替換為真實的供應商儲存 IP 模組的後門存取的實現問題，從而實現了模擬加速，提升了驗證效率。

(2) 舉出的方案與現有的基於 UVM 的驗證環境相相容，即不改變驗證人員的原有的工作習慣和使用方式，使開發人員無感知，更加好用。

(3) 舉出的方法適用於複雜的 DUT 儲存結構，可以使用指令稿實現自動化整合。

47.3.4 具體步驟

第 1 步，針對真實的供應商提供的所有的儲存模組 IP 撰寫對應的後門存取 interface，具體包括以下兩種方式。

(1) 由於直接在 package 裡使用 $root 全域根目錄空間是不可見的，因此要透過 interface 傳遞的方式來呼叫儲存的後門存取介面。

撰寫所有儲存模組 IP 對應的後門存取 interface，在其中提供讀寫兩個任務，透過 $root 全域根目錄空間來呼叫真實的供應商儲存 IP 模組中的後門讀寫方法，在其中指定對儲存讀寫的偏移位址和資料。

(2) 定義巨集以備之後在測試平臺層次上宣告 interface 並透過配置資料庫傳遞給驗證環境中的暫存器模型裡的自訂後門存取物件，以方便該物件呼叫 interface 裡的任務實現對儲存 IP 的後門存取，程式如下：

```
`define set_mem_bdr_intf \
  mem_bdr_intf mem_bdr_intf_h(); \
  initial begin \
    uvm_config_db#(virtual mem_bdr_intf)::set(null,"*",`"mem_bdr_intf`",top.mem_bdr_intf_h); \
  end \

  interface mem_bdr_intf();

    task write_mem;
      input int unsigned offset;
      input logic[15:0] wdata;

      $root.top.DUT.mem.write_api(offset,wdata);
    endtask

    task read_mem;
      input int unsigned offset;
      output logic[15:0] rdata;

      $root.top.DUT.mem.read_api(offset,rdata);
    endtask

endinterface
```

第 2 步，針對真實的供應商提供的所有的儲存模組 IP 撰寫對應的後門存取物件，具體包括以下幾個小步驟。

(1) 繼承自 uvm_reg_backdoor 類別。

(2) 宣告第 1 步中撰寫的後門存取 interface，並透過配置資料庫在驗證環境中獲取第 1 步傳遞的該 interface。

(3) 多載 write 和 read 這兩個後門存取任務，在其中呼叫獲取的後門存取 interface 中的後門讀寫任務以實現對儲存 IP 的後門存取，在任務中傳遞儲存的偏移位址和讀寫資料，程式如下：

```
class mem_bdr extends uvm_reg_backdoor;
    `uvm_object_utils(mem_bdr)
    virtual mem_bdr_intf vif;

    function new(string name = "mem_bdr");
        super.new(name);
        if(!uvm_config_db#(virtual mem_bdr_intf)::get(null,"","mem_bdr_intf",vif))
            `uvm_fatal(this.get_name(),$sformatf("Failed to get mem_bdr_intf! Please check!"))
    endfunction

    task write(uvm_reg_item rw);
        vif.write_mem(rw.offset,rw.value[0]);
        rw.status = UVM_IS_OK;
    endtask

    task read(uvm_reg_item rw);
        vif.read_mem(rw.offset,rw.value[0]);
        rw.status = UVM_IS_OK;
    endtask

endclass
```

第 3 步，在頂層測試平臺中呼叫第 1 步裡的巨集宣告 interface 並透過配置資料庫傳遞給驗證環境中的暫存器模型裡的自訂後門存取物件，以方便該物件呼叫 interface 裡的任務實現對儲存 IP 的後門存取，程式如下：

```
module top;
    ...
    tinyalu DUT (...);

    `set_mem_bdr_intf

    initial begin
        uvm_config_db #(virtual tinyalu_bfm)::set(null, "*", "bfm", bfm);
        uvm_config_db #(virtual simple_bus_bfm)::set(null, "*", "bus_bfm", bus_bfm);
        run_test();
    end
endmodule : top
```

第 4 步，透過在暫存器模型裡使用儲存模組的控制碼呼叫 set_backdoor() 方法，然後將第 2 步的後門存取物件實例化並作為參數進行傳遞，從而將目標儲存模組的後門存取方式改變為第 2 步中自訂的方式，程式如下：

```
class reg_model extends uvm_reg_block;
    ...

    mem mem_h;

    function void build();
        default_map = create_map("default_map", 'h0, 2, UVM_LITTLE_ENDIAN);
        ...

        mem_h = mem::type_id::create("mem_h");
        mem_h.configure(this, "mem.data");
        default_map.add_mem(mem_h, 'h1x);

        begin
          mem_bdr bdr = new();
          mem_h.set_backdoor(bdr);
        end
    endfunction
endclass
```

第 5 步，呼叫暫存器模型提供的讀寫存取介面並指定後門存取方式，從而實現對儲存的讀寫以加速模擬。

這裡和之前方案中的第 3 步一樣，因此可以看到舉出的方案與現有的驗證環境相相容，不改變驗證人員的原有的工作習慣和使用方式，並且模擬後結果和之前是一樣的。

注意：(1) 要針對提供的所有的儲存模組 IP 撰寫對應的後門存取 interface 和後門存取物件類別，並且要為所有的儲存模組 IP 多載設置相應的自訂後門存取方式，因為儲存模組 IP 在 DUT 中的硬體路徑是唯一且一一對應的。
(2) 對於複雜多層次的 DUT，可以將硬體路徑、後門存取 interface 和後門存取物件分開撰寫，並整理到 filelist 列表檔案中，可以使用指令稿來批次生成以提升撰寫效率。
(3) 在實際專案中硬體層次和儲存介面要比這複雜得多，這裡僅以一個最簡單的範例說明其原理和方法，可以將這裡舉出的方法應用到實際的複雜專案中。

47.3.5 備註

提供的方案中的第 2 步，如果改成下面這樣。實際上就是原先的儲存模型的方案所對應的後門存取方式，只是真實的儲存 IP 模組不是簡單的二維的陣列變數，因此這種方式變得不可行。

所以之前的方案才會透過 interface 獲取儲存 IP 模組的後門存取介面，而非直接呼叫 uvm_hdl_deposit 和 uvm_hdl_read 來對儲存建模的二維陣列變數進行後門讀寫，程式如下：

```
class mem_bdr extends uvm_reg_backdoor;
    `uvm_object_utils(mem_bdr)

    function new(string name = "mem_bdr");
        super.new(name);
    endfunction
    task write(uvm_reg_item rw);
        bit ok;
        // 後門寫入
        ok=uvm_hdl_deposit($sformatf("top.DUT.mem.data[%0d]",rw.offset), rw.value[0]);
        assert(ok);
        rw.status = UVM_IS_OK;
    endtask

    task read(uvm_reg_item rw);
        bit ok;
        // 後門讀取
        ok = uvm_hdl_read($sformatf("top.DUT.mem.data[%0d]",rw.offset), rw.value[0]);
        assert(ok);
        rw.status = UVM_IS_OK;
    endtask

endclass
```

第 48 章
應用於晶片領域的程式倉庫管理方法

48.1 背景技術方案及缺陷

48.1.1 現有方案

通常晶片領域的 RTL 設計和測試平臺程式版本的倉庫管理會採用開放原始碼的分散式管理系統 Git 來完成，其中 RTL 設計規模包括 IP 級設計、模組層級設計及系統等級設計，相應的測試平臺也會包括對 IP 級的驗證、對模組層級的驗證及對系統級的驗證。

使用者在最終提交到程式倉庫前會執行一個最小等級的回歸測試，以此來驗證上述程式倉庫中 RTL 設計和測試平臺基本功能的正確性，即需要測試成功包括基本的編譯過程及針對各個測試平臺的基本模擬測試用例。在專案的早期階段，上述編譯和模擬過程通常在 10 分鐘內就可以完成。隨著專案的不斷推進，相關程式量日益增多，模擬測試的頻次和需求也會越來越多，給電腦資源帶來較大壓力，上述測試時間也會逐漸增長，最終甚至達到數小時之久。每次將程式提交到 Git 主線 (main 分支) 都需要這麼久的回歸測試時間是很難接受的，因此通常會透過設置 Git 用戶端的 pre-push 鉤子 (Hooks) 同時借助持續整合 (Continuous Integration，CI) 工具 Jenkins 的方案來保證提交到程式倉庫的程式的正確性並對程式倉庫的狀態進行監控和維護。

現有的程式倉庫管理方案的流程圖，如圖 48-1 所示。

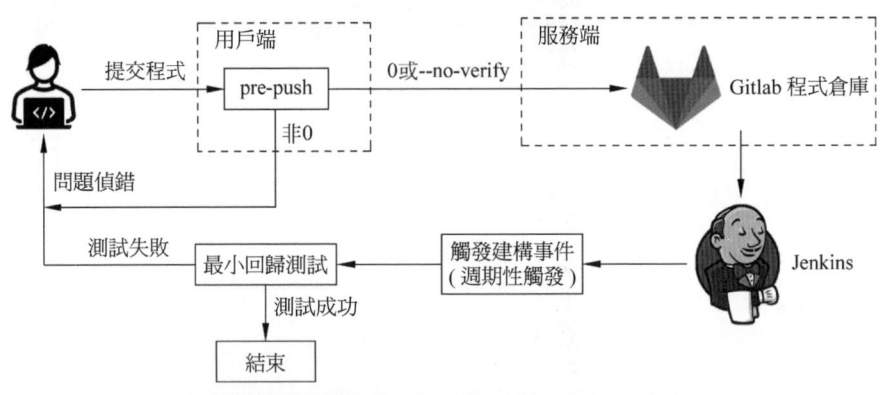

▲ 圖 48-1 現有的程式倉庫管理方案的流程圖

現有方案的實施步驟大致分為以下兩個步驟：

第 1 步，設置 Git 用戶端的 pre-push 鉤子。

pre-push 鉤子會在使用者 git push 向程式倉庫提交程式時對提交的修改或新增部分的程式進行驗證測試，即執行修改或新增程式所對應 RTL 設計的測試平臺的基本功能測試用例，如果測試成功，則可以被推送到程式倉庫，如果測試失敗，則不會被推送到程式倉庫。這樣的好處是每次使用者提交程式時不需要對程式倉庫中所有的測試平臺的基本測試用例進行編譯模擬測試，而只需對提交部分程式所對應的 RTL 設計和測試平臺的程式進行測試，這樣測試更有針對性，大大減少了模擬測試的任務量，從而大大縮短了模擬時間，提升了模擬效率。

以上過程會透過撰寫對應的具有可執行許可權的 pre-push 指令檔並將其存放在 ./git/hooks 目錄下實現，在該指令稿中主要完成對修改部分程式對應的測試平臺的基本功能測試用例的編譯模擬，檢測模擬執行的結果，如果測試成功，則傳回零並退出，使用者提交的程式可以被正常推送到程式倉庫，如果傳回非零並退出，則使用者提交的程式將不會被推送到程式倉庫，並且提示測試失敗資訊以供使用者去偵錯並定位出現問題的原因。

第 2 步，使用持續整合工具 Jenkins 週期性地執行最小等級的回歸測試，從而實現對程式倉庫的狀態進行監控和維護。

這一步具體分為兩個小步驟：

(1) 將 Jenkins 工具的觸發建構事件 (Build Triggers) 設置為週期性觸發 (Build

Periodically)。

舉例來說，可以設定每週六晚上執行一次最小等級的回歸測試，以此來測試程式倉庫中所有程式的狀態是否正常。

(2) 設置 Jenkins 工具的建構動作 (Build)，以此來執行撰寫的最小回歸測試的指令稿。

當 Jenkins 工具監測達到設定的週期執行時間時會自動執行最小等級的回歸測試，如果測試結果失敗，則會透過郵件 (可以透過 Jenkins 外掛程式 Email Extension 實現) 通知最後一次將程式提交到倉庫的所有相關使用者，告知使用者關於回歸測試失敗的資訊以供檢查並定位程式出現問題的原因。

48.1.2 主要缺陷

上述方案可行，但是存在以下缺陷。

缺陷一： 由於使用者可以在提交程式時增加 --no-verify 選項來跳過用戶端的 pre-push 鉤子，以此來強制推送到伺服器端，因此可能會使提交程式的驗證檢查機制失效，所以用戶端鉤子的可靠性不高，通常只能作為提交程式的輔助驗證手段。

缺陷二： 使用者每次複製一個程式倉庫時都需要在 .git/hooks 目錄下新增 1個 pre-push 鉤子指令稿，或使用者需要先敲擊一個命令以設置環境變數，以便將使用者的程式倉庫映射到同一個 pre-push 鉤子指令稿並以此作為入口，而提示使用者記得執行此操作會稍顯麻煩。

缺陷三： 由於這裡已將 Jenkins 的觸發建構事件設定為週期性觸發，因此 Jenkins 只能週期性地執行最小等級的回歸測試來定期檢查程式倉庫中程式的狀態，如果測試失敗，則不能及時且準確地獲知具體是哪次對 Git 主線的程式提交導致的測試失敗，因此會給問題的定位帶來不便，導致程式倉庫的可維護性較差。

48.2 解決的技術問題

避免 48.1.2 節中出現的缺陷問題。

48.3 提供的技術方案

48.3.1 結構

本章舉出的程式倉庫管理方案的流程圖，如圖 48-2 所示。

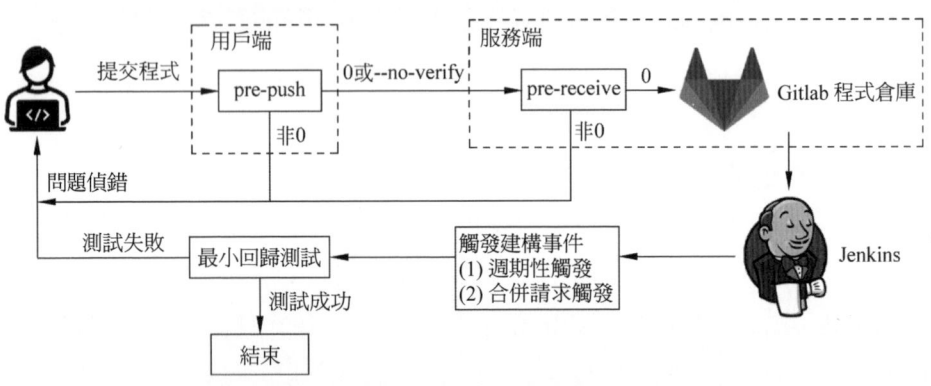

▲圖 48-2 本章舉出的程式倉庫管理方案的流程圖

在保留用戶端 pre-push 鉤子的同時，在伺服器端增加 pre-receive 鉤子來避免缺陷一和缺陷二。這是因為伺服器端的鉤子是使用者不可跳過的，因為其部署在伺服器端，所以使用者不可簡單地透過 --no-verify 選項來強制推送提交程式。同時，伺服器端的鉤子可以根據特定專案的單一倉庫部署，也可以全域部署，而且只需部署一次。

通常建議在 Git 的 branch 分支上做專案開發，並根據專案的階段性進展將 Git 分支合併到 Git 主線上去，然後合併到 Git 主線的請求動作將自動觸發 Jenkins 建構事件，從而使其自動執行最小等級的回歸測試來對合併的程式進行驗證檢查，這樣在 Git 主線程式出現問題時可以第一時間準確地獲知，以便開發人員進行問題的定位，同時保留週期性觸發建構事件，從而定期地對主線程式倉庫進行全方位監控和維護，因此，上述缺陷三也將得到有效避免。這裡 Jenkins

的合併請求觸發建構事件可以透過 Jenkins 的 Gitlab 外掛程式並設置 Git 的網頁鉤子 (Webhooks) 實現。

48.3.2 原理

Git 支援在特定的動作發生時觸發自訂指令稿，其包括兩組鉤子。

1. 用戶端的鉤子

在用戶端發起的程式提交或合併時進行呼叫。這裡包含多種鉤子類型，但主要會用到其中的 pre-push 鉤子。

2. 伺服器端的鉤子

在伺服器端接收使用者提交的程式時進行呼叫。這裡同樣包含多種鉤子類型，但主要會用到其中的 pre-receive 鉤子。

Gitlab 處理流程如圖 48-3 所示。

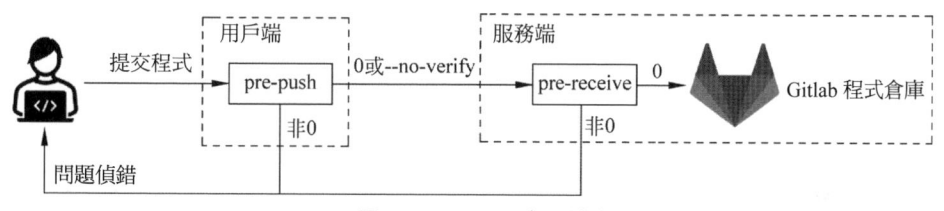

▲圖 48-3 Gitlab 處理流程

可以看到，使用者提交程式後會先經過用戶端的 pre-push 鉤子來決定是否將其提交給伺服器端，此時透過 pre-push 指令稿傳回值是否為 0 來決定提交的程式是否會被推送到伺服器端，或在使用者提交程式時增加 --no-verify 選項來強制推送到伺服器端，然後經過伺服器端的 pre-receive 鉤子，類似地會透過 pre-receive 指令稿的傳回值是否為 0 來決定來自用戶端提交的程式是否最終會被 Gitlab 程式倉庫所接受。

同理，可以在 pre-receive 階段來對提交資訊進行驗證，如果不符合規範要求，則直接傳回非零值，該推送便不會被程式倉庫所接受。

注意：(1) 由於使用者可以在提交程式時增加 --no-verify 選項來跳過用戶端的 pre-push 鉤子並以此強制推送到伺服器端，因此可能會使提交程式的驗證檢查機制失效，所以用戶端鉤子的可靠性不高，通常只能作為提交程式的輔助驗證手段。要達到強制執行驗證的目的，可靠的方式是透過伺服器端鉤子實現。通常會在專案中使用 Gitlab 作為伺服器端來託管 Git 倉庫，Gitlab 有自己的一套鉤子，可以參照其官方文件以實現伺服器端的鉤子。

(2) 這裡用戶端和伺服器端各自都包含多種類型的鉤子，例如用戶端除了包括 pre-push 鉤子以外，還包括 pre-rebase、post-rewrite、post-checkout、post-merge、pre-auto-gc 等鉤子，伺服器端除了 pre-receive 鉤子以外，還有 update 和 post-receive 鉤子，但是通常來講，應用 pre-push 和 pre-receive 鉤子就可以滿足一般專案的需求，因此其他鉤子在流程圖中省略了。

以上設置 Git 鉤子僅用於對使用者提交的程式進行驗證測試，即作為推送到程式倉庫前的第一重保障。除此之外，還應該結合 Gitlab 和 Jenkins 設置定期觸發及合併請求觸發的自動建構事件來對倉庫程式進行自動回歸功能測試，從而進一步加強對已經推送到程式倉庫中的程式狀態進行監控和維護，以作為程式倉庫的第二重保障。

其中需要增加 Jenkins 的合併請求觸發建構事件選項，這是由 Git 的網頁鉤子實現的。當相應的建構事件觸發時，例如使用者推送程式或合併分支等操作時，就會觸發網頁鉤子下面的指令稿執行。

下面來看 Git 網頁鉤子的合併請求觸發建構的處理流程及其原理，如圖 48-4 所示。

▲圖 48-4 基於 Git 網頁鉤子的合併請求觸發建構的處理流程圖

使用者透過 git merge 將 Git 分支合併到 Git 主線上，此時該合併請求事件訊息會被 Gitlab 的伺服器端發送到伺服器端程式倉庫中提前設置好的連結（URL）並攜帶金鑰（Secret Token），而該連結和金鑰資訊是在 Jenkins 對應 item 配置中和生成的，因此只要 Gitlab 伺服器端和 Jenkins 這兩者的連結和金鑰匹配就會觸發在 Jenkins 中提前設置好建構事件，從而對程式倉庫進行最小等級的回歸測試。

48.3.3 優點

優點如下：

(1) 充分利用 Git 的用戶端和伺服器端鉤子的特點，將使用者提交的程式驗證檢查分為伺服器端的必須強制執行的部分和用戶端的可靈活跳過的部分，可以在具體專案中根據實際情況，充分利用兩種類型的鉤子以實現對使用者提交的程式進行檢查驗證，從而滿足靈活多變的專案需求。

(2) 應用 Jenkins 中針對 Gitlab 的外掛程式及 Git 對網頁鉤子的支援來增加合併請求觸發建構事件的觸發選項，從而做到及時準確地獲知程式倉庫的狀態，同時保留了週期性觸發建構事件的觸發選項，從而加強對主線程式倉庫狀態的監控和維護。

(3) 提供了基於 Python 語言開發的鉤子指令稿的實現想法來將 Git 用戶端和伺服器端的鉤子特性與 Jenkins 的持續整合特性相結合，從而解決了晶片領域的程式倉庫管理問題。

48.3.4 具體步驟

第 1 步，新建資料夾以指定 Gitlab 伺服器端的鉤子目錄，然後在設定檔 gitlab.rb 中配置該目錄，程式如下：

```
#/etc/gitlab/gitlab.rb
gitaly['custom_hooks_dir'] = "opt/gitlab/hooks"
```

Git 伺服器端鉤子可以針對特定專案的單一倉庫進行部署，也可以全域進行部署，這裡僅以全域部署伺服器鉤子為例進行範例說明，針對特定專案的單一倉庫部署的原理與此類似，參照官方文件進行設置即可，這裡不再贅述。

第 2 步，在自訂鉤子目錄下進一步針對不同的伺服器端鉤子類型建立對應的子目錄 pre-receive.d、post-receive.d 和 update.d。

第 3 步，重新配置 Gitlab 伺服器端以使配置資訊生效，重新啟動後需要稍微等待一段時間，一般不超過 5 分鐘，程式如下：

```
gitlab-ctl reconfigure
gitlab-ctl restart
```

第 4 步，在之前新建好的 pre-receive.d、post-receive.d 和 update.d 目錄中各自開發鉤子指令檔，例如這裡在 pre-receive.d 中採用 Python 語言開發 pre-receive 可執行指令檔。

該指令稿一般需要實現以下子步驟：

(1) 從標準輸入獲取 Git 提交程式的參數，包括舊版本編號、新版本編號及分支名稱，同時還可以獲取 Gitlab 伺服器端提供的環境變數參數，具體可以參考 Gitlab 的官方文件。

(2) 透過獲取的 Git 參數，利用 git diff --name-only 命令及字元搜索匹配命令獲取提交修改的副檔名為 .v、.sv 和 .svh 等的程式檔案路徑，因為通常 RTL 設計檔案和測試平臺檔案都會以上述幾種擴充名稱作為檔案名稱的結尾。

(3) 透過獲取的提交修改的程式檔案路徑，然後使用 Python 的正則匹配查詢去獲取所對應的 RTL 設計模組名稱及對應的測試平臺名稱。

例如可以規劃以下結構的程式管理目錄：

```
|--$WORK_SPACE
    |-- module_name
        |-- sim:# 存放 testbench 相關程式
        |-- src: # 存放 RTL 設計相關程式
```

使用獲取的程式檔案路徑，然後往上級目錄做正則匹配查詢，從而獲取目錄 module_name，即模組名稱。

(4) 判斷該模組名稱對應的測試用例目錄下是否存在對應的基本功能測試用例，如果不存在，則僅做編譯測試，如果存在，則做基本功能測試用例的編譯和模擬測試。

關於透過獲取模組名稱後來執行編譯和模擬測試，可以透過模擬環境管理指令稿實現，該模擬環境管理指令稿的詳細實現可以聯繫筆者獲取，這裡不作贅述。

另外，除了可以做上述基本功能的測試用例的編譯模擬測試以外，還可以做一些其他的驗證測試，例如程式中不能出現類似 Git 識別字，如「<<<<<<|>>>>>>」等字樣，還例如程式頭部內容需要標識清楚修改時間日期及基本的程式說明內容等，這些根據具體的專案需求都可以做相應的驗證測試。

(5) 檢測基本功能編譯模擬測試的結果，如果測試成功，則傳回零並退出，使用者提交的程式可以正常地被程式倉庫所接受，如果傳回非零並退出，則使用者提交的程式將不會被程式倉庫所接受。

(6) 如果測試失敗，則需要將測試失敗的相關資訊（例如測試結果、測試平臺名稱、測試用例名稱、編譯模擬日誌資訊或路徑資訊等）輸出到螢幕，從而提示開發人員對導致程式問題的原因進行偵錯定位。

(7) 對指令檔賦予可執行許可權，否則鉤子指令檔不會被執行生效。

第 5 步，這一步驟可選，即在 .git/hooks 目錄下撰寫 pre-push 指令稿，對用戶端 Git 做約束，可以對使用者提交的程式做一些非必須強制要求的驗證測試，因為在用戶端，使用者可以透過 --no-verify 進行跳過。

該指令稿開發想法和過程和上一步類似，這裡不再贅述。

第 6 步，在 Git 伺服器端配置網頁鉤子，以此來增加 Jenkins 的主線合併請求的自動觸發建構事件選項，同時根據專案需要可以選擇撰寫 Jenkinsfile 指令稿以實現 Jenkins 管線建構測試。

具體包括以下幾個小步驟：

(1) 在 Jenkins 中搜索安裝 Gitlab 外掛程式，從而開啟對 Gitlab 網頁鉤子功能的支援。

(2) 在 Gitlab 伺服器端倉庫專案中設置好 Jenkins 對應 item 配置中的連結和生成的金鑰。

(3) 在 Jenkins 觸發建構選項欄裡勾選並增加合併請求觸發及週期性觸發。

(4) 可選地，撰寫 Jenkinsfile 指令稿以實現管線建構測試，在該指令稿中主要用於呼叫執行撰寫的最小回歸測試的指令稿，從而完成對程式倉庫中全測試平臺的最小回歸功能測試，然後對測試結果進行收集並透過郵件推送提醒。

最後，貼上 pre-receive 虛擬程式碼以供參考，程式如下：

```python
#!/usr/bin/python3
import os,sys,re
import subprocess

class Githook():
    def __init__(self):
        #get git args
        self.args=input()
        self.parent_commit_id = self.args.split()[0]
        self.current_commit_id = self.args.split()[1]
        self.branch = self.args.split()[2]
        self.username = os.environ.get('GL_USERNAME')
        self.commit_files = ''

    def get_shell_output(self, cmd):
        status, ret = subprocess.getstatusoutput(cmd)
        return status, ret
    def check_conflict_markers(self):
        status, ret = self.get_shell_output("git diff %s %s | grep -qE '^\+(<<<<<<<|>>>>>>>)'" % (self.parent_commit_id, self.current_commit_id))
        if status == 0:
            print(f'GL-HOOK-ERR: Hi {self.username}, your code has conflict markers. Please resolve and retry.')
            exit(1)

    def get_commit_files(self):
        status, ret = self.get_shell_output("git diff %s %s --name-only" % (self.parent_commit_id, self.current_commit_id))
        self.commit_files = ret

    def run_basic_test_for_commit_files_corresponding_tb(self):
        #run smoke testcase of testbench
        pass

    def report_log_info(self):
        #report compile and simulation log
        pass

    def exit_pre_receive(self):
        if test_success:
            exit(0)
        else:
            exit(1)

    def run_pre_receive_flow(self):
        self.get_commit_files()
```

```python
        self.check_conflict_markers()
        self.run_basic_test_for_commit_files_corresponding_tb()
        self.report_log_info()
        self.exit_pre_receive()

def main():
    githook = Githook()
    githook.run_pre_receive_flow()
if __name__ == '__main__':
    main()
```

第 49 章

DPI 多執行緒模擬加速技術

49.1 背景技術方案及缺陷

49.1.1 現有方案

通常驗證開發人員會使用記分板來檢查 DUT 的行為功能是不是符合預期，它是上述基於 UVM 驗證平臺的組件之一，衍生於 uvm_scoreboard 類別。

記分板的組成結構示意圖如圖 9-3 所示，它由兩部分組成：

(1) 預測器，即參考模型，用於完成和 DUT 相同的功能。

透過對 monitor 的 analysis_port 進行訂閱，從而獲取發送給 DUT 的 transaction 資料事務激勵及 DUT 輸出的 transaction 資料事務結果，然後將該激勵施加給參考模型來產生期望的結果，最後與 DUT 實際的輸出結果進行分析和比較。簡單來說，這裡參考模型 predictor 和 DUT 接收同樣的測試激勵，運算完成後把各自輸出的結果送入評估器 evaluator 進行分析比較，從而幫助驗證 DUT 功能的正確性。該部分一般用 C、C++、SystemVerilog 或 SystemC 來撰寫。

(2) 評估器，即用於將期望值和實際值進行比較並輸出結果的部分。

predictor 沒有專門的基礎類別，一般衍生於 uvm_component，通常驗證開發人員可以用 C、C++、SystemVerilog 或 SystemC 語言來撰寫。

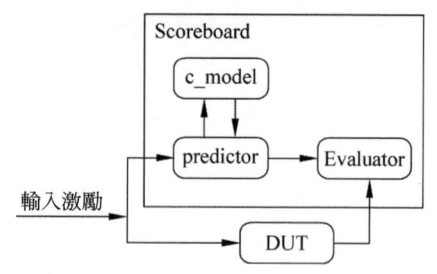

▲ 圖 49-1 增加 C 語言參考模型 (c_model)

之後的記分板組成結構

其中的計算期望值的介面方法。通常對演算法類別的晶片來講會使用 C 語言來撰寫參考模型，然後使用 SystemVerilog 的 DPI(Direct Programming Interface) 介面來呼叫使用 C 語言撰寫的參考模型中的介面方法，從而計算得到期望值。

增加 C 語言參考模型 (c_model) 之後的記分板組成結構如圖 49-1 所示。

以下是現有方案的具體實現步驟：

第 1 步，撰寫 C 函式方法以實現參考模型，以此供驗證環境中 SystemVerilog 側的元件（predictor）進行呼叫。

注意：(1) C 語言和 SystemVerilog 語言之間資料型態的映射關係，例如範例中的 C 語言側的 svBitVecVal 資料型態與 SystemVerilog 側的 bit[31:0] 資料型態之間的映射轉換，除此之外，還需要注意通訊埠資料型態的映射。

輸入通訊埠： const svBitVecVal data → input bit[31:0] data。
輸出通訊埠： svBitVecVal* result → output bit[31:0] result。
(2) 匯入 SystemVerilog 與 C 語言的介面檔案 svdpi.h。

程式如下：

```
//c_model.c
#include "svdpi.h"
svBitVecVal predict_result(const svBitVecVal data)
{
    // 這裡只是簡單地傳回期望結果 0，僅作範例作用
    // 實際上根據專案的需要，應該在這裡實現對應的計算期望結果的邏輯
    svBitVecVal result = 0;
    return result;
}
```

第 2 步，在 predictor 中獲取來自 monitor 監測到的輸入激勵，然後呼叫上述 C 函式計算期望的結果，計算完成後透過 TLM 通訊連接埠傳送給 evaluator 進行分析比較，程式如下：

```
//predictor.sv
import "DPI" function bit[31:0] predict_result(input bit[31:0] data);
class predictor extends uvm_subscriber #(item);
    uvm_analysis_port #(item) ap;
    function void write(item it);
        item it_out;
        $cast(it_out, it.clone());
        it_out.data = predict_result(it.data);
        ap.write(it_out);
    endfunction
endclass
```

第 3 步，在 evaluator 中獲取來自 DUT 輸出通訊埠 monitor 監測到的實際輸出結果，以及獲取上一步 predictor 呼叫 c_model 運算完成的期望結果，然後進行比較，從而判斷 DUT 功能的正確性，程式如下：

```
//evaluator.sv
class evaluator#(type T = item) extends uvm_component;
    uvm_analysis_imp_predict #(T, evaluator) predict_export;
    uvm_analysis_imp_actual #(T, evaluator)actual_export;

    virtual function void write_predict(T it);
        ...
    endfunction
    virtual function void write_actual(T it);
        ...
    endfunction
endclass
```

49.1.2 主要缺陷

上述的現有方案可行，但是當呼叫該 C 語言撰寫的參考模型的介面方法時模擬的性能會下降。

這是因為呼叫參考模型的 C 介面方法後，模擬工具會停下來，等待被呼叫的介面方法運算傳回的結果，當獲取傳回的運算結果之後才可以繼續執行驗證環境中的程式，以此來繼續後面的模擬。如果模擬過程中需要呼叫很多這種 C 介面方法，就需要在整個模擬過程中多次中斷等待運算結果的傳回，因此會導致整個模擬過程變慢。

49.2 解決的技術問題

本章舉出一種 DPI 多執行緒模擬加速技術，以此來避免出現上述缺陷問題，造成對上述呼叫 C 介面方法過程的加速作用，即利用多執行緒並行地執行 C 模型方法，從而避免每次呼叫 C 模型方法都要中斷模擬並等待所導致的模擬效率低下的問題，最終實現對模擬過程的加速。

49.3 提供的技術方案

49.3.1 結構

改為使用 C++ 語言並透過執行緒池來解決這個問題，即將需要執行的 C 函式任務加入一個佇列中，然後由空閒的執行緒來執行這個任務。當執行完成後，非同步地傳回運算結果，相當於實現了模擬過程和呼叫 C 模型方法的並存執行，從而解決當需要多次呼叫 C 模型方法時的中斷等待的缺陷。

本章舉出的 DPI 多執行緒模擬加速方案後的記分板組成結構示意圖如圖 49-2 所示。

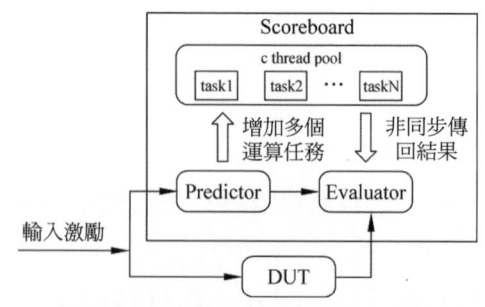

▲ 圖 49-2 DPI 多執行緒模擬加速方案後的記分板組成結構示意圖

49.3.2 原理

原理如下：

(1) 建構執行緒池 thread_pool 類別來對 C++ 多執行緒任務進行管理。

(2) 利用 std::future 範本類別提供的存取非同步作業結果的機制實現對此前呼叫 C 模型介面方法的非同步結果的運算和傳回。

(3) 利用 std::queue 範本類別提供的佇列方法來保證運算結果的順序，從而方便 evaluator 元件呼叫相關佇列方法並將結果按順序取出以進行分析比較。

49.3.3 優點

優點如下：

(1) 原先每次呼叫 C 模型方法都必須等待運算完成並傳回結果，改進後的方案可以實現多次呼叫 C 模型方法的多執行緒並存執行，並且非同步地傳回運算結果，從而減少原先方案的中斷等待時間，從而提高模擬效率。

(2) 使用 C++ 高級範本類別方法結合 UVM 驗證方法學根據專案的需要，將原先直接透過 DPI 介面呼叫 C 模型方法切分為兩個非同步的過程，即一個過程是由 predictor 元件呼叫 predict_call_by_predictor 方法將需要呼叫的 C 模型方法送入執行緒池以進行並行運算，另一個過程是由 evaluator 元件呼叫 get_result_call_by_evaluator 方法將在執行緒池中運算完成的結果取回以進行比較分析。

49.3.4 具體步驟

第 1 步，建立執行緒池 thread_pool 類別，然後採用單例模式 (singleton) 對 thread_pool 進行宣告實體化，並且提供 get_instance 介面方法來供驗證平臺中的元件進行獲取，程式如下：

```
//thread_pool.c
class thread_pool {
    public:
        static thread_pool& get_instance()
        {
            static thread_pool inst;
            return inst;
```

```
            }
        private:
            thread_pool() = default;
}
```

第 2 步，使用 C++ 提供的 std::future 和 std::queue 類別樣板及其方法，將需要呼叫的 C 模型方法透過執行緒池 thread_pool 進行管理，此時不再需要在每次呼叫 C 模型方法時都中斷模擬並等待其運算完成，因為此時多餘的 C 模型方法將在多執行緒內並行地執行，從而提升模擬效率，然後透過 std::future 類別樣板提供的存取非同步作業結果的機制實現對此前呼叫 C 模型介面方法的非同步結果的運算和傳回。

具體分為以下幾個小步驟：

(1) 需要撰寫 predict_call_by_predictor 方法來供後面的 predictor 呼叫，從而將需要呼叫 C 模型運算的任務增加到 std::queue 宣告的佇列 c_tasks 裡，即增加到 thread_pool 中以在多執行緒內並行地執行，這可以透過 C++ 中 std::future 類別樣板的 add_job 方法將需要呼叫的 C 方法作為參數傳入。

因為此時會有多個 C 模組介面方法在多個執行緒中被執行，因此必定有的運算較快，而有的運算較慢。為了保證結果按照一定的順序傳回，這裡可以使用 std::queue 類別，它是容器轉接器，提供了一個佇列，呼叫該佇列提供的 emplace 方法將非同步執行緒寫入該佇列，然後後面按照順序再取出即可。

(2) 需要撰寫 get_result_call_by_evaluator 方法來供後面的 evaluator 呼叫，即從佇列 c_tasks 中透過 std::queue 佇列方法取出運算傳回的結果，程式如下：

```
//thread_pool.c
#include "svdpi.h"
std::queue<std::future<svBitVecVal>> c_tasks;

svBitVecVal predict_result(const svBitVecVal data)
{
    // 這裡只是簡單地傳回期望結果 0，僅作範例作用
    // 實際上根據專案的需要，應該在這裡實現對應的計算期望結果的邏輯
    svBitVecVal result = 0;
    return result;
}

void predict_call_by_predictor(const svBitVecVal data);
```

```
{
    thread_pool& pl = thread_pool::get_instance();
    c_tasks.emplace(pl.add_job(predict_result, data));
}
svBitVecVal get_result_call_by_evaluator();
{
    svBitVecVal result = c_tasks.front().get();
    c_tasks.pop();
    return result;
}
```

第 3 步，在 predictor 中獲取來自 monitor 監測到的輸入激勵，將 predict_call_by_predictor 方法透過 DPI 介面匯入 predictor，然後呼叫該方法計算期望結果，程式如下：

```
//predictor.sv
import "DPI" function void predict_call_by_predictor(input bit[31:0] data);
class predictor extends uvm_subscriber #(item);
    function void write(item it);
        item it_out;
        $cast(it_out, it.clone());
        predict_call_by_predictor(it.data);
    endfunction
endclass
```

第 4 步，在 evaluator 中獲取來自 DUT 輸出通訊埠 monitor 監測到的實際輸出結果，將 get_result_call_by_evaluator 方法透過 DPI 介面匯入 evaluator，然後呼叫該方法獲取上一步計算完成的期望結果並與 DUT 實際輸出的結果進行比較，從而判斷 DUT 功能的正確性，程式如下：

```
//evaluator.sv
import "DPI" function bit[31:0] get_result_call_by_evaluator();
class evaluator#(type T = item) extends uvm_component;
    uvm_analysis_imp_actual #(T, evaluator)actual_export;

    virtual function void write_actual(T it);
        bit[31:0] actual_data = it.data;
        bit[31:0] predict_data = get_result_call_by_evaluator();
        if(actual_data != predict_data)
            `uvm_error("Evaluator","ERROR -> actual_data is not same with predict_data")
    endfunction
endclass
```

第 50 章
基於 UVM 驗證平臺的硬體模擬加速技術

50.1 背景技術方案及缺陷

50.1.1 現有方案

通常驗證開發人員在對複雜的 RTL 設計進行驗證時,模擬時間會非常長,甚至可以達到以天數為單位,大大降低了驗證開發人員的工作效率,極大地影響了專案的進度。因此往往會採用硬體模擬加速的方案來對模擬過程進行加速,從而成數十倍數量級地縮短模擬時間,從而達到專案可以接受的程度。

業界廣泛使用 UVM 驗證方法學來對數位晶片進行驗證,即在專案初期基於 UVM 驗證方法學來架設驗證平臺,隨著邏輯門電路數量的激增,往往以億為單位,則需要在現有 UVM 驗證平臺的基礎上向硬體加速平臺進行遷移,但是現有的基於 UVM 驗證方法架設的驗證平臺往往並不能極佳地適應硬體加速平臺的要求,也就不能最大限度地實現對模擬過程的加速。而本章舉出了向硬體加速平臺進行遷移的方法,可以在保證原有驗證平臺程式的再使用性的同時最大限度地釋放硬體加速平臺的潛力以實現對模擬進行加速的作用。

50.1.2 主要缺陷

現有方案不能最大限度地利用硬體加速平臺的能力,而本章舉出的改進後的方案可以更進一步地利用硬體加速平臺的模擬加速能力,從而實現更優的模擬加速效果。

50.2 解決的技術問題

在基於 UVM 方法學的驗證平臺中應用本章舉出的系列方法來進一步提升模擬硬體加速的效果。

50.3 提供的技術方案

50.3.1 結構

具體見 50.3.4 節，這裡不再贅述。

50.3.2 原理

通常模擬時間的長短由以下三部分來組成：

第一部分，模擬驗證平臺 (基於 UVM 驗證方法學來架設) 的執行時間。

包括對驗證平臺中配置物件和輸入激勵的隨機約束的求解過程、配置和建構編譯的過程、驅動隨機輸入激勵的過程、檢查功能正確性的過程、覆蓋率收集分析的過程等，通常配置和建構編譯的過程所佔時長相對較短，主要是模擬執行的時間較長。

第二部分，硬體部分 (主要是 RTL 設計) 的執行時間。

由於硬體加速平臺的執行時間相比模擬驗證平臺部分要快得多，因此需要盡可能地把較多的驗證平臺中的邏輯遷移到硬體加速平臺中，但是需要以可綜合的方式進行遷移，這一部分通常對於整體模擬時間性能的影響最多。

第三部分，軟硬體互動同步的延遲時間。

模擬驗證平臺 (軟體) 和 RTL 設計 (硬體) 之間資料訊號互動的地方需要透過事件進行同步，每次互動都會帶來一些模擬時間的延遲。

現在來透過一個例子，簡單地計算一下總共需要的模擬時間。

如果上面第二部分的執行時間佔比為 90%，第三部分的時間佔比為硬體部分的 10%，則總共硬體部分的執行時間為 90%+90%×10%=99%。如果將以上部分的邏輯遷移到硬體加速平臺中，則所需要的模擬時間基本可以忽略不計，這樣就可以將整體模擬時間縮短為 100%-99%=1%，相當於加速了 100 倍。

通常對於複雜的數十億門的設計來講，第二和第三部分的時間佔比會比較高，因此當將這兩部分的邏輯遷移到硬體加速平臺中之後，所能獲得的加速效果就會比較好。

因此，本章舉出的模擬加速技術即透過更優的驗證平臺的開發方法來對以上三部分的時間性能進行提升，從而縮短整體的模擬執行時間，以此提升驗證工作的效率。

主要包括以下 5 個系列方法來進一步提升模擬硬體加速的效果，其原理分別如下：

方法一，將可綜合部分程式（如 interface、DUT 及其他一些可綜合的驗證元件）單獨寫入一個模組裡，而將驗證平臺部分程式寫入另一個模組裡，從而將二者切分開來，以方便將可綜合邏輯部分的模組遷移到硬體加速平臺中實現加速。

方法二，將 monitor 中對 interface 上訊號進行監測並封裝成交易資料 (transaction) 後向驗證環境中的其他元件進行廣播的功能剝離為收集器 (collector)，其餘部分功能保留繼續作為監測器。其餘部分功能一般包括一些功能檢查和覆蓋率收集，其中 collector 更偏向於訊號級資料的處理，其與 DUT 介面訊號會有較多的互動，因此可以將其單獨封裝成一個元件，而 monitor 剩下的部分功能則是對 collector 收集封裝完成的事務級資料的處理，更偏向於軟體層面，因此單獨封裝成另一個元件，這樣從程式再使用性和方便管理的角度上來講會更優，應用模擬加速方法也會更加方便。

方法三，儘量減少 DUT 和驗證平臺之間的存取互動，從而減少軟硬體互動同步的延遲時間。主要在互動同步頻繁的時鐘和重置產生控制上進行最佳化，所有的對時鐘和重置訊號及時鐘延遲的產生控制都將由啟動相應的控制序列實現。

方法四，將 transaction 驅動到 interface 和對 interface 上訊號進行監測並封裝成 transaction 的這兩個過程分別使用 task 任務在可綜合硬體部分 interface 裡實現，並供 driver 和 collector 來呼叫。

方法五，最佳化對 transaction 的隨機化過程，即去掉一些無意義的隨機化方法呼叫，這主要是減少模擬驗證平臺中對隨機值進行約束求解的執行時間。

50.3.3 優點

具體見 50.3.4 節，這裡不再贅述。

50.3.4 具體步驟

1. 方法一

左圖為現有方案，右圖為本節舉出的方案，如圖 50-1 所示。

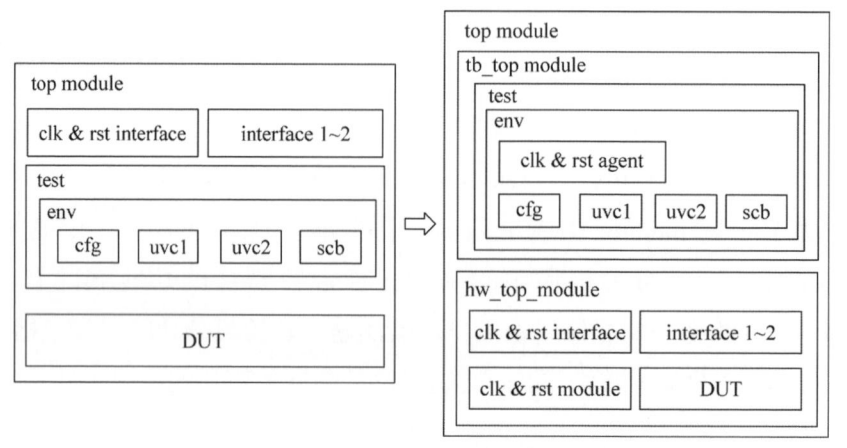

▲圖 50-1 現有方案 (左圖) 與本節舉出的方案 (右圖)

1) 現有方案

在同一個 top 模組裡撰寫實現以下部分：

(1) 產生時鐘和重置的 interface，見圖 50-1 中的 clk 和 rst interface。

(2) 用於連接 RTL 設計和驗證平臺的 interface，見圖 50-1 中的 interface1~2。

(3) 匯入 UVM 方法學的 package 和巨集定義檔案，圖 50-1 中的測試用例 test 及其層次下的 UVM 元件物件的撰寫需要用到該函式庫檔案。

(4) 匯入 UVC 的 package，見圖 50-1 中的 UVC1~2。

(5) 在 initial 區塊中透過 UVM 的配置資料庫向驗證環境中傳遞 interface。

(6) 在 initial 區塊中呼叫 run_test 方法來啟動需要模擬執行的測試用例，見圖

50-1 中的測試用例 test，其內部還會包含 env，而 env 的內部又會包含配置物件 cfg、UVC 和記分板 scb 等分析元件。

(7) RTL 設計，見圖 50-1 中的 DUT。

2) 本節舉出的方案

需要將 top 模組劃分為兩個模組，一個是模擬驗證平臺模組，即圖 50-1 中的 tb_top 模組，另一個是可綜合部分模組，即硬體加速平臺模組，即圖 50-1 中的 hw_top 模組。

需要在模擬驗證平臺模組 tb_top 裡撰寫實現以下部分：

(1) 匯入 UVM 方法學的 package 和巨集定義檔案，圖 50-1 中的測試用例 test 及其層次下的 UVM 元件物件的撰寫需要用到該函式庫檔案。

(2) 匯入 UVC 的 package，見圖 50-1 中的 UVC1~2。

(3) 匯入時鐘和重置模組所對應的 package，見圖 50-1 中時鐘和重置模組所對應的實體化在 env 中的 agent 封裝組件 clk 和 rst agent。

(4) 在 initial 區塊中透過 UVM 的配置資料庫向驗證環境中傳遞 interface。

(5) 在 initial 區塊中呼叫 run_test 方法來啟動需要模擬執行的測試用例，見圖 50-1 中的測試用例 test，其內部還會包含 env，而 env 的內部又會包含 cfg、UVC 和 scb 等分析元件。需要在可綜合硬體部分模組 hw_top 裡撰寫實現以下部分：

① 產生時鐘和重置的 interface 及其對應的可綜合的產生模組，分別見圖 50-1 中的 clk 和 rst interface、clk 和 rst module。

② 用於連接 RTL 設計和驗證平臺的 interface，見圖 50-1 中的 interface1~2。

③ RTL 設計，見圖 50-1 中的 DUT。

2. 方法二

左圖為現有方案，右圖為本節舉出的方案，如圖 50-2 所示。

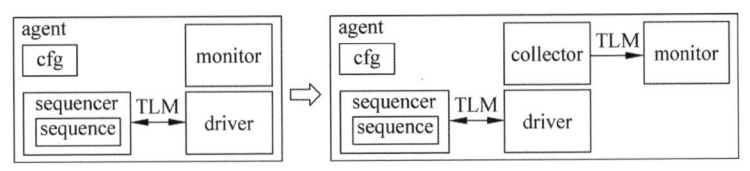

▲圖 50-2 現有方案（左圖）與本節舉出的方案（右圖）

1) 現有方案

通常 UVC 中包含的代理 agent 用於對一些與 DUT 協定相關的 UVM 元件進行封裝。一個典型的 agent 包括一個用於管理激勵序列的 sequencer，一個用於將激勵施加到 DUT 介面的 driver，以及一個用於監測 DUT 輸入 / 輸出通訊埠訊號的 monitor，另外還可能包括一些元件，如覆蓋率收集、協定檢查等。

2) 本節舉出的方案

主要是對 agent 中的 monitor 的功能進行切分，將 monitor 中對 interface 上的訊號進行監測並封裝成交易資料後向驗證環境中的其他元件進行廣播的功能剝離為 collector，其餘部分功能保留以繼續作為監測器。

3. 方法三

第三部分，即軟硬體互動同步的延遲時間會影響模擬時間的長短。因為模擬驗證平臺 (軟體) 和 RTL 設計 (硬體) 之間資料訊號互動的地方需要透過事件進行同步，每次互動都會帶來一些模擬時間延遲，因此，儘量要減少兩者之間的互動同步次數。可以在一些原先互動比較頻繁的地方減少這兩者之間的互動同步，例如時鐘和重置產生控制和同步部分來減少上述軟硬體互動同步的次數。

左圖為現有方案，右圖為本節舉出的方案，如圖 50-3 所示。

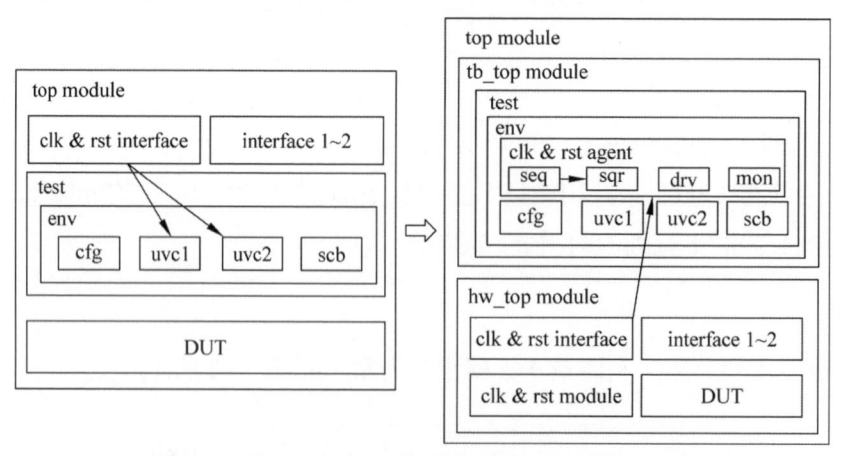

▲圖 50-3 現有方案 (左圖) 與本節舉出的方案 (右圖)

1）現有方案

clk 和 rst interface 透過配置資料庫直接傳遞給 UVC 中，然後其內部實體化包含的元件並直接使用該 virtual interface 的控制碼來呼叫相應的方法，以此對時鐘和重置訊號及時鐘延遲等待進行產生和控制。

現有方案還是基於在訊號級資料下對 interface 訊號進行產生和控制，因此每次 interface 訊號的變化都可能需要產生相應的同步事件來執行軟硬體互動同步，而時鐘和重置相關的訊號變化是非常頻繁的，這就導致了過多的軟硬體互動同步，從而增加了模擬延遲時間。

2）本節舉出的方案

在模擬驗證模組（tb_top 模組）裡需要實現時鐘和重置產生器所對應的封裝 agent，即 clk 和 rst agent。

在硬體加速平臺模組（hw_top 模組）裡的時鐘和重置訊號產生模組和在相應的 clk 和 rst interface 裡需要實現具體的時鐘產生、延遲和重置介面方法。

具體過程分為以下幾個小步驟：

(1) 撰寫時鐘和重置訊號產生控制的 sequence_item 激勵序列，裡面包含對時鐘訊號和重置訊號及時鐘延遲等待的控制選項。

(2) 啟動 clk 和 rst agent 中的控制時鐘和重置訊號的 sequence。

(3) 在 clk 和 rst agent 中實體化的 driver 裡從配置資料庫中獲取相應的 clk 和 rst interface 控制碼。

(4) 在上述 driver 的 run_phase 裡獲取上面的 sequence_item 激勵序列，然後根據其中包含的時鐘和重置控制資訊，再透過上面獲取的 interface 控制碼來呼叫內部撰寫好的控制方法，以此來對時鐘和重置及延遲等待訊號進行產生和控制。

這裡基於在事務級資料下對 interface 訊號進行產生和控制，在硬體這一側已經完成了很多訊號級內部的互動，因此大大減少了軟硬體互動同步的次數，從而縮短了模擬延遲時間，以此來達到進一步加速模擬的目的。

4. 方法四

圖 50-4 的左圖為現有方案，右圖為本節舉出的方案。

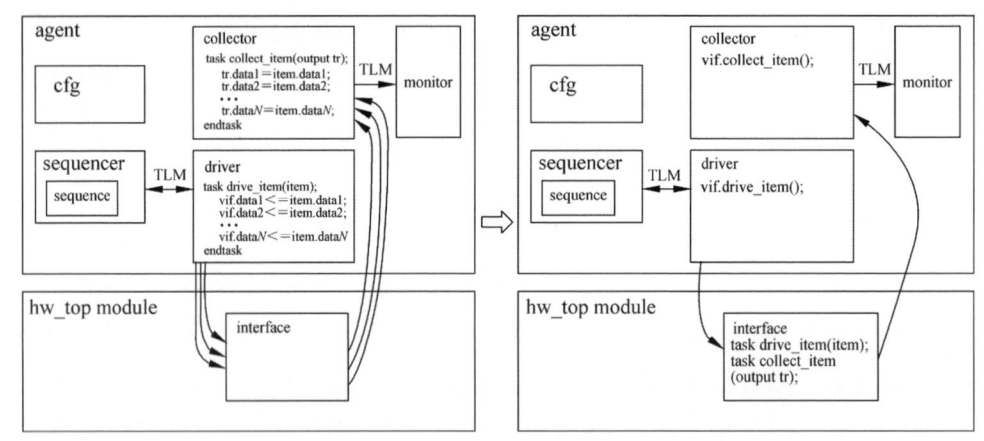

▲圖 50-4　現有方案 (左圖) 與本節舉出的方案 (右圖)

1) 現有方案

將 interface 透過配置資料庫直接傳遞給相應的 UVC 中，然後其內部實體化包含的元件並直接在其內部的方法 drive_item 和 collect_item 中使用該 virtual interface 的控制碼獲取內部的資料訊號成員，以此來完成對 sequence_item 激勵的驅動及對 interface 上訊號的監測封裝。

但是同樣地，現有方案還是基於訊號級資料下對 interface 訊號進行產生和控制，因此每次 interface 中訊號的變化都可能需要產生相應的同步事件來執行軟硬體互動同步，而需要監測的 interface 上的資料通訊埠訊號的變化也是比較頻繁的，這同樣導致了過多的軟硬體互動同步，從而增加了模擬延遲時間。

2) 本節舉出的方案

可以將 transaction(這裡的 item，即衍生於 sequence_item 的子類別物件) 驅動到 interface 和對 interface 上訊號進行監測並封裝成 transaction 的這兩個過程分別使用 task 任務在可綜合硬體部分 interface 裡實現，並供 driver 和 collector 來呼叫。

這裡基於在事務級資料下來完成對 sequence_item 激勵的驅動及對 interface 上訊號的監測封裝，在硬體這一側已經完成了很多訊號級內部的互動，因此大大減少了軟硬體互動同步的次數，從而縮短了模擬延遲時間，以此來達到進一步加速模擬的目的。

5. 方法五

1) 現有方案

不管是否有必要，在預設情況下都可能會對需要啟動的 sequence 呼叫 randomize 方法進行隨機化，然後在其內部的 transaction 中也被自動進行從上至下的隨機化，這增加了之前的第一部分，即模擬驗證平臺的執行時間。

2) 本節舉出的方案

減少沒有必要的對啟動的 sequence 的隨機化求解過程，從而減少第一部分（模擬驗證平臺）的執行時間來達到減少整體模擬時間的效果。

Note

Note

Note

Note

Note